作 者 简 介

陈树辉，1944年7月出生，广东省潮安县人，汉族.1969年毕业于中山大学数学力学系力学专业，1990年在香港大学获博士学位.现任中山大学工学院常务副院长、应用力学与工程系教授、博士生导师，享受政府特殊津贴专家；广东省力学学会理事长、中国力学学会理事、中国力学学会一般力学专业委员会委员，《振动与冲击》、《动力学与控制学报》杂志编委.长期从事非线性振动理论研究，在国内外重要杂志上发表论文60多篇，1992获广东省自然科学奖三等奖，1998年获教育部科技进步奖三等奖，1999年获国家自然科学奖三等奖.

作者简介

[illegible]

中国科学院科学出版基金资助出版

非线性动力学丛书　4

强非线性振动系统的定量分析方法

陈树辉　著

科学出版社

北京

内 容 简 介

本书是作者及其合作者长期以来在强非线性振动领域科研成果的系统总结.书中全面地介绍求解强非线性振动周期解的增量谐波平衡法(IHB法)和各种推广的摄动方法,包括改进的L-P法、椭圆函数L-P法、广义谐波函数KBM法、广义谐波函数平均法、广义谐波函数L-P法、广义谐波函数多尺度法和摄动-增量法等.这些方法为我们研究各种强非线性振动问题提供了强有力的工具.本书对每种方法都力求阐明其创新思想,简要给出其公式推导,举出其应用例子,并介绍与其相关方法国际上的最新研究动态.

本书可供从事非线性振动研究、教学和工程设计的研究生、教师和科研技术人员参考.

图书在版编目(CIP)数据

强非线性振动系统的定量分析方法/陈树辉著.—北京:科学出版社,2006
(非线性动力学丛书;4/胡海岩主编)
ISBN 978-7-03-018088-9

Ⅰ.强… Ⅱ.陈… Ⅲ.非线性振动-定量分析 Ⅳ.O322

中国版本图书馆CIP数据核字(2006)第114824号

责任编辑:吕 虹/责任校对:张小霞
责任印制:吴兆东/封面设计:王 浩

科学出版社出版
北京东黄城根北街16号
邮政编码:100717
http://www.sciencep.com
固安县铭成印刷有限公司印刷
科学出版社发行 各地新华书店经销
*
2007年1月第 一 版 开本:B5(720×1000)
2025年3月第四次印刷 印张:17 1/4
字数:316 000

定价:128.00元

(如有印装质量问题,我社负责调换)

《非线性动力学丛书》序

真实的动力系统几乎都含有各种各样的非线性因素，诸如机械系统中的间隙、干摩擦，结构系统中的材料弹塑性、构件大变形，控制系统中的元器件饱和特性、变结构控制策略等. 实践中，人们经常试图用线性模型来替代实际的非线性系统，以求方便地获得其动力学行为的某种逼近. 然而，被忽略的非线性因素常常会在分析和计算中引起无法接受的误差，使得线性逼近成为一场徒劳. 特别对于系统的长时间历程动力学问题，有时即使略去很微弱的非线性因素，也会在分析和计算中出现本质性的错误.

因此，人们很早就开始关注非线性系统的动力学问题. 早期研究可追溯到 1673 年 Huygens 对单摆大幅摆动非等时性的观察. 从 19 世纪末起，Poincaré、Lyapunov、Birkhoff、Andronov、Arnold 和 Smale 等数学家和力学家相继对非线性动力系统的理论进行了奠基性研究，Duffing、van der Pol、Lorenz、Ueda 等物理学家和工程师则在实验和数值模拟中获得了许多启示性发现. 他们的杰出贡献相辅相成，形成了分岔、混沌、分形的理论框架，使非线性动力学在 20 世纪 70 年代成为一门重要的前沿学科，并促进了非线性科学的形成和发展.

近 20 年来，非线性动力学在理论和应用两个方面均取得了很大进展. 这促使越来越多的学者基于非线性动力学观点来思考问题，采用非线性动力学理论和方法，对工程科学、生命科学、社会科学等领域中的非线性系统建立数学模型，预测其长期的动力学行为，揭示内在的规律性，提出改善系统品质的控制策略. 一系列成功的实践使人们认识到：许多过去无法解决的难题源于系统的非线性，而解决难题的关键在于对问题所呈现的分岔、混沌、分形、孤立子等复杂非线性动力学现象具有正确的认识和理解.

近年来，非线性动力学理论和方法正从低维向高维乃至无穷维发展. 伴随着计算机代数、数值模拟和图形技术的进步，非线性动力学所处理的问题规模和难度不断提高. 已逐步接近一些实际系统. 在工程科学界，以往研究人员对于非线性问题绕道而行的现象正在发生变化. 人们不仅力求深入分析非线性对系统动力学的影响，使系统和产品的动态设计、加工、运行与控制满足日益提高的运行速度和精度需求；而且开始探索利用分岔、混沌等非线性现象造福人类.

在这样的背景下，有必要组织在工程科学、生命科学、社会科学等领域中从事非线性动力学研究的学者撰写一套非线性动力学丛书，着重介绍近几年来非线性动力学理论和方法在上述领域的一些研究进展，特别是我国学者的研究成果，为从事非线性动力学理论及应用研究的人员，包括硕士研究生和博士研究生等，提供最新的理论、方法及应用范例. 在科学出版社的大力支持下，组织了这套《非线性动力学丛书》.

本套丛书在选题和内容上有别于郝柏林先生主编的《非线性科学丛书》(上海教育出版社出版)，它更加侧重于对工程科学、生命科学、社会科学等领域中的非线性动力学问题进行建模、理论分析、计算和实验. 与国外的同类丛书相比，它具有整体的出版思想，每分册阐述一个主题，互不重复等特点. 丛书的选题主要来自我国学者在国家自然科学基金等资助下取得的研究成果，有些研究成果已被国内外学者广泛引用或应用于工程和社会实践，还有一些选题取自作者多年的教学成果.

希望作者、读者、丛书编委会和科学出版社共同努力，使这套丛书取得成功.

胡海岩

2001 年 8 月

序

非线性振动是从20世纪20年代开始迅速发展起来的一门学科，强非线性振动的定量分析是这门学科近30年来迅速发展的前沿研究方向之一.系统地总结强非线性振动的定量方法，出版成书，在国内外还是少见.

陈树辉教授是我的Ph. D学生，他从1985年就开始研究强非线性振动的摄动方法和数值方法，先后提出改进的L-P方法、椭圆函数摄动法、椭圆函数L-P法、多元函数L-P法，也研究增量谐波平衡法（IHB法）的具体应用.这些原创方法和研究，都发表在ASME“Journal of Applied Mechanics”，“Journal of Sound and Vibration”，“International Journal of Non-Linear Mechanics”，“Nonlinear Dynamics”等本专业著名的国际杂志上，受到广泛引用和应用，在国内外同行专家中享有很好的声誉.

1999年，刘世龄（S. L. Lau）、张佑启（Y. K. Cheung）、陈树辉（S. H. Chen）、徐兆（Z. Xu）四人的科研成果“强非线性振动的增量谐波平衡法和推广的摄动方法”获得了国家自然科学奖三等奖.我国著名力学家、中国科学院院士钱令希教授高度评价该成果，称其“对于推动非线性振动理论为工程服务有重要贡献，对于计算力学理论和方法的发展也有重要意义，应属于国际先进水平”；著名力学家、中国科学院院士胡海昌教授也高度评价该成果，称其“在理论上也有重要贡献”，“具有重要工程意义，对推动多自由度、强非线性振动理论在多种工程技术领域中的应用有重大贡献，达到国际先进水平”. 2004年，由陈树辉执笔，把我们四位获奖者这一得奖成果整理成书，即《强非线性振动的定量分析方法》（广东优秀科技专著出版基金会推荐，广东省科学技术厅资助，广东科技出版社出版）.

这次出版的《强非线性振动系统的定量分析方法》，是作者在上一本书的基础上加以修改而成，它更系统化、更适合于读者学习，并具有如下特点：

1. 突出“强非线性”，该书全面阐述强非线性振动系统的定量分析的新方法，这在国内外是首次.

2. 以新的学术观点，把各种强非线性分析的定量方法进行分类.分为圆函数（三角函数）摄动方法、椭圆函数摄动方法、广义谐波函数摄动方法.这种新的分类方法使读者能从本质上加深对摄动方法的理解和应用.

3. 该书核心内容增量谐波平衡法（IHB法）、改进的Lindstedt-Poincare法、椭圆函数摄动法和椭圆函数Lindstedt-Poincare法、广义谐波函数摄动法、IHB法与有限元法相结合的方法等都是作者及其合作者的创新性成果，表现了对本学科的理论推进.

4. 该书内容充实，结构层次分明，系统严密. 既阐述分析方法，也介绍半解析半数值方法(IHB法)以及二者的结合.

随着科学技术的飞速发展，高强度材料，新型结构型式的不断出现，机械系统越来越复杂，精密实验室的隔振、防振要求，高层建筑、大跨度的空间结构和桥梁的防震设计，大型索膜结构的抗风设计都涉及强非线性振动，迫切需要数值分析外的能提供全面规律性结果的渐近解析分析法. 该书正应这一需求而成，将会有很好的应用价值. 我为这本书的出版而感到高兴.

中国科学院院士

2006年7月12日

前　言

非线性振动是20世纪20年代开始发展起来的一门学科.非线性分析是现代科学基础研究的主要方向之一.

研究非线性振动的方法,主要有理论分析方法和实验方法.理论分析是最基本的方法,它包含定性理论和定量方法两种分析方法.传统的摄动法,包括Lindstedt-Poincaré方法(L-P法)、多尺度法、平均法、KBM法等,是定量分析方法的典型代表.这些方法是分析弱非线性振动的有效方法,但是对于强非线性振动,它们就显得无能为力了.

随着科学技术的飞速发展和高强度材料、新型结构型式的不断出现,机械系统越来越复杂,精密实验室的隔振、防振要求,高层建筑、大跨度空间结构和桥梁的防震设计,大型索膜结构的抗风设计,所有这些都使强非线性振动问题日益突出.因此,近20年来国内外研究非线性振动理论的学者都致力于发展新理论,寻找新方法,使其适用于强非线性振动分析.尤其是我们国内的学者,在定量分析方面,取得了丰硕的成果,先后提出了很多新的分析方法.因此,很有必要及时地进行总结,系统地介绍近年来非线性动力学研究的新进展,特别是我国学者的最新成果,为从事工程非线性动力学研究的科研人员提供最新的理论、方法及范例,从而推动我国的科技进步与发展.

本书是作者及其合作者长期以来在非线性振动特别是强非线性振动这一领域科研成果的系统总结.刘世龄(S. L. Lau)、张佑启(Y. K. Cheung)、陈树辉(S. H. Chen)、徐兆(Z. Xu)四人的科研成果"强非线性振动的增量谐波平衡法和推广的摄动方法"1999年获国家自然科学奖三等奖.我国著名力学家、中国科学院院士钱令希教授高度评价该成果,称其"对于推动非线性振动理论为工程服务有重要贡献,对于计算力学理论和方法的发展也有重要意义,应属于国际先进水平";著名力学家、中国科学院院士胡海昌教授也高度评价该成果,称其"在理论上也有重要贡献","具有重要工程意义,对推动多自由度、强非线性振动理论在多种工程技术领域中的应用有重大贡献,达到国际先进水平".本书主要取材于该得奖项目中发表于本专业著名国际杂志上(如ASME"Journal of Applied Mechanics","International Journal of Non-Linear Mechanics";"Journal of Sound and Vibration","Nonlinear Dynamics"等)的40多篇论文.10多种求解强非线性振动系统的方法,归纳为五章.作者分章阐述每种方法的基本思想、公式推导和应用例题.重点突出每种方法的创新之处,并总结各种方法的优、缺点.每章都综述国内外在该领域的研究进展,便于读者全面了解、掌握和应用. 再加上第 1 章的绪论和第 2 章的传统的摄动法,全书共有七章.

第 1 章绪论，介绍非线性振动及研究方法和发展.

第 2 章介绍四种传统的摄动方法,它们是以后各章的基础. 新的摄动方法是在经典的摄动方法的基础上推广、发展起来的.

第 3 章介绍改进的 L-P 法. 该法把只适合于弱非线性振动的经典 L-P 法推广到适合于强非线性振动. 各种经典的摄动法,都是适用于派生系统为线性的系统. 但它们要求系统的非线性部分必须含小参数. 要扩展它们的应用范围,可通过参数变换把对旧参数而言是大参数的强非线性系统转化为对新参数而言是小参数的系统. 改进的 L-P 法就是这样,经选择适当的参数变换后,再应用经典的 L-P 法.

第 4 章介绍椭圆函数摄动方法. 这类方法适用于派生系统为具有椭圆函数解的非线性微分方程的系统. 可以说,传统摄动法是在线性系统的解附近摄动,所以只能适用弱非线性振动,而椭圆函数摄动方法是在强非线性系统的解附近摄动,所以适用于强非线性振动. 与传统摄动法相对应,这类方法有椭圆函数 L-P 法、椭圆函数平均法、椭圆函数摄动法,我们把椭圆函数谐波平衡法归纳在这一章,对每种方法逐一予以阐释.

第 5 章介绍广义谐波函数摄动方法. 椭圆函数法只适用于派生系统具有椭圆函数解的系统,然而这类系统是有限的. 对于派生系统为一般非线性微分方程的系统,可通过引进广义谐波函数来表示派生方程的解. 普通的三角函数(圆函数)和椭圆函数都是广义谐波函数的特殊情形. 在此基础上发展起来的与经典摄动法相对应的新的摄动法,包括广义谐波函数 L-P 法(推广的 L-P 法)、广义谐波函数多尺度法(推广的多尺度法)、广义谐波函数平均法(推广的平均法)和广义谐波函数 KBM 法(推广的 KBM 法),我们把它们归纳在这一章逐一阐释.

第 6 章介绍增量谐波平衡法(IHB 法). 该法是增量法和谐波平衡法的有机结合,是一个半解析半数值的方法. 本章首先介绍 IHB 法的基本原理,解题步骤;其次介绍 IHB 法在多自由度系统、平面杆件系统的应用;此外,还介绍 IHB 法在参变振动、概周期振动、分段线性系统的非线性振动中的应用;最后总结 IHB 法的发展及其在各类型方程、各类工程结构、各种非线性问题中的应用. IHB 法与有限元法相结合,与快速傅里叶变换(FFT)算法相结合,与时间变换相结合(IHBT)可以解决大型复杂的实际工程问题,是一个深受工程界欢迎的具有强大生命力的方法.

第 7 章介绍摄动-增量法. 摄动法与增量法结合,可以发挥两种方法各自的优点,避免各自的缺点. 低阶的摄动解可以作为增量法的初值. 增量法可求得任意大参数的并可以准确到预先指定精确度的解. 本章先介绍该法的原理、解题步骤,接着介绍该法在半稳定极限环及其分叉值,同(异)宿轨线及其分叉值和二次动力系统极限环的计算.

本书的大部分研究成果，是作者和中国科学院院士、香港大学 Y. K. Cheung（张佑启）教授、香港理工大学刘世龄教授、中山大学徐兆教授等长期合作科研成果的结晶，也是作者过去在多个国家自然科学基金项目（10272117、19772075）、国家教委留学回国人员研究基金项目、多个广东省自然科学基金项目、多个中山大学高等学术研究中心基金项目的资助下完成的. 本书的出版还承蒙国家自然科学基金科学出版专项基金（10424201）、科学出版基金的资助，所有这些基金项目对本书的完成和出版都具有重要意义，作者借此表示衷心的感谢. 胡海岩教授、朱位秋教授、陆启韶教授、徐健学教授、张佑启教授、刘世龄教授、徐兆教授等对本书的出版都给予热情的关心和积极的支持，作者对他们谨表示深切的谢意.

限于作者的水平，书中内容难免有错漏之处，敬请指正.

作　者

2006 年 8 月于中山大学

目　　录

第1章 绪　　论

§1.1 非线性振动

振动——物体或质点系统按一定规律在其平衡位置附近所作的周期性往复运动,称为振动.数学上描述物体或质点系统振动的方程是一个二阶微分方程.以单自由度系统为例,描述单质点振动的微分方程为

$$m\ddot{x} + c\dot{x} + f(x) = E(t), \tag{1.1.1}$$

其中 $x, \dot{x}, \ddot{x}$ 分别表示质点的位移、速度和加速度,m 表示质点的质量,c 表示阻尼系数,$-c\dot{x}$ 表示阻尼力,$-f(x)$表示恢复力,$E(t)$表示外部激励力.方程(1.1.1)很容易地从牛顿第二定律推导而得.

线性振动——如果描述物体或质点系统振动的微分方程是线性的,则称所描述的系统为线性振动系统,线性振动系统的振动就称线性振动.例如,

$$m\ddot{x} + c\dot{x} + kx = E(t). \tag{1.1.2}$$

非线性振动——如果描述物体或质点系统振动的微分方程是非线性的,则称所描述的系统为非线性振动系统,非线性振动系统的振动就称非线性振动.例如,

$$m\ddot{x} + c\dot{x} + kx + k_3x^3 = E(t). \tag{1.1.3}$$

振动现象广泛存在于自然界,存在于机械、土木、水利、航空等工程学科,存在于力学、声学、无线电、电子学、自动控制理论等理论学科.

严格地说,在日常生活和工程实践中所有发生的振动都是非线性振动.因为一切力学系统都含有非线性因素,包括力的非线性、加速度的非线性、材料的非线性、几何的非线性.由于非线性微分方程还没有普遍的、有效的求解方法,而线性微分方程的理论已经发展得比较成熟,比较简单,易于应用,因此,以往大部分工程振动问题就按线性振动问题求解.对于非线性因素较弱的振动系统,按线性振动理论求得的近似解,误差可以被工程界接受.但是,对于非线性因素较强的系统,用线性振动理论求得的近似解,不仅误差很大,而且还不能解释自激振动、参数振动、内部共振、次谐波共振、超谐波共振、组合谐波共振、跳跃问题等现象.这些特殊的现象,必须采用非线性振动理论才能揭示出来,它们是非线性振动的特征.

非线性振动有强弱之分.

弱非线性振动——如果描述振动系统微分方程的非线性项的系数相对于线性项的系数是很微小的量,即非线性项带有小参数,则称系统为弱非线性振动系统或

拟线性系统，相应的振动就称为弱非线性振动. 例如，

$$m\ddot{x} + \varepsilon c\dot{x} + kx + \varepsilon k_3 x^3 = \varepsilon p\cos\Omega t, \tag{1.1.4}$$

其中 ε 是小参数，用数学符号表示，$\varepsilon \ll 1$.

强非线性振动——如果描述振动系统微分方程的非线性项的系数相对于线性项的系数不是很微小的量，或者系统微分方程不能归结为非线性部分带有小参数，则称系统为强非线性振动系统，相应的振动就称为强非线性振动. 例如，

$$m\ddot{x} + c\dot{x} + kx + \lambda k_3 x^3 = p\cos\Omega t, \tag{1.1.5}$$

其中 λ 为大参数，或

$$m\ddot{x} + c\dot{x} + f(x) = p\cos\Omega t. \tag{1.1.6}$$

其中 $f(x)$ 为 x 的非线性函数.

弱非线性系统(1.1.4)，当 $\varepsilon=0$ 时，成为线性系统. 对应的线性方程称为原非线性方程的派生方程，派生方程的周期解称为原非线性方程的派生解.

区分强、弱非线性系统的主要标志就是看微分方程的非线性项是否含有小参数. 因此研究强、弱非线性系统的定量方法也就有所不同.

§1.2 非线性振动的研究方法

研究非线性振动的方法，除了实验方法以外，主要是理论方法. 与线性微分方程不同，在非线性微分方程中，能用初等函数(三角函数、指数函数、幂函数等)表示的为数不多，没有普遍的有效的求解方法，因此，常用的理论方法主要有定性分析方法和定量分析方法.

定性分析方法主要有相平面法，也称几何方法. 传统的相平面法是在以系统的位移 x 和速度 y 组成的相平面上研究相点(以 x 和 y 为坐标的点)、相轨线(相点的运动轨迹)和相图(各相轨线组成的图形)，在常微分方程定性理论的基础上，可以推出微分方程解的一些性质而不必具体求出微分方程的解. 传统的相平面法主要研究系统的奇点(平衡状态)的类型和稳定性，极限环(孤立的周期运动)的存在性和稳定性. 一般的非线性振动理论或微分方程的教科书都有详细的讨论，本专著不作定性分析方法的介绍.

定性方法不仅能得到系统的定性结果，而且可以为其他的分析方法提供理论依据，缺点是不能得到系统的定量规律.

定量分析方法主要有解析方法和数值方法，以及二者相结合的半解析半数值方法如增量谐波平衡法. 传统的解析方法是指分析弱非线性振动的近似解析方法，主要包括：Lindstedt-Poincaré (L-P)法、多尺度法、平均法和 Krylov-Bogoliubov-Mitropolsky (KBM)法. 这些方法的共同特点是把非线性系统的解表示为系统小

参数 ε 的幂级数，称为系统的形式解. $\varepsilon=0$ 时，系统的解就是线性系统的周期解，也就是说，非线性系统的解是在线性系统的解的基础上加上一个小的摄动，从这个意义上说，我们把这类方法统称为摄动法. 最早的摄动法来源于 Poisson(1830 年左右)在计算天体运动时提出的一个原始摄动方法，称为小参数法，Lindstedt (1882)解决了原始摄动方法中的久期项问题，Poincaré(1892)证明了只要小参数 ε 是充分小，$\varepsilon \ll 1$，系统的形式解是一个渐近级数，从而建立了摄动法的数学基础. 因此，摄动法只能适用于含小参数的弱非线性系统，不适合强非线性系统.

强非线性系统的定量分析方法，是近 20 年来在传统摄动法的基础上发展起来的. 主要可分为圆函数(三角函数)摄动方法、椭圆函数摄动方法、广义谐波函数摄动方法和不归于上述三大类的其他方法. 圆函数摄动方法是以派生方程的圆函数解为基础进行摄动求解，这类方法以改进的 L-P 法(modified Lindstedt-Poincaré method，MLP)为典型代表. 椭圆函数摄动方法是以派生方程的椭圆函数解为基础进行摄动求解，这类方法以椭圆函数 L-P 法(elliptic Lindstedt-Poincaré method，ELP)为典型代表. 广义谐波函数摄动方法是以派生方程的广义谐波函数为基础进行摄动求解，这类方法以推广的 L-P 法为典型代表. 其他方法包括直接变分法、频闪变换法等. 本专著重点介绍前面三大类方法.

解析方法的优点，在于它能给出解的解析表达式，这样就便于研究系统的运动规律，也便于研究系统的运动特性与系统参数之间的关系，从而便于系统的参数控制.

数值方法也是研究非线性振动系统的定量方法. 计算机的高速发展和计算方法的不断完善，使数值方法成为研究非线性振动系统的重要方法. 数值方法的理论基础是微分方程初值问题的数值解法. 数值方法直接对微分方程采用时间积分法，如 Runge-Kutta 法，它可以较准确地给出系统某一时刻的位移、速度和加速度的数值，其结果往往可以作为检验理论分析结果的标准. 但是，数值方法也有其自身的局限性，它只能提供系统离散的数值解，不能提供解析解，因而不能很好地提供出系统解的全貌，人们难以对系统全局的性质作出分析.

增量谐波平衡法(incremental harmonic balance method，IHB)把微分方程周期解展开为傅氏级数(Fourier series)，通过比较原方程中各谐波项的系数，把原来的非线性微分方程化为以傅氏系数为未知量的非线性代数方程组，然后采用熟知的求解非线性代数方程组的 Newton-Raphson (N-R)方法求解. 增量谐波平衡法是一个把 N-R 方法与谐波平衡法相结合的半解析、半数值的方法，该法的优点是概念直观，易于应用. 它既适合于强非线性系统，也适合于弱非线性系统，因为它不受小参数系统的限制.

§1.3　非线性振动的发展简介

要了解非线性振动的发展简史，几本中外教科书和专著值得推荐：Stoker (1950)、Minorsky (1962)、Nayfeh (1973)、Nayfeh 等(1995)、Bogoliubov 等(1961)(或包戈留包夫，米特罗波尔斯基著，金福临等译.(1963))、陈予恕(1983,1993)、朱照宣(1987)、黄安基(1993)、李骊(1997)、刘延柱等(2001).这些专著和教科书都不同程度地介绍了非线性振动发展几个主要阶段的分析方法.

我们可以把非线性振动的发展大体上分为几个阶段.

第一阶段是19世纪后期至20世纪初期，这一时期是非线性振动发展的初级阶段，是Lindstedt-Poincaré(L-P)摄动法的发展阶段. Poisson(1830)研究天体计算时提出摄动法的基本思想，Lindstedt (1882)解决了摄动法的久期项问题，Poincaré(1892)建立了摄动法的数学基础.

第二阶段是20世纪初期到50年代，这一时期是非线性振动理论诞生和定量分析方法(平均法、KBM法)的发展时期. Duffing (1918)研究硬弹簧受迫振动时采用谐波平衡和迭代方法. van der Pol (1926)研究电子管非线性振荡时提出平均法的思想.前苏联的非线性振动理论学派在这一时期对发展渐近法作出了很大贡献，N. M. Krylov(克雷洛夫)、N. N. Bogoliubov(包戈留包夫)、Y. A. Mitropolsky(米特罗波尔斯基)发展了KBM法，也称渐近法.安德罗诺夫(A. A. Andronov)把天体力学问题中导出的极限环的数学概念与van der Pol(范德波尔)揭示的自激振动的物理现象从本质上联系起来，从而开辟了常微分定性理论在非线性振动中的一个重要应用领域. A. M. Lyapunov(李雅普诺夫)为发展运动稳定性理论作出了重要贡献.

第三阶段是20世纪60年代至70年代.这一年代是非线性力学发展突飞猛进的年代.混沌振动的发现和多尺度法的发展是这一时期非线性振动研究在定性定量研究方面的主要成就.在哈密顿系统(或保守系统)的研究中，A. N. Kolmogorov(柯尔莫戈洛夫)、V. A. Arnold(阿诺尔德)、J. K. Moser(莫泽)提出了KAM(卡姆)定理，开始揭示了保守系统中的混沌现象. Lorenz(1963)给出混沌解的第一个例子，他是在分析长期天气预报时发现对流问题的解是混沌的.混沌振动的发现和研究，为非线性振动开辟了一个活跃的新领域，使非线性振动科学进入了一个新的发展阶段.在定量分析研究方面，A. H. Nayfeh (1973，1981)，A H Nayfeh 等(1979)的几本有关摄动法的专著，把摄动法的研究特别是多尺度法的研究推向了高潮.

第四阶段是20世纪80年代至21世纪初期.这一时期是非线性系统分岔和混沌研究和强非线性系统定量非分析方法研究的蓬勃发展期. Nayfeh 等(1995)详细

列出这一时期发表的有关非线性系统分岔和混沌的论文和专著.在定量分析研究方面,国内外的学者致力于发展强非线性系统的定量分析方法,提出了很多新的分析方法,概括起来,可以分为几大类:第一类是参数变换法. Jones(1978)提出一个参数变换,Burton(1982,1984)提出时间变换法,Cheung 等(1991)提出了改进的 L-P 法.第二类是椭圆函数法,Chen 等(1996,1997)提出了椭圆函数摄动法, 椭圆函数 L-P 法,Belhaq 等(2000a,b)提出了椭圆函数多尺度法、椭圆函数 HB 法,Cveticanin (2001)提出了椭圆函数 K-B 法等.第三类是广义谐波函数法,Xu Zhao(徐兆)及其合作者采用广义谐波函数先后推广了四种传统的摄动法.例如,提出新的渐近法推广 KBM 法(徐兆 1985), 提出非线性时间变换法(Xu Zhao 1992)推广 L-P 法,提出广义谐波函数法平均法(Xu and Cheung 1994)推广平均法,提出非线性多尺度法(Xu and Cheung 1995)推广多尺度法.第四类是其他的方法.包括:推广的 KBM 法(戴世强,庄峰青 1986),频闪法(李骊 1990),三变量迭代法(霍麟春等 1992),摄动-增量法(Chan 等 1996),能量法(Li Li 1999), 直接变分法(He 2004,2006)等.

非线性振动问题是近代力学、物理学和工程技术科学等许多领域的重要研究课题,非线性分析是现代基础科学研究的主要方向之一.随着科学技术的发展,非线性振动的研究也必将朝着理论深度、应用广度和交叉学科发展.

第 2 章　弱非线性振动的摄动方法

本章介绍弱非线性振动系统的定量分析方法，主要包括 L-P 法、多尺度法、平均法、KBM 法. 这些方法都只适合于非线性项含有小参数的弱非线性系统，由于非线性项含有小参数，因此，可以将非线性因素作为对线性系统得一种摄动，从而在线性系统的解的基础上寻求非线性系统的近似解. 它们是从原始的摄动法发展起来的，也是以后各章我们要介绍的各种强非线性振动定量方法的基础.

§2.1　原始摄动法

摄动法的思想可以溯源于 19 世纪，就目前所知，最早是 Poisson(1830 年左右)，天文学家在研究天体运动时，把天体的运动，用微分方程的形式表示为

$$\ddot{x}_i = Z_{i0} + \varepsilon Z_{i1} + \varepsilon^2 Z_{i2} + \cdots \quad (i = 1, 2, \cdots, n), \tag{2.1.1}$$

式中 ε 是一个小参数，x_i 是天体的坐标，而 $Z_{i0}, Z_{i1}, \cdots$ 是 x_i 的函数，代表其他天体的引力. 研究地球运动时，Z_{i0} 代表太阳对地球的引力，是主要项，而 $\varepsilon Z_{i1}, \varepsilon^2 Z_{i2}, \cdots$ 则代表其他行星对地球的引力，是微小项，称为“摄动”. 根据这一思想，Poisson 假设微分方程(2.1.1)的解可表示为级数的形式

$$x_i(t) = x_{i0}(t) + \varepsilon x_{i1}(t) + \varepsilon^2 x_{i2}(t) + \cdots \tag{2.1.2}$$

把(2.1.2)式代入原微分方程组(2.1.1)，令方程两边 ε 的同次幂的系数相等，便得到一系列关于 $x_{i0}(t), x_{i1}(t), \cdots$ 的微分方程，从这些方程可依次求得 $x_{i0}(t)$，$x_{i1}(t), \cdots$.

原始的摄动法就是在形式上直接采用上述的 Poisson 求解过程.

考虑拟线性自治系统

$$\ddot{x} + \omega_0^2 x = \varepsilon f(x, \dot{x}), \tag{2.1.3}$$

其中 ε 是小参数，$f(x, \dot{x})$ 是关于 x 和 $\dot{x}$ 解析的非线性函数. 当 $\varepsilon = 0$ 时，微分方程(2.1.3)成为

$$\ddot{x} + \omega_0^2 x = 0. \tag{2.1.4}$$

它是我们熟知的线性振动理论中的简谐振动微分方程，称之为(2.1.3)式的派生方程. 派生方程的解称为派生解，派生方程所描述的系统称为派生系统.

假设方程(2.1.3)存有周期解，原始的求解方法是把方程的解直接展开为 ε 的

幂级数，即

$$x(t,\varepsilon)=x_0(t)+\varepsilon x_1(t)+\varepsilon^2 x_2(t)+\cdots,\tag{2.1.5}$$

其中 $x_i(t)(i=0,1,2,\cdots)$是 t 的函数，与 ε 无关. $x_0(t)$就是系统的派生解.

把(2.1.5)式代入(2.1.3)式的左端，有

$$\begin{aligned}\ddot{x}+\omega_0^2 x=&(\ddot{x}_0+\varepsilon\ddot{x}_1+\varepsilon^2\ddot{x}_2+\varepsilon^3\ddot{x}_3+\cdots)\\&+\omega_0^2(x_0+\varepsilon x_1+\varepsilon^2 x_2+\varepsilon^3 x_3+\cdots)\\=&\ddot{x}_0+\omega_0^2 x_0+\varepsilon(\ddot{x}_1+\omega_0^2 x_1)+\varepsilon^2(\ddot{x}_2+\omega_0^2 x_2)\\&+\varepsilon^2(\ddot{x}_3+\omega_0^2 x_3)+\cdots.\end{aligned}$$

将(2.1.5)式代入(2.1.3)式的右端 $f(x,\dot{x})$，并将它在 $x_0,\dot{x}_0$ 附近展开为 ε 的幂级数，即

$$\begin{aligned}f(x,\dot{x})=&f(x_0,\dot{x}_0)+\varepsilon\left[x_1\frac{\partial f(x_0,\dot{x}_0)}{\partial x}+\dot{x}_1\frac{\partial f(x_0,\dot{x}_0)}{\partial\dot{x}}\right]\\&+\varepsilon^2\left[x_2\frac{\partial f(x_0,\dot{x}_0)}{\partial x}+\dot{x}_2\frac{\partial f(x_0,\dot{x}_0)}{\partial\dot{x}}\right.\\&\left.+\frac{1}{2!}\left(x_1^2\frac{\partial^2 f(x_0,\dot{x}_0)}{\partial x^2}+\dot{x}_1^2\frac{\partial^2 f(x_0,\dot{x}_0)}{\partial\dot{x}^2}+2x_1\dot{x}_1\frac{\partial^2 f(x_0,\dot{x}_0)}{\partial x\partial\dot{x}}\right)\right]+\cdots,\end{aligned}$$

其中$\partial f(x_0,\dot{x}_0)/\partial x$ 表示$\partial f(x,\dot{x})/\partial x$ 在 $x=x_0,\dot{x}=\dot{x}_0$ 处的值，其他类同. 于是可得

$$\begin{aligned}&\ddot{x}_0+\omega_0^2 x_0+\varepsilon(\ddot{x}_1+\omega_0^2 x_1)+\varepsilon^2(\ddot{x}_2+\omega_0^2 x_2)+\varepsilon^3(\ddot{x}_3+\omega_0^2 x_3)+\cdots\\&=\varepsilon f(x_0,\dot{x}_0)+\varepsilon^2\left[x_1\frac{\partial f(x_0,\dot{x}_0)}{\partial x}+\dot{x}_1\frac{\partial f(x_0,\dot{x}_0)}{\partial x}\right]\\&\quad+\varepsilon^3\left[x_2\frac{\partial f(x_0,\dot{x}_0)}{\partial x}+\dot{x}_2\frac{\partial f(x_0,\dot{x}_0)}{\partial\dot{x}}\right.\\&\quad\left.+\frac{1}{2!}\left(x_1^2\frac{\partial^2 f(x_0,\dot{x}_0)}{\partial x^2}+\dot{x}_1^2\frac{\partial^2 f(x_0,\dot{x}_0)}{\partial x^2}+2x_1\dot{x}_1\frac{\partial^2 f(x_0,\dot{x}_0)}{\partial x\partial\dot{x}}\right)\right]+\cdots.\end{aligned}$$

方程两端 ε 同次幂的系数必须相等，这样就得到方程组

$$\ddot{x}_0+\omega_0^2 x_0=0,\tag{2.1.6}$$

$$\ddot{x}_1+\omega_0^2 x_1=f(x_0,\dot{x}_0),\tag{2.1.7}$$

$$\ddot{x}_2+\omega_0^2 x_2=x_1\frac{\partial f(x_0,\dot{x}_0)}{\partial x}+\dot{x}_1\frac{\partial f(x_0,\dot{x}_0)}{\partial\dot{x}},\tag{2.1.8}$$

$$\ddot{x}_3+\omega_0^2 x_3=x_2\frac{\partial f(x_0,\dot{x}_0)}{\partial x}+\dot{x}_2\frac{\partial f_0(x_0,\dot{x}_0)}{\partial\dot{x}}$$

$$+\frac{1}{2!}\left(x_1^2\frac{\partial^2 f(x_0,\dot{x}_0)}{\partial x^2}+\dot{x}_1^2\frac{\partial^2 f(x_0,\dot{x}_0)}{\partial \dot{x}^2}+2x_1\dot{x}_1\frac{\partial^2 f(x_0,\dot{x}_0)}{\partial x\partial \dot{x}}\right). \quad (2.1.9)$$

…………

以上诸方程分别是关于 x_i 的线性微分方程，可以逐个求解. 从方程(2.1.6)可求得 x_0，把 x_0 代入方程(2.1.7)的右端，可以求得 x_1，再把 x_0，x_1 代入方程(2.1.8)的右端进而求得 x_2. 其余的 x_3，x_4，…可依次类推求得.

这就是原始的摄动法，我们称为直接展开法，它在形式上直接采用 Poisson 的求解过程. 19 世纪的天文学家就直接应用这种摄动法计算天体运动，他们只着重于公式计算，并不关心 Poisson 假设是否合理.

但是，问题是在什么条件下，方程(2.1.3)具有周期解，而且能像 Poisson 那样将解写成 ε 的幂级数形式？Poincaré(1892)对此作了证明，证明了方程(2.1.3)的解写成(2.1.5)形式是合理的，如果微分方程包含小参数的非线性项是解析函数，那么它的解是对此小参数解析的，即可展开成小参数的幂级数，并且当小参数充分小时，级数是收敛的，Poincaré 的理论奠定了摄动法的数学基础.

在实际计算中，通常只取级数开头几项，因为计算工作量随着阶次的增高而迅速加大，而且变得繁复. 因此级数解当项数 $i\to\infty$ 时是否收敛并不重要，重要的是当取一定值时，级数解的渐近性. 如果只取级数(2.1.5)式至 $i=N$ 项，后面的项全部截去，由此引起的误差只与 ε 的 $N+1$ 次幂同阶，即满足

$$x(t,\varepsilon)=\sum_{i=0}^{N}\varepsilon^i x_i(t)+\mathrm{O}(\varepsilon^{N+1}),\qquad \varepsilon\ll 1. \quad (2.1.10)$$

这时，级数中的每一项只是它前面一项的微小修正.

实际系统所包含的小参数 ε 有一定的数值，不可能任意地小，所以按小参数 ε 直接展开的级数解常常只能在自变量 t 的某个区间内具有渐近性，即(2.1.5)表示的解只能在自变量的某个区间内才是一致有效的.

在采用原始摄动法研究研究非线性振动时，将会碰到一个“久期项”问题. 所谓“久期项”(secular term)，就是按照 Poisson 假设求得的方程的解(2.1.5)式中存在某些项，当时间 $t\to\infty$ 时这些项无限增大，以至于破坏了级数的收敛性. 下面以简单例子说明之.

例 用原始摄动法求 Duffing 方程

$$\ddot{x}+\omega_0^2 x+\varepsilon x^3=0 \quad (\mathrm{a})$$

满足初始条件

$$x(0)=a,\quad \dot{x}(0)=0 \quad (\mathrm{b})$$

的解.

解 方程(a)可以写成

$$\ddot{x}+\omega_0^2 x=-\varepsilon x^3. \tag{c}$$

对应于方程(2.1.3)，这里 $f(x,\dot{x})=-x^3$. 于是由方程(2.1.6)至(2.1.8)可得

$$\left.\begin{aligned}&\ddot{x}_0+\omega_0^2 x_0=0,\\&\ddot{x}_1+\omega_0^2 x_1=-x_0^3,\\&\ddot{x}_2+\omega_0^2 x_2=-3x_1x_0^2,\\&\cdots\cdots\cdots\cdots\end{aligned}\right\} \tag{d}$$

根据初始条件(b),各阶近似解的初始条件对应为

$$\begin{aligned}&x_0(0)=a,\quad \dot{x}_0(0)=0,\\&x_i(0)=\dot{x}_i(0)=0\quad(i=1,2,\cdots).\end{aligned} \tag{e}$$

由式(d)的第一个方程,并考虑到相应的初始条件,可得

$$x_0(t)=a\cos\omega_0 t. \tag{f}$$

将(f)式代入(d)式的第二个方程,利用 $\cos^3\omega_0 t=\frac{1}{4}(\cos 3\omega_0 t+3\cos\omega_0 t)$,得

$$\ddot{x}_1+\omega_0^2 x_1=-\frac{3}{4}a^3\cos\omega_0 t-\frac{1}{4}a^3\cos 3\omega_0 t. \tag{g}$$

考虑到初始条件(e),方程(g)的解为

$$x_1(t)=-\frac{3}{8\omega_0}a^3 t\sin\omega_0 t+\frac{1}{32\omega_0^2}a^3(\cos 3\omega_0 t-\cos\omega_0 t). \tag{h}$$

再将所得的 x_0 及 x_1 代入(d)的第三个方程,可以求得 x_2 的解. 如果我们只要求精确到 ε 阶的近似解,则有

$$x(t)=a\cos\omega_0 t+\varepsilon\left[-\frac{3}{8\omega_0}a^3 t\sin\omega_0 t+\frac{1}{32\omega_0^2}a^3(\cos 3\omega_0 t-\cos\omega_0 t)\right]. \tag{i}$$

从(i)式可以看出,方程右端第二项含有 $t\sin\omega_0 t$,它将随 t 的增加而无限增大,通常 t 表示时间,故称它为久期项. 由于存在久期项,当 $t\to\infty$ 时,近似解(i)式的值趋于无限大. 这是不符合实际的. 系统作周期振动时,$x(t)$不可能无界. 事实上,方程(a)有首积分

$$\frac{1}{2}\dot{x}^2+\frac{1}{2}\omega_0^2 x^2+\frac{\varepsilon}{4}x^4=E. \tag{j}$$

显然,$\frac{1}{2}\omega_0^2 x^2<E$. 可见,对任意的 t 值,精确解 $x(t)$都是有界的. 所以近似解(i)式仅在较短的时间内可以应用,即只有当 $t\ll 1/\varepsilon$ 时才有渐近性. t 与 $1/\varepsilon$ 同阶时渐近性就丧失.

可以看出,如果继续求解 $x_2,x_3,\cdots$ 各阶的近似解,将出现形如 $t^m\sin\omega_0 t$, $t^m\cos\omega_0 t$ 的久期项. 但是,尽管有久期项出现,仍不能说所求的解是发散的. 问题在

于必须考虑整个级数，而不能从前几项来判断．事实上，按照 Poincaré 理论，以无穷级数表示的解当 ε 充分小时收敛于方程(a)的解，此解按定性分析是有界的．

值得指出的是天文学家在天体计算中最早遇到久期项的问题，他们通过引入相应的修正量加以解决．这对他们而言并不显得特别困难，因为天文表通常是几年才计算一次，因此久期项影响的修正总是有限的．在那里，天体的坐标较之其运动的周期性往往更为重要，因此不必过多地考虑是严格的周期性或是近似的周期性．但在振动理念中，周期性变为第一重要性，在很短的时间里就可观察到是否严格周期运动所产生的差异．天文学和振动理论的研究目标显然是不同的．久期项的出现，一方面使得近似解具有渐近性的有效时间区间变得极短，另一方面，根据求得的前 n 项也难以断定所求的解是否具有周期性，使直接展开法的应用范围受到很大的限制．尽管如此，这种把微分方程的解展开成小参数幂级数的方法，奠定了摄动法的基础．正是围绕着如何消除久期项，从而得出一致有效解的研究，发展了各种各样的渐近解法，构成了摄动法的各个分支，统称为奇异摄动法．十九世纪末，不少学者，如 Lindstedt(1882)，Bohlin(1889)，Gylden(1893)，特别是 Poincaré(1892)，对此作出了贡献．

§2.2　L-P 法

从上一节的例题(i)式可以看出，最后所求得的非线性系统的解的频率还是跟线性系统的频率 ω_0 一样，没有反映非线性对系统频率的影响，这就是直接展开法对周期振动问题失效的根本原因．天文学家 Lindstedt 注意到这一点，于 1882 年首先提出一个方法，通过引入一个新变量 $\tau=\omega t$，其中 ω 代表系统的非线性频率，再把基本解 x 和非线性频率 ω 都展开成小参数 ε 的幂级数，幂级数的系数根据周期运动的要求，避免方程出现久期项的条件依次确定．Poincaré(1892)证明了 Lindstedt 的级数解是渐近级数，因此，这种方法被称为 Lindstedt-Poincaré 方法，简称 L-P 法．

仍考虑拟线性自治系统

$$\ddot{x}+\omega_0^2 x=\varepsilon f(x,\dot{x}),\tag{2.2.1}$$

引入一个新的自变量

$$\tau=\omega t.\tag{2.2.2}$$

对新自变量 τ 而言，所示周期解的周期将为 2π，于是方程(2.2.1)变为

$$\omega^2 x''+\omega_0^2 x=\varepsilon f(x,\omega x'),\tag{2.2.3}$$

式中“$'$”表示对 τ 求导．把 x 和 ω 都展开成小参数 ε 的幂级数，即

$$x(\tau,\varepsilon)=x_0(\tau)+\varepsilon x_1(\tau)+\varepsilon^2 x_2(\tau)+\cdots,\tag{2.2.4}$$

$$\omega(\varepsilon) = \omega_0 + \varepsilon\omega_1 + \varepsilon^2\omega_2 + \cdots, \tag{2.2.5}$$

其中 $x_i(\tau)$ 为 τ 的周期函数,周期 2π;ω_i 为待定常数,在以后的求解过程中逐步确定. 将(2.2.4)和(2.2.5)二式代入方程(2.2.3),左边得

$$\begin{aligned}\omega^2 x'' + \omega_0^2 x = &(\omega_0 + \varepsilon\omega_1 + \varepsilon^2\omega_2 + \cdots)^2(x_0'' + \varepsilon x_1'' + \varepsilon^2 x_2'' + \cdots)\\ &+ \omega_0^2(x_0 + \varepsilon x_1 + \varepsilon^2 x_2 + \cdots)\\ = &(\omega_0^2 x_0'' + \omega_0^2 x_0) + \varepsilon(\omega_0^2 x_1'' + \omega_0^2 x_1 + 2\omega_0\omega_1 x_0'')\\ &+ \varepsilon^2[\omega_0^2 x_2'' + \omega_0^2 x_2 + (2\omega_0\omega_2 + \omega_1^2)x_0'' + 2\omega_0\omega_1 x_1'']\\ &+ \cdots.\end{aligned}$$

将函数 $f(x,\omega x')$ 在 $x=x_0, x'=x_0'$,及 $\omega=\omega_0$ 附近展开成 ε 的幂级数,得

$$\begin{aligned}\varepsilon f(x,\omega x') = &\varepsilon f(x_0,\omega_0 x_0') + \varepsilon^2\left[x_1 \frac{\partial f(x_0,\omega_0 x_0')}{\partial x}\right.\\ &\left. + x_1' \frac{\partial f(x_0,\omega_0 x_0')}{\partial x'} + \omega_1 \frac{\partial f(x_0,\omega_0 x_0')}{\partial \omega}\right] + \cdots\\ = &\varepsilon f(x_0,\omega_0 x_0') + \varepsilon^2\left[x_1 \frac{\partial f(x_0,\omega_0 x_0')}{\partial x}\right.\\ &\left. + (\omega_0 x_1' + \omega_1 x_0') \frac{\partial f(x_0,\omega_0 x_0')}{\partial \dot{x}}\right] + \cdots,\end{aligned}$$

式中 $\partial f(x_0,\omega_0 x_0')/\partial x$ 表示 $\partial f(x,\omega x')/\partial x$ 在 $x=x_0, x'=x_0', \omega=\omega_0$ 处取值,简记为 $\partial f_0/\partial x$.

考虑以上两个展开式相等,并比较等式两边 ε 同次幂的系数,可得线性微分方程组

$$\left.\begin{aligned}&\omega_0^2 x_0'' + \omega_0^2 x_0 = 0,\\ &\omega_0^2 x_1'' + \omega_0^2 x_1 = f(x_0,\omega_0 x_0') - 2\omega_0\omega_1 x_0'',\\ &\omega_0^2 x_2'' + \omega_0^2 x_2 = x_1 \frac{\partial f(x_0,\omega_0 x_0')}{\partial x} + (\omega_0 x_1' + \omega_1 x_0') \frac{\partial f(x_0,\omega_0 x_0')}{\partial \dot{x}}\\ &\qquad\qquad - (2\omega_0\omega_2 + \omega_1^2)x_0'' - 2\omega_0\omega_1 x_1'',\\ &\qquad\qquad \cdots\cdots\cdots\cdots\end{aligned}\right\} \tag{2.2.6}$$

以上方程组与直接展开法所得的方程组相似,可以依次求解,所不同的是,还必须确定频率分量 $\omega_i(i=1,2,\cdots)$,这可以由 $x_i(\tau)$ 的周期性的条件来确定. 由(2.2.6)诸式可知,为使 x_0, x_1, x_2 为周期函数,各方程式右边应不含 $\sin\tau$ 和 $\cos\tau$ 的项,因为 $\sin\tau$ 或 $\cos\tau$ 将会产生久期项. 令各方程式右边 $\sin\tau$ 和 $\cos\tau$ 项的系数为零,由此可定出 $\omega_i(i=1,2,\cdots)$,这样就可以消去久期项而得到周期解.

L-P 法的优点是方法简单、直观、明了,便于应用,特别适合于计算机符号软件如 Mathematica 等,借助于这类具有推导公式功能的计算机软件,可以方便地进行

高次近似计算，克服以往手工计算时遇到的繁琐的困难. 但是，L-P 法只能求得系统的稳态解，而不能求得瞬态解. 对于耗散系统，因振幅随时间而变化，此时 L-P 法就不能应用了.

L-P 法有时也称为参数变换法，因为它把参数 ω 与所求的解 x 一起展开为 ε 的幂级数，在求解过程逐步确定，使所求的解具有一致性. 但是，对于多变量函数 $x(t_1,t_2,\cdots,t_n,\varepsilon)$ 按 ε 展开成幂级数后所求得的解不一定是一致收敛的. Lighthill (1949)推广了 L-P 法思想，采用更为广泛的坐标变换，把出现非一致有效性的那一个自变量，例如 t_1，也展开成包括新引入的自变量的项的幂级数，即

$$x(t_1,t_2,\cdots,t_n,\varepsilon)=\mathrm{X}(\tau,t_2,\cdots,t_n,\varepsilon)=\sum_{m=0}^{\infty}\varepsilon^m \mathrm{X}_m(\tau,t_2,\cdots,t_n), \tag{2.2.7}$$

$$t_1=T(\tau,t_2,\cdots,t_n,\varepsilon)=\tau+\sum_{m=1}^{\infty}\varepsilon^m T_m(\tau,t_2,\cdots,t_n). \tag{2.2.8}$$

因此，Lighthill 法也称为坐标变换法. 郭永怀(Kuo Y H 1953)又将此法推广应用于黏性流动问题. 因此，钱学森(Tsien H S 1956)建议将以上这一套方法统称为 PLK 法. 这一方法在流体力学、固体力学以及物理学等其他学科都有很广泛的应用，主要已经不是用于非线性振动. 而用于非线性振动时与 L-P 法没有多大差别.

例 1 用 L-P 法求 Duffing 方程

$$\ddot{x}+\omega_0^2 x+\varepsilon x^3=0 \tag{a}$$

满足初始条件

$$x(0)=a,\qquad \dot{x}(0)=0 \tag{b}$$

的周期解.

解 对应于方程(2.2.1)，本题中 $f(x,\omega x')=-x^3$. 由式(2.2.6)可得方程组

$$\left.\begin{aligned}
&x_0''+x_0=0,\\
&x_1''+x_1=-\frac{x_0^3}{\omega_0^2}-2\frac{\omega_1}{\omega_0}x_0'',\\
&x_2''+x_2=-\frac{3x_0^2x_1}{\omega_0^2}-\frac{1}{\omega_0^2}(2\omega_0\omega_2+\omega_1^2)x_0''-2\frac{\omega_1}{\omega_0}x_1'',\\
&\cdots\cdots\cdots\cdots
\end{aligned}\right\} \tag{c}$$

根据初始条件(b)，各阶近似解的初始条件对应为

$$\begin{aligned}
&x_0(0)=a,\quad x_0'(0)=0,\\
&x_i(0)=0,\quad x_i'(0)=0\quad (i=1,2,\cdots).
\end{aligned} \tag{d}$$

由方程组(c)第一式和初始条件(d)，可得

$$x_0=a\cos\tau. \tag{e}$$

把 x_0 表达式(e)代入(c)的第二式,得

$$x_1'' + x_1 = \left(2a\frac{\omega_1}{\omega_0} - \frac{3}{4}\frac{a^3}{\omega_0^2}\right)\cos\tau - \frac{a^3}{4\omega_0^2}\cos3\tau. \tag{f}$$

为了满足周期性条件,消去久期项,只须令方程(f)右端 $\cos\tau$ 的系数等于零,由此得

$$\omega_1 = \frac{3}{8}\frac{a^2}{\omega_0}. \tag{g}$$

于是,方程(f)成为

$$x_1'' + x_1 = -\frac{a^3}{4\omega_0^2}\cos3\tau.$$

x_1 的解包含二部分,齐次方程的通解 x_{1h} 和特解 x_{1p}.

$$\left.\begin{aligned} x_1 &= x_{1h} + x_{1p}, \\ x_{1h} &= A_1\cos\tau + B_1\sin\tau, \\ x_{1p} &= \frac{a^3}{32\omega_0^2}\cos3\tau. \end{aligned}\right\} \tag{h}$$

应用初始条件(d),得

$$A_1 = -\frac{a^3}{32\omega_0^2}, \quad B_1 = 0.$$

因此有

$$x_1 = \frac{1}{32}\frac{a^3}{\omega_0^2}(\cos3\tau - \cos\tau). \tag{i}$$

将(e)、(g)、(i)代入(c)的第三式,得

$$x_2'' + x_2 = \left(2\frac{a\omega_2}{\omega_0} + \frac{21}{128}\frac{a^5}{\omega_0^4}\right)\cos\tau + \frac{24}{128}\frac{a^5}{\omega_0^4}\cos3\tau - \frac{3}{128}\frac{a^5}{\omega_0^4}\cos5\tau. \tag{j}$$

为了消除久期项,令 $\cos\tau$ 的系数为零,得

$$\omega_2 = -\frac{21}{256}\frac{a^4}{\omega_0^8}. \tag{k}$$

这样,满足初始条件(d)的解为

$$x_2 = \frac{1}{1024}\frac{a^5}{\omega_0^4}(23\cos\tau - 24\cos3\tau + \cos5\tau). \tag{l}$$

最后求得满足初始条件(b)的二次近似解为

$$\left.\begin{aligned} x &= a\cos\tau + \varepsilon\,\frac{1}{32}\,\frac{a^3}{\omega_0^2}(\cos3\tau - \cos\tau) + \varepsilon^2\,\frac{1}{1024}\,\frac{a^5}{\omega_0^4}(23\cos\tau \\ &\quad - 24\cos3\tau + \cos5\tau) + \cdots, \\ \omega &= \omega_0 + \varepsilon\,\frac{3}{8}\,\frac{a^2}{\omega_0} - \varepsilon^2\,\frac{21}{256}\,\frac{a^4}{\omega_0^3} + \cdots, \\ \tau &= \omega t. \end{aligned}\right\} \tag{m}$$

从(m)式可知，系统的解包含了一个常数值 a，a 值表示初始位移，可以任意给出，这说明 Duffing 方程有无穷多个周期解，其振幅和周期决定于初始位移. 这一结论跟微分方程的定性理论是一致的. 根据微分方程的定性理论可知，对于保守系统，其周期运动为一个连续统，振幅可以为无穷多个数值.

值得指出的是对于保守系统的求解，可以有不同的方法来满足初始条件. 以上的求解过程中我们把初始条件(b)展开为初始条件(d)，然后在求方程组(c)各个渐近方程的解时，确定其通解的积分常数. 如果我们不考虑各个渐近方程的通解，那么也就不必将初始条件(b)展开为(d)了. 两种解法的最后结果是一致的，相差只是一个高阶小量. Nayfeh 和 Mook(1979)在其名作“Nonlinear Oscillations”中已有阐述. 相比之下，前者的计算比较繁复，后者就简单得多了. 下面我们再列出具体的求解过程，以供读者比较.

式(c)第一个方程的解可以写为

$$x_0 = A\cos(\tau + \varphi). \tag{e$_1$}$$

将(e_1)代入(c)的第二个方程可得

$$x_1'' + x_1 = \left(2A\,\frac{\omega_1}{\omega_0} - \frac{3}{4}\,\frac{A^3}{\omega_0^2}\right)\cos(\tau + \varphi) - \frac{A^3}{4\omega_0^2}\cos(3\tau + 3\varphi). \tag{f$_1$}$$

消去久期项，令 $\cos(\tau+\varphi)$ 的系数为零，得

$$\omega_1 = \frac{3}{8}\,\frac{A^2}{\omega_0^2}. \tag{g$_1$}$$

于是

$$x_1 = \frac{1}{32}\,\frac{A^3}{\omega_0^2}\cos(3\tau + 3\varphi). \tag{i$_1$}$$

把(e_1)、(g_1)、(i_1)代入(c)的第三式，得

$$\begin{aligned} x_2'' + x_2 = {} & 2\left(2\,\frac{A\omega_2}{\omega_0} + \frac{15}{128}\,\frac{A^5}{\omega_0^4}\right)\cos(\tau + \varphi) + \frac{21}{128}\,\frac{A^5}{\omega_0^4}\cos(3\tau + 3\varphi) \\ & - \frac{3}{128}\,\frac{A^5}{\omega_0^4}\cos(5\tau + 5\varphi). \end{aligned} \tag{j$_1$}$$

消去久期项得

$$\omega_2 = -\frac{15}{256}\frac{A^4}{\omega_0^3}. \tag{k_1}$$

由(j_1)求得

$$x_2 = -\frac{21}{1024}\frac{A^5}{\omega_0^4}\cos(3\tau + 3\varphi) + \frac{1}{1024}\frac{A^5}{\omega_0^4}\cos(5\tau + 5\varphi). \tag{l_1}$$

于是可求出二次近似解为

$$\left.\begin{aligned} x &= A\cos(\tau + \varphi) + \varepsilon\frac{1}{32}\frac{A^3}{\omega_0^2}\cos(3\tau + 3\varphi) \\ &\quad + \varepsilon^2\frac{1}{1024}\frac{A^5}{\omega_0^4}[\cos(5\tau + 5\varphi) - 21\cos(3\tau + 3\varphi)], \\ \omega &= \omega_0 + \varepsilon\frac{3}{8}\frac{A^2}{\omega_0} - \varepsilon^2\frac{15}{256}\frac{A^4}{\omega_0^3}. \end{aligned}\right\} \tag{m_1}$$

显然,解(m_1)中包含二个任意常数 A 和 φ,可以由初始条件(b)来决定.

由 $\dot{x}(0)=0$,可得

$$\varphi = 0. \tag{n}$$

由 $x(0)=a$,可得

$$a = A + \varepsilon\frac{A^3}{32\omega_0^2} - \varepsilon^2\frac{20}{1024}\frac{A^5}{\omega_0^4}. \tag{o}$$

对于保守系统,存在周期运动的连续系统,振幅可以有无穷多个值,即初始条件 a 可以为任意值.因此,完全可以把(m_1)式作为方程(a)的最后结果而不必求表达式(o).显然,这种解法比前面的解法简单得多.以后我们多数采用这种解法.

两种解法的结果(m)式和(m_1)式表面上看不一样,但不难证明它们是一致的,相差只是高阶小量.我们可从(m)式简单地推得(m_1)式.

根据(o)式,

$$\left.\begin{aligned} a^3 &= A^3 + \frac{3}{32}\frac{A^5}{\omega_0^2}\varepsilon + O(\varepsilon^2), \\ a^5 &= A^5 + O(\varepsilon). \end{aligned}\right\} \tag{p}$$

把式(p)代入(m)式,经简单运算便可得到(m_1)式.反之,我们也可从(m_1)式推得(m)式.为此,把 A 展开为 ε 的幂级数

$$A = A_0 + \varepsilon A_1 + \varepsilon^2 A_2 + \cdots. \tag{q}$$

把(q)式代入(o)式,可得

$$A_0 = a, \quad A_1 = -\frac{1}{32}\frac{a^3}{\omega_0^2}, \quad A_2 = \frac{23}{1024}\frac{a^5}{\omega_0^4}.$$

于是 A 的二次近似表达式为

$$\left.\begin{aligned} A &= a - \frac{1}{32}\frac{a^3}{\omega_0^2}\varepsilon + \frac{23}{1024}\frac{a^5}{\omega_0^4}\varepsilon^2 + O(\varepsilon^3), \\ A^3 &= a^3 - \frac{3}{32}\frac{a^5}{\omega_0^2}\varepsilon + O(\varepsilon^2), \\ A^5 &= a^5 + O(\varepsilon). \end{aligned}\right\} \tag{r}$$

把(r)式代入(m_1)式,不难验证所得的结果为(m)式.

从以上结果可以看出,由于非线性项的影响,系统的周期中含有高次谐波项.振动频率 ω 与振幅有关.这是非线性振动区别于线性振动的特性之一.

例 2　用 L-P 法求 van der Pol 方程

$$\ddot{x} + x = \varepsilon(1 - x^2)\dot{x} \tag{a}$$

的周期解

解　对应于方程(2.2.1),本例 $f(x,\dot{x}) = (1 - x^2)\dot{x}$,$\omega_0 = 1$,按式(2.2.6)可得方程组

$$\left.\begin{aligned} &x_0'' + x_0 = 0, \\ &x_1'' + x_1 = (1 - x_0^2)x_0' - 2\omega_1 x_0'', \\ &x_2'' + x_2 = (1 - x_0^2)(\omega_1 x_0' + x_1') - 2x_0 x_1 x_0' - (2\omega_2 + \omega_1^2)x_0'' - 2\omega_1 x_1'', \\ &\qquad\cdots\cdots\cdots\cdots \end{aligned}\right\} \tag{b}$$

设各阶近似解的初始条件为

$$x_i(0) = A_i, \quad x_i'(0) = 0 \quad (i = 0,1,2,\cdots). \tag{c}$$

(b)式第一个方程满足条件(c)的解为

$$x_0 = A_0\cos\tau. \tag{d}$$

把 x_0 代入(b)式第二个方程,得

$$x_1'' + x_1 = \frac{A_0}{4}(A_0^2 - 4)\sin\tau + 2A_0\omega_1\cos\tau + \frac{1}{4}A_0^3\sin 3\tau. \tag{e}$$

令 $\cos\tau$ 与 $\sin\tau$ 的系数等于零,得

$$\frac{A_0}{4}(A_0^2 - 4) = 0,$$

$$2A_0\omega_1 = 0.$$

解得

$$A_0 = 0 \quad (\text{平凡解})$$

或

$$A_0 = \pm 2, \quad \omega_1 = 0. \tag{f}$$

若取 $A_0 = 0$,则 $x_0 = 0$,这样逐次求下去,得 $x = 0$,这样的解称平凡解.由于 $A_0 = -2$对应的解与 $A_0 = 2$ 对应的解给出同一条轨线,只是相位不同,相差为 π.所以仅

取 $A_0=2$. 于是

$$\left.\begin{aligned}x_0 &= 2\cos\tau,\\ \omega_1 &= 0,\\ x_1 &= -\frac{1}{4}\sin 3\tau + M_1\cos\tau + N_1\sin\tau.\end{aligned}\right\}\tag{g}$$

由初始条件(c)求得

$$M_1 = A_1,\quad N_1 = \frac{3}{4},\tag{h}$$

其中 M_1 待定. 把 x_0、x_1、ω_1 的表达式代入(b)式第三个方程,得

$$x_2'' + x_2 = \left(\frac{1}{4} + 4\omega_2\right)\cos\tau + 2M_1\sin\tau - \frac{3}{2}\cos 3\tau + 3M_1\sin 3\tau + \frac{5}{4}\cos 5\tau,\tag{i}$$

消去久期项,得

$$\omega_2 = -\frac{1}{16},\quad M_1 = 0.\tag{j}$$

因而

$$x_1 = -\frac{1}{4}\sin 3\tau + \frac{3}{4}\sin\tau,\tag{k}$$

$$x_2 = \frac{3}{16}\cos 3\tau - \frac{5}{96}\cos 5\tau + M_2\cos\tau + N_2\sin\tau.\tag{l}$$

再由初始条件(c)得

$$A_2 = M_2 + \frac{13}{96},\quad N_2 = 0,\tag{m}$$

其中 M_2 待定. x_3 的微分方程为

$$\begin{aligned}x_3'' + x_3 = &\left(\frac{1}{4} + 2M_2\right)\sin\tau + 4\omega_3\cos\tau + \left(3M_2 - \frac{1}{2}\right)\sin 3\tau\\ &+ \frac{35}{24}\sin 5\tau - \frac{7}{12}\sin 7\tau,\end{aligned}\tag{n}$$

由 x_3 不产生久期项的条件得

$$M_2 = -\frac{1}{8},\quad \omega_3 = 0.\tag{o}$$

于是,方程(a)精确到 ε^2 量级的周期解为

$$\left.\begin{aligned}x(t) = &\ 2\cos\omega t + \varepsilon\frac{1}{4}(3\sin\omega t - \sin 3\omega t)\\ &+ \varepsilon^2\left(-\frac{1}{8}\cos\omega t + \frac{3}{16}\cos 3\omega t - \frac{5}{96}\cos 5\omega t\right) + \cdots,\\ \omega = &\ 1 - \varepsilon^2\frac{1}{16} + \cdots.\end{aligned}\right\}\tag{p}$$

比较 van der Pol 方程描述的自激振动系统和 Duffing 方程描述的保守系统，两者有本质的区别. 保守系统的振幅可以取任意值，它由初始条件决定；而自激振动系统的振幅只能取某个确定值，它由系统本身的结构决定. 一般说来，对任意给出的初始条件，将不存在周期解.

图 2-1 所示为 van der Pol 方程当 $\varepsilon=0.3$ 时的极限环. 图中实线所示为数值解(Runge-Kutta 法)，虚线所示为精确到 τ 阶的近似解. 从图中可以看出，数值解和近似解有明显的差别. 若继续求得高阶近似解，可以改善近似解的精确度. 例如，若求到 x_3 和 ω_4 的结果，有

$$\left.\begin{aligned} x_3 &= -\frac{21}{768}\sin\tau+\frac{21}{256}\sin3\tau-\frac{35}{576}\sin5\tau+\frac{7}{576}\sin7\tau, \\ \omega_3 &= 0, \\ \omega_4 &= \frac{17}{3072}. \end{aligned}\right\} \tag{q}$$

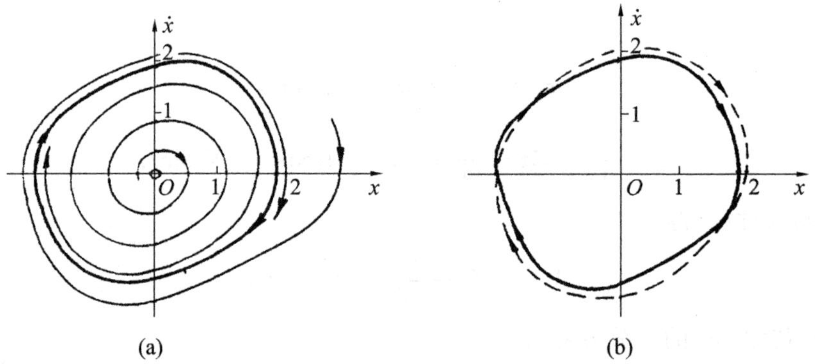

图 2-1　van der Pol 方程 $\varepsilon=0.3$ 时一次近似解的极限环

Davis 和 Alfriend(1967)采用新的摄动法，也得到上述结果. 图 2-2 所示为 Davis 的结果与数值结果的比较.

从图 2-2 可以看出，$\varepsilon=0.6$ 时，误差不大，但 $\varepsilon=0.8$ 时，误差就明显出现了. 分析产生误差的原因，在于上述求解过程中引进初始条件 $\dot{x}_i(0)=0$，由此去确定各阶齐次方程的通解

$$x_{ih} = M_i\cos\tau + N_i\sin\tau = R_i\cos(\tau+\varphi_i) \tag{r}$$

中的积分常数 N_i，式中相位角 $\varphi_i=\arctan(-N_i/M_i)$. 由于每一阶摄动解 N_i 不同，相位角 φ_i 也就不同. 例如本例中 $\varphi_0=0, \varphi_1=\pi/2, \varphi_2=0$. 这样从 0 到 $\pi/2$ 来回跳跃. 作者曾著文，见 Chen 等(1991)，指出对于自激振动系统不提初始条件 $\dot{x}_i(0)=0$ 为好，而各阶齐次方程的通解取等相位

$$x_{ih} = M_i \cos\tau \tag{s}$$

的形式,即 $R_i = M_i$,$\varphi_1 = \varphi_2 = \cdots = 0$. 根据这一假设,求得精确到 $O(\varepsilon^6)$ 的解为

$$x = \sum_{n=0}^{5} \varepsilon^n x_n(\tau), \tag{t}$$

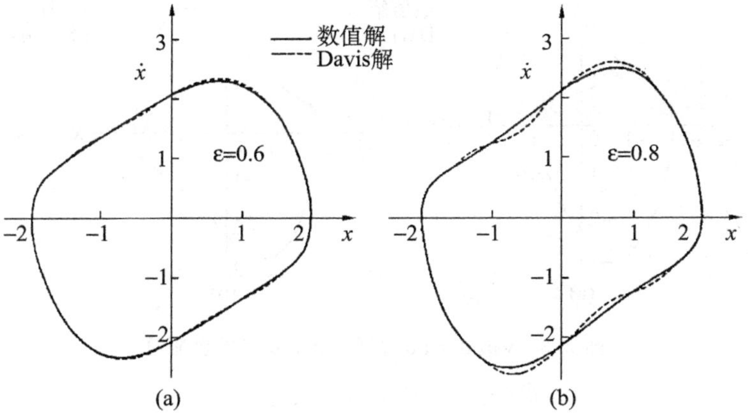

图 2-2 van der Pol 方程 Davis 解的极限环

其中

$$x_0 = 2\cos\tau,$$

$$x_1 = -\frac{1}{4}\sin 3\tau,$$

$$x_2 = \frac{1}{64}\cos\tau - \frac{3}{32}\cos 3\tau - \frac{5}{96}\cos 5\tau,$$

$$x_3 = \frac{15}{512}\sin 3\tau + \frac{85}{2304}\sin 5\tau + \frac{7}{576}\sin 7\tau,$$

$$x_4 = \frac{301}{49152}\cos\tau + \frac{101}{12288}\cos 3\tau + \frac{1865}{110592}\cos 5\tau + \frac{1379}{110592}\cos 7\tau + \frac{61}{20480}\cos 9\tau,$$

$$x_5 = -\frac{6287}{1179648}\sin 3\tau - \frac{8095}{1327104}\sin 5\tau - \frac{99967}{1327104}\sin 7\tau - \frac{1207}{307200}\sin 9\tau - \frac{5533}{7372800}\sin 11\tau,$$

$$\omega = 1 - \frac{1}{16}\varepsilon^2 + \frac{17}{3072}\varepsilon^4 + O(\varepsilon^6).$$

图 2-3 所示为 van der Pol 方程当 $\varepsilon = 1.0$ 时几种解答的极限环的比较. 图 2-3(a)

所示为 Davis 解与数值解的比较，图 2-3(b)所示为陈树辉解与数值解的比较. 从图中明显看出，陈树辉解答几乎与数值解一致，而 Davis 解与数值解就有很大的误差.

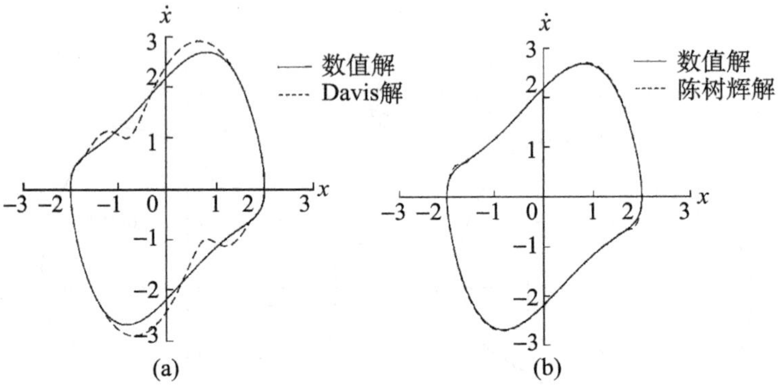

图 2-3　van der Pol 方程 $\varepsilon=1.0$ 时的极限环

§2.3　多尺度法

多尺度法(the method of multiple scales)是经典摄动中应用得最广泛、而且发展成最多型式的方法. 这种方法的基本思想是把微分方程的解 $x(t)$视为很多快慢不同的时间尺度或变量的函数，这样，原来求 x 对 t 的导数就变为求 x 对这些引进的新变量的偏导数. 由于变量个数多少不同和选取方式的差异就发展成各种型式的多尺度法. 主要包含有三种型式：1. 多变量型；2. 两变量型；3. 推广型，即第 1、2 两种型式的推广. 本节主要讨论前二种型式的多尺度法，因为它们是最基本的，也是最简单的多尺度法.

2.3.1　导数展开法

仍然考虑拟线性自治系统

$$\ddot{x}+\omega_0^2 x=\varepsilon f(x,\dot{x}), \tag{2.3.1}$$

用 L-P 法求得形式解为

$$x(\tau)=\sum_{m=0}^{\infty}\varepsilon^m x_m(\tau),$$

其中

$$\tau=\omega t,$$

$$\omega = \sum_{m=0}^{\infty} \varepsilon^m \omega_m.$$

即

$$\tau = \sum_{m=0}^{\infty} \omega_m \varepsilon^m t.$$

由此可见,τ 包含有不同尺度的时间变量:$t, \varepsilon t, \varepsilon^2 t, \cdots$,因此,$x$ 是依赖于这些变量的函数.令

$$T_m = \varepsilon^m t (m = 0,1,2,\cdots,n) \tag{2.3.2}$$

把它们看成独立的自变量,则

$$x(t,\varepsilon) = x(T_0, T_1, T_2, \cdots, T_n, \varepsilon)$$

因此,关于 t 的导数变成关于 T_m 的偏导数的展开式,即有

$$\begin{aligned}\frac{\mathrm{d}}{\mathrm{d}t} &= \frac{\partial}{\partial T_0}\frac{\mathrm{d}T_0}{\mathrm{d}t} + \frac{\partial}{\partial T_1}\frac{\mathrm{d}T_1}{\mathrm{d}t} + \frac{\partial}{\partial T_2}\frac{\mathrm{d}T_2}{\mathrm{d}t} + \cdots \\ &= \frac{\partial}{\partial T_0} + \varepsilon\frac{\partial}{\partial T_1} + \varepsilon^2\frac{\partial}{\partial T_2} + \cdots,\end{aligned} \tag{2.3.3}$$

$$\frac{\mathrm{d}^2}{\mathrm{d}t^2} = \frac{\partial^2}{\partial T_0^2} + 2\varepsilon\frac{\partial^2}{\partial T_0 \partial T_1} + \varepsilon^2\left(\frac{\partial^2}{\partial T_1^2} + 2\frac{\partial^2}{\partial T_0 \partial T_2}\right) + \cdots, \tag{2.3.4}$$

或记成

$$\frac{\mathrm{d}}{\mathrm{d}t} = D_0 + \varepsilon D_1 + \varepsilon^2 D_2 + \cdots, \tag{2.3.5}$$

$$\begin{aligned}\frac{\mathrm{d}^2}{\mathrm{d}t^2} &= (D_0 + \varepsilon D_1 + \varepsilon D_2 + \cdots)^2 \\ &= D_0^2 + 2\varepsilon D_0 D_1 + \varepsilon^2(D_1^2 + 2D_0 D_2) + \cdots,\end{aligned} \tag{2.3.6}$$

其中 $D_n = \frac{\partial}{\partial T_n}$.设方程(2.3.1)的解为

$$x(t,\varepsilon) = x_0(T_0, T_1, \cdots, T_n) + \varepsilon x_1(T_0, T_1, \cdots, T_n) + \cdots + \varepsilon_0^n x_n(T_0, T_1, \cdots, T_n) \tag{2.3.7}$$

x 对 t 的一阶、二阶导数为

$$\begin{aligned}\frac{\mathrm{d}x}{\mathrm{d}t} &= D_0 x_0 + \varepsilon(D_0 x_1 + D_1 x_0) \\ &\quad + \varepsilon^2(D_0 x_2 + D_1 x_1 + D_2 x_0) + O(\varepsilon^3),\end{aligned} \tag{2.3.8}$$

$$\begin{aligned}\frac{\mathrm{d}^2 x}{\mathrm{d}t^2} &= D_0^2 x_0 + \varepsilon(D_0^2 x_1 + 2D_0 D_1 x_0) \\ &\quad + \varepsilon^2(D_0^2 x_2 + 2D_0 D_1 x_1 + D_1^2 x_0 + 2D_0 D_2 x_0) + O(\varepsilon^3).\end{aligned} \tag{2.3.9}$$

把 $f(x,\dot{x})$按 Taylor 级数展开，可得

$$f(x,\dot{x}) = f(x_0, D_0 x_0) + \varepsilon[f'_x(x_0, D_0 x_0) x_1 + f'_{\dot{x}}(x_0, D_0 x_0)(D_0 x_1 + D_1 x_0)] + O(\varepsilon^2). \quad (2.3.10)$$

把(2.3.7)～(2.3.10)代入(2.3.1)，并令方程两边 ε 的同次幂的系数相等，可得

$$\left.\begin{aligned}
&D_0^2 x_0 + \omega_0^2 x_0 = 0,\\
&D_0^2 x_1 + \omega_0^2 x_1 = -2D_0 D_1 x_0 + f(x_0, D_0 x_0),\\
&D_0^2 x_2 + \omega_0^2 x_2 = -2D_0 D_1 x_1 - D_1^2 x_0 - 2D_0 D_2 x_0\\
&\qquad + f'_x(x_0, D_0 x_0)\cdot x_1 + f'_{\dot{x}}(x_0, D_0 x_0)\\
&\qquad \times (D_0 x_1 + D_1 x_0),\\
&\qquad \cdots\cdots\cdots\cdots
\end{aligned}\right\} \quad (2.3.11)$$

方程组(2.3.11)是线性偏微分方程组，与 L-P 法一样，利用消去久期项的附加条件，便能逐次确定各未知函数 x_m，均表为多尺度 $T_0, T_1, \cdots, T_n$ 的函数. 这种方法称为多变量尺度法，或称为导数展开法，因为由公式(2.3.3)知，导数也像 x 一样，展开为 ε 的幂级数. 它是由 Sturrock(1957)，Frieman(1963)，Nayfeh(1965b)，Sandri(1965)等人先后提出并发展的.

例 1 用导数展开法求 Duffing 方程的近似解

$$\ddot{x} + \omega_0^2 x + \varepsilon x^3 = 0. \quad (a)$$

解 若我们求二次近似解，可以引进三个不同尺度的时间变量 $T_0 = t, T_1 = \varepsilon t, T_2 = \varepsilon^2 t$.

设所求的二次近似解为

$$x(t,\varepsilon) = x_0(T_0, T_1, T_2) + \varepsilon x_1(T_0, T_1, T_2) + \varepsilon^2 x_2(T_0, T_1, T_2). \quad (b)$$

对应于方程(2.3.1)，本例 $f(x,\dot{x}) = -x^3$，由式(2.3.11)可得

$$\left.\begin{aligned}
&D_0^2 x_0 + \omega_0^2 x_0 = 0,\\
&D_0^2 x_1 + \omega_0^2 x_1 = -2D_0 D_1 x_0 - x_0^3,\\
&D_0^2 x_2 + \omega_0^2 x_2 = -2D_0 D_1 x_1 - D_1^2 x_0 - 2D_0 D_2 x_0 - 3x_0^2 x_1.
\end{aligned}\right\} \quad (c)$$

式(c)第一个方程的解为

$$x_0 = A(T_1, T_2)\cos[\omega_0 T_0 + \Psi(T_1, T_2)], \quad (d)$$

其中 A, Ψ 是 T_1 和 T_2 的函数. 把 x_0 代入(c)式第二个方程，得

$$D_0^2 x_1 + \omega_0^2 x_1 = 2\omega_0 D_1 A\sin[\omega_0 T_0 + \Psi] + \left(2\omega_0 A D_1 \Psi - \frac{3}{4}A^3\right) \times \cos[\omega_0 T_0 + \Psi] - \frac{1}{4}A^3 \cos 3[\omega_0 T_0 + \Psi]. \quad (e)$$

为使 x_1 不出现久期项，必须有

$$D_1 A = 0,$$

$$2\omega_0 A D_1 \Psi - \frac{3}{4}A^3 = 0.$$

由此可得

$$\left.\begin{aligned} &A = A(T_2), \\ &\Psi = \frac{3}{8\omega_0}A^2 T_1 + \psi(T_2). \end{aligned}\right\} \tag{f}$$

于是方程(e)的解为

$$x_1 = \frac{1}{32\omega_0^2}A^3 \cos 3[\omega_0 T_0 + \Psi]. \tag{g}$$

把 x_0，x_1 代入(c)的第三个方程，得

$$\begin{aligned} D_0^2 x_2 + \omega_0^2 x_2 = {} & 2\omega_0 D_2 A \sin[\omega_0 T_0 + \Psi] + \left(2\omega_0 A D_2 \Psi + \frac{15}{128\omega_0^2}A^5\right) \\ & \times \cos[\omega_0 T_0 + \Psi] + \frac{21}{128\omega_0^2}A^5 \cos 3[\omega_0 T_0 + \Psi] \\ & - \frac{3}{128\omega_0^2}A^5 \cos 5[\omega_0 T_0 + \Psi]. \end{aligned} \tag{h}$$

为使 x_2 不出现久期项，必须有

$$D_2 A = 0,$$

$$2\omega_0 A D_2 \Psi + \frac{15}{128\omega_0^2}A^5 = 0,$$

可得

$$\left.\begin{aligned} &A(T_2) = a, \\ &D_2 \psi = -\frac{15}{256\omega_0^3}A^4, \quad \psi(T_2) = -\frac{15}{256\omega_0^3}A^4 T_2 + \varphi, \end{aligned}\right\} \tag{i}$$

其中 a 和 φ 为积分常量.

根据(f)式，可得

$$\Psi = \frac{3}{8}\omega_0 a^2 T_1 - \frac{15}{256}\omega_0 a^4 T_2 + \varphi. \tag{j}$$

由(h)式求得

$$x_2 = \frac{1}{1024}\frac{A^5}{\omega_0^4}[-21\cos 3(\omega_0 T_0 + \Psi) + \cos 5(\omega_0 T_0 + \Psi)]. \tag{k}$$

将 x_0、x_1 和 x_2 代入(b)式，并代回 $T_0 = t, T_1 = \varepsilon t, T_2 = \varepsilon^2 t$ 最后可得到原方程(a)的二次渐近解

$$x = a\cos(\omega t + \varphi) + \varepsilon \frac{1}{32\omega_0^2} a^3 \cos 3(\omega t + \varphi)$$

$$+ \varepsilon^2 \frac{1}{1024\omega_0^4} a^5 [\cos 5(\omega t + \varphi) - 21\cos 3(\omega t + \varphi)] \tag{l}$$

$$\omega = \omega_0 + \varepsilon \frac{3}{8} \frac{a^2}{\omega_0} - \varepsilon^2 \frac{15}{256} \frac{a^4}{\omega_0^3}. \tag{m}$$

这一结果与§2.2中例1采用L-P法的计算结果(m_1)是一致的.

例 2 用导数展开法求 van der Pol 方程

$$\ddot{x} + x = \varepsilon(1 - x^2)\dot{x} \tag{a}$$

的一次近似解

解 求一次近似解,可设所求的解含二个时间尺度 T_0, T_1.

$$x = \sum_{n=0}^{1} \varepsilon^n x_n(T_0, T_1) + O(\varepsilon^2), \quad T_n = \varepsilon^n t, \tag{b}$$

对应于方程(2.3.1),本例 $f(x,\dot{x}) = (1 - x^2)\dot{x}, \omega_0 = 1$. 于是由(2.3.11)式可得

$$D_0^2 x_0 + x_0 = 0, \tag{c}$$

$$D_0^2 x_1 + x_1 = -2D_0 D_1 x_0 + (1 - x_0^2) D_0 x_0. \tag{d}$$

方程(c)的解可以表示为例1中(d)式的形式,也可以复数形式来表示.

$$x_0 = A(T_1)e^{iT_0} + \overline{A}(T_1)e^{-iT_0}, \tag{e}$$

式中 $\overline{A}$ 是 A 的共轭复数.

$$A = \frac{1}{2} a(T_1) \exp i\theta(T_i) \tag{f}$$

把 x_0 代入方程(d),得出

$$D_0^2 x_1 + x_1 = -i(2D_1 A + A^2 \overline{A} - A)e^{iT0} - iA^3 e^{3iT_0} + CC, \tag{g}$$

CC 表示其前面表达式的共轭复数. 为了消除久期项,令(g)式右端 $\exp(\pm iT_0)$ 的系数为零,得

$$2D_1 A = A - A^2 \overline{A}. \tag{h}$$

把(f)式代入(h)式并分离其实部和虚部,得

$$\frac{da}{dT_1} = \frac{a}{2}\left(1 - \frac{a^2}{4}\right), \quad \frac{d\theta}{dT_1} = 0, \tag{i}$$

所以

$$\theta = \theta_0 = \text{常数}. \tag{j}$$

在式(i)的第一个方程两边乘以 a 后分离变量,得

$$\frac{da^2}{a^2} + \frac{da^2}{4 - a^2} = dT_1, \tag{k}$$

积分得

$$a(T_1)=\frac{2}{\sqrt{1+\left(\frac{4}{a_0^2}-1\right)e^{-T_1}}},\tag{l}$$

其中 a_0 是常数. 于是方程(a)的第一次近似解为

$$x(t)=\frac{2}{\sqrt{1+\left(\frac{4}{a_0^2}-1\right)e^{-\varepsilon t}}}\cos t+O(\varepsilon).\tag{m}$$

现将解(m)与§2.2中例2采用L-P法求得的解(p)相比较,那里求得的是系统的周期运动的近似解,即稳态解,而这里求得的是系统的瞬态解,它描述了整个运动过程. 如果初始振幅 $a_0=0$,则 $x\equiv 0$,即平凡解,它对应于系统的静止状态. 如果 $0<a_0<2$,则当 $t\to\infty$ 时,由式(l)可知,$a(t)\to 2$,即静止状态是不稳定的. 可见,当系统受到偶然的不可避免的小扰动后,振幅逐渐增大,自动地激发扰动,这就是自激振动. 如果 $a_0>2$,当 $t\to\infty$ 时,也有 $a(t)\to 2$. 如果 $a_0=2$,则 $a(t)\equiv 2$. 这表明方程(a)的解(除平凡解外)的振幅随时间的增长而逐渐趋于定常值2. 因此,所在解最终将趋于周期运动,这个唯一的周期运动在相平面上就是一个稳定的极限环. 它的一次近似解为

$$x(t)=2\cos(t+\theta_0).\tag{n}$$

这种常值振幅和常值频率的运动称为定常振动.

如果我们关心的是稳态解而不是瞬态解,则可直接令 $D_1a=0$,从(i)式第一方程可得

$$\frac{a}{2}\left(1-\frac{a^2}{4}\right)=0,\tag{o}$$

解得

$$a=0\tag{p}$$

或

$$a=2.\tag{q}$$

从而求得一次近似解(n).

2.3.2 两变量展开法

多尺度法的另一种形式是两变量展开法. 引入两个时间尺度,以 ξ,η 表示:

$$\xi=\varepsilon t,\eta=(1+\omega_2\varepsilon^2+\omega_3\varepsilon^3+\cdots+\omega_M\varepsilon^M)t,\tag{2.3.12}$$

其中 ω_i 为常数. 在这个情形中,ξ 比 η 慢.

同样考虑拟线性自治系统(2.3.1),设其解为

$$x(t)=\sum_{m=0}^{M-1}\varepsilon^m x_m(\xi,\eta)+\mathrm{O}(\varepsilon^M).\tag{2.3.13}$$

上式对时间 t 的一、二阶导数为：

$$\left.\begin{aligned}\frac{\mathrm{d}x}{\mathrm{d}t}&=\frac{\partial x_0}{\partial\eta}+\varepsilon\left(\frac{\partial x_1}{\partial\eta}+\frac{\partial x_0}{\partial\xi}\right)+\varepsilon^2\left(\frac{\partial x_2}{\partial\eta}+\omega_2\frac{\partial x_0}{\partial\eta}+\frac{\partial x_1}{\partial\xi}\right)+\mathrm{O}(\varepsilon^3),\\\frac{\mathrm{d}^2x}{\mathrm{d}t^2}&=\frac{\partial^2x_0}{\partial\eta^2}+\varepsilon\left(\frac{\partial^2x_1}{\partial\eta^2}+2\frac{\partial^2x_0}{\partial\eta\partial\xi}\right)\\&\quad+\varepsilon^2\left(\frac{\partial^2x_2}{\partial\eta^2}+2\omega_2\frac{\partial^2x_0}{\partial\eta^2}+2\frac{\partial^2x_1}{\partial\eta\partial\xi}+\frac{\partial^2x_0}{\partial\xi^2}\right)+\mathrm{O}(\varepsilon^3).\end{aligned}\right\}\tag{2.3.14}$$

代入方程(2.3.1)，得

$$\left.\begin{aligned}&\frac{\partial^2x_0}{\partial\eta^2}+\omega_0^2x_0=0,\\&\frac{\partial^2x_1}{\partial\eta^2}+\omega_0^2x_1=-2\frac{\partial^2x_0}{\partial\eta\partial\xi}+f\left(x_0,\frac{\partial x_0}{\partial\eta}\right),\\&\frac{\partial^2x_2}{\partial\eta^2}+\omega_0^2x_2=-2\omega_2\frac{\partial^2x_0}{\partial\eta^2}-\frac{\partial^2x_0}{\partial\xi^2}-2\frac{\partial^2x_1}{\partial\eta\partial\xi}\\&\qquad+x_1f'_x\left(x_0,\frac{\partial x_0}{\partial\eta}\right)+\left(\frac{\partial x_1}{\partial\eta}+\frac{\partial x_0}{\partial\xi}\right)f'_{\dot{x}}\left(x_0,\frac{\partial x_0}{\partial\eta}\right).\end{aligned}\right\}\tag{2.3.15}$$

与导数展开法一样，逐一求解(2.3.15)式各方程，依次解出 $x_0,x_1,x_2,\cdots$，表示时间尺度 ξ,η 的函数，最后再表示为时间的函数.

如果初始条件

$$x(0)=a_0,\quad \dot{x}(0)=0,\tag{2.3.16}$$

则第一式可按(2.3.13)的形式展开为

$$x_0(0)=a_0,\quad x_i(0)=0,\quad i=1,2,\cdots.\tag{2.3.17}$$

第二式根据(2.3.14)展开为

$$\left.\begin{aligned}&\frac{\partial x_0(0,0)}{\partial\eta}=0,\\&\frac{\partial x_0(0,0)}{\partial\xi}+\frac{\partial x_1(0,0)}{\partial\eta}=0,\\&\frac{\partial x_1(0,0)}{\partial\xi}+\omega_2\frac{\partial x_0(0,0)}{\partial\eta}+\frac{\partial x_2(0,0)}{\partial\eta}=0.\end{aligned}\right\}\tag{2.3.18}$$

两变量展开法是由 Cole 等(1963)首先提出来的，Morrison(1966)证明了该法前二阶的求解过程等价于下面要讲的 K-B 方法，而 Perko(1969)证明了至阶的解都等价于 K-B 方法.

例 3　用两变量展开法求微分方程

$$\ddot{x} + x + \varepsilon \dot{x}^2 = 0 \tag{a}$$

的近似解

解 对应于方程(2.3.1),本例中 $f(x,\dot{x}) = -\dot{x}^2$,于是方程(2.3.15)为

$$\frac{\partial^2 x_0}{\partial \eta^2} + x_0 = 0, \tag{b}$$

$$\frac{\partial^2 x_1}{\partial \eta^2} + x_1 = -2\frac{\partial^2 x_0}{\partial \eta \partial \xi} - \left(\frac{\partial x_0}{\partial \eta}\right)^2, \tag{c}$$

$$\frac{\partial^2 x_2}{\partial \eta^2} + x_2 = -2\omega_2 \frac{\partial^2 x_0}{\partial \eta^2} - \frac{\partial^2 x_0}{\partial \xi^2} - 2\frac{\partial^2 x_1}{\partial \eta \partial \xi} - 2\left(\frac{\partial x_1}{\partial \eta} + \frac{\partial x_0}{\partial \xi}\right)\frac{\partial x_0}{\partial \eta}. \tag{d}$$

方程(b)的解为

$$x_0(\xi,\eta) = A_0(\xi)\cos\eta + B_0(\xi)\sin\eta. \tag{e}$$

将上式代入方程(c),得

$$\frac{\partial^2 x_1}{\partial \eta^2} + x_1 = 2\frac{dA_0}{d\xi}\sin\eta - 2\frac{dB_0}{d\xi}\cos\eta - \left(\frac{A_0^2 + B_0^2}{2}\right) + \left(\frac{A_0^2 - B_0^2}{2}\right)\cos 2\eta + A_0 B_0 \sin 2\eta.$$

消去久期项,令上式右端 $\sin\eta$ 和 $\cos\eta$ 的系数为零,即

$$\frac{dA_0}{d\xi} = 0, \quad \frac{dB_0}{d\xi} = 0.$$

因此,

$$A_0 = a_0 = 常数, \quad B_0 = b_0 = 常数.$$

由初始条件(2.3.18),得

$$b_0 = 0,$$

因而

$$x_0(\xi,\eta) = a_0\cos\eta, \tag{f}$$

$$x_1(\xi,\eta) = -\frac{a_0^2}{2} - \frac{\bar{a}_0^2}{6}\cos 2\eta + A_1(\xi)\cos\eta + B_1(\xi)\sin\eta. \tag{g}$$

把 x_0、x_1 代入方程(d),得

$$\frac{\partial^2 x_2}{\partial \eta^2} + x_2 = 2\frac{dA_1}{d\xi}\sin\eta + \left(-2\frac{dB_1}{d\xi} + 2\omega_2 a_0 + \frac{2a_0^3}{3}\right)\cos\eta - a_0 A_1 + a_0 A_1 \cos 2\eta + a_0 B_1 \sin 2\eta - \frac{2a_0^3}{3}\cos 3\eta.$$

再令上式右端 $\sin\eta$ 和 $\cos\eta$ 的系数为零,得

$$\frac{dA_1}{d\xi} = 0, \quad \frac{dB_1}{d\xi} = a_0\left(\omega_2 + \frac{a_0^2}{3}\right).$$

由 $A_1(\xi)$和 $B_1(\xi)$有界的条件,得

$$\omega_2 = -\frac{a_0^2}{3}, \tag{h}$$

从而

$$A_1 = a_1 = \text{常数}, \quad B_1 = b_1 = \text{常数}.$$

考虑到初始条件(2.3.17)和(2.3.18),我们有

$$a_1 = \frac{2}{3}a_0, \quad b_1 = 0.$$

因此

$$x_1(\xi,\eta) = -\frac{a_0^2}{2} - \frac{a_0^2}{6}\cos 2\eta + \frac{2a_0^2}{3}\cos\eta. \tag{i}$$

最后可得方程(a)的近似解为

$$\left.\begin{aligned} & x(t) = a_0\cos\eta + \varepsilon\frac{a_0^2}{6}(-3 + 4\cos\eta - \cos 2\eta) + O(\varepsilon^2), \\ & \eta = \left(1 - \frac{a_0^2}{3}\varepsilon^2\right)t. \end{aligned}\right\} \tag{j}$$

以上两种型式的多尺度法还可以进一步推广. Nayfeh(1967)推广了多变量型尺度法,他采用一个渐近序列 $\delta_n(\varepsilon)$代替 ε^n.

$$T_n = \delta_n(\varepsilon)t, \tag{2.3.19}$$

$$\frac{\mathrm{d}}{\mathrm{d}t} = \sum_{n=0}^{M}\delta_n(\varepsilon)\frac{\partial}{\partial T_n}. \tag{2.3.20}$$

方程(2.3.19)和(2.3.20)还可进一步推广.

$$T_n = \delta_n(\varepsilon)g_n[\mu_n(\varepsilon)t], \tag{2.3.21}$$

$$\frac{\mathrm{d}}{\mathrm{d}t} = \sum_{n=0}^{M}\delta_n(\varepsilon)\mu_n(\varepsilon)g_n'[\mu_n(\varepsilon)t]\frac{\partial}{\partial T_n}, \tag{2.3.22}$$

其中 $\mu_n(\varepsilon)$是另外一个渐近序列.(2.3.21)可以是线性时间尺度,也可以是非线性时间尺度.

类似地,两变量展开法也可以推广.

$$\xi = \mu(\varepsilon)t, \quad \eta = \sum_{n=0}^{M}\delta_n(\varepsilon)g_n[\mu(\varepsilon)t], \tag{2.3.23}$$

$$\frac{\mathrm{d}}{\mathrm{d}t} = \mu(\varepsilon)\frac{\partial}{\partial\xi} + \Big(\sum_{n=0}^{M}\delta_n(\varepsilon)\mu(\varepsilon)g_n'[\mu(\varepsilon)t]\Big)\frac{\partial}{\partial\eta}, \tag{2.3.24}$$

Kuzmak(1959),Mahony(1962),Nayfeh(1965a)等学者先后提出并发展了这种方法.

与 L-P 法相比,多尺度法应用范围更广. L-P 法只能求得系统的稳态解,求不出瞬态解,但多尺度法两者都能求得. L-P 法不能应用于耗散系统,(只能求得平凡解),但多尺度法能求得耗散系统的解,得出振幅与时间的依赖关系. 多尺度法还能够应用于其他方法(包含下节要讲的 KBM 方法)不能应用的问题,因此,多尺度法在众多领域中如轨道力学、飞行力学、固体力学、流体力学、大气力学、等离子物理和普通物理等都有广泛的应用. Nayfeh(1973)在其《振动方法》(Perturbation Methods)一书中,已经综述到 1973 年为止的众多科学工作者在上述领域的工作. 1973 年以后同样也有大量文献涉及多尺度法的工作. 在非线性振动这一领域中,仍有很多学者采用多尺度法研究单(多)自由度系统的各种非线性振动特性,如次谐波响应(Nayfeh 1983d),(Mook 等 1985),联合响应(Nayfeh 1984a,1985);(Mook 1985,1986);(Plaut 1986a,b),参数激振(Nayfeh 1983a,b,c,e,1984b,1987);(Zavodney 1988,1989);(Ha Quang 1987 a, b);(Nayfeh 等 1986).

多尺度法的缺点是运算比较繁复. 即使要求一次近似,也要解若干个偏微分方程. 若方程中的函数 $f(x,\dot{x})$ 比较复杂时,多尺度法的运算会变得相当困难.

§2.4 平 均 法

前面介绍的 L-P 法和多尺度法,理论上可以求出满足于任何精度的周期解. 但在具体计算时,ε 的次数越高,计算工作量越大,在以往的计算中,除了个别例子外,很少人计算到三次以上的近似解. 如果所要求的精度只限于 ε 的一次项,则可以采用简单的一次近似方法. 本节要介绍的平均法(averaging method)就是一次近似方法的主要代表. van der Pol (1926)在研究电子管的自激振荡问题时,首先提出了一个一次近似方法,他认为,拟线性自治系统的解形式上跟线性系统相同,但其振幅和相位不是常数,而是时间的慢变函数,这一思想是平均法的基础. Krylov 与 Bogoliubov (1947) 也提出一种近似方法,把近似解的基波的振幅和相位对时间的导数,视为时间 t 的函数,并且用一个周期内平均值来作为该函数的近似值. Krylov 与 Bogoliubov 的工作使平均法更为完善.

从数学上看,平均法是由微分方程理论中常数变易法演变而来的一种独特的近似解法,其基本思想是根据弱非线性系统中的拟谐和性质,用派生解的积分常数看作新的自变量来求基本方程的近似解.

设系统的运动方程为

$$\ddot{x} + \omega_0^2 x = \varepsilon f(x,\dot{x}). \tag{2.4.1}$$

当 $\varepsilon=0$ 时,振动是简谐振动,其解为

$$x = a\cos(\omega_0 t + \theta), \tag{2.4.2}$$

其中振幅 a 和初始角 θ 是常数. 式(2.4.2)对 t 求导为

$$\dot{x}=-\omega_0 a\sin(\omega_0 t+\theta). \tag{2.4.3}$$

对于基本方程(2.4.1),应用常数变易法,把 a 和 θ 看作时间 t 的函数,则

$$x=a(t)\cos[\omega_0 t+\theta(t)]. \tag{2.4.4}$$

式(2.4.4)对 t 求导,得

$$\dot{x}=-\omega_0 a\sin(\omega_0 t+\theta)-a\dot{\theta}\sin(\omega_0 t+\theta)+\dot{a}\cos(\omega_0 t+\theta). \tag{2.4.5}$$

若要求 $\dot{x}$ 仍保持(2.4.3)的形式,则须有

$$-a\dot{\theta}\sin(\omega_0 t+\theta)+\dot{a}\cos(\omega_0 t+\theta)=0. \tag{2.4.6}$$

这样,x 对 t 的二阶导数为

$$\ddot{x}=-\omega_0^2 a\cos(\omega_0 t+\theta)-\omega_0 a\dot{\theta}\cos(\omega_0 t+\theta)-\omega_0\dot{a}\sin(\omega_0 t+\theta). \tag{2.4.7}$$

把 x 和 $\ddot{x}$ 的表达式代入基本方程(2.4.1),得

$$-\omega_0 a\dot{\theta}\cos\psi-\omega_0\dot{a}\sin\psi=\varepsilon f(a\cos\psi,-\omega_0 a\sin\psi), \tag{2.4.8}$$

其中

$$\psi=\omega_0 t+\theta.$$

由式(2.4.6)和(2.4.8)可以得出 a 与 θ 的微分方程

$$\left.\begin{aligned}\dot{a}&=-\frac{\varepsilon}{\omega_0}f(a\cos\psi,-\omega_0 a\sin\psi)\sin\psi,\\ \dot{\theta}&=-\frac{\varepsilon}{a\omega_0}f(a\cos\psi,-\omega_0 a\sin\psi)\cos\psi.\end{aligned}\right\} \tag{2.4.9}$$

如果上式能求得精确解,则代入式(2.4.4)可得原方程(2.4.1)的解,不过,这种情况是极难得的. 因此,需要考虑近似解法.

我们知道,当 $\varepsilon=0$ 时,$\dot{a}=0$,$\dot{\theta}=0$. 如果 ε 很小,则 $\dot{a}$ 与 $\dot{\theta}$ 也很小,即振幅 a 与相角 θ 的变化率是很小的,因此,可取在周期 2π 内 $\dot{a}$ 与 $\dot{\theta}$ 的平均值来代替公式(2.4.9)的右端,得

$$\left.\begin{aligned}\dot{a}&=-\frac{\varepsilon}{\omega_0 2\pi}\int_0^{2\pi}f(a\cos\psi,-\omega_0 a\sin\psi)\sin\psi\,\mathrm{d}\psi,\\ \dot{\theta}&=-\frac{\varepsilon}{a\omega_0 2\pi}\int_0^{2\pi}f(a\cos\psi,-\omega_0 a\sin\psi)\cos\psi\,\mathrm{d}\psi.\end{aligned}\right\} \tag{2.4.10}$$

对方程(2.4.10)积分就可以求得振幅 a 和相位 θ,从而求得原方程(2.4.1)的解.

这就是平均法. 平均法有两大要点,第一要点是慢变振幅与相位思想,假设 $\dot{a}$ 和 $\dot{\theta}$ 很小,即近似解的振幅 a 和相位 θ 是时间的慢变函数,因此,该法也称慢变振幅与相位法. 这一假设是 van der Pol(1926)首先提出来的. 第二要点是平均思想,

取 $\dot{a}$ 和 $\dot{\theta}$ 在一个周期内的平均值来作为 $\dot{a}$ 和 $\dot{\theta}$ 的近似值. 这一思想是 Krylov 与 Bogoliubov(1947) 提出来的,因此,该法也称为 K-B 法.

例 1 用平均法求 Duffing 方程

$$\ddot{x} + \omega_0^2 x + \varepsilon x^3 = 0 \tag{a}$$

满足初始条件

$$x(0) = A, \quad \dot{x}(0) = 0 \tag{b}$$

的近似解

解 对应于方程(2.4.1),本例中 $f(x,\dot{x}) = -x^3$. 由式 (2.4.10) 得

$$\dot{a} = -\frac{\varepsilon}{2\pi\omega_0}\int_0^{2\pi}(-a^3\cos^3\psi)\sin\psi \mathrm{d}\psi = 0, \tag{c}$$

$$\dot{\theta} = -\frac{\varepsilon}{2\pi a\omega_0}\int_0^{2\pi}(-a^3\cos^3\psi)\cos\psi \mathrm{d}\psi = \varepsilon\frac{3}{8}\frac{a^2}{\omega_0}. \tag{d}$$

故

$$a = a_0 = \text{常数}, \tag{e}$$

$$\theta = \theta_0 + \varepsilon\frac{3}{8}\frac{a_0^2}{\omega_0}t, \tag{f}$$

于是求得

$$x = a_0\cos\left[\left(\omega_0 + \varepsilon\frac{3}{8}\frac{a^2}{\omega_0}\right)t + \theta_0\right]. \tag{g}$$

考虑到已知的初始条件,可得

$$a_0 = A, \quad \theta_0 = 0, \tag{h}$$

代入(g)式,可得方程(a)的近似解

$$x = A\cos\omega t,$$

$$\omega = \omega_0 + \varepsilon\frac{3}{8}\frac{A^2}{\omega_0}.$$

这一结果与§2.2 中例 1 采用 L-P 法的计算结果(m)是一致的.

例 2 用平均法求 van der Pol 方程

$$\ddot{x} + x = \varepsilon(1 - x^2)\dot{x} \tag{a}$$

的近似解

解 对应于方程(2.4.1),本例 $f(x,\dot{x}) = (1 - x^2)\dot{x}$, $\omega_0 = 1$. 代入式(2.4.10)得

$$\dot{a} = -\frac{\varepsilon}{2\pi}\int_0^{2\pi}(1 - a^2\cos^2\psi)(-a\sin\psi)\sin\psi \mathrm{d}\psi = \frac{\varepsilon}{8}a(4 - a^2), \tag{b}$$

$$\dot{\theta} = -\frac{\varepsilon}{2\pi a}\int_0^{2\pi}(1 - a^2\cos^2\psi)(-a\sin\psi)\cos\psi \mathrm{d}\psi = 0. \tag{c}$$

由(c)得

$$\theta=\theta_0=\text{常数}, \tag{d}$$

由(b)得

$$\int_{a_0}^{a}\frac{8}{a(a^2-4)}\mathrm{d}a=-\varepsilon\int_0^t\mathrm{d}t,$$

可得

$$\ln\frac{a^2-4}{a^2}\bigg|_{a_0}^{a}=-\varepsilon t,$$

即

$$a=\frac{2}{\sqrt{1-\left(1-\dfrac{4}{a_0^2}\right)\mathrm{e}^{-\varepsilon t}}}, \tag{e}$$

于是求得近似解

$$x=\frac{2}{\sqrt{1-\left(1-\dfrac{4}{a_0^2}\right)\mathrm{e}^{-\varepsilon t}}}\cos(t+\theta_0), \tag{f}$$

其中 $a_0=a(0)$,$\theta_0=\theta(0)$.

这一结果与 § 2.3 例 2 用多尺度法求得的结果(m)式是一致的. 设 $a_0\neq0$,则当 $t\to\infty$ 时,$a\to2$,这就是稳态解,与 § 2.2 例 2 用 L-P 法求得的零阶近似解 x_0 是一致的. 显而易见,用平均法求解,比较简单. 但是,所得的解精确低,x 只取到 ε 的零阶,θ 则取到 ε 的一阶.

§ 2.5　KBM 法

上节所述的平均法仅能求出解的一次近似. Krylov 等 (1947) 提出了一种能求出任意次近似解的新方法. 此后,Bogoliubov 等(1961) 对此法作了严格证明,Mitropolsky (1965) 将其推广至非定常振动. 因此,这一方法称为 Krylov-Bogoliubov-Mitropolsky 方法,简称为 KBM 法或渐近法.

我们仍讨论拟线性自治系统

$$\ddot{x}+\omega_0^2x=\varepsilon f(x,\dot{x}). \tag{2.5.1}$$

渐近法在摄动法的思想上,把平均法加以推广,给出 ε 的幂级数形式的渐近解

$$x=a\cos\psi+\varepsilon x_1(a,\psi)+\varepsilon^2x_2(a,\psi)+\cdots, \tag{2.5.2}$$

其中 $x_i(a,\psi)(j=1,2,\cdots)$不是时间 t 的显函数,而是慢变参数 a 和 ψ 的函数,是 ψ 的以 2π 为周期的周期函数. 它们由下列的微分方程决定,微分方程也按 ε 的幂级

数展开为

$$\dot{a} = \varepsilon A_1(a) + \varepsilon^2 A_2(a) + \cdots, \tag{2.5.3}$$

$$\dot{\psi} = \omega_0 + \varepsilon B_1(a) + \varepsilon^2 B_2(a) + \cdots, \tag{2.5.4}$$

式中 A_i 及 B_i 均为 a 的函数. 式(1.5.2)至(1.5.4)包含了三个级数,故这一方法有时也称为三级数法.

下面研究如何确定 x_i,A_i 和 $B_i(i=1,2,\cdots)$的函数形式,使得式(2.5.2)能够以误差为 ε^{m+1} 阶小量的精度满足原方程(2.5.1). 在实际应用中,通常是求第一、二次近似解,更高次的近似解是很复杂的. 下面仅讨论二次近似的情形. 设

$$x = a\cos\psi + \varepsilon x_1(a,\psi) + \varepsilon^2 x_2(a,\psi). \tag{2.5.5}$$

上式对 t 求导得

$$\dot{x} = \dot{a}\left(\cos\psi + \varepsilon \frac{\partial x_1}{\partial a} + \varepsilon^2 \frac{\partial x_2}{\partial a}\right) + \dot{\psi}\left(-a\sin\psi + \varepsilon \frac{\partial x_1}{\partial \psi} + \varepsilon^2 \frac{\partial x_2}{\partial \psi}\right), \tag{2.5.6}$$

$$\begin{aligned}\ddot{x} = &\ddot{a}\left(\cos\psi + \varepsilon \frac{\partial x_1}{\partial a} + \varepsilon^2 \frac{\partial x_2}{\partial a}\right) + \ddot{\psi}\left(-a\sin\psi + \varepsilon \frac{\partial x_1}{\partial \psi} + \varepsilon^2 \frac{\partial x_2}{\partial \psi}\right) \\ &+ (\dot{a})^2\left(\varepsilon \frac{\partial^2 x_1}{\partial a^2} + \varepsilon^2 \frac{\partial^2 x_2}{\partial a^2}\right) + 2\dot{a}\dot{\psi}\left(-\sin\psi + \varepsilon \frac{\partial^2 x_1}{\partial a \partial \psi} + \varepsilon^2 \frac{\partial^2 x_2}{\partial a \partial \psi}\right) \\ &+ (\dot{\psi}^2)\left(-a\cos\psi + \varepsilon \frac{\partial^2 x_1}{\partial \psi^2} + \varepsilon^2 \frac{\partial^2 x_2}{\partial \psi^2}\right).\end{aligned} \tag{2.5.7}$$

再对式(2.5.3)和(2.5.4)求导,得

$$\left.\begin{aligned}\ddot{a} &= \varepsilon^2 A_1 \frac{\mathrm{d}A_1}{\mathrm{d}a} + \mathrm{O}(\varepsilon^3), \\ \ddot{\psi} &= \varepsilon^2 A_1 \frac{\mathrm{d}B_1}{\mathrm{d}a} + \mathrm{O}(\varepsilon^3).\end{aligned}\right\} \tag{2.5.8}$$

此外

$$\left.\begin{aligned}(\dot{a})^2 &= \varepsilon^2 A_1^2 + \mathrm{O}(\varepsilon^3), \\ \dot{a}\dot{\psi} &= \varepsilon A_1 \omega_0 + \varepsilon^2(A_2\omega_0 + A_1 B_1) + \mathrm{O}(\varepsilon^3), \\ (\dot{\psi})^2 &= \omega_0^2 + \varepsilon \cdot 2\omega_0 B_1 + \varepsilon^2(B_1^2 + 2\omega_0 B_2) + \mathrm{O}(\varepsilon^3).\end{aligned}\right\} \tag{2.5.9}$$

把式(2.5.7)连同式(2.5.8)和(2.5.9)代入原方程(2.5.1)左边得

$$\begin{aligned}\ddot{x} + \omega_0^2 x = &\varepsilon\left(-2\omega_0 A_1 \sin\psi - 2\omega_0 a B_1 \cos\psi + \omega_0^2 \frac{\partial^2 x_1}{\partial \psi^2} + \omega_0^2 x_1\right) \\ &+ \varepsilon^2\left[\left(A_1 \frac{\mathrm{d}A_1}{\mathrm{d}a} - aB_1^2 - 2\omega_0 a B_2\right)\cos\psi\right. \\ &- \left(2\omega_0 A_2 + 2A_1 B_1 + A_1 \frac{\mathrm{d}B_1}{\mathrm{d}a} a\right)\sin\psi + 2\omega_0 A_1 \frac{\partial^2 x_1}{\partial a \partial \psi}\end{aligned}$$

$$+ 2\omega_0 B_1 \frac{\partial^2 x_1}{\partial \psi^2} + \omega_0^2 \frac{\partial^2 x_2}{\partial \psi^2} + \omega_0^2 x_2 \Big] + \mathrm{O}(\varepsilon^3). \tag{2.5.10}$$

再把式(2.5.5)、(2.5.6)代入原方程(2.5.1)右边并展开成 ε 的幂级数，有

$$\begin{aligned} \varepsilon f(x,\dot{x}) = {} & \varepsilon f(a\cos\psi, -a\omega_0\sin\psi) + \varepsilon^2\Big[x_1 f'_x(a\cos\psi, \\ & -a\omega_0\sin\psi) + \left(A_1\cos\psi - aB_1\sin\psi + \omega_0\frac{\partial x_1}{\partial\psi}\right) \\ & \times f'_{\dot{x}}(a\cos\psi, -a\omega_0\sin\psi)\Big] + \mathrm{O}(\varepsilon^2). \end{aligned} \tag{2.5.11}$$

令(2.5.10)和(2.5.11)二式右边 ε 和 ε^2 的系数对应相等，得

$$\left.\begin{aligned} \omega_0^2\left(\frac{\partial^2 x_1}{\partial\psi^2} + x_1\right) &= f_0(a,\psi) + 2\omega_0 A_1\sin\psi + 2\omega_0 aB_1\cos\psi, \\ \omega_0^2\left(\frac{\partial^2 x_2}{\partial\psi^2} + x_2\right) &= f_1(a,\psi) + 2\omega_0 A_2\sin\psi + 2\omega_0 aB_2\cos\psi, \end{aligned}\right\} \tag{2.5.12}$$

其中

$$\left.\begin{aligned} f_0(a,\psi) = {} & f(a\cos\psi, -a\omega_0\sin\psi), \\ f_1(a,\psi) = {} & x_1 f'_x(a\cos\psi, -a\omega_0\sin\psi) \\ & + \left(A_1\cos\psi - aB_1\sin\psi + \omega_0\frac{\partial x_1}{\partial\psi}\right) f'_{\dot{x}}(a\cos\psi, -a\omega_0\sin\psi) \\ & + \left(aB_1^2 - A_1\frac{\mathrm{d}A_1}{\mathrm{d}a}\right)\cos\psi + \left(2A_1B_1 + A_1 a\frac{\mathrm{d}B_1}{\mathrm{d}a}\right)\sin\psi \\ & - 2\omega_0 A_1\frac{\partial^2 x_1}{\partial a\partial\psi} - 2\omega_0 B_1\frac{\partial^2 x_1}{\partial\psi^2}. \end{aligned}\right\} \tag{2.5.13}$$

为了从式(2.5.12)的第一方程确定 $A_1(a)$，$B_1(a)$ 和 $x_1(a,\psi)$，把 $f_0(a,\psi)$ 展开成 Fourier 级数

$$f_0(a,\psi) = g_0(a) + \sum_{n=1}^{\infty}[g_n(a)\cos n\psi + h_n(a)\sin n\psi]. \tag{2.5.14}$$

把上式代入(2.5.12)的第一方程，并令其右边 $\sin\psi$ 和 $\cos\psi$ 项的系数为零，求得

$$A_1(a) = -\frac{h_1(a)}{2\omega_0}, \quad B_1(a) = -\frac{g_1(a)}{2a\omega_0}, \tag{2.5.15}$$

即

$$\left.\begin{aligned} A_1(a) &= -\frac{1}{2\pi\omega_0}\int_0^{2\pi} f(a\cos\psi, -a\omega_0\sin\psi)\sin\psi\,\mathrm{d}\psi, \\ B_1(a) &= -\frac{1}{2\pi a\omega_0}\int_0^{2\pi} f(a\cos\psi, -a\omega_0\sin\psi)\cos\psi\,\mathrm{d}\psi. \end{aligned}\right\} \tag{2.5.16}$$

因此

$$x(a,\psi) = \frac{g_0(a)}{\omega_0^2} + \frac{1}{\omega_0^2}\sum_{n=2}^{\infty}\frac{g_n(a)\cos n\psi + h_n(a)\sin n\psi}{1-n^2}. \tag{2.5.17}$$

确定 $A_1(a)$，$B_1(a)$和 $x_1(a,\psi)$以后，$f_1(a,\psi)$也就确定了. 设

$$f_1(a,\psi) = g_0^{(1)}(a) + \sum_{n=1}^{\infty}[g_n^{(1)}(a)\cos n\psi + h_n^{(1)}(a)\sin n\psi], \tag{2.5.18}$$

同理得

$$\left.\begin{aligned} &A_2(a) = -\frac{h_1^{(1)}(a)}{2\omega_0}, \quad B_2(a) = -\frac{g_1^{(1)}(a)}{2a\omega_0}, \\ &x_2(a,\psi) = \frac{g_0^{(1)}(a)}{\omega_0^2} + \frac{1}{\omega_0^2}\sum_{n=2}^{\infty}\frac{g_n^{(1)}(a)\cos n\psi + h_n^{(1)}(a)\sin n\psi}{1-n^2}. \end{aligned}\right\} \tag{2.5.19}$$

如有必要，可继续求更高次的近似解. 渐近法的实用性不是取决于当级数项数趋于无穷时级数(2.5.2)至(2.5.4)的收敛性，而是决定于对某个确定的项数值，当 $\varepsilon \to 0$ 时它们的渐近性. 即只要求当 ε 很小时，式(2.5.2)能给出原方程(2.5.1)足够精确的解.

现研究第一次近似解的误差问题.

$$x = a\cos\psi + \varepsilon x_1(a,\psi) \tag{2.5.20}$$

$$\dot{a} = \varepsilon A_1(a), \quad \psi = \omega_0 + \varepsilon B_1(a). \tag{2.5.21}$$

由式(2.5.21)可知，

$$\Delta a = a(t) - a(0) \approx \varepsilon t \widetilde{A}_1,$$

$$\Delta(\psi - \omega_0 t) = [\psi(t) - \omega_0 t] - \psi(0) \approx \varepsilon t \widetilde{B}_1.$$

此处 $\widetilde{A}_1$ 和 $\widetilde{B}_1$ 是 $A_1(a)$和 $B_1(a)$在区间$(0,t)$中的某一个值. 以上两式表明，量 a 和 $\psi - \omega_0 t$ 要能得到有限增量，时间 t 应该是 $1/\varepsilon$ 量级. 另一方面，方程(2.5.21)是由方程(2.5.3)和(2.5.4)略去 ε^2 阶以上小量的各项得到的，而一阶导数 $\dot{a}$ 和 $\dot{\psi}$ 的这种误差导致在时刻 t，函数 a 和 ψ 本身的误差是 $\varepsilon^2 t$ 量级. 因此，a 和 $\psi - \omega_0 t$ 在时间间隔$(0,1/\varepsilon)$内的误差将是 ε 阶小量. 在这个时间间隔内第一次近似解中保留 $\varepsilon x_1(a,\psi)$已没有意义了.

由此可见，第一次近似解可取

$$x = a\cos\psi, \tag{2.5.22}$$

其中

$$\dot{a} = \varepsilon A_1(a), \quad \dot{\psi} = \omega_0 + \varepsilon B_1(a). \tag{2.5.23}$$

同理，第二次近似解可取为

$$x = a\cos\psi + \varepsilon x_1(a,\psi), \tag{2.5.24}$$

其中

$$\dot{a}=\varepsilon A_1(a)+\varepsilon^2 A_2(a),\quad \dot{\psi}=\omega_0+\varepsilon B_1(a)+\varepsilon^2 B_2(a),\tag{2.5.25}$$

$$\left.\begin{aligned}A_2(a)=&-\frac{1}{2\omega_0}\left(2A_1B_1+aA_1\frac{\mathrm{d}B_1}{\mathrm{d}a}\right)-\frac{1}{2\pi\omega_0}\int_0^{2\pi}\Big[x_1(a,\psi)f'_x(a\cos\psi,-a\omega_0\sin\psi)\\&+\left(A_1\cos\psi-aB_1\sin\psi+\omega_0\frac{\partial x_1}{\partial\psi}\right)f'_{\dot{x}}(a\cos\psi,-a\omega_0\sin\psi)\Big]\mathrm{d}\psi,\\B_2(a)=&-\frac{1}{2\omega_0}\left(B_1^2-\frac{A_1}{a}\frac{\mathrm{d}A_1}{\mathrm{d}a}\right)-\frac{1}{2\pi\omega_0}\int_0^{2\pi}\Big[x_1(a,\psi)f'_x(a\cos\psi,-a\omega_0\sin\psi)\\&+\left(A_1\cos\psi-aB_1\sin\psi+\omega_0\frac{\partial x_1}{\partial\psi}\right)f'_{\dot{x}}(a\cos\psi,-a\omega_0\sin\psi)\Big]\cos\psi\mathrm{d}\psi.\end{aligned}\right\}\tag{2.5.26}$$

可以看出，KBM 法一次近似解(2.5.22)式正是平均法解的假设(2.4.4)式，把(2.5.16)式代入(2.5.23)式，再与平均法的平均化方程(2.4.4)对照，二者完全一致. 这就证明了平均法是 KBM 法的一次近似.

例 1　用 KBM 法求 Duffing 方程的二次近似解

$$\ddot{x}+\omega_0^2x+\varepsilon x^3=0.\tag{a}$$

解　对应于方程(2.5.1)，本例中 $f(x,\dot{x})=-x^3$. 故有

$$f_0(a,\psi)=f(a\cos\psi,-a\omega_0\sin\psi)=-a^3\cos^3\psi$$

$$=-\frac{1}{4}a^3(3\cos\psi+\cos3\psi),$$

$$f'_x(a\cos\psi,-a\omega_0\sin\psi)=-3a^2\cos^2\psi=-\frac{3}{2}a^2(1+\cos2\psi),$$

$$f'_{\dot{x}}(a\cos\psi,-a\omega_0\sin\psi)=0.$$

代入(2.5.12)第一式得

$$\omega_0^2\left(\frac{\partial^2x_1}{\partial\psi^2}+x_1\right)=\left(2\omega_0aB_1-\frac{3}{4}a^3\right)\cos\psi+2\omega_0A_1\sin\psi-\frac{3}{4}a^3\cos3\psi.\tag{b}$$

为消去久期项，令 $\cos\psi$ 和 $\sin\psi$ 的系数为零，得

$$A_1=0,\tag{c}$$

$$B_1=\frac{3}{8\omega_0}a^2.\tag{d}$$

于是由(b)式得一阶近似解

$$x_1=\frac{1}{32\omega_0^2}a^3\cos3\psi,\tag{e}$$

代入(2.5.12)第二式得

$$\omega_0^2\left(\frac{\partial^2x_2}{\partial\psi^2}+x_2\right)=\left(2\omega_0aB_2+\frac{15}{128\omega_0^2}a^5\right)\cos\psi+2\omega_0A_2\sin\psi$$

$$+\frac{21}{128\omega_0^2}a^5\cos3\psi-\frac{3}{128\omega_0^2}a^5\cos5\psi, \tag{f}$$

消去久期项，得

$$A_2=0, \tag{g}$$

$$B_2=-\frac{15}{256\omega_0^3}a^4. \tag{h}$$

于是，原方程(a)的二次近似解为

$$x=a\cos\psi+\varepsilon\frac{1}{32\omega_0^2}a^3\cos3\psi, \tag{i}$$

其中

$$\dot{a}=0, \tag{j}$$

$$\dot{\psi}=\omega_0+\varepsilon\frac{3}{8}\frac{a^2}{\omega_0}-\varepsilon^2\frac{15}{256}\frac{a^4}{\omega_0^3}. \tag{k}$$

积分(j)、(k)二式，得

$$a=a_0, \tag{l}$$

$$\psi=\omega t+\psi_0, \tag{m}$$

$$\omega=\omega_0+\varepsilon\frac{3}{8}\frac{a^2}{\omega_0}-\varepsilon^2\frac{15}{256}\frac{a^4}{\omega_0^3}. \tag{n}$$

这一结果与§2.2中例1用L-P法的计算结果(m_1)和§2.3中例1用多尺度法求得的结果(l)和(m)是一致的．只是上两例中我们多计算x_2，而本例中，我们没有求出x_2，因为根据上面的误差分析，在第二次近似解中保留$\varepsilon^2 x_2$已没有意义了．

例2　用KBM法求van der Pol方程的二次近似解

$$\ddot{x}+x=\varepsilon(1-x^2)\dot{x} \tag{a}$$

的近似解．

解　对应于方程(2.5.1)，本例$\omega_0=1$，$f(x,\dot{x})=(1-x^2)\dot{x}$，．故有

$$f_0(a,\psi)=-a\left(1-\frac{a^2}{4}\right)\sin\psi+\frac{a^3}{4}\sin3\psi,$$

$$f'_x(a,\psi)=-2x\dot{x}=a^2\sin2\psi,$$

$$f'_{\dot{x}}(a,\psi)=1-x^2=1-a^2\cos^2\psi,$$

代入公式(2.5.12)的第一式，得

$$\frac{\partial^2 x_1}{\partial\psi^2}+x_1=\left[2A_1-a\left(1-\frac{a^2}{4}\right)\right]\sin\psi+2aB_1\cos\psi+\frac{1}{4}a^3\sin3\psi. \tag{b}$$

消去久期项，得

$$A_1=\frac{a}{2}\left(1-\frac{a^2}{4}\right), \tag{c}$$

$$B_1 = 0, \tag{d}$$

于是由式(b)可得一阶近似解为

$$x_1 = -\frac{1}{32}a^3\sin3\psi. \tag{e}$$

再由(2.5.12)第二式，得

$$\frac{\partial^2 x_2}{\partial\psi^2} + x_2 = 2A_2\sin\psi + \left[2aB_2 + \frac{a}{4}\left(1 - a^2 + \frac{7}{32}a^4\right)\right]\cos\psi$$

$$+ \frac{a^3(a^2+8)}{128}\cos3\psi + \frac{5}{128}a^5\cos5\psi, \tag{f}$$

消去久期项，得

$$A_2 = 0, \tag{g}$$

$$B_2 = -\frac{1}{8}\left(1 - a^2 + \frac{7}{32}a^4\right). \tag{h}$$

于是方程(a)的第二次近似解为

$$x = a\cos\psi - \varepsilon\frac{a^3}{32}\sin3\psi, \tag{i}$$

其中

$$\dot{a} = \varepsilon\frac{a}{2}\left(1 - \frac{a^2}{4}\right), \tag{j}$$

$$\dot{\psi} = 1 - \varepsilon^2\left(\frac{1}{8} - \frac{a^2}{8} + \frac{7}{256}a^4\right). \tag{k}$$

与§2.3 中例 2 用多尺度法求得的结果(l)式一样，由(j)式积分可得

$$a = \frac{2}{\sqrt{1 + \left(\frac{4}{a_0^2} - 1\right)e^{-\varepsilon t}}}, \tag{l}$$

式中 $a_0 = a(0)$. 若 $a_0 \neq 0$，则当 $t \to \infty$ 时，$a \to 2$. 若我们只求稳态解，则可直接从(j)式 $\dot{a} = 0$，得出 $a = 2$. 于是，可得方程(a)定常振动的近似解

$$x = 2\cos\psi - \varepsilon\frac{1}{4}\sin3\psi, \tag{m}$$

其中

$$\dot{\psi} = 1 - \frac{\varepsilon^2}{16}. \tag{n}$$

所得结果与§2.2 中例 2 用 L-P 法的结果(t)是一致的.

KBM 法实质上与多尺度法是等效的. 它适用于保守系统，也适用于耗散系统，可得出振幅与时间的依赖关系. 对于自振系统，不但能求出稳态的极限环，而且

还能求得系统趋于极限环的过程.

KBM 法的缺点是,在求高次近似解时,计算工作显得过于冗繁,而得到的仅是微小的修正量.

§2.6 应用 L-P 法研究强迫振动

前几节介绍了单自由度自治系统定量分析几种经典的摄动方法. 这些方法也都适用于非自治系统的定量分析. 本节仅以 L-P 法为例,介绍如何采用摄动法研究非线性系统强迫振动的主谐波响应、超谐波响应、次谐波响应和组合谐波响应等几种典型的非线性振动中出现的特有现象.

考虑非自治系统

$$\ddot{x} + \omega_0^2 x = \varepsilon f(x, \dot{x}) + E(t), \tag{2.6.1}$$

其中 ε 是小参数,$f(x,\dot{x})$是 x、$\dot{x}$ 的非线性函数,$E(t)$为外部所加的作用力,称为外激励. 这里,$E(t)$在系统的微分方程中是作为非齐次项出现的. 这里考虑激励的能源非常大,系统的状态 $x,\dot{x},\ddot{x}$ 对它的影响可以忽略不计,这样的系统称为理想系统. 设

$$E(t) = \sum_{n=1}^{N} p_n \cos(\Omega_n t + \theta_n). \tag{2.6.2}$$

如果 p_n,Ω_n,θ_n 均为常数,这种激励称为定常激励或平稳激励;否则称为非平稳激励. 我们首先考虑只有一项的单频激励情况,当激励频率出现在不同的频率区域上时,系统将会产生不同的响应,或主谐波响应,或次谐波响应,或超谐波响应,或组合谐波响应. 这将视 Ω 出现在哪个频率段而定.

2.6.1 主谐波响应

当系统只受一个外激励且外激励力的频率接近于系统固有频率,即 $\Omega \approx \omega_0$ 时,系统将发生主谐波响应. 应用 L-P 法求解时,强迫力应加在 ε 阶项上,此时运动微分方程为

$$\ddot{x} + \omega_0^2 x = \varepsilon f(x, \dot{x}) + \varepsilon p \cos\Omega t. \tag{2.6.3}$$

作变换,令

$$\tau = \Omega t, \tag{2.6.4}$$

则方程(2.6.3)成为

$$\Omega^2 x'' + \omega_0^2 x = \varepsilon f(x, \Omega x') + \varepsilon p \cos\tau. \tag{2.6.5}$$

当外激励力频率 Ω 在系统固有频率 ω_0 附近时,为研究其响应,设

$$x = x_0(\tau) + \varepsilon x_1(\tau) + \varepsilon^2 x_2(\tau) + \cdots, \tag{2.6.6}$$

$$\Omega = \omega_0 + \varepsilon\omega_1 + \varepsilon^2\omega_2 + \cdots, \tag{2.6.7}$$

把式(2.6.6)和(2.6.7)代入式(2.6.5)，并将函数 $f(x,\omega x')$ 展开成 Taylor 级数，然后比较方程两边 ε 同次幂的系数，可得

$$\left.\begin{aligned}
&\omega_0^2 x_0'' + \omega_0^2 x_0 = 0,\\
&\omega_0^2 x_1'' + \omega_0^2 x_1 = f(x_0,\omega_0 x_0') - 2\omega_0\omega_1 x''_0 + p\cos\tau,\\
&\omega_0^2 x_2'' + \omega_0^2 x_2 = x_1 f'_x(x_0,\omega_0 x_0') + (\omega_0 x_1' + \omega_1 x_0') f'_{\dot{x}}(x_0,\omega_0 x_0')\\
&\qquad\qquad - (2\omega_0\omega_2 + \omega_1^2) x_0'' - 2\omega_0\omega_1 x_1'',\\
&\qquad\cdots\cdots\cdots\cdots
\end{aligned}\right\} \tag{2.6.8}$$

式(2.6.8)第一方程的通解可表示为

$$x_0 = a\cos(\tau+\theta), \tag{2.6.9}$$

式中 a 和 θ 是待定的振幅和相位角. θ 表示系统的响应与外激励力(强迫力)的相位差. 当系统没有阻尼力时，即 $f(x,\dot{x})$ 不含 $\dot{x}$，只是 x 的函数，系统的周期解与激励项具有相同的相位或反相，此时可取 $\theta=0$. 把式(2.6.9)代入(2.6.8)式第二个方程

$$\begin{aligned}\omega_0^2 x_1'' + \omega_0^2 x_1 = {} & f[a\cos(\tau+\theta), -a\omega_0\sin(\tau+\theta)]\\ & + 2\omega_0\omega_1\cos(\tau+\theta) + p\cos\tau.\end{aligned} \tag{2.6.10}$$

为了得到周期解 $x_1(\tau)$，必须消去久期项，为此令方程(2.6.10)右边 $\cos(\tau+\theta)$ 和 $\sin(\tau+\theta)$ 的系数为零. 由这两个可解性条件可以定出 $\omega_1(a)$ 和 $\theta(a)$，它们都以 a 表示. 消去久期项后，方程(2.6.10)的解可以表示为

$$x_1 = a_1\cos(\tau+\theta) + X_{1p}(\tau), \tag{2.6.11}$$

式中 $X_{1p}(\tau)$ 表示为方程(2.6.10)的特解. 把 x_0、x_1 代入式(2.6.8)的第三个方程，并令其右边 $\cos\tau$ 和 $\sin\tau$ 的系数为零，由这二个可解性条件又可以定出 ω_2 和 a_1，从而求出 $x_2(\tau)$. 以后依此类推.

值得指出的是，如果 $f(x,\dot{x})$ 不含 $\dot{x}$，则(2.6.9)式中 $\theta=0$，式(2.6.8)各阶摄动方程右边不出现 $\sin\tau$，于是只有一个可解性条件，这种情况下，x_1 以后各阶近似解中我们就不取齐次方程的通解，让唯一的可解性条件去唯一地定出 ω_i.

至此，我们可以看出，当激励力的频率 Ω 接近于系统的固有频率 ω_0 时，系统的响应以主谐波 $\cos(\tau+\theta)$ 为主. 这种响应称为主谐波响应.

例 1　用 L-P 法求 Duffing 方程

$$\ddot{x} + \omega_0^2 x + 2\varepsilon\mu\dot{x} + \varepsilon k x^3 = \varepsilon p\cos\Omega t \tag{a}$$

的主谐波响应. 其中 μ 为黏性阻尼系数，$\mu>0$.

解　对应于方程(2.6.1)，本例中 $f(x,\dot{x}) = -(2\mu\dot{x} + kx^3)$. 于是，由式(2.6.8)可得

$$x_0'' + x_0 = 0, \tag{b}$$

$$\omega_0^2(x_1'' + x_1) = -(2\mu\omega_0 x_0' + kx_0^3) - 2\omega_0\omega_1 x_0'' + p\cos\tau. \tag{c}$$

方程(b)的解为

$$x_0 = a\cos(\tau + \theta), \tag{d}$$

代入方程(c),得

$$\begin{aligned}\omega_0^2(x_1'' + x_1) &= 2\mu\omega_0 a\sin(\tau + \theta) - ka^3\cos^3(\tau + \theta) \\ &\quad + 2\omega_0\omega_1 a\cos(\tau + \theta) + p\cos\tau \\ &= (2\mu\omega_0 a + p\sin\theta)\sin(\tau + \theta) \\ &\quad + \left(2\omega_0\omega_1 a - \frac{3}{4}ka^3 + p\cos\theta\right)\cos(\tau + \theta) \\ &\quad - \frac{1}{4}ka^3\cos(3\tau + 3\theta).\end{aligned} \tag{e}$$

消去久期项,令

$$2\mu\omega_0 a + p\sin\theta = 0, \tag{f}$$

$$2\omega_0\omega_1 a - \frac{3}{4}ka^3 + p\cos\theta = 0. \tag{g}$$

以上二式消去未知量 θ,得

$$\left[\mu^2 + \left(\omega_1 - \frac{3}{8}\frac{k}{\omega_0}a^2\right)^2\right]a^2 = \frac{p^2}{4\omega_0^2}, \tag{h}$$

从而解得

$$\theta = \arcsin\left(-\frac{2\mu\omega_0 a}{p}\right), \tag{i}$$

$$\omega_1 = \frac{3}{8}\frac{k}{\omega_0}a^2 \pm \sqrt{\frac{p^2}{4\omega_0^2} - \mu^2}. \tag{j}$$

方程(h)表示了频率 ω_1 和响应的振幅 a 之间的关系,称为频率振幅响应方程.

最后求得方程(a)的一次近似解为

$$x = a\cos(\Omega t + \theta) + O(\varepsilon). \tag{k}$$

由此可以看出,稳态响应是精确地与激励力具有相同的频率,但响应的相位是漂移了 θ 角.从(i)式可看出,如果没有阻尼力,$\mu = 0$,则 $\theta = 0$,响应与外激励没有相位差.

图 2-4 表示 ω_1 和 a 之间的关系曲线,称为频率-振幅响应曲线.从图中可以看出,非线性特性把频率-振幅响应曲线从线性响应曲线($k = 0$)向两边弯曲.对于渐硬弹簧特性的系统($k > 0$),响应曲线向右弯曲,对于渐软弹簧特性的系统($k < 0$),曲线向左弯曲.当激励力的振幅 p 增大,频率响应曲线偏离轴线 $\omega_1 = 0$ 就大,抛物

线 $\omega_1 = 3ka^2/(8\omega_0)$ 表示在没有强迫力，没有阻尼力情形下的自由振动的频率—振幅曲线，称为脊骨线，在图 2-4(b)中以虚线表示.

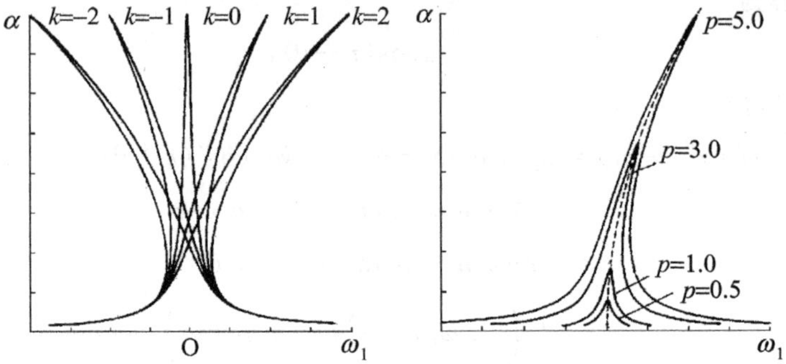

(a) 非线性刚度k的影响　　(b) 激励力振幅p的影响

图 2-4　Duffing 方程主共振的频率-振幅响应曲线

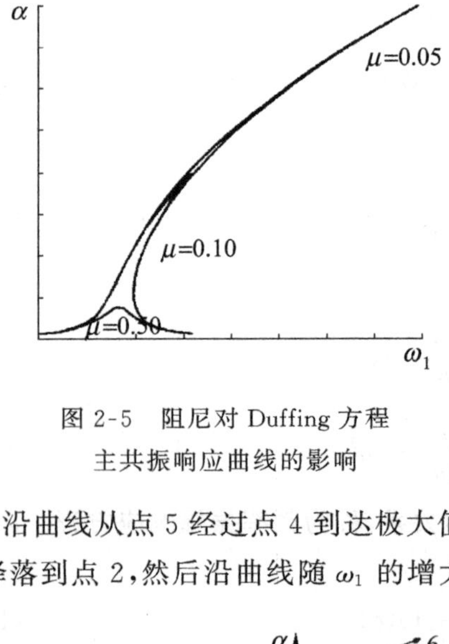

图 2-5　阻尼对 Duffing 方程主共振响应曲线的影响

图 2-5 所示为阻尼系数对响应曲线的影响，如果没有阻尼，振幅的峰值是无限的，频率—振幅响应曲线包含了二个分支，它们渐近地趋于抛物线 $\omega_1 = 3ka^2/(8\omega_0)$. 然而，如果有了阻尼，曲线的峰值就是有限了.

由于非线性的影响，频率-振幅响应曲线出现了多值性，从而出现了一些重要而且有趣的物理现象，如图 2-6 所示的跳跃现象. 假设激励力的振幅 p 保持不变而频率 ω_1 慢慢地变化. 先考察图 2-6(a)所示的具有渐硬弹簧特性的情形. 当 ω_1 从小逐渐增大时，振幅 a 沿曲线从点 5 经过点 4 到达极大值点 6，如果 ω_1 继续增大，则振幅 a 突然从点 6 降落到点 2，然后沿曲线随 ω_1 的增大而减小. 反过来，当 ω_1 从较大值逐渐减小时，

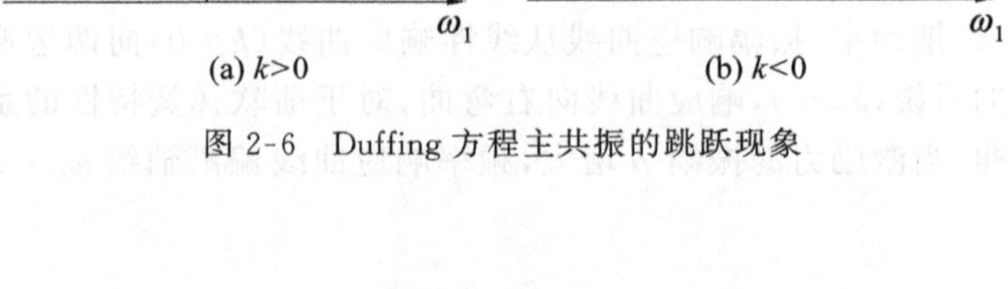

(a) $k>0$　　(b) $k<0$

图 2-6　Duffing 方程主共振的跳跃现象

振幅 a 沿曲线从点 1 经过点 2 到达点 3. 如果 ω_1 继续减小，则振幅突然从点 3 跳跃到点 4，然后沿曲线逐渐减小. 上述这种振幅突然变小或变大的现象，称为跳跃现象. 对于软弹簧特性的情形($k<0$)，跳跃现象完全类似，如图 2-6(b)所示. 跳跃现象是非线性振动的重要特征.

Nayfeh 等(1979)用多尺度法研究本例方程(a)的主谐波响应，与本例 L-P 法结果完全一致.

2.6.2 次谐波响应

对于线性振动系统，当存在阻尼时，稳态振动只有与激励力相同频率的振动，而对于具有非线性恢复力的系统，当外激励力频率接近于系统固有频率的 n 倍，即 $\Omega\approx n\omega_0$(n 为不等于 1 的正整数)时，系统除了有频率为 Ω 的主谐波响应外，还可能发生频率为 Ω/n 的次谐波响应. 应用 L-P 法求解时，强迫力可以加在 ε^0 阶项，这样，ε^0 阶摄动方程的解就包含了激励力振幅 p. 否则，若强迫力加在 ε 阶项上，则要到此求 ε 阶摄动方程的解时才包含激励力振幅 p. 这样就多进行一阶的摄动运算. 此时，微分方程为

$$\ddot{x}+\omega_0^2x=\varepsilon f(x,\dot{x})+p\cos\Omega t. \tag{2.6.12}$$

引进变换

$$\tau=\Omega t, \tag{2.6.13}$$

方程(2.6.12)成为

$$\Omega^2x''+\omega_0^2x=\varepsilon f(x,\Omega x')+p\cos\tau. \tag{2.6.14}$$

设

$$x=x_0(\tau)+\varepsilon x_1(\tau)+\varepsilon^2x_2(\tau)+\cdots, \tag{2.6.15}$$

$$\Omega=n\omega_0+\varepsilon\omega_1+\varepsilon^2\omega_2+\cdots. \tag{2.6.16}$$

把式(2.6.15)和(2.6.16)代入(2.6.14)并把 $f(x,\dot{x})$ 展开成 Taylor 级数，然后比较方程两边 ε 的同次幂的系数，得

$$x_0''+\frac{1}{n^2}x_0=\frac{p}{n^2\omega_0^2}\cos\tau, \tag{2.6.17}$$

$$x_1''+\frac{1}{n^2}x_1=\frac{1}{n^2\omega_0^2}[f(x_0,n\omega_0x_0')-2n\omega_0\omega_1x_1''], \tag{2.6.18}$$

方程(2.6.17)的通解为

$$x_0=a\cos\left(\frac{1}{n}\tau+\theta\right)+\frac{p}{(1-n^2)\omega_0^2}\cos\tau. \tag{2.6.19}$$

把 x_0 代入方程(2.6.18)，并令方程右边 $\cos(\tau/n+\theta)$，$\sin(\tau/n+\theta)$ 的系数为零，可定出 $\omega_1(a)$ 和 $\theta_1(a)$ 并进而求出 $x_1(\tau)$.

从方程(2.6.19)可见,方程右端第二项含有主谐波 $\cos\tau$,是对外激励的直接响应,第一项含有次谐波 $\cos(\tau/n+\theta)$,是自由振动的响应,其频率是激励频率的 n 分之一.因而称这种响应称为 n 阶次谐波响应.和线性振动不同,非线性振动尽管存在阻尼,系统仍旧可以使自由振动项不衰减到零,而且在稳态下,非线性自由振动的频率调整为激励频率的 n 分之一,从而使响应成为周期性的.次谐波的出现是非线性振动系统与线性振动系统的主要区别之一.

值得指出的是,一个非线性振动系统并不是对所有的 n 都存有次谐波响应,而只是对某一个 n 值存有次谐波响应.如果在消去方程(2.6.18)的久期项时,能求得 a 值($a\neq 0$),则系统有次谐波响应,否则,若求得 $a=0$,则说明系统没有次谐波响应.通常具有三次非线性的系统,就具有 $\cos(\tau/3+\theta)$的次谐波响应.

例 2　用 L-P 法研究 Duffing 方程三阶次谐波解

$$\ddot{x}+\omega_0^2x+2\varepsilon\mu\dot{x}+\varepsilon kx^3=p\cos\Omega t. \tag{a}$$

解　对应于方程(2.6.12),本例中 $f(x,\dot{x})=-(2\mu\dot{x}+kx^3)$.现要求方程的三阶次谐波解,即研究当外激励力的频率接近于系统固有频率的 3 倍时的响应.此时,$\Omega\approx 3\omega_0$,$n=3$,于是,方程(2.6.17)和(2.6.18)成为

$$x_0''+\frac{1}{9}x_0=\frac{p}{9\omega_0^2}\cos\tau, \tag{b}$$

$$x_1''+\frac{1}{9}x_1=\frac{1}{9\omega_0^2}[-6\mu\omega_0x_0'-kx_0^3-6\omega_0\omega_1x_0'']. \tag{c}$$

系统有了阻尼,方程(b)的解取为

$$x_0=a\cos\left[\frac{1}{3}(\tau+\theta)\right]+\Lambda\cos\tau, \tag{d}$$

$$\Lambda=-\frac{p}{8\omega_0^2.} \tag{e}$$

把 x_0 代入(c)式,得

$$\begin{aligned}x_1''+\frac{1}{9}x_1=&\frac{1}{9\omega_0^2}\left\{6\mu\omega_0\left[\frac{1}{3}a\sin\frac{1}{3}(\tau+\theta)+\Lambda\sin\tau\right]\right.\\&+6\omega_0\omega_1\left[\frac{1}{9}a\cos\frac{1}{3}(\tau+\theta)+\Lambda\cos\tau\right]\\&-\frac{1}{4}ka^3\left[3\cos\frac{1}{3}(\tau+\theta)+\cos(\tau+\theta)\right]\\&-\frac{3}{4}ka^2\Lambda\left[\cos\left(\frac{5}{3}\tau+\frac{2}{3}\theta\right)+\cos\left(\frac{1}{3}\tau-\frac{2}{3}\theta\right)+2\cos\tau\right]\\&-\frac{3}{4}ka\Lambda^2\left[\cos\left(\frac{7}{3}\tau+\frac{1}{3}\theta\right)+\cos\left(\frac{5}{3}\tau-\frac{1}{3}\theta\right)\right]\end{aligned}$$

$$+2\cos\frac{1}{3}\left(\tau+\theta\right)-\frac{1}{4}k\Lambda^3\left[3\cos\tau+\cos3\tau\right]\bigg\}. \tag{f}$$

注意到 $\cos\frac{1}{3}(\tau+2\theta)=\cos\theta\cdot\cos\frac{1}{3}(\tau+\theta)+\sin\theta\cdot\sin\frac{1}{3}(\tau+\theta)$，消去久期项，得

$$2\mu\omega_0 a=\frac{3}{4}ka^2\Lambda\sin\theta, \tag{g}$$

$$\frac{2}{3}\omega_0\omega_1 a-\frac{3}{4}ka^3-\frac{3}{2}k\Lambda^2 a=\frac{3}{4}ka^2\Lambda\cos\theta. \tag{h}$$

消去 θ，得到频率-振幅响应方程

$$\left[9\mu^2+\left(\omega_1-\frac{9}{8\omega_0}ka^2-\frac{9}{4\omega_0}k\Lambda^2\right)^2\right]a^2=\frac{81}{64\omega_0^2}k^2a^4\Lambda^2. \tag{i}$$

由(i)式可知，或者 $a=0$（平凡解），或者

$$9\mu^2+\left(\omega_1-\frac{9}{8\omega_0}ka^2-\frac{9}{4\omega_0}k\Lambda^2\right)^2=\frac{81}{64\omega_0^2}k^2a^2\Lambda^2, \tag{j}$$

从而解得

$$\tan\theta=\frac{\mu}{\frac{1}{3}\omega_1-\frac{3}{8}\frac{ka^2}{\omega_0}-\frac{3}{4}\frac{k\Lambda^2}{\omega_0}}, \tag{k}$$

$$\omega_1=\frac{9}{8}\frac{k}{\omega_0}(a^2-2\Lambda^2)\pm\sqrt{\frac{81}{64\omega_0^2}k^2a^2\Lambda^2-9\mu^2}. \tag{l}$$

至此，我们求得 Duffing 方程三阶次谐波响应的一次近似解为

$$x=a\cos\left[\frac{1}{3}(\Omega t+\theta)\right]+\Lambda\cos\Omega t+O(\varepsilon). \tag{m}$$

上述结果与 Nayfeh 等(1979)用多尺度法求得的结果是一致的.

图 2-7 所示为 Duffing 方程三阶次谐波响应，其中，图 2-7(a)所示为自由振动振幅 a 对强迫力频率 ω_1 的响应曲线，图 2-7(b)所示为自由振动振幅 a 对强迫力振幅 p 的响应曲线. 从图中曲线可见，在这种情形下没有跳跃现象.

再分析存有次谐波响应的区域. 式(j)是以 a^2 为未知量的二次方程，其根为

$$a^2=B\pm\sqrt{B^2-C}, \tag{n}$$

其中

$$B=\frac{8}{9}\frac{\omega_0}{k}\omega_1-\frac{3}{2}\Lambda^2, \tag{o}$$

$$C=\frac{64}{81}\frac{\omega_0^2}{k^2}\left[9\mu^2+\left(\omega_1-\frac{9}{4}\frac{k}{\omega_0}\Lambda^2\right)^2\right]. \tag{p}$$

从式(n)可知，只有当 $B>0$ 和 $B^2\geqslant C$，才能求得 a 值，即系统才有非平凡解，这就

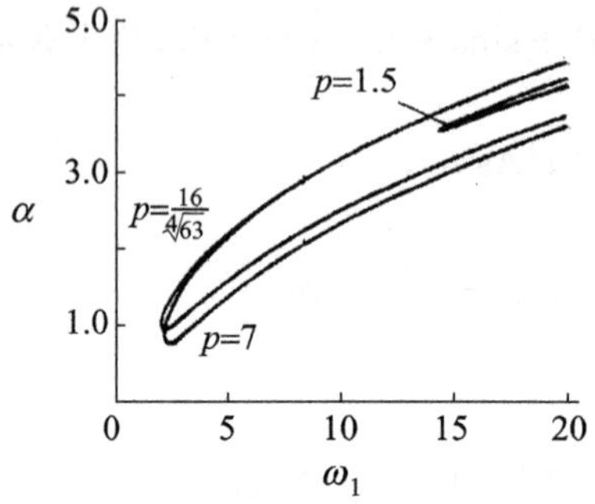

(a) ω_1-α 响应曲线

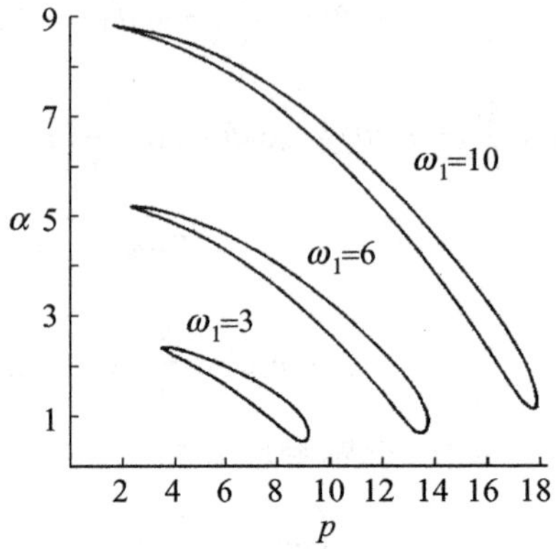

(b) p-α 响应曲线

图 2-7　Duffing 方程三阶次谐波响应

要求

$$\Lambda^2 < \frac{16}{27}\frac{\omega_0\omega_1}{k}, \tag{q}$$

$$\frac{k\Lambda^2}{4\omega_0}\left(\omega_1 - \frac{63}{32}\frac{k\Lambda^2}{\omega_0}\right) - 2\mu^2 \geqslant 0. \tag{r}$$

由此可知，k 和 ω_1 必须同号. 对于给定的 Λ 值仅当

$$k\omega_1 \geqslant \frac{8\mu^2\omega_0}{\Lambda^2} + \frac{63}{8}\frac{k^2\Lambda^2}{\omega_0} \tag{s}$$

时才能存在非平凡解；然而对于给定的 ω_1 值仅当

$$\frac{\omega_1}{\mu} - \left(\frac{\omega_1^2}{\mu^2} - 63\right)^{\frac{1}{2}} \leqslant \frac{63}{16}\frac{k\Lambda^2}{\omega_0\mu} \leqslant \frac{\omega_1}{\mu} + \left(\frac{\omega_1^2}{\mu^2} - 63\right)^{\frac{1}{2}} \tag{t}$$

时才可以存在非平凡解. 在 $\Lambda\omega_1$ 平面上，存在非平凡解的区域的边界由

$$\frac{63}{16}\frac{k\Lambda^2}{\omega_0\mu} = \frac{\omega_1}{\mu} \pm \left(\frac{\omega_1^2}{\mu^2} - 63\right)^{\frac{1}{2}} \tag{u}$$

给出. 对于 $k>0$ 的情况，这条边界如图 2-8 所示.

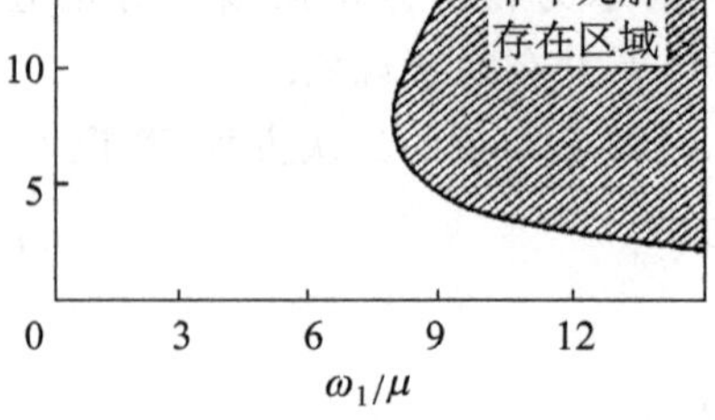

图 2-8　Duffing 方程存在三阶次谐波响应的区域

2.6.3 超谐波响应

当外激励力频率接近于系统固有频率的 n 分之一，即 $\Omega\approx\omega_0/n$(n 为不等于 1 的正整数)时，系统有可能发生超谐波响应. 与次谐波响应一样，此时强迫力可以加在 ε^0 阶上. 运动微分方程仍为方程(2.6.14)的形式，x 的展开式也取为(2.6.15)式，所不同的是，现在 Ω 应在 ω_0/n 附近展开

$$\Omega=\frac{1}{n}\omega_0+\varepsilon\omega_1+\varepsilon^2\omega_2+\cdots. \tag{2.6.20}$$

于是，取代(2.6.17)、(2.6.18)的各阶摄动方程为

$$x_0''+n^2x_0=\frac{n^2p}{\omega_0^2}\cos\tau, \tag{2.6.21}$$

$$x_1''+n^2x_1=\frac{n^2}{\omega_0}\left[f\left(x_0,\frac{1}{n}\omega_0x_0'\right)-\frac{2}{n}\omega_0\omega_1x_0''\right], \tag{2.6.22}$$

方程(2.6.21)的解是

$$x_0=a\cos(n\tau+\theta)+\frac{n^2p}{(n^2-1)\omega_0^2}\cos\tau. \tag{2.6.23}$$

把 x_0 代入方程(2.6.22)并消去久期项，可求出 $\omega_1(a)$ 和 $\theta(a)$，并进而求出 $x_1(\tau)$. 可见，此时系统响应中除含 $\cos\tau$ 主谐波外，还含有超谐波 $\cos(n\tau+\theta)$，故称这种响应为 n 阶超谐波响应. 超谐波的出现也是非线性振动系统与线性振动系统的主要区别之一.

例 3 用 L-P 法研究 Duffing 方程三阶超谐波响应

$$\ddot{x}+\omega_0^2x+2\varepsilon\mu\dot{x}+\varepsilon kx^3=p\cos\Omega t. \tag{a}$$

解 对应于方程(2.6.12)，本例中 $f(x,\dot{x})=-2(\mu\dot{x}+kx^3)$. 现要求方程的三阶超谐波解，即研究当外激励力的频率接近于系统固有频率的 1/3 时的响应. 此时，$\Omega\approx\omega_0/3$，$n=3$，于是，方程(2.6.21)，(2.6.22)成为

$$x_0''+9x_0=\frac{9}{\omega_0^2}p\cos\tau, \tag{b}$$

$$x_1''+9x_1=\frac{9}{\omega_0^2}\left[-\frac{2}{3}\mu\omega_0x_0'-kx_0^3-\frac{2}{3}\omega_0\omega_1x_0''\right]. \tag{c}$$

方程(b)的解为

$$x_0=a\cos[3(\tau+\theta)]+\Lambda\cos\tau, \tag{d}$$

$$\Lambda=\frac{9}{8\omega_0^2}p. \tag{e}$$

把 x_0 代入(c)式，得

$$
\begin{aligned}
x_1'' + 9x_1 = \frac{9}{\omega_0^2}\Big\{ & \frac{2}{3}\mu\omega_0[3a\sin 3(\tau+\theta) + \Lambda\sin\tau] \\
& + \frac{2}{3}\omega_0\omega_1[9a\cos 3(\tau+\theta) + \Lambda\cos\tau] \\
& - \frac{1}{4}ka^3[3\cos 3(\tau+\theta) + \cos 9(\tau+\theta)] \\
& - \frac{3}{4}ka^2\Lambda[\cos(7\tau+6\theta) + \cos(5\tau+6\theta) + 2\cos\tau] \\
& - \frac{3}{4}ka\Lambda^2[\cos(5\tau+3\theta) + \cos(\tau+3\theta) + 2\cos 3(\tau+\theta)] \\
& - \frac{1}{4}k\Lambda^3(3\cos\tau + \cos 3\tau)\Big\}. \qquad \text{(f)}
\end{aligned}
$$

注意到 $\cos 3\tau = \cos 3\theta \cdot \cos 3(\tau+\theta) + \sin 3\theta \cdot \sin 3(\tau+\theta)$，代入(f)式，并令方程右边 $\cos 3(\tau+\theta)$ 和 $\sin 3(\tau+\theta)$ 的系数为零，从而消去久期项，得

$$\mu a = \frac{1}{8\omega_0}k\Lambda^3\sin 3\theta, \qquad \text{(g)}$$

$$\left(\omega_1 - \frac{1}{4\omega_0}k\Lambda^2\right)a - \frac{1}{8\omega_0}ka^3 = \frac{1}{24\omega_0}k\Lambda^3\cos 3\theta. \qquad \text{(h)}$$

消去 θ，得到频率-振幅响应方程

$$\left[\frac{1}{9}\mu^2 + \left(\omega_1 - \frac{1}{4\omega_0}k\Lambda^2 - \frac{1}{8\omega_0}ka^2\right)^2\right]a^2 = \frac{1}{576}\frac{k^2\Lambda^6}{\omega_0^2}, \qquad \text{(i)}$$

从而解得

$$\tan 3\theta = \frac{\mu}{3\omega_1 - \frac{3}{8}\frac{ka^2}{\omega_0} - \frac{3}{4}\frac{k\Lambda^2}{\omega_0}}, \qquad \text{(j)}$$

$$\omega_1 = \frac{1}{4\omega_0}k\Lambda^2 + \frac{1}{8\omega_0}ka^2 \pm \frac{1}{3}\sqrt{\frac{1}{64}\frac{k^2\Lambda^6}{\omega_0^2 a^2} - \mu^2}. \qquad \text{(k)}$$

至此，我们求得 Duffing 方程三阶超谐波响应的一次近似解为

$$x = a\cos[3(\Omega t+\theta)] + \Lambda\cos\Omega t + O(\varepsilon). \qquad \text{(l)}$$

上述结果与 Nayfeh 等(1979)用多尺度法求得的结果是一致的.

从一次近似解(l)式可以看出，方程右端第一项为自由振动响应. 尽管存在正阻尼，当 Ω 接近于 $\omega_0/3$ 时，自由振动并不衰减到零，而且非线性项调整了自由振动的频率，使其精确地等于激励频率的三倍，从而使响应成为周期性的. 因而 Duffing 方程存在三阶超谐波响应.

图 2-9 为 Duffing 方程超谐波响应的综合过程. 其中，图 2-9(a)所示为自由振动的解，图 2-9(b)所示为方程的特解，图 2-9(c)所示为自由振动解和特解组成的

周期解.

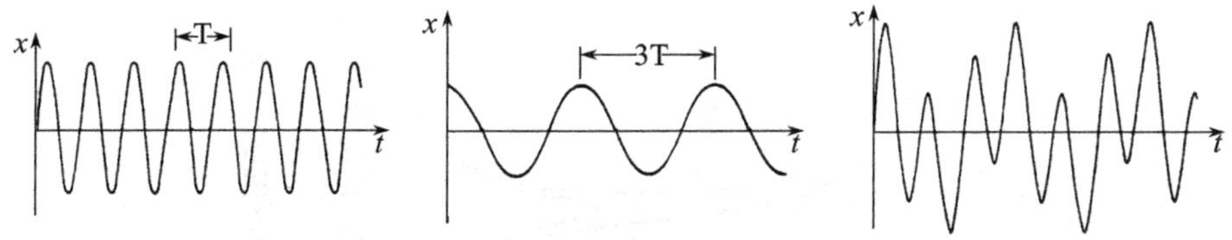

(a) 自由振动解　(b) 特解　(c) 实际响应

图 2-9 Duffing 方程三阶超谐波响应的综合

图 2-10 所示为 Duffing 方程各种频率-振幅响应曲线. 这些曲线表明 k、Λ 和 μ 的变化对响应的影响. 如同主谐波响应的情形一样. 这里的频率-振幅响应曲线的弯曲也产生了跳跃现象.

2.6.4 组合谐波响应

上面仅研究了激励力是单个谐波的情形. 从实际问题来讲,研究激励力为几个频率不同的谐波之和的情形将有更大的意义. 对于线性系统,当作用有频率为 Ω_1 和 Ω_2 的激励力时,系统的稳态响应只有包含频率为 Ω_1 和 Ω_2 的响应,即叠加原理是成立的. 但是,对于非线性系统,叠加原理就不适用了. 一般来说,当非线性系统受到频率为 Ω_1 和 Ω_2 的激励力作用时,系统的响应不仅含有频率为 Ω_1 和 Ω_2 的响应,而且含有频率为 $|\pm m\Omega_1 \pm n\Omega_2|$($m$, n 为正整数)的谐波响应. 这种响应称为组合谐波响应. 组合谐波的出现是非线性振动系统与线性振动系统的又一重要区别.

下面以 Duffing 方程受两个简谐激励力作用为例,说明在什么情况下才会引起组合谐波响应.

$$\ddot{x} + \omega_0^2 x + 2\varepsilon\mu\dot{x} + \varepsilon k x^3 = p_1\cos(\Omega_1 t + \theta_1) + p_2\cos(\Omega_2 t + \theta_2). \quad (2.6.24)$$

令

$$\tau = \omega t, \quad (2.6.25)$$

$$T_1 = \Omega_1 t = c_1\tau, \quad (2.6.26)$$

$$T_2 = \Omega_2 t = c_2\tau. \quad (2.6.27)$$

把这三式代入方程(2.6.24),得

$$\omega^2 x'' + \omega_0^2 x + 2\varepsilon\mu\dot{x} + \varepsilon k x^3 = p_1\cos(\tau_1 + \theta_1) + p_2\cos(\tau_2 + \theta_2). \quad (2.6.28)$$

再把 x 和 ω 展开成 ε 的幂级数

$$x = x_0 + \varepsilon x_1 + \cdots, \quad (2.6.29)$$

$$\omega = \omega_0 + \varepsilon\omega_1 + \cdots. \quad (2.6.30)$$

把这二式代入(2.6.28),并令方程两边 ε 的同次幂的系数相等,得

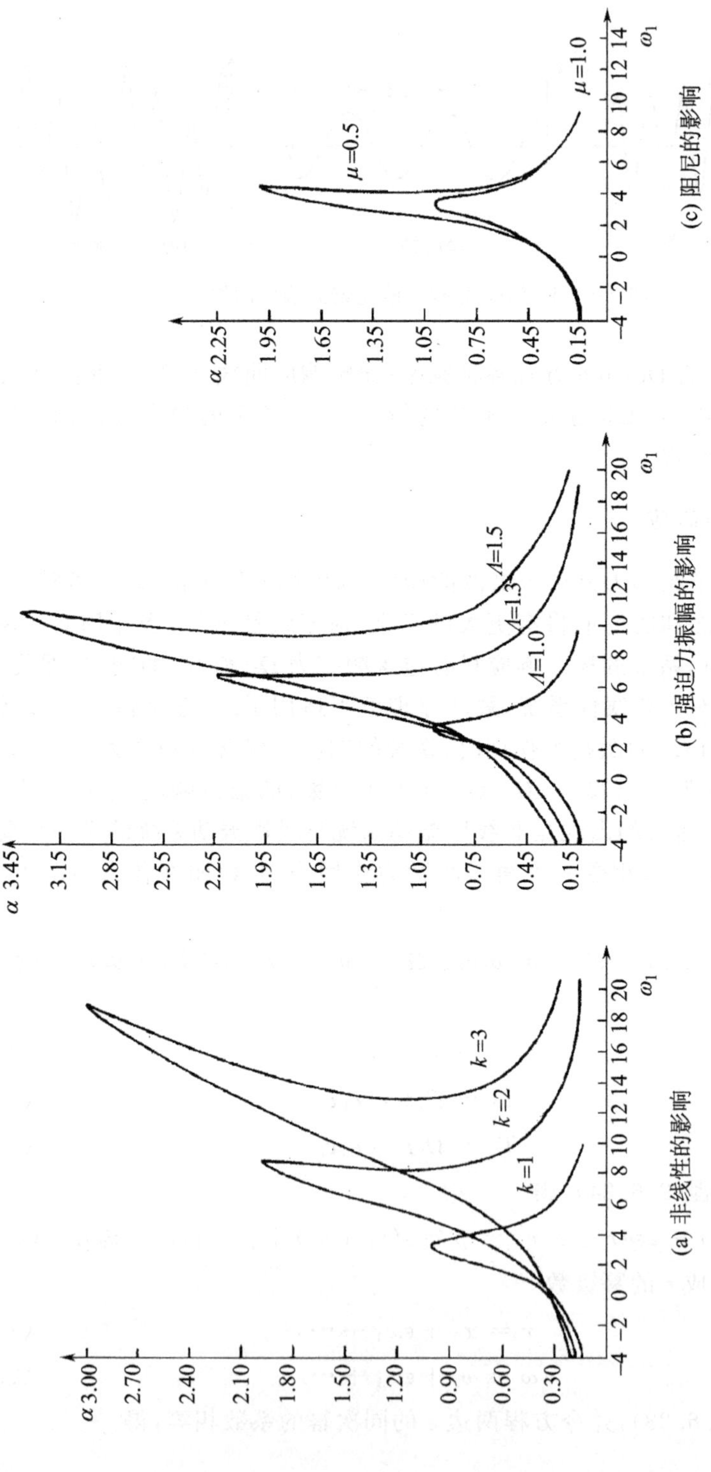

图 2-10　Duffing 方程三阶超谐波响应曲线

$$\omega_0^2 x_0'' + \omega_0^2 x_0 = p_1 \cos(\tau_1 + \theta_1) + p_2 \cos(\tau_1 + \theta_2), \tag{2.6.31}$$

$$\omega_0^2 x_1'' + \omega_0^2 x_1 = -2\mu\omega_0 x_0' - k x_0^3 - 2\omega_0\omega_1 x_0'', \tag{2.6.32}$$

方程(2.6.31)的解为

$$x_0 = a\cos(\tau + \theta) + \Lambda_1 \cos(\tau_1 + \theta_1) + \Lambda_2 \cos(\tau_2 + \theta_2), \tag{2.6.33}$$

其中

$$\Lambda_n = \frac{p_n}{\omega_0^2(1 - c_n^2)} = \frac{p_n}{\omega_0^2 - \Omega_n^2}. \tag{2.6.34}$$

把 x_0 代入(2.6.32)式,得

$$\begin{aligned}
\omega_0^2 x_1'' + \omega_0^2 x_1 =& 2\mu\omega_0[a\sin(\tau+\theta) + \Lambda_1 c_1 \sin(\tau_1 + \theta_1) + \Lambda_2 c_2 \sin(\tau_2 + \theta_2)] \\
& + 2\omega_0\omega_1[a\cos(\tau+\theta) + \Lambda_1 c_1^2 \cos(\tau_1 + \theta_1) + \Lambda_2 c_2^2 \cos(\tau_2 + \theta_2)] \\
& - \frac{1}{4}ka^3[3\cos(\tau+\theta) + \cos(3\tau + 3\theta)] \\
& - \frac{3}{4}ka^2\Lambda_1[\cos(\tau_1 + 2\tau + \theta_1 + 2\theta) \\
& + \cos(\tau_1 - 2\tau + \theta_1 - 2\theta) + 2\cos(\tau_1 + \theta_1)] \\
& - \frac{3}{4}ka^2\Lambda_2[\cos(\tau_2 + 2\tau + \theta_2 + 2\theta) \\
& + \cos(\tau_2 - 2\tau + \theta_2 - 2\theta) + 2\cos(\tau_2 + \theta_2)] \\
& - \frac{3}{4}ka\Lambda_1^2[\cos(2\tau_1 + \tau + 2\theta_1 + \theta) \\
& + \cos(2\tau_1 - \tau + 2\theta_1 - \theta) + 2\cos(\tau + \theta)] \\
& - \frac{3}{4}ka\Lambda_2^2[\cos(2\tau_2 + \tau + 2\theta_2 + \theta) \\
& + \cos(2\tau_2 - \tau + 2\theta_2 - \theta) + 2\cos(\tau + \theta)] \\
& - \frac{3}{2}ka\Lambda_1\Lambda_2[\cos(T_1 + T_2 + \tau + \theta_1 + \theta_2 + \theta) \\
& + \cos(T_1 + T_2 - \tau + \theta_1 + \theta_2 - \theta) \\
& + \cos(T_1 - T_2 + \tau + \theta_1 - \theta_2 + \theta) \\
& + \cos(T_1 - T_2 - \tau + \theta_1 - \theta_2 - \theta)] \\
& - \frac{1}{4}k\Lambda_1^3[3\cos(T_1 + \theta_1) + \cos(3T_1 + 3\theta_1)] \\
& - \frac{3}{4}k\Lambda_1^2\Lambda_2[\cos(2T_1 + T_2 + 2\theta_1 + \theta_2)
\end{aligned}$$

$$+\cos(2T_1-T_2+2\theta_1-\theta_2)+2\cos(T_2+\theta_2)]$$
$$-\frac{3}{4}k\Lambda_1\Lambda_2^2[\cos(2T_2+T_1+2\theta_2+\theta_1)$$
$$+\cos(2T_2-T_1+2\theta_2-\theta_1)+2\cos(T_1+\theta_1)]$$
$$-\frac{1}{4}k\Lambda_2^3[3\cos(T_2+\theta_2)+\cos(3T_2+3\theta_2)]. \tag{2.6.35}$$

可见，方程(2.6.35)将有可能发生如下的谐波响应：

$3T_1=\tau$，即 $3\Omega_1\approx\omega_0$，超谐波响应；

$3T_2=\tau$，即 $3\Omega_2\approx\omega_0$，超谐波响应；

$T_1=3\tau$，即$\frac{1}{3}\Omega_1\approx\omega_0$，次谐波响应；

$T_2=3\tau$，即$\frac{1}{3}\Omega_2\approx\omega_0$，次谐波响应；

$2T_1\pm T_2=\tau$，即 $2\Omega_1\pm\Omega_2\approx\omega_0$，组合谐波响应；

$2T_2\pm T_1=\tau$，即 $2\Omega_2\pm\Omega_1\approx\omega_0$，组合谐波响应；

$T_1\pm T_2=2\tau$，即$\frac{1}{2}(\Omega_2\pm\Omega_1)\approx\omega_0$，组合谐波响应.

再仔细分析，还可以发现，方程中(2.6.35)还可以同时存在多于一个的响应，这就是说，可以同时出现在超谐波和次谐波响应，或者同时存在超谐波和组合谐波响应，等等. 例如，如果

(1) $\Omega_2\approx 9\Omega_1\approx 3\omega_0$，　(2) $\Omega_2\approx\Omega_1\approx 3\omega_0$，

(3) $\Omega_2\approx\omega_1\approx\frac{1}{3}\omega_0$，　(4) $\Omega_2\approx 5\Omega_1\approx\frac{5}{3}\omega_0$，

(5) $\Omega_2\approx 7\Omega_1\approx\frac{7}{3}\omega_0$，　(6) $\Omega_2\approx 2\Omega_1\approx\frac{2}{3}\omega_0$，

(7) $\Omega_2\approx\frac{7}{3}\Omega_1\approx 7\omega_0$，　(8) $\Omega_2\approx\frac{5}{3}\Omega_1\approx 5\omega_0$，

那么可以同时存在两种以上的上述响应.

对于超谐波和次谐波响应，上面已详细讨论了，下面主要讨论组合谐波响应. 以 $\omega_0\approx 2\Omega_1+\Omega_2$ 为例，此时 $2T_1+T_2=\tau$，注意到

$$\begin{aligned}\cos(2T_1+T_2+2\theta_1+\theta_2)&=\cos(\tau+\theta+2\theta_1+\theta_2-\theta)\\&=\cos(\tau+\theta)\cdot\cos(2\theta_1+\theta_2-\theta)\\&\quad-\sin(\tau+\theta)\cdot\sin(2\theta_1+\theta_2-\theta).\end{aligned}$$

将其代入方程(2.6.35)，并令方程右边 $\cos(\tau+\theta)$，$\sin(\tau+\theta)$的系数为零，得

$$2\mu\omega_0 a+\frac{3}{4}k\Lambda_1^3\Lambda_2\sin(2\theta_1+\theta_2-\theta)=0, \tag{2.6.36}$$

$$2\omega_0\omega_1 a - \frac{3}{2}ka(\Lambda_1^2 + \Lambda_2^2) - \frac{1}{4}ka^3 - \frac{3}{4}k\Lambda_1^2\Lambda_2\cos(2\theta_1 + \theta_2 - \theta) = 0. \tag{2.6.37}$$

解得

$$\left[\mu^2 + \left(\omega_1 - k\Gamma_2 - \frac{3}{8\omega_0}ka^2\right)^2\right]a^2 = k^2\Gamma_1^2, \tag{2.6.38}$$

$$\tan\beta = \frac{\mu}{\omega_1 - k\Gamma_2 - \dfrac{3}{8\omega_0}ka^2}, \tag{2.6.39}$$

其中

$$\Gamma_1 = \frac{3}{8\omega_0}\Lambda_1^2\Lambda_2, \tag{2.6.40}$$

$$\Gamma_2 = \frac{3}{4\omega_0}(\Lambda_1^2 + \Lambda_2^2), \tag{2.6.41}$$

$$\beta = 2\theta_1 + \theta_2 - \theta. \tag{2.6.42}$$

方程(2.6.38)即为此情况下的频率-振幅响应方程.由此可得振幅的峰值为

$$a_p = \frac{|k|\Gamma_1}{\mu}. \tag{2.6.43}$$

对应的 ω_1 值为

$$\omega_1 = k\Gamma_2 + \frac{3}{8}\frac{k}{\omega_0}a^2 = k\Gamma_2 + \frac{3}{8}\frac{k^3\Gamma_1^2}{\omega_0\mu^2}. \tag{2.6.44}$$

我们注意到振幅的峰值与 Γ_2 无关,但对应此峰值的频率与 Γ_2 有关.

作为一次近似

$$x = a\cos[(2\Omega_1 + \Omega_2)t + \omega_1 t + \theta] + \Lambda_1\cos(\Omega_1 t + \theta_1) + \Lambda_2\cos(\Omega_2 t + \theta_2), \tag{2.6.45}$$

θ 和 ω_1 由式(2.6.38)和(2.6.39)决定.由(2.6.45)式可以看出,除非 $\Omega_1+\Omega_2$ 是可约的(即除非存在有整数 m、n,使 $m\Omega_1+n\Omega_2=0$),否则,运动不可能是周期的.

图 2-11 所示为几条频率-振幅响应曲线,这些曲线分别表示 Γ_1、Γ_2、k 和 μ 的变化对响应的影响.从这些曲线的弯曲可以看出响应有跳跃现象.

从频率-振幅响应方程(2.6.38)可以看出,组合谐波的振幅 a 永远不会等于零.因此,尽管存在阻尼,自由振动项(它被非线性性质调谐到精确地和组合频率 $\Omega_1+\Omega_2$ 相同)在任何情况下总是稳态运动的一部分,这一点与次谐波响应的情况不同.

显然,在上述结果中交换下标 1 和 2,就可以得到另一种组合响应的情况 $\omega_0\approx 2\Omega_2+\Omega_1$ 的结果;而变更 Ω_2 的符号,就可得出 $\omega_0\approx 2\Omega_1-\Omega_2$ 的组合响应的结果.

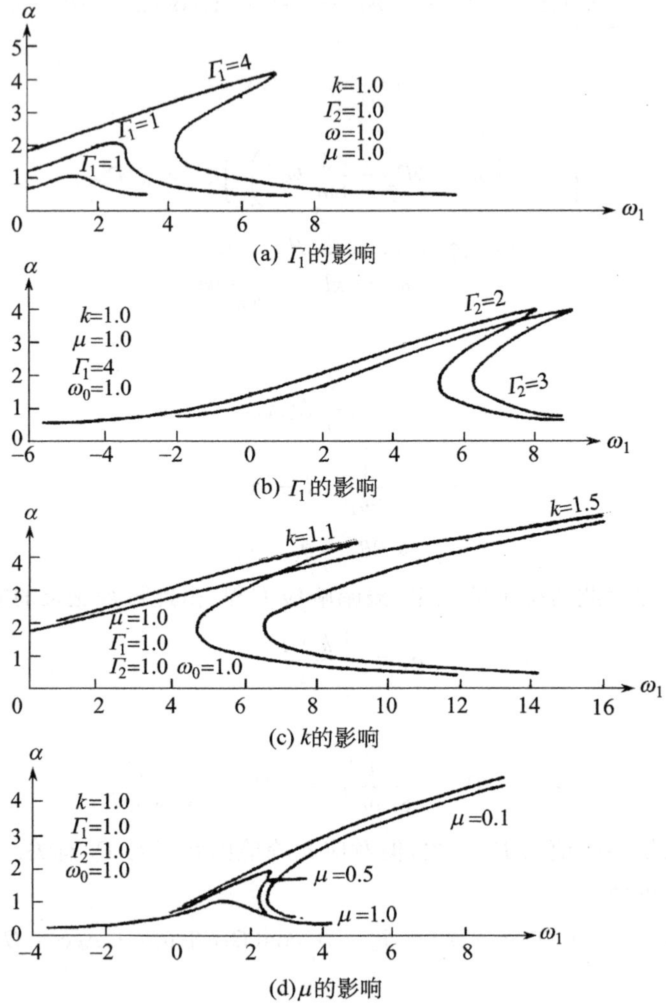

图 2-11　Duffing 方程组合谐波响应 $2\Omega_1+\Omega_2\approx\omega_0$

§2.7　多维 L-P 法

前面六节介绍了几种求解单自由度系统非线性振动的经典摄动方法. 这些方法原则上可以推广应用于多自由度系统. Nayfeh 等(1979) 在其著名论著中已介绍了多尺度法在多自由度系统中的应用. Lau 等(1989) 提出另一种形式的多尺度法,称为多维 L-P 法,把 L-P 法推广到多自由度系统. Chen 等(1989)应用多维 L-P 法,分析具有三次非线性的多自由度系统的内部共振问题. 褚亦清等(1996)在其编著的《非线性振动分析》一书中，也介绍了多自由度系统的频率展开法和渐近法，并分别称之为多频展开法和多频渐近法. 本节主要介绍多维 L-P 法及其应用.

考虑具有三次非线性的多自由度系统

$$\frac{\mathrm{d}^2 x_n}{\mathrm{d}t^2}+\Omega_n^2 x_n+\varepsilon\mu_n\frac{\mathrm{d}x_n}{\mathrm{d}t}+\varepsilon\sum_{m=1}^{N}\sum_{p=1}^{N}\sum_{q=1}^{N}\Gamma_{nmpq}x_m x_p x_q=f_n\cos(\Omega t),\quad n=1,2,\cdots,\tag{2.7.1}$$

其中 x_n 为系统的广义坐标，Ω_n 为系统的线性频率，Γ_{nmpq} 为系统的非线性刚度系数，Ω 为激励力的频率，ε 为小参数.

引入新变量，令

$$\tau_n=\eta\omega_n t,\tag{2.7.2}$$

其中 η 是一个有理数，视所研究的响应问题而定；ω_n 是各自由度的振动频率. 类似于单自由度系统的 L-P 法，把 x_n 和 ω_n 展开成 ε 的幂级数，

$$x_n(\tau_1,\tau_2,\cdots,\tau_N)=\sum_{k=0}^{\infty}x_{nk}(\tau_1,\tau_2,\cdots,\tau_N)\varepsilon^k,\tag{2.7.3}$$

$$\omega_n=\sum_{k=0}^{\infty}\omega_{nk}\varepsilon^k,\tag{2.7.4}$$

并假设

$$f_n=\sum_{k=0}^{\infty}f_{nk}\varepsilon^k,\tag{2.7.5}$$

于是

$$\frac{\mathrm{d}x_n}{\mathrm{d}t}=\sum_{i=1}^{N}\eta\omega_i\frac{\partial x_n}{\partial\tau_i}=\sum_{k=0}^{\infty}\sum_{l=0}^{\infty}\varepsilon^{k+l}D_k x_{nl},\tag{2.7.6}$$

$$\frac{\mathrm{d}^2 x_n}{\mathrm{d}t^2}=\sum_{i=1}^{N}\sum_{j=1}^{N}\eta^2\omega_i\omega_j\frac{\partial^2 x_n}{\partial\tau_i\partial\tau_j}=\sum_{k=0}^{N}\sum_{l=0}^{N}\sum_{m=0}^{N}\varepsilon^{k+l+m}D_{kl}^2 x_{nm}\tag{2.7.7}$$

其中算子 D_k 和 D_{kl}^2 定义为

$$D_k\equiv\sum_{i=1}^{N}\eta\omega_{ik}\frac{\partial}{\partial\tau_i},\tag{2.7.8}$$

$$D_{kl}^2\equiv D_k D_l\equiv\sum_{i=1}^{N}\sum_{j=1}^{N}\eta^2\omega_{ik}\omega_{jl}\frac{\partial^2}{\partial\tau_i\partial\tau_j}\tag{2.7.9}$$

把方程(2.7.3)、(2.7.5)至(2.7.7)代入方程(2.7.1)并令两边 ε 同次幂的系数相等，可得

$$D_{00}^2 x_{n0}+\Omega_n^2 x_{n0}=f_{n0}\cos T,\tag{2.7.10}$$

$$D_{00}^2 x_{n1} + \Omega_n^2 x_{n1} = -2D_{01}^2 x_{n0} - \mu_n D_0 x_{n0} - \sum_{m=1}^N \sum_{p=1}^N \sum_{q=1}^N \Gamma_{nmpq} x_{m0} x_{p0} x_{q0} + f_{n1} \cos T, \tag{2.7.11}$$

$$D_{00}^2 x_{n2} + \Omega_n^2 x_{n2} = -2D_{01}^2 x_{n1} - D_{11}^2 x_{n0} - 2D_{02}^2 x_{n0} - \mu_n (D_0 x_{n1} + D_1 x_{n0}) - \sum_{m=1}^N \sum_{p=1}^N \sum_{q=1}^N \alpha_{nmpq} x_{m0} x_{p0} x_{q1} + f_{n2} \cos T, \tag{2.7.12}$$

…………

其中

$$\alpha_{nmpq} = \Gamma_{nmpq} + \Gamma_{npqm} + \Gamma_{nqmp}, \tag{2.7.13}$$

$$T = \Omega t. \tag{2.7.14}$$

为便于研究共振问题,可把 T 表示成一般形式

$$\mathrm{T} = \sum_{i=1}^N a_i \tau_i. \tag{2.7.15}$$

方程(2.7.10)至(2.7.12)可以逐个求解.首先,由方程(2.7.10)可以求得

$$x_{n0} = A_{n0} \cos(\tau_n + \phi_{n0}) + F_{n0} \cos T, \tag{2.7.16}$$

其中 A_{n0} 和 ϕ_{n0} 是待定的积分常数,而

$$F_{n0} = f_{n0} \Big/ \left(\Omega_n^2 - \sum_{i=1}^N \sum_{j=1}^N \eta^2 \omega_{i0} \omega_{j0} a_i a_j \right), \tag{2.7.17}$$

$$\omega_{n0} = \Omega_n / \eta. \tag{2.7.18}$$

把 x_{n0} 代入式(2.7.11),得

$$\begin{aligned} D_{00}^2 x_{n1} + \Omega_n^2 x_{n1} = & 2\eta^2 \omega_{n0} \omega_{n1} A_{n0} \cos(\tau_n + \phi_{n0}) \\ & + 2 \sum_{i=1}^N \sum_{j=1}^N \eta^2 \omega_{i0} \omega_{j1} a_i a_j F_{n0} \cos T \\ & + \mu_n \eta \omega_{n0} A_{n0} \sin(\tau_n + \phi_{n0}) + \mu_n \sum_{i=1}^N \eta \omega_{i0} a_i F_{n0} \sin T \\ & - \sum_{m=1}^N \sum_{p=1}^N \sum_{q=1}^N \Big\{ \frac{1}{4} \Gamma_{nmpq} A_{m0} A_{p0} A_{q0} \\ & \times \cos(\tau_m + \tau_p + \tau_q + \phi_{m0} + \phi_{p0} + \phi_{q0}) \\ & + \frac{1}{4} \alpha_{nmpq} [A_{m0} A_{p0} A_{q0} \cos(\tau_m + \tau_p - \tau_q + \phi_{m0} + \phi_{p0} + \phi_{q0}) \\ & + A_{m0} A_{p0} F_{q0} [\cos(\tau_m + \tau_p + T + \phi_{m0} + \phi_{p0}) \\ & + \cos(\tau_m + \tau_p - T + \phi_{m0} + \phi_{p0}) \end{aligned}$$

$$
\begin{aligned}
&+\cos(\tau_m-\tau_p+T+\phi_{m0}-\phi_{p0})\\
&+\cos(\tau_m-\tau_p-T+\phi_{m0}-\phi_{p0})]\\
&+A_{m0}F_{p0}F_{q0}[\cos(\tau_m+2T+\phi_{m0})\\
&+\cos(\tau_m-2T+\phi_{m0})+2\cos(\tau_m+\phi_{m0})]\\
&+\frac{1}{4}\Gamma_{nmpq}F_{m0}F_{p0}F_{q0}(3\cos T+\cos 3T)\}+f_{n1}\cos T. \qquad (2.7.19)
\end{aligned}
$$

令上式右端 $\cos(\tau_n+\phi_{n0})$、$\sin(\tau_n+\phi_{n0})$项的系数为零，消去长期项，于是可得到 $2n$ 个方程. 再根据 τ_n 间的关系所提供的附加条件，就可以确定 A_{n0}，ϕ_{n0} 和 ω_{n1}，从而可以求出 x_{n1}. 这样继续下去，直至求得预先要求的各阶近似解.

上述的求解过程，显然就是单自由度系统 L-P 法在多自由度系统的推广，我们称之为多维 L-P 法，(multi-dimensional Lindstedt-Poincaré method，简称 MDLP 法). 该法的优点直观、简单、明了，便于应用. 而且，除了可以求得周期解以外，还可以求得概周期解，并能方便地应用于研究多自由度系统内部共振和组合共振的问题.

下面我们研究一端固定一端铰支梁的非线性振动，作为应用多维 L-P 法分析多自由度系统非线性振动得例子. 因为这种支座形式的梁的第二阶线性频率 ω_{L2} 接近于第一线性频率 ω_{L1} 的 3 倍. 在这种情形下，系统将会发生内部共振.

固定一铰支梁的非线性振动分析，最早是 Nayfeh 等(1974) 采用多尺度法求解周期振动问题；Lau 等(1989) 采用增量谐波平衡法(IHB 法)分析概周期自由振动问题；Chen 等(1989) 采用多维 L-P 法研究内部共振问题.

一端固定另一端铰支的细长梁，当不考虑阻尼力影响时，其自由振动的微分方程为

$$
\rho A\,\frac{\partial^2 W}{\partial t_1^2}+EI\,\frac{\partial^4 W}{\partial y_1^4}-\left[\frac{EA}{2L}\int_0^L\left(\frac{\partial W}{\partial y_1}\right)^2\mathrm{d}y_1\right]\frac{\partial^2 W}{\partial y_1^2}=0, \qquad (2.7.20)
$$

其中 ρ 是梁的密度，A 是横截面积，I 是惯性矩，E 是杨氏模量，L 是长度，W 是横向挠度，y_1 是轴向坐标，t_1 表示时间. 假设梁的曲率很小，剪切变形和长度方向的惯性也同时忽略.

固定一铰支梁的边界条件为

固定端 $$W=0,\qquad \frac{\partial W}{\partial y_1}=0, \qquad (2.7.21)$$

铰支端 $$W=0,\qquad \frac{\partial^2 W}{\partial y_1^2}=0. \qquad (2.7.22)$$

横向挠度 W 可以用线性自由振动的模态 $\phi_n(x_1)$作为基底来表示，即

$$
W(y_1,t)/r=\sum_{n=1}^{N}x_n(t_1)\phi_n(y_1), \qquad (2.7.23)
$$

其中 $r=\sqrt{I/A}$ 为回转半径，$x_n(t_1)$ 是待定的系数，$\phi_n(y_1)$ 是如下特征值问题的特征向量

$$\phi_n^{\mathrm{IV}}-\omega_n^2\phi_n=0, \tag{2.7.24}$$

其中

在固定端：$\phi_n=\phi_n'=0$，　　(2.7.25)

在铰支端：$\phi_n=\phi_n''=0$.　　(2.7.26)

因为特征函数 $\phi_n(y_1)$ 是正交的，所以有

$$\int_0^1\phi_i\phi_j dy_1=\begin{cases}0, & i\neq j,\\ 1, & i=j.\end{cases} \tag{2.7.27}$$

把(2.7.23)式代入(2.720)式，两边同时乘以 ϕ_n 并沿着梁的长度方向积分，最后可以得到如下的非线性常微分方程

$$\frac{\mathrm{d}^2x_n}{\mathrm{d}t^2}+\Omega_n^2x_n+\sum_{m=1}^N\sum_{p=1}^N\sum_{q=1}^N\bar{\Gamma}_{nmpq}x_mx_px_q=0,\quad n=1,2,\cdots, \tag{2.7.28}$$

其中

$$\Omega_n=(\lambda_n/\lambda_1)^2,$$

$$\lambda_n^2=\omega_{L_n}L^2(\rho A/EI)^{1/2},$$

$$\bar{\Gamma}_{nmpq}=\frac{1}{2\lambda_1^4}\left[\int_0^1\frac{\partial\phi_n}{\partial y}\frac{\partial\phi_m}{\partial y}\mathrm{d}y\right]\left[\int_0^1\frac{\partial\phi_p}{\partial y}\frac{\partial\phi_q}{\partial y}\mathrm{d}y\right],$$

$$y=y_1/L,\qquad t=t_1/\omega_{L_1},$$

其中，ω_{L_n} 是梁的第 n 阶线性频率，λ_n^2 是梁的无量纲线性频率，y 是无量纲坐标，t 是无量纲时，

$$\bar{\Gamma}_{nmpq}=\bar{\Gamma}_{mnpq}=\bar{\Gamma}_{mnqp}=\bar{\Gamma}_{qpmn}. \tag{2.7.29}$$

对于有阻尼的强迫振动，其运动的微分方程很容易从自由振动方程(2.7.28)加上对应的阻尼力和强迫力而得到

$$\frac{\mathrm{d}^2x_n}{\mathrm{d}t^2}+\Omega_n^2x_n+\bar{\mu}_n\frac{\mathrm{d}x_n}{\mathrm{d}t}+\sum_{m=1}^N\sum_{p=1}^N\sum_{q=1}^N\bar{\Gamma}_{nmpq}x_mx_px_q=f_n\cos(\Omega t),\quad n=1,2,\cdots. \tag{2.7.30}$$

为了能方便地应用多维 L-P 法，我们引进小参数 $\varepsilon\ll1$ 在阻尼项和非线性项，并令

$$\bar{\mu}_n=\varepsilon\mu_n,\quad \bar{\Gamma}_{nmpq}=\varepsilon\Gamma_{nmpq}. \tag{2.7.31}$$

于是，得

$$\frac{\mathrm{d}^2x_n}{\mathrm{d}t^2}+\Omega_n^2x_n+\varepsilon\mu_n\frac{\mathrm{d}x_n}{\mathrm{d}t}+\varepsilon\sum_{m=1}^N\sum_{p=1}^N\sum_{q=1}^N\Gamma_{nmpq}x_mx_px_q=f_n\cos(\Omega t),\quad n=1,2,\cdots. \tag{2.7.32}$$

方程(2.7.32)即是方程(2.7.1).下面,我们就应用多维 L-P 法来研究其非线性振动.如果我们只取两组模态,$N=2$,则方程(2.7.32)就成为

$$\frac{\mathrm{d}^2 x_1}{\mathrm{d}t^2}+\Omega_1^2 x_1+\varepsilon\mu_1\frac{\mathrm{d}x_1}{\mathrm{d}t}+\varepsilon[\alpha_{11}x_1^3+\alpha_{12}x_1^2x_2+\alpha_{13}x_1x_2^2+\alpha_{14}x_2^3]=f_1\cos T, \tag{2.7.33}$$

$$\frac{\mathrm{d}^2 x_2}{\mathrm{d}t^2}+\Omega_2^2 x_2+\varepsilon\mu_2\frac{\mathrm{d}x_2}{\mathrm{d}t}+\varepsilon[\alpha_{21}x_2^3+\alpha_{22}x_2^2x_1+\alpha_{23}x_2x_1^2+\alpha_{24}x_1^3]=f_2\cos T, \tag{2.7.34}$$

其中无量纲参数

$$\begin{aligned}
\Omega_1 &= 1,\\
\Omega_2 &= 3.24064,\\
\alpha_{11} &= \Gamma_{111} = 0.278769\\
\alpha_{12} &= \Gamma_{1112}+\Gamma_{1121}+\Gamma_{1211} = -0.311074,\\
\alpha_{13} &= \Gamma_{1122}+\Gamma_{1212}+\Gamma_{1221} = 1.11585,\\
\alpha_{14} &= \Gamma_{1222} = -0.386361,\\
\alpha_{21} &= \Gamma_{2222} = 3.87030,\\
\alpha_{22} &= \Gamma_{2221}+\Gamma_{2212}+\Gamma_{2122} = 3\alpha_{14},\\
\alpha_{23} &= \Gamma_{2211}+\Gamma_{2121}+\Gamma_{2112} = \alpha_{13},\\
\alpha_{24} &= \Gamma_{2111} = \frac{1}{3}\alpha_{12}.
\end{aligned}$$

2.7.1 基谐波响应,$\Omega\approx\Omega_2$

当激励力频率 Ω 接近于第二个线性频率 Ω_2,即 $\Omega\approx\Omega_2$ 时,系统将发生基谐波 $\cos\Omega t$ 响应,发生主共振.同时,由于 $\Omega_2\approx 3\Omega_1$,两个自由度的振动将发生内部共振.这时取

$$T=\tau_2, \tag{2.7.35}$$

$$\tau_2=3\tau_1. \tag{2.7.36}$$

为了方便求出 Ω 接近第二线性频率 Ω_2 时的基谐波响应,我们取公式(2.7.33)和(2.7.34)中激励力的振幅为

$$f_1=0, \tag{2.7.37}$$

$$f_2=\varepsilon f_{21}. \tag{2.7.38}$$

于是零阶摄动方程(2.7.10)的解为

$$x_{10}=A_{10}\cos(\tau_1+\phi_{10}), \tag{2.7.39}$$

$$x_{20}=A_{20}\cos(\tau_2+\phi_{20}). \tag{2.7.40}$$

将(2.7.39),(2.7.40)二式代入一阶摄动方程(2.7.11),取 $\eta=1$,并令 $n=1$ 和 $n=2$ 时方程右边 $\cos(\tau_n+\phi_{n0})$ 和 $\sin(\tau_n+\phi_{n0})$ 的系数为零,可得一组反映 A_{n0},ϕ_{n0} 和 ω_{n1} 之间关系的频率-振幅响应方程.

$n=1$,

$$\mu_1\omega_{10}A_{10}+\frac{1}{4}\alpha_{12}A_{10}^2A_{20}\sin(\phi_{20}-3\phi_{10})=0, \tag{2.7.41}$$

$$2\omega_{10}\omega_{11}A_{10}-\frac{3}{4}\alpha_{12}A_{10}^3-\frac{1}{2}\alpha_{13}A_{10}A_{20}^2-\frac{1}{4}\alpha_{12}A_{10}^2A_{20}\cos(\phi_{20}-3\phi_{10})=0, \tag{2.7.42}$$

$n=2$,

$$\mu_2\omega_{20}A_{20}-\frac{1}{4}\alpha_{24}A_{10}^3\sin(\phi_{20}-3\phi_{10})+f_{21}\sin\phi_{20}=0, \tag{2.7.43}$$

$$2\omega_{20}\omega_{21}A_{20}-\frac{3}{4}\alpha_{21}A_{20}^3-\frac{1}{2}\alpha_{23}A_{20}A_{10}^2-\frac{1}{4}\alpha_{24}A_{10}^3\cos(\phi_{20}-3\phi_{10})+f_{21}\cos\phi_{20}=0. \tag{2.7.44}$$

如果不考虑阻尼力,则 $\phi_{10}=\phi_{20}=0$. 于是方程(2.7.41)至(2.7.44)可进一步简化为

$$2\omega_{10}\omega_{11}A_{10}-\frac{3}{4}\alpha_{12}A_{10}^3-\frac{1}{2}\alpha_{13}A_{10}A_{20}^2-\frac{1}{4}\alpha_{12}A_{10}^2A_{20}=0, \tag{2.7.45}$$

$$2\omega_{20}\omega_{21}A_{20}-\frac{3}{4}\alpha_{21}A_{20}^3-\frac{1}{2}\alpha_{23}A_{20}A_{10}^2-\frac{1}{4}\alpha_{24}A_{10}^3+f_{21}=0. \tag{2.7.46}$$

方程(2.7.45)和(2.7.46)有两组解,其一为

$$A_{10}=0, \tag{2.7.47}$$

$$2\omega_{20}\omega_{21}A_{20}-\frac{3}{4}\alpha_{21}A_{20}^3+f_{21}=0; \tag{2.7.48}$$

另一组解为 $A_{10}\neq 0$,

$$2\omega_{20}\omega_{11}-\frac{3}{4}\alpha_{12}A_{10}^2-\frac{1}{2}\alpha_{13}A_{20}^2-\frac{1}{4}\alpha_{12}A_{10}A_{20}=0, \tag{2.7.49}$$

$$2\omega_{20}\omega_{21}A_{20}-\frac{3}{4}\alpha_{21}A_{20}^3-\frac{1}{2}\alpha_{23}A_{20}A_{20}^2-\frac{1}{4}\alpha_{24}A_{10}^3+f_{21}=0. \tag{2.7.50}$$

这一结果也与 Nayfeh 等(1979) 用多尺度法所得的结果相一致.

由公式(2.7.49)得

$$\omega_{11}=\frac{1}{8\omega_0}[3\alpha_{12}A_{10}^2+2\alpha_{13}A_{20}^2+\alpha_{12}A_{10}A_{20}]. \tag{2.7.51}$$

代入方程 (2.7.50) 并化简,最后可得

$$A_{20}^3+d_1A_{20}^2+d_2A_{20}+d_3=0, \tag{2.7.52}$$

其中

$$d_j = b_j / b_0, j = 1,2,3,$$

$$b_0 = \frac{3}{2}\frac{\Omega_2}{\Omega_1}\alpha_{13} - \frac{3}{4}\alpha_{21},$$

$$b_1 = \frac{3}{4}\frac{\Omega_2}{\Omega_1}\alpha_{12}A_{10},$$

$$b_2 = 6\Omega_1\Omega_2 - 2\Omega_2^2 + \frac{9}{4}\frac{\Omega_1}{\Omega_2}\alpha_{11}A_{10}^2 - \frac{1}{2}\alpha_{23}A_{10}^2,$$

$$b_3 = -\frac{1}{4}\alpha_{24}A_{10}^3 + f_{21}.$$

作变换

$$A_{20} = y - \frac{1}{3}d_1, \tag{2.7.53}$$

于是方程(2.7.52)可进一步化为

$$y^3 + Py + Q = 0, \tag{2.7.54}$$

其中

$$P = -\frac{1}{3}d_1^2 + d_2, \tag{2.7.55}$$

$$Q = \frac{2}{27}d_1^3 - \frac{1}{3}d_1 d_2 + d_3. \tag{2.7.56}$$

方程 (2.7.54) 是一个三次方程,其根可能是如下几种情况:

(1) 如果 $\Delta>0$,则存在一个实根和一对共轭虚根;

(2) 如果 $\Delta=0$ 和 $P=Q=0$,则三根为零;

(3) 如果 $\Delta=0$ 和 $P\neq0, Q\neq0$,则有三个实根,其中两个相等;

(4) 如果 $\Delta<0$,则有三个不等实根.

Δ 是方程 (2.7.54) 的判别式,

$$\Delta = (Q/2)^2 + (P/3)^3. \tag{2.7.57}$$

现在我们来讨论方程 (2.7.54) 的三根之间的关系,以便更清楚地揭示强迫力振幅与响应之间的关系. 把有关悬臂梁的数据代入 (2.7.55) 和 (2.7.56) 二式,可得

$$P = 0.55493A_{10}^2 - 0.61859, \quad Q = 0.06674A_{10}^3 - 0.6182A_{10} + 0.39662f_{21}.$$

于是可分析如下:

(1) 如果 $P>0$,即 $A_{10}>1.056$ 或 $A_{10}<-1.056$,则有 $\Delta>0$. 这时,对于任意给定的一个 A_{10} 值,总有一个并且只有一个 Ω 值与之对应.

(2) 如果 $P<0$，即 $-1.056<A_{10}<1.056$ 和 $f_{21}>0.4815$，则有 $\Delta>0$. 这时，对于任意给定的一个 A_{10} 值，有一个并且只有一个 Ω 值与之对应.

(3) 如果 $P<0$，即 $-1.056<A_{10}<1.056$ 和 $0<f_{21}<0.4815$，则有 $\Delta<0$. 这时，对于给定的一个 A_{10} 值，将有 3 个不同的 Ω 值与之对应，这说明在这一区域内，内共振发生，有次谐波响应. 所以，$f_{21}=f_c=0.4815$ 是一个临界值. 当 $0<f_{21}<f_c$ 时，A_{10} 有两个分支解，如图 2-12～图 2-14 所示. 图 2-12 中，$f_{21}=0.05$，A_{10} 的两个分支解的曲线相交；图 2-13 中，$f_{21}=0.1$，A_{10} 的两条曲线相切；图 2-14 中，$f_{21}=0.3$，A_{10} 的两条曲线相离. 图 2-15 中，$f_{21}=f_c=0.4815$，A_{10} 剩下一条曲线，另一条消失，说明内共振消失. 图 2-16 展示了 A_{10} 响应曲线随强迫力振幅 f_{21} 变化而变化的全貌. 图 2-12 至图 2-15 中，虚线表示自由振动($f_{21}=0$)时的响应. 称为脊骨线. 从中我们可以比较自由振动和强迫振动的区别.

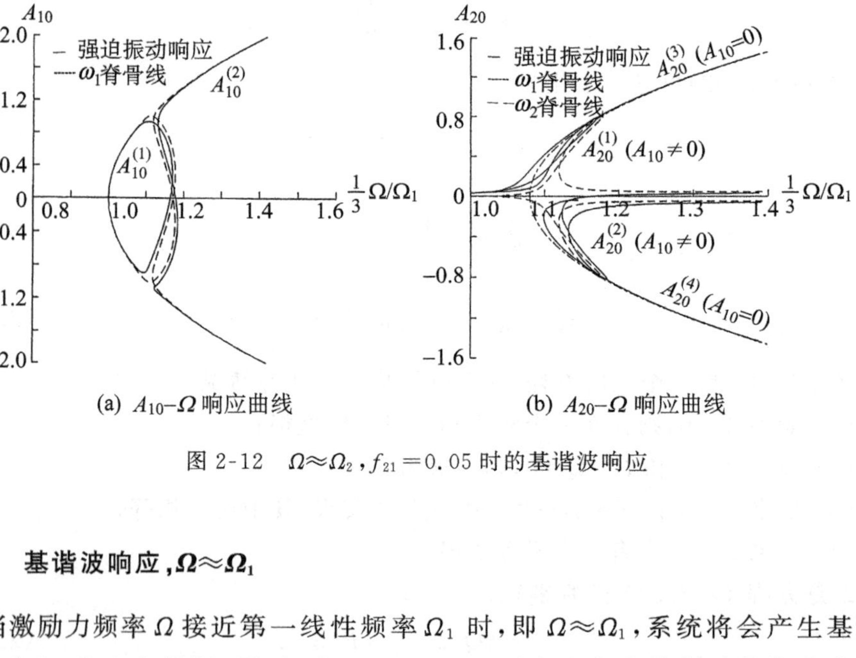

图 2-12　$\Omega\approx\Omega_2$，$f_{21}=0.05$ 时的基谐波响应

2.7.2　基谐波响应，$\Omega\approx\Omega_1$

当激励力频率 Ω 接近第一线性频率 Ω_1 时，即 $\Omega\approx\Omega_1$，系统将会产生基谐波 $\cos\Omega t$ 响应，发生主共振. 同时，由于 $\Omega_2\approx3\Omega_1$，两个自由度的振动将发生内部共振. 这时，取

$$T=\tau_1, \tag{2.7.58}$$

$$\tau_2=3\tau_1. \tag{2.7.59}$$

为了方便地求出 Ω 接近第一线性频率 Ω_1 时的基谐波响应，我们取公式(2.7.33)和(2.7.34)中激励力的振幅为

$$f_1=\varepsilon f_{11}, \tag{2.7.60}$$

$$f_2 = 0, \tag{2.7.61}$$

于是零阶摄动方程(2.7.10)的解为

$$x_{10} = A_{10}\cos(\tau_1 + \phi_{10}), \tag{2.7.62}$$

$$x_{20} = A_{20}\cos(\tau_2 + \phi_{20}). \tag{2.7.63}$$

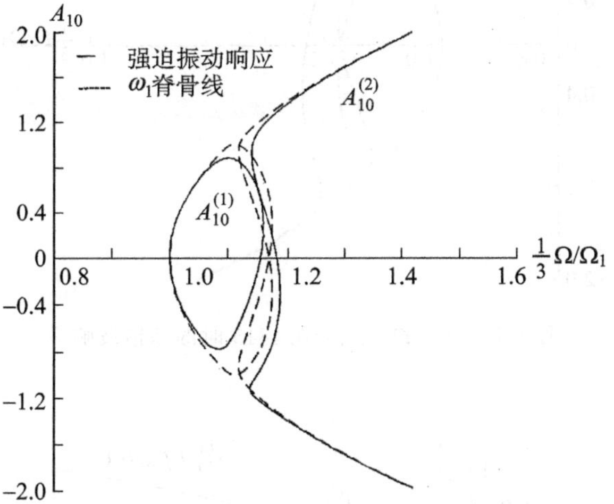

图 2-13 $\Omega\approx\Omega_2$，$f_{21}=0.1$ 时的基谐波响应

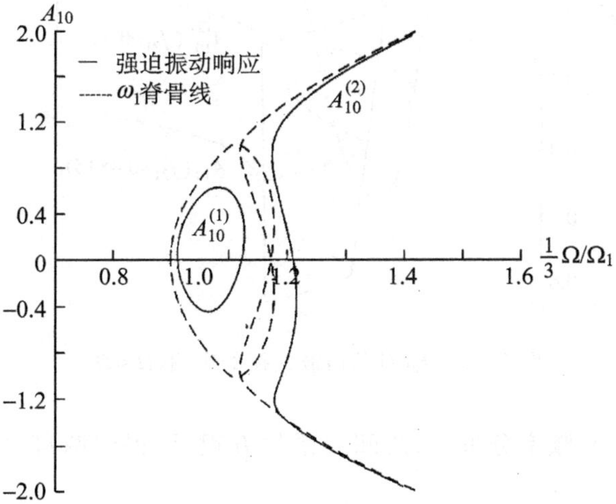

图 2-14 $\Omega\approx\Omega_2$，$f_{21}=0.3$ 时的基谐波响应

将(2.7.62)，(2.7.63)二式代入一阶摄动方程(2.7.11)，取 $\eta=1$，并分别令当 $n=1$ 和 $n=2$ 时方程右边 $\cos(\tau_n+\phi_{n0})$ 和 $\sin(\tau_n+\phi_{n0})$ 的系数为零，可得一组关于

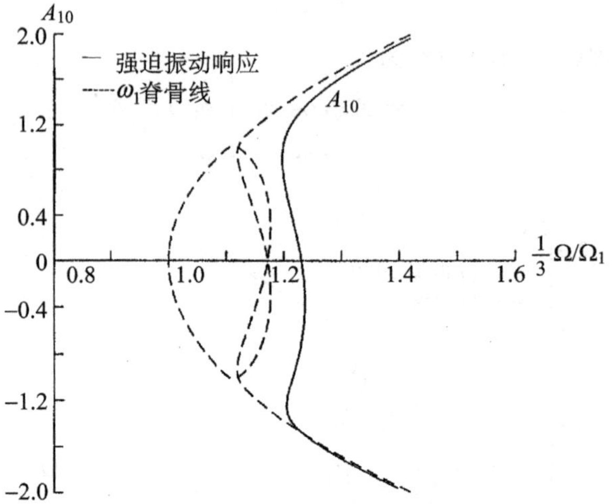

图 2-15　$\Omega \approx \Omega_2$，$f_{21}=0.4815$ 时的基谐波响应

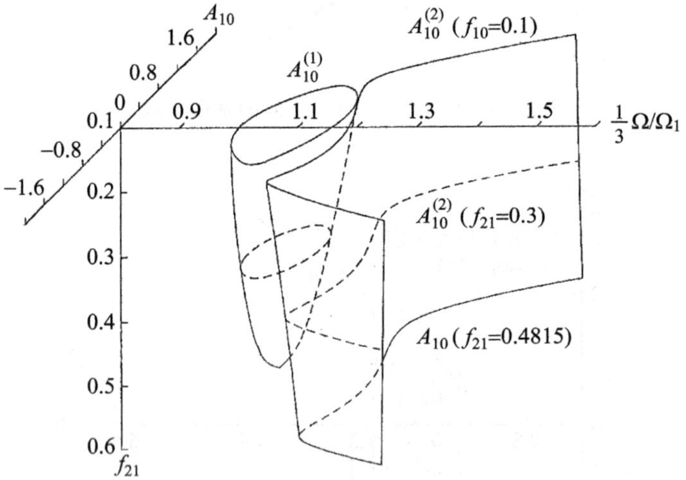

图 2-16　f_{21} 对基谐波共振的影响($\Omega \approx \Omega_2$)

振幅 A_{n0}、相角 ϕ_{n0} 和频率分量 ω_{n1} 之间关系的方程，即得到两自由度系统的频率一振幅响应方程.

$n=1$，

$$\mu_1 \omega_{10} A_{10} + \frac{1}{4}\alpha_{12} A_{10}^2 A_{20} \sin(\phi_{20} - 3\phi_{10}) + F_{11} \sin\phi_{10} = 0, \qquad (2.7.64)$$

$$2\omega_{10}\omega_{11}A_{10} - \frac{3}{4}\alpha_{11}A_{10}^3 - \frac{1}{2}\alpha_{13}A_{10}A_{20}^2 - \frac{1}{4}\alpha_{12}A_{10}^2A_{20}\cos(\phi_{20} - 3\phi_{10}) + f_{11}\sin\phi_{10} = 0. \tag{2.7.65}$$

$n=2$,

$$\mu_2\omega_{20}A_{20} - \frac{1}{4}\alpha_{24}A_{10}^3\sin(\phi_{20} - 3\phi_{10}), \tag{2.7.66}$$

$$2\omega_{20}\omega_{21}A_{20} - \frac{3}{4}\alpha_{21}A_{20}^3 - \frac{1}{2}\alpha_{23}A_{20}A_{10}^2 - \frac{1}{4}\alpha_{24}A_{10}^3\cos(\phi_{20} - 3\phi_{10}) = 0. \tag{2.7.67}$$

如果不考虑阻尼力,$\mu_1=\mu_2=0$,则相位差 $\phi_{10}=\phi_{20}=0$,这时,方程(2.7.64)至(2.7.67)可进一步化为

$$2\omega_{10}\omega_{11}A_{10} - \frac{3}{4}\alpha_{11}A_{10}^3 - \frac{1}{2}\alpha_{13}A_{10}A_{20}^2 - \frac{1}{4}\alpha_{12}A_{10}^2A_{20} + f_{11} = 0, \tag{2.7.68}$$

$$2\omega_{20}\omega_{21}A_{20} - \frac{3}{4}\alpha_{21}A_{20}^3 - \frac{1}{2}\alpha_{23}A_{20}A_{10}^2 - \frac{1}{4}\alpha_{24}A_{10}^3 = 0. \tag{2.7.69}$$

上述结果与 Nayfeh 等(1979)用多尺度法所得到的结果相一致.

类似于 Ω 接近于 Ω_2 时的基谐波响应分析,可以把方程(2.7.68)和(2.7.69)化为以 A_{10} 为未知量的三次方程,再进行求根分析,最后可以求得 Ω 接近于 Ω_1 时的基谐波响应.

图 2-17 所示为当 $f_{11}=0.064$,$\mu_1=\mu_2=0.006$ 时的频率—响应曲线.这些曲线所显示的特性类似于单自由度系统的响应曲线,只是在 Ω 接近于 Ω_1 时打了一个圈,这是内部共振影响所致.图 2-18 所示为阻尼系数 μ_1 和 μ_2 对响应的影响.从图中可以看出,阻尼系数越大,内部共振影响越小,响应曲线的峰值越低.

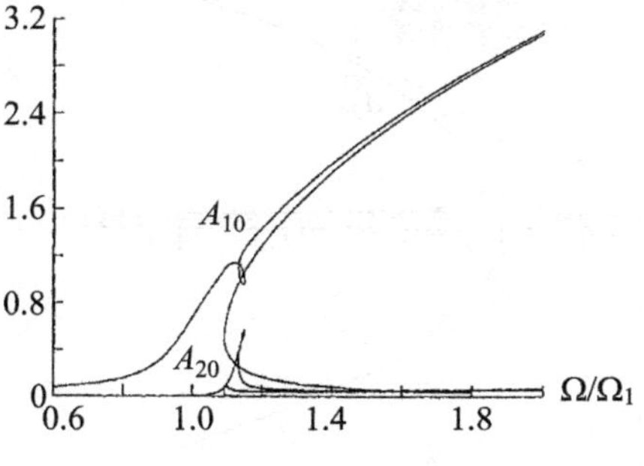

图 2-17 $\Omega\approx\Omega_1$ 时的基谐波响应

$f_{11}=0.064$; $\mu_1=\mu_2=0.006$

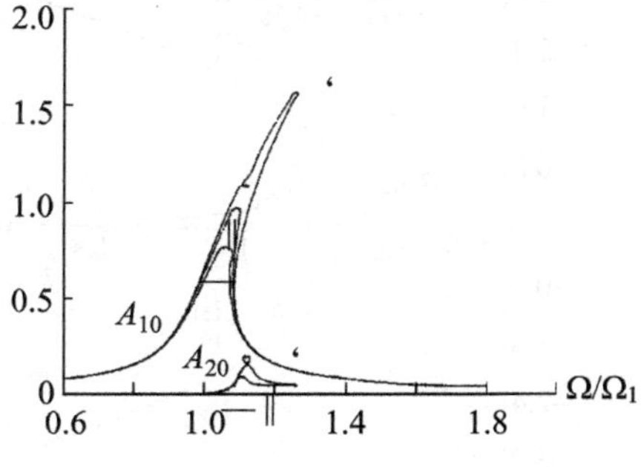

图 2-18 黏性阻尼对基谐波共振的影响

$\Omega\approx\Omega_1$,$f_{11}=0.064$,I:$\mu_1=\mu_2=0.04$;

II:$\mu_1=\mu_2=0.03$; III:$\mu_1=\mu_2=0.02$

图 2-19 所示为 $f_{11}=0.03$ 时，无阻尼力的情况下的响应曲线. 为方便比较，图中也画出自由振动的响应曲线（图中以虚线表示）. 显然，响应曲线可分为两部分. $A_{10}^{(1)}$，$A_{10}^{(2)}$，$A_{20}^{(1)}$ 和 $A_{20}^{(2)}$ 为相平面内的响应曲线，而 $A_{10}^{(3)}$ 和 $A_{20}^{(3)}$ 为相平面外的响应曲线. 从图中可以看出，由内部共振引起的超谐波响应在相平面内外都存在. 但是，相平面外的响应是依赖于激励力振幅大小的，当 f_{11} 超过某一临界力时，相平面外的超谐波响应消失. 通过理论分析和实际计算表明，这一临界值为 $f_c=0.064$. 当 $0<f_{11}<f_c$ 时，内部共振引起的超谐波响应存在于相平面内外，当 $f_{11}>f_c$ 时，相平面外的超谐波响应消失，如图 2-20 所示. 图 2-21 所示为相平面外 A_{10} 响应随 f_{11} 变化的全貌.

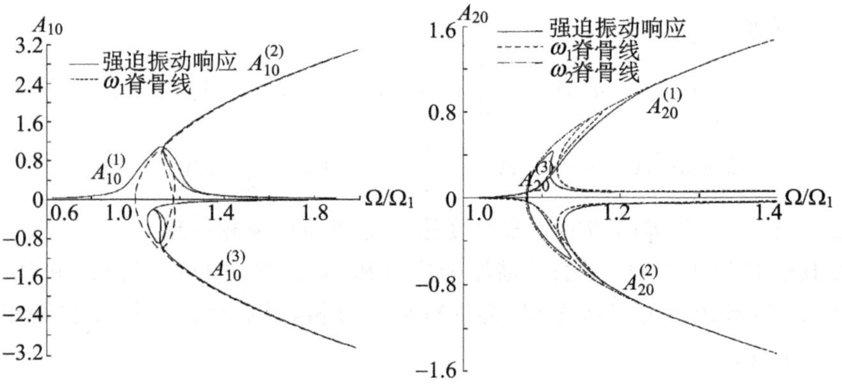

(a) A_{10}–Ω 响应曲线　　　　(b) A_{20}–Ω 响应曲线

图 2-19　$\Omega\approx\Omega_1$，$f_{11}=0.03$ 时的基谐波响应

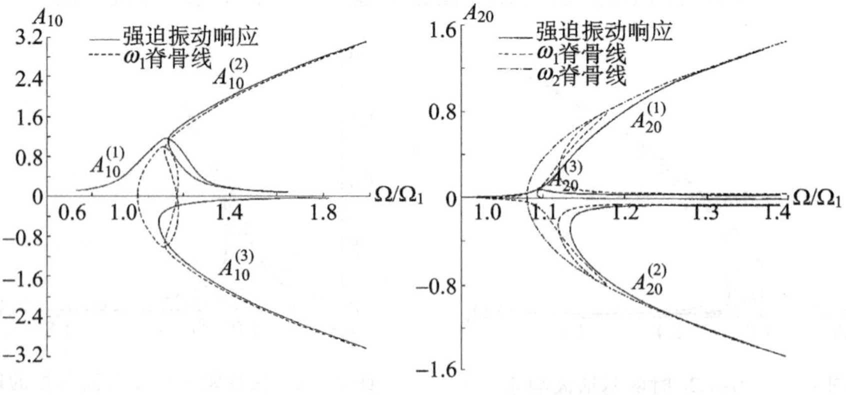

(a) A_{10}–Ω 响应曲线　　　　(b) A_{20}–Ω 响应曲线

图 2-20　$\Omega\approx\Omega_1$，$f_{11}=0.064$ 时的基谐波响应

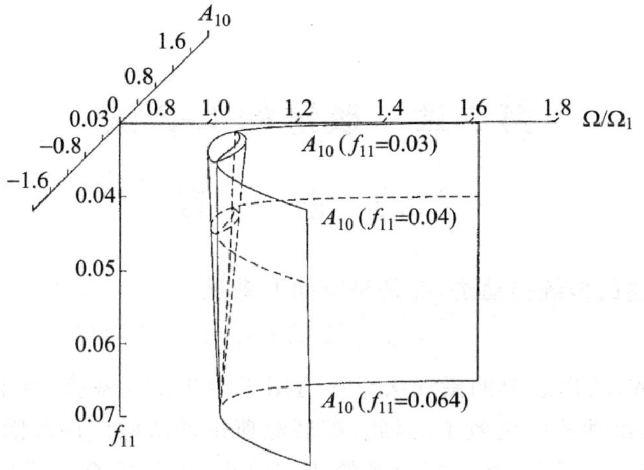

图 2-21 f_{11} 对的基谐波共振的影响($\Omega\approx\Omega_1$)

上面讨论的是应用多维 L-P 法研究当激励力接近于第一个线性频率、第二个线性频率时的基谐波响应. Lau 等(1989) 还应用多维 L-P 法研究多自由度非线性振动系统的组合谐波响应,概周期振动;陈树辉等(2005)应用多维 L-P 法研究轴向运动梁的内部共振问题;黄建亮等(2005)应用多维 L-P 法研究轴向运动梁的组合谐波响应问题. 由于篇幅所限,这里就不作详细介绍.

第 3 章　改进的 L-P 法

§3.1　前　　言

第 2 章所述的传统摄动法，都是研究如下系统

$$\ddot{x} + \omega_0^2 x = \varepsilon f(x, \dot{x}), \tag{3.1.1}$$

其中 ε 是小参数，所以经典的摄动法只是适用于弱非线性系统. 对于大参数的强非线性系统，经典摄动法就失效了. 因此，扩展经典摄动法的应用范围，使之能适用于强非线性系统就成了国内外众多学者的研究热点. 各种适合于不同类型强非线性系统的摄动法也就相应而生. 我们可以根据周期解函数的类型归纳为圆函数（三角函数）摄动法，椭圆函数摄动法和广义谐波函数摄动法三种类型.

圆函数摄动法是指以圆函数（三角函数）表示方程周期解的摄动方法. 这类摄动法研究的也是方程(3.1.1)的系统，只是参数 ε 不再是限止为小参数，而是可以为大参数. 当 $\varepsilon=0$ 时，方程(3.1.1)成为

$$\ddot{x} + \omega_0^2 x = 0, \tag{3.1.2}$$

称为方程(3.1.1)的派生方程，其解成为方程(3.1.1)的派生解. 因为方程(3.1.2)的解以三角函数表示

$$x = a\cos\omega_0 t + b\sin\omega_0 t, \tag{3.1.3}$$

是零阶摄动解. 以此为基础求得的高阶摄动解自然也是以三角函数表示，因而最后所及的周期解也就是以三角函数表示. 所以我们就 称这类摄动法为圆函数摄动方法. 在圆函数摄动法这类方法中，通常首先采用参数变换或者时间变换，然后再应用经典的摄动法. 于是，对应于不同的摄动法，就有改进的 L-P 法、改进的多尺度法、推广的平均法和推广的 KBM 法之分.

3.1.1　改进的 L-P 法

Jones(1978)提出一个方法，通过一个参数变换 $\alpha=\alpha(\varepsilon)$，拓展了摄动法的应用范围，使之不受小参数的限制. Jones 应用该法比较准确地求得了大参数 Duffing 方程的自由振动频率. 其实，Bellman(1955)就已讨论参数的问题，但没有引起足够的重视. Burton(1984)提出了不同的参数变换 $\alpha=\alpha(\varepsilon, a)$并改进 L-P 法的求解过程，分析了如下方程

$$\ddot{x} + \omega_0^2 x + \varepsilon f(x) = \varepsilon\cos(\Omega t) \tag{3.1.4}$$

的自由振动和强迫振动的问题，但是 $f(x)$ 只限于其奇次的非线性函数. 在其参数变换中，a 表示基谐波的振幅. Jones 和 Burton 的变换都具局限性，只适合于具有奇次非线性项的系统，缺乏普遍性和系统性. 张佑启、陈树辉、刘世龄于 1991 年提出了一个改进的 L-P 法(Modified L-P method)，通过参数变换 $\alpha=\alpha(\varepsilon,\omega_0,\omega_1)$，其中 ω_0,ω_1 分别表示非线性频率 ω 的零阶和一阶分量，把大参数 ε 变为小参数 α，把对应于 ε 而言是强非线性的系统就转化为对应于 α 而言是弱非线性的系统，从而达到可以应用经典 L-P 法的目的. 这一变换统一处理了具有奇次，偶次强非线性项的系统，是一个具有普遍性和系统性的方法(Cheung 等　1991). 之后，Cheung 等(1993)，Chen 等 (1994，1996b,c)先后把该法推广到更一般的强非线性系统和二自由度强非线性系统. 唐驾时等(1995)采用该法分析具有参数激励的广义 van der Pol 型强非线性振子的分叉，王永岗等(1995)采用该法求解正交各向异性扁球壳的非线性振动.

3.1.2　改进的多尺度法

Burton(1982)提出了一个时间变换法，分析了方程(3.1.1)的极限环问题，扩展了 ε 的范围，可以达到适中参数. 基于同一个原理，Burton 等(1983)提出一个时间变换研究了方程(3.1.4)的自由振动问题($p=0$). 随后，基于这一时间变换法，Burton 等(1986)提出了一个改进的多尺度法的摄动过程. Luongo(1996)则提出了两个摄动过程推广经典的 L-P 法和多尺度法.

3.1.3　推广的平均法

Ottoy(1979)推广了平均法，研究非线性自治一阶微分方程

$$\begin{aligned} \dot{x} &= \partial H(x,y)/\partial y + \varepsilon g(x,y), \\ \dot{y} &= -\partial H(x,y)/\partial x + \varepsilon f(x,y). \end{aligned} \tag{3.1.5}$$

作为特殊情况应用该法，很容易获及方程(3.1.4)的平均法(K-B 法)的结果.

3.1.4　推广的 KBM 法

Dai(1985)，戴世强、庄峰青(1986)提出了一个新的渐近方法，推广了经典的 KBM 法研究方程

$$\ddot{x} + g(x) = \varepsilon f(x,\dot{x}). \tag{3.1.6}$$

当 $\varepsilon\neq 0$ 时，构造其摄动解为

$$x = x_0(a,\varphi) + \varepsilon x_1(a,\varphi) + \varepsilon x_2(a,\varphi) + \cdots. \tag{3.1.7}$$

$x_0=(a,\varphi)$就是方程(3.1.7)的派生解. 如果对某类函数 $g(x)$，其派生解 $x_0=(a,\varphi)$以三角函数表示的，我们则把它归为圆函数摄动法的类型，否则归入其他椭圆

函数摄动或广义谐波函数摄动法的类型. 但不管如何,这一方程是属于推广的KBM法.

3.1.5 其他的摄动方法

Beshai 等(1973)提出了一个方法研究强非线性系统的瞬态响应. 该法采用瞬时频率展开法和谐波平衡法相结合. 基于这一个方法,Beshai 等(1973)研究更一般的系统

$$\ddot{x} + p(x, \varepsilon t) = \varepsilon f(x, \dot{x}, \varepsilon t), \tag{3.1.8}$$

取得很好的结果.

还有其他学者采用不同的方法求解不同类型的强非线性振动方程,如 Mickens 等(1985)采用简单的三角函数去构造强非线性方程的解,这里不再列举.

相比之下,作者认为上述5种类型的圆函数摄动方法中,还是改进的L-P方法最直观,计算最简单. 因此,本章重点介绍最有代表性的改进的L-P法. §3.2 介绍方法的步骤,§3.3 介绍二次强非线性系统的自由振动,§3.4 介绍三次强非线性系统的强迫振动,§3.5 介绍含有二、三次强非线性系统的振动,§3.5 介绍扁拱的强非线性振动. §3.6 介绍二自由度强非线性系统地振动.

§3.2 改进的L-P法

考虑非线性自治系统的自由振动

$$\ddot{x} + \omega_0^2 x + \varepsilon f(x) = 0, \tag{3.2.1}$$

初始条件

$$x(0) = a, \tag{3.2.2}$$

$$\dot{x}(0) = 0, \tag{3.2.3}$$

其中 $\varepsilon > 0$,ε 不必是小参数,令

$$\tau = \omega t, \tag{3.2.4}$$

式中 ω 代表待求的原系统非线性频率. 于是,(3.2.1)式变为

$$\omega^2 x'' + \omega_0^2 x + \varepsilon f(x) = 0, \tag{3.2.5}$$

式中 x'' 表示 x 对新变量 τ 的二次微商. 上面是经典L-P法的必经过程,张佑启、陈树辉、刘世龄于1991年提出了改进的L-P方法(Cheung 等 1991),对经典的L-P法作了几个重要的改进.

首先,把 ω^2 在 ω_0^2 附近展开为 ε 的幂级数,即

$$\omega^2 = \omega_0^2 + \sum_{n=1}^{\infty} \varepsilon^n \omega_n. \tag{3.2.6}$$

其次,引入一个参数变换

$$\alpha=\frac{\varepsilon\omega_1}{\omega_0^2+\varepsilon\omega_1},\tag{3.2.7}$$

于是

$$\varepsilon=\frac{\omega_0^2\alpha}{\omega_1(1-\alpha)},\tag{3.2.8}$$

$$\omega_0^2+\varepsilon\omega_1=\frac{\omega_0^2}{1-\alpha}.\tag{3.2.9}$$

这样

$$\begin{aligned}\omega^2&=(\omega_0^2+\varepsilon\omega_1)\left[1+\frac{1}{\omega_0^2+\varepsilon\omega_1}(\varepsilon^2\omega_2+\varepsilon^3\omega_3+\cdots)\right]\\&=\frac{\omega_0^2}{1-\alpha}(1+\delta_2\alpha^2+\delta_3\alpha^3+\cdots),\end{aligned}\tag{3.2.10}$$

其中 $\omega_1, d_i(i=1,2,3)$ 是待定的未知常数. 把式 (3.2.8) 和 (3.2.10) 代入方程 (3.2.5),得

$$(1+\delta_2\alpha^2+\delta_3\alpha^3+\cdots)x''+(1-\alpha)x+\frac{\alpha}{\omega_1}f(x)=0.\tag{3.2.11}$$

然后,把 x 展开成新参数 α(而不是原参数 ε)的幂级数

$$x=\sum_{n=1}^{\infty}\alpha^n x_n.\tag{3.2.12}$$

把(3.2.12)式代入方程(3.2.11),并令方程两端 α 的同次幂的系数相等,得

$$x_0''+x_0=0,\tag{3.2.13}$$

$$x_1''+x_1=x_0-\frac{1}{\omega_1}f(x_0),\tag{3.2.14}$$

$$x_2''+x_2=-\delta_2x_0''+x_1-\frac{1}{\omega_1}x_1\frac{\partial f(x_0)}{\partial x},\tag{3.2.15}$$

…………

上述方程可以逐个求解,就象传统的 L-P 法一样,利用消去久期项的条件来决定 ω_1 和 δ_2.

最后,在处理初始条件方面也作了改进,把条件(3.2.2)变为

$$x(0)=a+b,\tag{3.2.16}$$

$$x_0(0)=a,\quad x_i(0)=b_i\quad(i=1,2,\cdots),$$

$$b=\sum_{i=1}b_i\alpha^i.$$

这是求解含有偶次非线性项系统的解所需要. 其中 a 是所有奇次谐波函数的

系数之和，而 b 则是所有偶次谐波函数的系数之和.

综观改进的 L-P 法的求解过程，其核心是引进参数变换 (3.2.7)，从该式可以看出，不管 $\varepsilon\omega_1$ 大小如何，新参数 α 总是保持不大于 1，$0<\alpha<1$. 当 $\varepsilon\omega_i\to 0$ 时，$\alpha\to 0$；而当 $\varepsilon\omega_1\to\infty$ 时，$\alpha\to 1$. 因此，选择 α 作为新的参数比原来的 ε 更好，它将使原来对于 ε 而言是强非线形的系统转换为对于 α 而言的小参数的系统，于是可以采用普通的 L-P 法来求解.

注意公式(3.2.6)，把 L-P 法展开 ω 改进为展开 ω^2，也是一个很重要的改进. 因为我们研究的系统(3.2.1)是二阶微分方程，出现于方程(3.2.5)之中的是 ω^2，因此，展开 ω^2 比展开 ω 更为合理，计算实践也证明了这一点. 其实，Veronis (1980)，Burton (1984)，Bruton 等(1986)在他们的研究中，也采用了这一展开式.

概括而言，普通 L-P 法的基本思想是把频率 ω 在线性频率 ω_0 附近展开成 ε 的幂级数，而改进的 L-P 法的基本思想则是把 ω^2 在 $\omega_0^2+\varepsilon\omega_1$ 附近展开成 α 的幂级数，这就意味着普通的 L-P 法是在 ω_0 附近摄动求解，而改进的 L-P 法是在 $\omega_0^2+\varepsilon\omega_1$ 附近摄动求解. 当 $\varepsilon\omega_1$ 较大时，改进的 L-P 法就求得远离 ω^2 的强非线形系统的解.

例　用改进的 L-P 法研究 Duffing 方程的自由振动

$$\ddot{x}+\omega_0^2x+\varepsilon x^3=0. \tag{a}$$

对应于方程(3.2.1)，这里，$f(x)=x^3$. 方程 (3.2.13) 至 (3.2.15) 成为

$$x''_0+x_0=0, \tag{b}$$

$$x''_1+x_1=x_0-\frac{1}{\omega_1}x_0^3, \tag{c}$$

$$x''_2+x_2=-\delta_2x''_0+x_1-\frac{3}{\omega_1}x_0^2x_1. \tag{d}$$

按照上面所述改进的 L-P 法求解步骤计算，可得

$$\omega_1=\frac{3}{4}\alpha^2,\quad \delta_2=-\frac{1}{24},\quad \delta_3=0,\quad \delta_4=-\frac{17}{13824}. \tag{e}$$

于是，新参数为

$$\alpha=\frac{\frac{3}{4}\varepsilon\alpha^2}{\omega_0^2+\frac{3}{4}\varepsilon\alpha^2} \tag{f}$$

最后，求得精确到 $O(\alpha^5)$ 的解为

$$\omega^2=\frac{\omega_0^2}{1-\alpha}\left[1-\frac{1}{24}\alpha^2-\frac{17}{13824}\alpha^4+O(\alpha^6)\right], \tag{g}$$

$$x = \sum_{n=1}^{5} A_{2n-1}\cos(2n-1)\tau + O(\alpha^5), \tag{h}$$

其中

$$A_1 = a\left(1 - \frac{1}{24}\alpha - \frac{1}{576}\alpha^2 - \frac{19}{13824}\alpha^3 - \frac{13}{331776}\alpha^4\right),$$

$$A_3 = a\left(\frac{1}{24}\alpha + \frac{1}{768}\alpha^3 - \frac{7}{331776}\alpha^4\right),$$

$$A_5 = a\left(\frac{1}{576}\alpha^2 + \frac{19}{331776}\alpha^4\right),$$

$$A_7 = \frac{1}{13824}a\alpha^3$$

$$A_9 = \frac{1}{331776}a\alpha^4.$$

从(h)式可以看出，方程的解只包含奇次谐波项，没有偶次谐波项，于是，初始条件(3.2.16)成为 $x(0)=a$，(b = 0). Duffing 方程(a)满足初始条件(3.2.2)和(3.2.3)的准确周期在 $\omega_0^2=1$ 时为(Nayfeh,1981)

$$T = \frac{4}{\sqrt{1+\varepsilon a^2}}\int_0^{\pi/2}\frac{d\theta}{\sqrt{1-m\sin^2\theta}}, \tag{i}$$

$$m = \frac{\varepsilon a^2}{2(1+\varepsilon a^2)}. \tag{j}$$

表 3-1 列出几种不同方法求得的周期. 表中 T 是根据式(f)计算所得的准确值，T_1 和 T_2 分别是普通 L-P 法求得的第一阶、第二阶近似值，T_3 是改进的 L-P 法求得的周期值.

表 3-1 几种不同方法求得的周期比较

εa^2	T	T_1	T_2	T_3
0	6.28319	6.28319	6.28319	6.28319
0.01	6.25976	6.25971	6.25976	6.25976
0.1	6.06066	6.05608	6.06087	6.06066
1.0	4.76802	4.56959	4.85950	4.76802
4	3.17971	2.51327	5.29110	3.17971
10	2.19179	1.32278	−1.81956	2.19179
40	1.15182	0.39270	−0.05452	1.15182
100	0.73626	0.16320	−0.00804	0.73626
1000	0.234342	0.01671	−0.00008	0.234345

从表 3-1 可以看出，不管 εa^2 的值有多大，改进的 L-P 法的计算周期 T_3 总是与准确的周期 T 保持一致，而普通 L-P 法的第一阶、第二阶近似值 T_1 和 T_2 只是在 εa^2 很小时才接近 T 值，当 $ea^2>1$ 时，误差很大，当 $\varepsilon a^2>10$ 时，误差也不能接受. 从表中还可以观察到另一个有趣的现象，那就是当 $ea^2>10$ 时，L-P 法的近似解 T_2 比第一阶近似解 T_1 与准确解周期 T 的偏差更大. 所以，对于强非线形系统而言，采用经典 L-P 法想用求离阶摄动解来改善精度是没用的，有时会适得其反.

图 3-1 和图 3-2 分别表示 $\varepsilon=0.01$ 和 $\varepsilon=10$ 时的频率-振幅 $\omega-A_1$ 响应曲线，从这两图中可以看出，改进的 L-P 法是在整个频率域里与 IHB 法解的的结果相一致，而经典 L-P 法的计算结果就只能在很小的范围内有效，即是小参数时有效. IHB 法(增量谐波平衡法)是适合于强非线形振动的半数值半解析法，具体见第 6 章介绍.

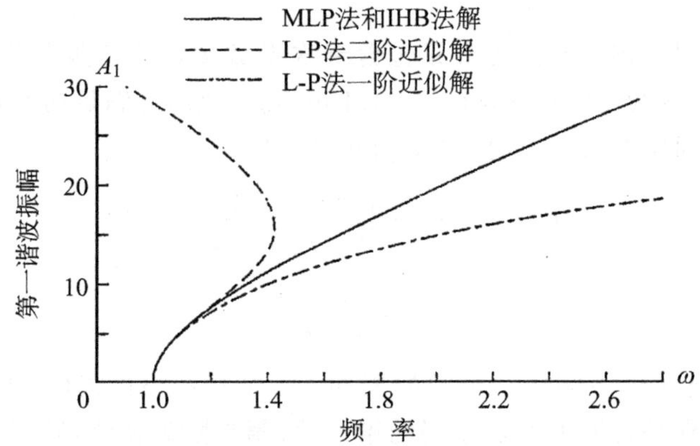

图 3-1　Duffing 方程自由振动的响应曲线 $\varepsilon=0.01$

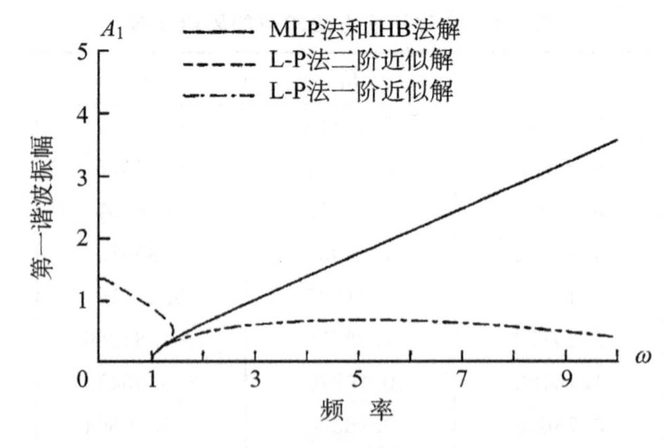

图 3-2　Duffing 方程自由振动的响应曲线 $\varepsilon=10$

§3.3　二次强非线性系统改进的 L-P 法

现研究具有二次非线性项的系统的自由振动

$$\ddot{x}+\omega_0^2 x+\varepsilon x^2=0, \tag{3.3.1}$$

这里 $f(x)=x^2$. 如果我们采用(3.2.6)式的展开式和(3.2.7)的变换式,那么将导致 $\omega_1=0,\alpha=0$,这相当于没有引入新变换. 于是必须采用新的展开式和新的变换. 令

$$\omega^4=\omega_0^4+\varepsilon^2\omega_2+\varepsilon^3\omega_3+\cdots. \tag{3.3.2}$$

注意到 ω_2 将是负值,因此必须采取如下新的参数变换形式

$$\alpha^2=\frac{-\varepsilon^2\omega_2}{\omega_0^4+\varepsilon^2\omega_2}\text{ 对 }0<\alpha<1,\ \omega_2<0,\ \omega_0^4+\varepsilon^2\omega_2>0. \tag{3.3.3}$$

于是

$$\varepsilon^2=\frac{\omega_0^4\alpha^2}{-\omega_2(1+\alpha^2)}, \tag{3.3.4}$$

$$\omega^4=\frac{\omega_0^4}{1+\alpha^2}(1+\delta_3\alpha^3+\delta_4\alpha^4+\cdots). \tag{3.3.5}$$

把 x 展开成 α 的幂级数

$$x=\sum_{n=0}^{\infty}x_n\alpha^n, \tag{3.3.6}$$

这种情况下各阶的摄动方程为

$$x''_0+x_0=0, \tag{3.3.7}$$

$$x''_1+x_1=-\frac{1}{\sqrt{-\omega_2}}x_0^2, \tag{3.3.8}$$

$$x''_2+x_2=-\frac{1}{2}x_0-\frac{2}{\sqrt{-\omega_2}}x_0x_1, \tag{3.3.9}$$

$$x''_3+x_3=-\frac{1}{2}\delta_3x''_0-\frac{1}{2}x_1-\frac{1}{\sqrt{-\omega_2}}(x_1^2+2x_0x_2), \tag{3.3.10}$$

$$x''_4+x_4=-\frac{1}{2}\delta_4x''_0-\frac{1}{2}\delta_3x''_1-\frac{1}{2}x_2+\frac{1}{8}x_0-\frac{2}{\sqrt{-\omega_2}}(x_0x_3+x_1x_2). \tag{3.3.11}$$

…………

方程(3.3.7)满足初始条件(3.2.16)的解为

$$x_0=a\cos\tau. \tag{3.3.12}$$

把式(3.3.12)代入方程(3.3.8)并求得

$$x_1 = -\frac{1}{2\sqrt{-\omega_2}}a^2\left(1-\frac{1}{3}\cos 2\tau\right). \tag{3.3.13}$$

把 x_0，x_1 表达式代入方程(3.3.9)，得

$$x''_2 + x_2 = \left(-\frac{1}{2}a - \frac{5}{6\omega_2}a^3\right)\cos\tau + \frac{1}{6\omega_2}a^3\cos 3\tau, \tag{3.3.14}$$

消去久期项，可得

$$\omega_2 = -\frac{5}{3}a^2. \tag{3.3.15}$$

x_2 满足初始条件(3.2.16)的解为

$$x_2 = \frac{1}{48\omega_2}a^3(\cos\tau - \cos 3\tau). \tag{3.3.16}$$

继续摄动下去，可以求得

$$\delta_0 = 0, \quad \delta_4 = -\frac{1}{240}. \tag{3.3.17}$$

最后，可得方程(3.3.1)的解为

$$\omega^4 = \frac{\omega_0^4}{1+\alpha^2}\left[1 - \frac{1}{24}\alpha^4 + O(\alpha^5)\right], \tag{3.3.18}$$

$$x = b + \sum_{n=1}^{5} A_n \cos(n\tau) + O(\alpha^5), \tag{3.3.19}$$

其中 b 和 A_n 为

$$b = -\frac{3a}{2\sqrt{15}}\alpha + \frac{5a}{16\sqrt{15}}\alpha^3,$$

$$A_1 = a - \frac{a}{80}\alpha^2 + \frac{31a}{57600}\alpha^4,$$

$$A_2 = \frac{a}{2\sqrt{15}}\alpha - \frac{a}{60\sqrt{15}}\alpha^3,$$

$$A_3 = \frac{a}{80}\alpha^2 - \frac{a}{1600}\alpha^4,$$

$$A_5 = \frac{a}{240\sqrt{15}}\alpha^3.$$

图 3-3 所示为 $\varepsilon=0.1$、0.5、1.0 时的 $\omega - A_1$ 响应曲线. 从图中可以看出，改进的L-P法和 IHB 法的曲线完全重合，而普通 L-P 法的结果只是在 $\omega=1$ 附近接近于 IHB，而在远离 $\omega=1$ 的区域，偏差很大. 由于 $\omega_2<0$，所以图中的曲线都向左弯曲，呈现出"渐软"弹簧的非线性特性. 相比之下，图 3-1 和图 3-2 的向右弯曲的曲线，呈现出"渐硬"弹簧的非线性特性.

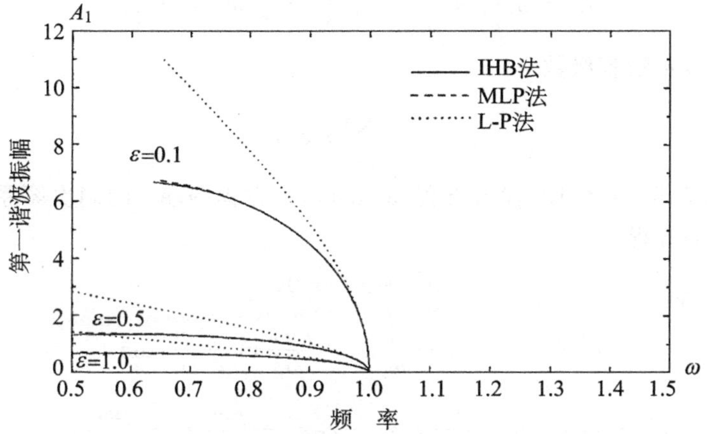

图 3-3　二次非线性方程自由振动的响应曲线 $\varepsilon_0=1$

§3.4　三次强非线性系统强迫振动改进的 L-P 法

现研究有阻尼 Duffing 方程的强迫振动

$$\ddot{x}+\omega_0^2 x+\varepsilon\mu\dot{x}+\varepsilon x^3=\varepsilon p\cos(\Omega t), \tag{3.4.1}$$

满足初始条件

$$x(0)=a_0, \tag{3.4.2}$$

ε 不必限制为小参数，同普通的 L-P 法一样，先令

$$\tau=\Omega t, \tag{3.4.3}$$

这样，方程(3.4.1)成为

$$\Omega^2 x''+\omega_0^2 x+\varepsilon\mu x'+\varepsilon x^3=\varepsilon p\cos\tau, \tag{3.4.4}$$

考虑基谐波响应，把 Ω^2 展开为 ε 的幂级数

$$\Omega^2=\omega_0^2+\varepsilon\omega_1+\varepsilon^2\omega_2+\cdots, \tag{3.4.5}$$

引进参数变换

$$\alpha=\frac{\varepsilon\omega^2}{\omega_0^2+\varepsilon\omega_1}, \tag{3.4.6}$$

这样，ε 和 Ω^2 可以用 α 表示为

$$\varepsilon=\frac{\omega_0^2\alpha}{\omega_1(1-\alpha)}, \tag{3.4.7}$$

$$\Omega^2=\frac{\omega_0^2}{1-\alpha}(1+\delta_2\alpha^2+\delta_2\alpha^3+\cdots), \tag{3.4.8}$$

$$\Omega = \omega_0\left[1+\frac{1}{2}\alpha+\left(\frac{3}{8}+\frac{\delta^2}{2}\right)\alpha^2+\cdots\right], \tag{3.4.9}$$

再把 x 展开成 α 的幂级数

$$x = \sum_{n=0}^{\infty}\alpha^n x_n, \tag{3.4.10}$$

把公式(3.4.7)至(3.4.10)代入方程(3.4.4),令方程两端 ε 的同次幂系数相等,可得各阶的摄动方程

$$x_0'' + x_0 = 0, \tag{3.4.11}$$

$$x_1'' + x_1 = x_0 - \frac{1}{\omega_1}x_0^3 - \frac{\mu\omega_0}{\omega_1}x_0' + \frac{p}{\omega_1}\cos\tau, \tag{3.4.12}$$

$$x_2'' + x_2 = x_1 - \frac{1}{\omega_1}3x_0^2x_2 - c_2x_0'' - \frac{\mu\omega_0}{\omega_1}x_1' - \frac{\mu\omega_0}{2\omega_1}x_0', \tag{3.4.13}$$

初始条件(3.4.2)也转化为

$$x_0(0) = a_0,\quad x_n(0) = 0,\quad n = 1,2,\cdots \tag{3.4.14}$$

方程(3.4.11)满足初始条件的解为

$$x_0 = a_0\cos\tau + b_0\sin\tau, \tag{3.4.15}$$

把 x_0 代入方程(3.4.12),消去久期项,可得

$$\omega_1 = \frac{3}{4}(a_0^2+b_0^2) - \left(\frac{p}{a_0} - \frac{b_0}{a_0}\mu\omega_0\right), \tag{3.4.16}$$

$$b_0 - \frac{-p+\sqrt{p^2-4\mu^2\omega_0^2a_0^2}}{2\mu\omega_0}, \tag{3.4.17}$$

$$x_1 = a_1\cos\tau + b_1\sin\tau + \frac{a_0}{32\omega_1}(a_0^2-3b_0^2)\cos3\tau + \frac{b_0}{32\omega_2}(3a_0^2-b_0^2)\sin3\tau. \tag{3.4.18}$$

利用初始条件(3.4.14)可定出 a_1 为

$$a_1 = -\frac{a_0}{32\omega_1}(a_0^2-b_0^2). \tag{3.4.19}$$

再继续摄动下去,最后求得精确到 $O(\alpha^3)$ 的解为

$$\Omega^2 = \frac{\omega_0^2}{1-\alpha}[1+\delta_2\alpha^2+O(\alpha^3)] - \sum_{n=1}^{3}[A_{2n-1}\cos(2n-1)\tau + B_{2n-1}\sin(2n-1)\tau], \tag{3.4.20}$$

其中 δ_2, A_i, B_i 的表达式如下:

$$\delta_2 = \frac{1}{4\omega_1a_0}a_1(9a_0^2+3b_0^2-4\omega_1) + \frac{1}{2\omega_1a_0}b_1(2\mu\omega_0+3a_0b_0)$$

$$+\frac{1}{2\omega_1 a_0}\mu\omega_0 b_0+\frac{1}{128\omega_1^2}(a_0^2-3b_0^2)(a_0^2-b_0^2)+\frac{3}{64\omega_1^2}b_0^2(3a_0^2-b_0^2),$$

$$A_1=a_0+\alpha a_1,$$

$$B_1=b_0+\alpha b_1,$$

$$A_3=\alpha\frac{1}{32\omega_1}a_0(a_0^2-3b_0^2)-\alpha^2\frac{1}{512\omega_1^2}[2\omega_1 a_0(a_0^2-3b_0^2)$$

$$-6\mu\omega_0 b_0(3a_0^2-b_0^2)+48\omega_1 a_1(b_0^2-a_0^2)+96\omega_1 a_0 b_0 b_1$$

$$-3a_0(a_0^2-3b_0^2)(a_0^2+b_0^2)],$$

$$B_3=\alpha\frac{1}{32\omega_1}b_0(3a_0^2-b_0^2)-\alpha^2\frac{1}{512\omega_1^2}[2\omega_1 b_0(3a_0^2-b_0^2)+6\mu\omega_0 a_0(a_0^2-3b_0^2)$$

$$+48\omega_1 b_1(b_0^2-a_0^2)-96\omega_1 a_0 b_0 a_1 3b_0(a_0^2-b_0^2)(a_0^2+b_0^2)],$$

$$A_5=-\frac{1}{3072\omega_1^2}\alpha^2[3a_0(a_0^2-3b_0^2)(b_0^2-a_0^2)+6a_0 b_0^2(3a_0^2-b_0^2)],$$

$$B_5=-\frac{1}{3072\omega_1^2}\alpha^2[3b_0(3a_0^2-b_0^2)(b_0^2-a_0^2)-6a_0^2 b_0(a_0^2-3b_0^2)],$$

$$b_1=\frac{1}{\Delta}(a_0 D_{23}-b_0 D_{13}),$$

$$\Delta=\frac{1}{4\omega_1}(4\omega_1 a_0+4\mu\omega_0 b_0-3a_0^3-3a_0 b_0^2),$$

$$D_{13}=\frac{1}{4\omega_1}a_1(9a_0^2+3b_0^2-4\omega_1)+\frac{1}{2\omega_1}\mu\omega_0 b_0$$

$$+\frac{1}{128\omega_1^2}a_0(a_0^2-3b_0^2)(a_0^2-b_0^2)+\frac{3}{64\omega_1^2}a_0^2 b_0^2(3a_0^2-b_0^2),$$

$$D_{23}=\frac{1}{4\omega_1}a_1(6a_0 b_0-4\mu\omega_0)-\frac{1}{2\omega_1}\mu\omega_0 a_0$$

$$-\frac{3}{128\omega_1^2}b_0(3a_0^2-b_0^2)(b_0^2-a_0^2)-\frac{3}{64\omega_1^2}a_0^2 b_0(a_0^2-3b_0^2).$$

图 3-4 所示为 $\varepsilon=0.01$，$\mu=0.0$，$\omega_0=1$，$p=10$ 时无阻尼基谐波响应曲线. 从图中可以看出，经典 L-P 法第一阶近似解（精确到 $O(\varepsilon^2)$）和第二阶近似解（精确到 $O(\varepsilon^3)$）只有在 A_1 比较小时才与 IHB 法的结果接近，在 A_1 较大值时，比如设 $A_1>10$，与 IHB 法的偏差就很大了，而改进的 L-P 法的结果，在整个频率域与 IHB 法的结果完全一致.

图 3-5，图 3-6 分别表示当 $\varepsilon=0.1$ 和 $\varepsilon=1.0$ 时的有阻尼（$\mu=0.2$），大强迫力

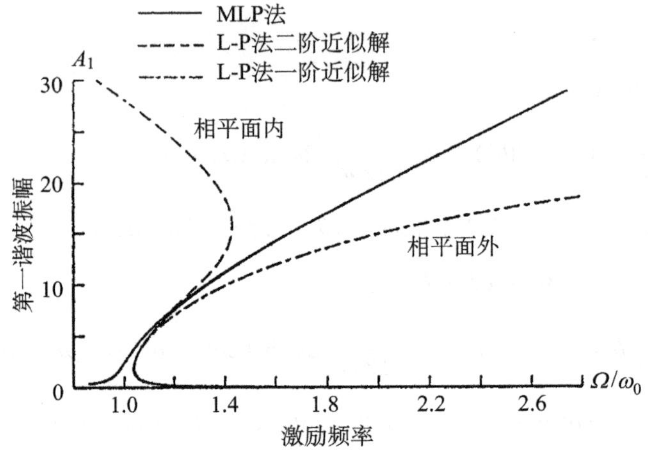

图 3-4　Duffing 方程无阻尼时的强迫振动响应

$\varepsilon=0.01$，$\mu=0.0$，$\omega_0=1$，$p=10$

振幅($p=20$)作用下的响应曲线. 这两图中 $R_1=\sqrt{A_1^2+B_1^2}$，是基谐波的振幅. 从图中可以看出，改进的 L-P 法的曲线与 IHB 法完全一致，而 Burton 等(1986)用改进的多尺度法求得的结果与 IHB 法还有微小偏差.

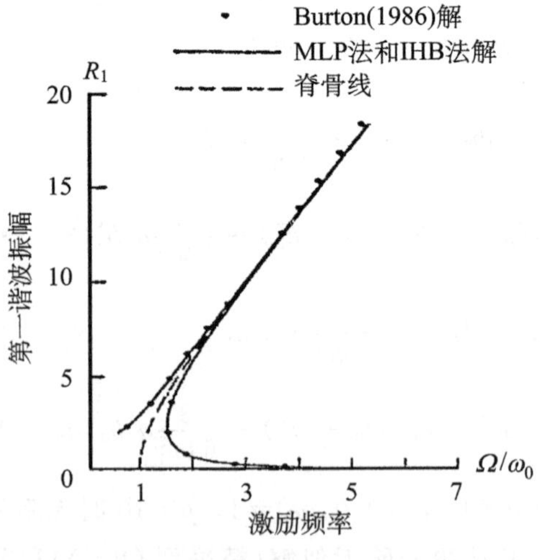

图 3-5　Duffing 方程有尼时的强迫振动响应

$\varepsilon=0.1$，$\mu=0.2$，$\omega_0=1$，$p=20$

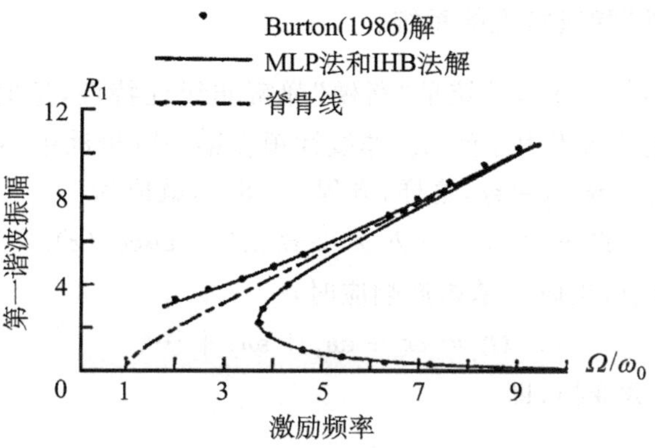

图 3-6 Duffing 方程有尼时的强迫振动响应
$\varepsilon=1.0$, $\mu=0.2$, $\omega_0=1$, $p=20$

§3.5 具有二次、三次强非线性系统改进的 L-P 法

Chen 等 (1994,1996b)应用改进的 L-P 法分析同时含有二次、三次强非线性项的系统

$$\ddot{x}+\omega_0^2x+\bar{k}_2x^2+\bar{k}_3x^3=\bar{p}\cos(\Omega t). \tag{3.5.1}$$

当应用 L-P 法求解时,先令

$$\tau=\Omega t, \tag{3.5.2}$$

则系统 (3.5.1)成为

$$\Omega^2x''+\omega_0^2x+\bar{k}_2x^2+\bar{k}_3x^3=\bar{p}\cos\tau. \tag{3.5.3}$$

为了使二次、三次强非线性项能在同阶摄动过程起作用,令 $\bar{k}_2=\varepsilon k_2$, $\bar{k}_3=\varepsilon^2k_3$, $\bar{p}=\varepsilon^2p$, 其中 ε 是小参数,代入方程(3.5.3)得

$$\Omega^2x''+\omega_0^2x+\varepsilon k_2x^2+\varepsilon^2k_3x^3=\varepsilon^2p\cos(\tau). \tag{3.5.4}$$

这个系统的自由振动的频率为

$$\omega=\omega_0\left[1+\frac{9k_3\omega_0^2-10k_2^2}{24\omega_0^2}\varepsilon^2\alpha^2\right]+O(\varepsilon^3). \tag{3.5.5}$$

(Nayfeh 1979),所以,如果 $9k_3\omega_0^2-10k_2^2>0$,即 $9\bar{k}_3\omega_0^2-10\bar{k}_2^2>0$,则系统将具有“渐硬”弹簧非线性特性,其频率—振幅响应曲线将呈向右弯曲的态势,反之,如果 $9k_3\omega_0^2-10k_2^2<0$,即 $9\bar{k}_3\omega_0^2-10\bar{k}_2^2<0$,则系统具有“渐软”弹簧的非线性特性,起频率—振幅响应曲线将呈向左弯曲的态势. 根据上两节介绍可知,采用改进的 L-P 法,将依据系统“渐硬”和“渐软”的不同特性而采用不同的参数变换,所以,下面将分开讨论.

3.5.1　具有“渐硬”弹簧特性的系统

当 $9\bar{k}_3\omega_0^2-10\bar{k}_2^2>0$ 时，系统呈“渐硬”弹簧非线性特性，这时方程中的三次非线性项在响应中起主要作用，而二次非线性项在第一阶摄动中不起作用，因此我们可以令 $\bar{k}_2=\varepsilon k_2$，$\bar{k}_3=\varepsilon k_3$，$\bar{p}=\varepsilon p$，这样，方程 (3.5.3)就成为

$$\Omega^2 x''+\omega_0^2 x+\varepsilon k_2 x^2+\varepsilon k_3 x^3=\varepsilon p\cos(\tau). \tag{3.5.6}$$

把 Ω^2 展开成幂级数，当研究基谐波响应时，

$$\Omega^2=\omega_0^2+\varepsilon\omega_1+\varepsilon\omega_2+\cdots, \tag{3.5.7}$$

采用(3.2.7)的参数变换，即

$$\alpha=\frac{\varepsilon\omega_1}{\omega_0^2+\varepsilon\omega_1},\quad \omega_1>0, \tag{3.5.8}$$

于是

$$\varepsilon=\frac{\omega_0^2\alpha}{\omega_1(1-\alpha)}, \tag{3.5.9}$$

$$\Omega^2=\frac{\omega_0^2}{(1-\alpha)}(1+\delta_2\alpha^2+\delta_3\alpha^3+\cdots). \tag{3.5.10}$$

再把 x 展开成新参数 α 的幂级数

$$x=\sum_{n=0}^{\infty}\alpha^2 x_n, \tag{3.5.11}$$

把 Ω^2、ε、x 的表达式代入方程 (3.5.6)，并令方程两边同次幂的系数相等，可得

$$x''_0+x_0=0, \tag{3.5.12}$$

$$x''_1+x_1=x_0-\frac{1}{\omega_1}(k_2x_0^2+k_3x_0^3-p\cos\tau), \tag{3.5.13}$$

$$x''_3+x_3=x_2-\delta_3x''_0-\delta_2x''_1-\frac{1}{\omega_1}k_2(x_1^2+2x_0x_2)$$
$$-\frac{3}{\omega_1}k_3(x_0^2x_2+x_0x_1^2), \tag{3.5.14}$$

ω_1，δ_2，δ_3 和 $x_i(i=0,1,2,3)$可以逐步求出，最后可得

$$x=\sum_{i=0}^{7}a_i\cos(i\tau), \tag{3.5.15}$$

$$\omega_1=\frac{3}{4}k_3A_1^2-\frac{p}{A_1}, \tag{3.5.16}$$

$$\delta_2=\frac{1}{384\omega_1^2}(9k_3^2A_1^4-320k_2^2A_1^2), \tag{3.5.17}$$

$$\delta_3=\frac{-1}{\omega_1^2}\left(\frac{19}{18}k_2^2A_1^2+\frac{3}{1024}k_3^2A_1^4\right)+\frac{1}{\omega_1^3}\left(\frac{53}{32}k_1^3k_3A_1^4+\frac{3}{1024}k_3^2A_1^6\right), \tag{3.5.18}$$

其中 A_i 的表达式由于较繁而不列出.

图 3-7 所示为 $\varepsilon=1, \omega_0=9.97, k_2=14.6, k_3=24.4, p=10$ 时的强迫振动响应

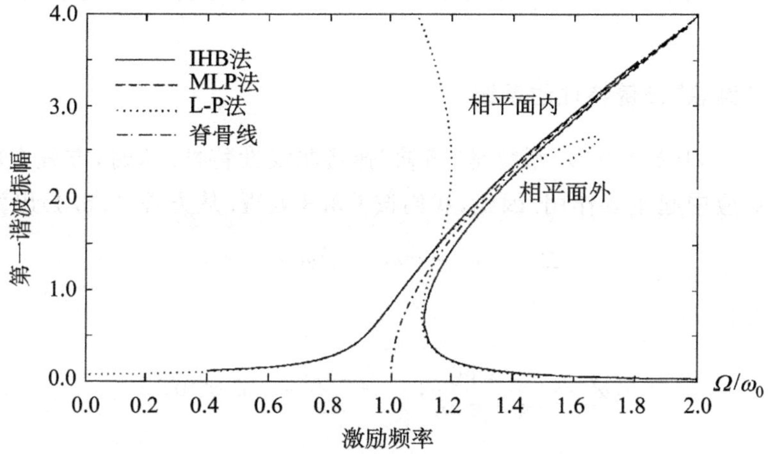

图 3-7　具有"渐硬"弹簧特性系统的强迫振动

$\varepsilon=1$, $\omega_0=9.97$, $k_2=14.6$, $k_3=24.4$, $p=10$

曲线. 从图中可以看出, MLP 法的结果非常准确, 在整个频域内, 无论是相平面内, 还是相平面外, 都与 IHB 法结果一致, 而 L-P 法的结果只有在小范围内(例如 $A_1<1.0$)才与 IHB 法相一致, 当 $A_1>1$ 时, 其偏差已很大, 不能采用, 说明 L-P 法失效.

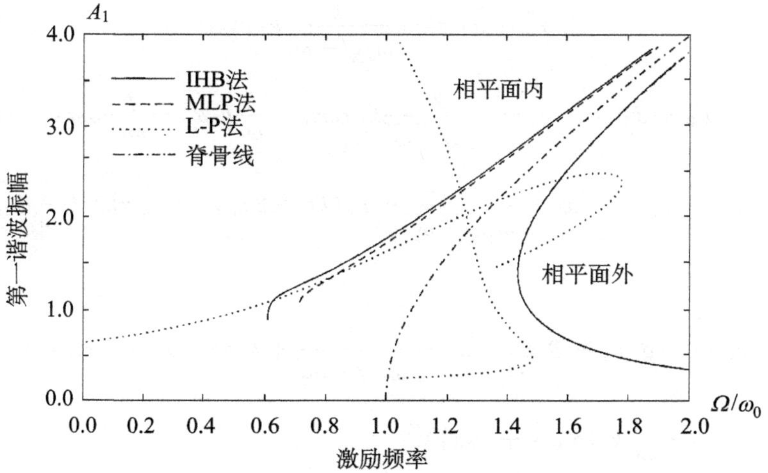

图 3-8　具有"渐硬"弹簧特性系统的强迫振动

$\varepsilon=1$, $\omega_0=9.97$, $k_2=14.6$, $k_3=24.4$, $p=100$

图 3-8 所示为 $p=100$ 时的响应曲线，这时已属非常强的强迫振动，MLP 法在相平面外的响应曲线还是与 IHB 法的曲线相重合，相平面内的响应曲线非常接近 IHB 法的响应曲线，说明 MLP 法有效，而 L-P 法的结果都面目全非，说明完全失效.

3.5.2　有"渐软"弹簧特性的系统

当 $9\bar{k}_3\omega_0^2-10\bar{k}_2^2<0$ 时，系统呈"渐软"弹簧非线性特性. 这时，方程中的二次非线性项在响应中起主要作用. 因此，我们按 § 3.3 处理. 从方程(3.5.4)出发，令

$$\Omega^2 = \omega_0^2 + \varepsilon^2\omega_1 + \varepsilon^3\omega_2 + \cdots, \tag{3.5.19}$$

引入参数变换

$$\alpha^2 = \frac{-\varepsilon^2\omega_2}{\omega_0^2+\varepsilon^2\omega_2}, \qquad -\frac{\omega_0^2}{2\varepsilon_2} < \omega_0 < 0, \tag{3.5.20}$$

于是

$$\varepsilon^2 = \frac{\omega_0^2\alpha^2}{-\omega_2(1+\alpha^2)}, \tag{3.5.21}$$

$$\omega^2 = \frac{\omega_0^2}{(1+\alpha^2)}(1+\delta_2\alpha^2+\delta_3\alpha^3+\cdots). \tag{3.5.22}$$

在这情况下，各阶的摄动方程为

$$x''_0 + x_0 = 0, \tag{3.5.23}$$

$$x''_1 + x_1 = -\frac{1}{\omega_0\sqrt{-\omega_2}}k_2x_0^2, \tag{3.5.24}$$

$$x''_2 + x_2 = -x_0 - \frac{2}{x_0\sqrt{-\omega_2}}k_2x_0x_1 + \frac{1}{\omega_2}k_3x_0^3 - \frac{p}{\omega_2}\cos\tau, \tag{3.5.25}$$

$$x''_3 + x_3 = -\delta_3x''_0 - x_1 - \frac{1}{\omega_0\sqrt{-\omega_2}} + k_2\left(k_1^2 + 2x_0x_2 + \frac{1}{2}x_0^2\right) + \frac{3}{\omega_2}k_3x_0^2x_1, \tag{3.5.26}$$

$$x''_4 + x_4 = -\delta_3x''_1 - \delta_4x''_0 - x_2 - \frac{1}{\omega_0\sqrt{-\omega_2}} + k_2(2x_0x_3 + 2x_1x_2 + x_0x_1) + \frac{3}{\omega_3}k_3(x_0^2x_2 + x_0x_1^2). \tag{3.5.27}$$

最后,可求得精确到 O(α^5)的解为

$$x = \sum_{i=0}^{5} A_i \cos(i\tau), \tag{3.5.28}$$

$$\omega_2 = \left(\frac{3}{4}k_3 - \frac{5}{6}k_2^2\omega_0^{-2}\right)A_1^2 - \frac{p}{A_1}, \tag{3.5.29}$$

$$\delta_3 = 0, \tag{3.5.30}$$

$$\delta_4 = -\frac{2}{9\omega_0^2\omega_2}k_2^2A_1^2 - \frac{55}{96\omega_0^4\omega_2^2}k_2^4A_1^4 + \frac{53}{32\omega_0^2\omega_2^2}k_2^2k_3A_1^4 + \frac{3}{128\omega_2^2}k_3^2A_1^4, \tag{3.5.31}$$

其中 A_i 的表达式由于较繁,略去表示.

图 3-9 所示为 $\omega_0=1$,$\bar{k}_2=1.2$,$\bar{k}_3=0.2$ 时的自由振动响应曲线. 图 3-10 所示为在与图 3-9 相同参数下的强迫振动 $p=0.1$ 时的响应曲线. 从这两图所示曲线可以得出如下结论:无论是自由振动,还是强迫振动,改进的 L-P 法(MLP)与 IHB 法的结果在整个频率域完全一致,而 L-P 法与 IHB 发的偏差却很大,对于大振幅的振动,L-P 完全失效. 从图中同样可以观察到有趣的现象,L-P 法的二阶近似解并没有改善解的精确度,相反,离 IHB 法的数值解的偏差比一阶近似解更大. 所以,对于强非线性系统,想通过求 L-P 法高阶近似解来解决问题是徒劳的.

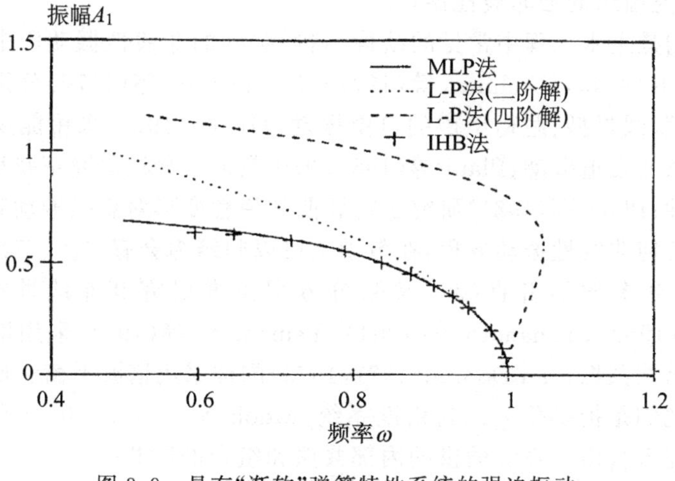

图 3-9 具有"渐软"弹簧特性系统的强迫振动

$\varepsilon=1,\ \omega_0=1,\ k_2=1.2,\ k_3=0.2,\ p=0$

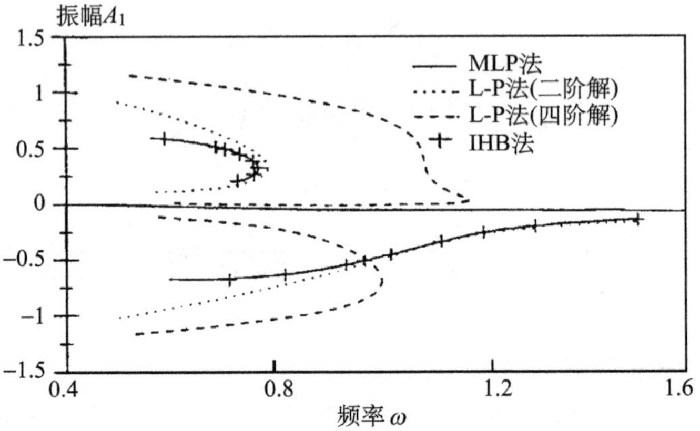

图 3-10 有“渐软”弹簧特性系统的强迫振动

$\varepsilon=1$，$\omega_0=1$，$k_2=1.2$，$k_3=0.2$，$p=0.1$

§3.6 扁拱的强非线性振动

作为应用改进的 L-P 法分析具有二次、三次非线性项的强非线性振动的实际例子，我们研究扁拱的强非线性振动.

扁拱结构是土木工程中常见的结构. 扁拱结构的非线性振动历来备受关注和研究，Rehfield(1974)，Hitchings 等(1977)，Mushenkov 等(1977)分别研究了两端铰支的正弦型、圆弧型、抛物型拱的自由振动；Huang(1972)采用能量法研究两端铰支正弦型拱的强迫振动；Plaut 等(1985)采用数值积分法研究正弦型拱的强迫振动及其稳定性；Plaut 等(1981)研究了初屈曲和弹性变形对扁拱振动频率的影响.

扁拱的几何非线性振动方程，在数学上可以归结为会有二次、三次非线性项的常微分方程. 众多的学者直接以常微分方程出发研究其非线性振动的特性. Yananoto 等(1963)、Yananoto 等(1964)、Yamamoto 等(1974)采用谐波平衡法研究拱的组合谐波共振；van Dooren(1971，1973)同样采用谐波平衡法研究拱的组合共振，不过，他们是把拱化为二自由度系统，Mook 等(1985)，Mook 等(1986)采用多尺度法研究多自由度系统的拱的内部共振和组合谐波共振.

本节采用改进的 L-P 法，研究正弦型拱的基谐波响应和组合谐波响应.

3.6.1 扁拱的振动微分方程

考虑图 3-11 所示的两端铰支的弹性扁拱，其中，L 是拱的跨度，A 是横截面积，ρ 是质量密度，I 是横截面积的刚度.

记 X 表示水平轴，$Y_0(X)$、$Y(X,t_1)$分别表示拱初始形状和变形后的形状坐标,$Q(X,_1)$表示拱的垂直动载荷.当细长度 L/r 比较大时,轴向惯性对横向振动的影响可以忽略不计.这样,无阻尼拱的运动微分方程可以表示如下:

$$\rho A\,\frac{\partial^2 Y}{\partial t_1^2}+EI\left[\frac{\partial^4 Y}{\partial X^4}-\frac{\partial_4 Y_0}{\partial X^4}\right]-\frac{EA}{2L}\,\frac{\partial^2 Y}{\partial X^2}\int_0^L\left[\left(\frac{\partial Y}{\partial X}\right)^2-\left(\frac{\partial Y_0}{\partial X}\right)^2\right]\mathrm{d}X+Q=0, \tag{3.6.1}$$

其中 E 是杨氏模量,拱的边界条件为

$$Y=Y_0=0,\quad \frac{\partial^2 Y}{\partial X^2}=\frac{\partial^2 Y_0}{\partial X^2}=0,\quad 当\ X=0,X=L. \tag{3.6.2}$$

令

$$W(X,t_1)=Y(X,t_1)-Y_0(X), \tag{3.6.3}$$

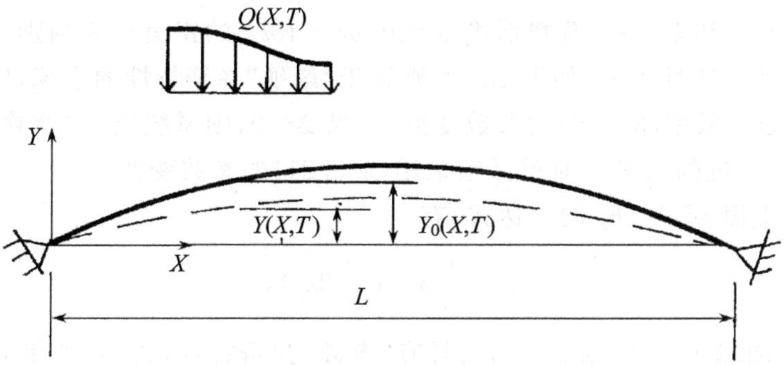

图 3-11　两端铰支扁拱

于是,方程(3.6.1)成为

$$\rho A\,\frac{\partial^2 W}{\partial t_1^2}+EI\,\frac{\partial^2 W}{\partial X^4}-\frac{EA}{2L}\left[\frac{\partial^2 W}{\partial X^2}+\frac{\partial^2 Y_0}{\partial X^2}\right]\int_0^L\left[\left(\frac{\partial W}{\partial X}\right)^2+2\,\frac{\partial W}{\partial X}\,\frac{\partial Y_0}{\partial X}\right]dX+Q=0. \tag{3.6.4}$$

为方便起见,引用如下的无量纲量

$$w=W/r,\ y_0=Y_0/r,\ x=X/L,\ t=(t_1/L^2)\sqrt{EI/\rho A},\ q=QL^4/EIr,$$

则方程(3.6.4)可以重新表示为

$$\frac{\partial^2 w}{\partial t^2}+\frac{\partial^4 w}{\partial x^4}-\frac{1}{2}\left[\frac{\partial^2 w}{\partial x^2}+\frac{\partial^2 y_0}{\partial x^2}\right]\int_0^1\left[\left(\frac{\partial w}{\partial x}\right)^2+2\,\frac{\partial w}{\partial x}\,\frac{\partial y}{\partial x}\right]\mathrm{d}X+q=0. \tag{3.6.5}$$

下面考虑正弦型拱受正弦分布荷载的情况,即假设

$$y_0(x)=\lambda\sin(\pi x), \tag{3.6.6}$$

$$q(x,t)=-f(t)\sin(\pi x), \tag{3.6.7}$$

再说方程(3.6.5)的解为

$$w(x,t)=u(t)\sin(\pi x), \tag{3.6.8}$$

把(3.6.6)至(3.6.8)三式代入(3.6.5)式,并考虑边界条件(3.6.2),可得

$$\frac{\mathrm{d}^2u(t)}{\mathrm{d}t^2}+\omega_0^2u(t)+\bar{k}_2u^2(t)+\bar{k}_3u^3(t)=f(t), \tag{3.6.9}$$

其中

$$\omega_0^2=\pi^4(1+0.5\lambda^2),$$

$$\bar{k}_2=0.75\lambda\pi^4,\quad \bar{k}_3=0.25\pi^4,$$

λ 是表示拱弯曲程度的参数.

方程(3.6.9)就是典型的具有二次、三次非线性的振动方程. 根据上一节的分析,我们要由 $\bar{k}_2$ 和 $\bar{k}_3$ 的关系判别式 $\Delta=9\bar{k}_3\omega_0^2-10\bar{k}_2^2$ 的正负号来判别系统是属于哪一种特性的非线性系统,如果 $\Delta>0$,则属于"渐硬"弹簧特性的系统,应用改进的 L-P 法时就必须采用(3.5.8)的参数变换;如果 $\Delta<0$,则系统属于"渐软"弹簧特性的系统,应用改进的 L-P 法时就必须采用(3.5.21)的参数变换.

注意到上面 ω_0^2、$\bar{k}_2$、$\bar{k}_3$ 的表达式,有

$$\Delta=\frac{9}{4}\pi^8(1-2\lambda^2),$$

因此,如果 $\lambda^2<0.5$,则 $\Delta>0$,就具有"渐硬"弹簧特性,否则,如果 $\lambda^2>0.5$,则 $\Delta<0$,就具有"渐软"弹簧特性了. 通常,对于线拱,λ 比较小,$\lambda^2<0.5$. 因此,考虑扁拱的非线性振动时,可以视其为"渐硬"弹簧特性的系统.

3.6.2 扁拱的基谐波响应

考虑受单个激励谐波作用的扁拱,其振动微分方程为

$$\frac{\mathrm{d}^2u(t)}{\mathrm{d}t^2}+\omega_0^2u(t)+\bar{k}_2u^2(t)+\bar{k}_3u^3(t)=\bar{p}\cos(\Omega t), \tag{3.6.10}$$

当 $\lambda^2<0.5$ 时,我们视扁拱为具有"渐硬"弹簧特性的系统. 于是,把方程(3.6.10)化为方程(3.5.6). 应用改进的 L-P 法,采用(3.5.8)式的参数变换,遵循 3.5.1 节所述步骤,按其公式求解. 图 3-7 和图 3-8 所采用的数据,其计算模型就是 $\lambda=0.2$ 的扁拱的数据. 所以,图 3-7 和图 3-8 所示的实际就是 $\lambda=0.2$ 的扁拱的基谐波响应.

3.6.3 扁拱的组合谐波响应

考虑具有"渐硬"特性的扁拱,受两个外激励力的作用,其振动微分方程为

$$\frac{\mathrm{d}^2u(t)}{\mathrm{d}t^2}+\omega_0^2u(t)+\varepsilon k_2u^2(t)+\varepsilon k_3u^3(t)=p_1\cos(\Omega_1t)+p_2\cos(\Omega_2t),\tag{3.6.11}$$

令

$$\tau=\Omega t,\quad \tau_1=\Omega_1t,\quad \tau_2=\Omega_2t,$$

其中

$$\Omega=\Omega_1+\Omega_2.$$

于是有

$$\tau=\tau_1+\tau_2,\quad \tau_1=\beta_1\tau,\quad \tau_2=\beta_2\tau,$$

$$\beta_1=1/(1+R),\ \beta_2=R/(1+R),\ R=\Omega_2/\Omega_1,$$

则方程(3.6.11)可以写成

$$\Omega^2u''+\omega_0^2u+\varepsilon k_2u^2+\varepsilon k_3u^3=p_1\cos\tau_1+p_2\cos\tau_2.\tag{3.6.12}$$

当 $\Omega_1+\Omega_2\approx\omega_0$ 时,令

$$\Omega^2=\omega_0^2+\varepsilon\omega_1+\varepsilon^2\omega_2+\varepsilon^3\omega_3+\cdots.\tag{3.6.13}$$

采用改进的 L-P 法,引入参数变换(3.2.7)和(3,2,8),则 Ω^2 可以 α 表示(如公式(3.5.10)所示),再把 u 也展开成 α 的幂级数,把 ε,Ω^2,u 的表达式代入(3.6.12),令方程两端 α 同次幂的系数相等,最后可得

$$u''_0+u_0=\frac{1}{\omega_0^2}(p_1\cos\tau_1+p_2\cos\tau_2),\tag{3.6.14}$$

$$u''_1+u_1=u_0-\frac{1}{\omega_1}(k_2\omega_0^2+k_3u_0^3)-\frac{1}{\omega_0^2}(p_1\cos\tau_1+p_2\cos\tau_2),\tag{3.6.15}$$

$$u''_2+u_2=-\delta_2u''_0+u_1-\frac{1}{\omega_1}(2k_2u_0u_1+3k_3u_0^2u_1).\tag{3.6.16}$$

逐步求解上述方程,最后可得($R=2$ 时)

$$\Omega^2=\frac{\omega_0^2}{1-\alpha}[1+\delta_2\alpha^2+O(\alpha^3)],\tag{3.6.17}$$

$$u=\sum_{n=0}^{2}\alpha^nu_n+\mathrm{O}(\alpha^3)=\sum_{n=0}^{15}A_n\cos(n\tau_1),\tag{3.6.18}$$

其中

$$u_0=\Lambda_1\cos\tau_1+\Lambda_2\cos\tau_2+\Lambda_3\cos\tau,\tag{3.6.19}$$

$$\omega_1=\frac{1}{\Lambda_3}k_2\Lambda_1\Lambda_2+\frac{1}{4\Lambda_3}k_3[3\Lambda_3(\Lambda_3^2+2\Lambda_1^2+2\Lambda_2^2)+\Lambda_1(\Lambda_1^2+3\Lambda_2^2)],\tag{3.6.20}$$

$$u_1 = \sum_{n=0}^{9} A_{1n}\cos(n\tau_1), \tag{3.6.21}$$

$$\delta_2 = -\frac{1}{\Lambda_3}A_{13} + \frac{1}{\omega_1\Lambda_3}(C_2k_2 + 3C_3k_3), \tag{3.6.22}$$

$$u_2 = \sum_{n=1}^{15} A_{2n}\cos(n\tau_1), \tag{3.6.23}$$

$$A_n = \Lambda_n + A_{1n}\alpha + A_{2n}\alpha^2 + O(\alpha^3), \quad n = 1,2,3. \tag{3.6.24}$$

$\Lambda_1,\Lambda_2,C_2,C_3,A_{1n}(n=0,1,\cdots,9)$，$A_{2n}(n=0,1,\cdots,15)$的具体表达式见附录.

图 3-12 所示为 A_1,A_2,A_3 三条响应曲线. 其参数为 $\lambda=0.2,\omega_0=9.968,k_2=14.61,k_3=24.35,\varepsilon=1,p_1=10,p_2=5$. 从图中所示曲线明显可以看到，当两强迫力的频率的和 $\Omega_1+\Omega_2=\Omega$ 接近与自然频率 ω_0 时，出现了组合谐波响应. 组合谐波 $Cos(\Omega_1+\Omega_2)t=Cos3t$ 的振幅 A_3 在 $\Omega<0.995\omega_0$ 之前始终小于强迫力的振幅 A_1 和 A_2，在 $\Omega>\omega_0$ 之后，A_3 迅速增大，而 A_1 和 A_2 稍微减小. 在相平面外的响应中，A_3 迅速下降而 A_1 和 A_2 则慢慢地增加. 整个响应过程显示了组合谐波 $\cos(\Omega_1+\Omega_2)t$ 与强迫力谐波 $\cos\Omega_1 t$ 和 $\cos\Omega_2 t$ 之间的能量转换. 整个频域里，改进的 L-P 法(MLP 法)与 IHB 法的结果是一致的.

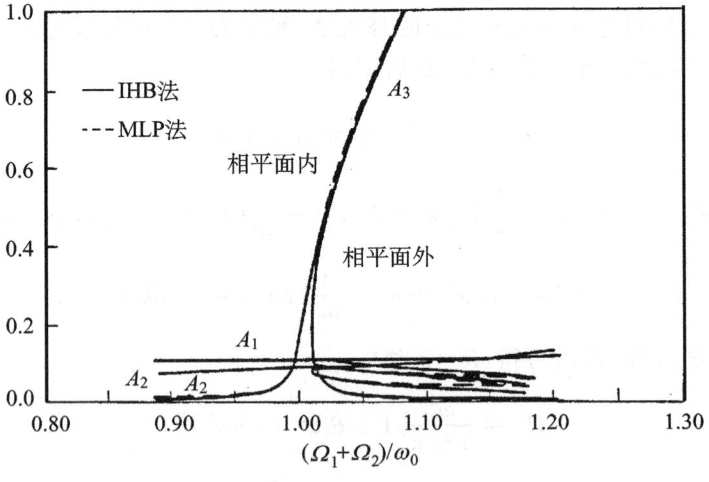

图 3-12　两端铰支扁拱的组合谐波响应

§3.7　二自由度强非线性系统改进的 L-P 法

Chen 等 (1994，1996b,c)先后把改进的 L-P 法推广到更一般的强非线性系统和二自由度强非线性系统. 考虑具有三次非线性的二自由度系统

$$\ddot{u}_n + \omega_{n0}^2 u_n + \varepsilon \sum_{m=1}^{2} \sum_{p=1}^{2} \sum_{q=1}^{2} \Gamma_{nmpq} u_m u_p u_q = \varepsilon p_n \cos\Omega t, \quad n = 1,2, \tag{3.7.1}$$

其中,u_n 是系统的广义坐标,ω_{n0} 为系统的线性自然频率,Γ_{nmpq} 是系统的非线性刚度系数,Ω 是激励力频率. $\varepsilon>0$,ε 不必是小参数,

$$\Gamma_{nmpq} = \Gamma_{mnpq} = \Gamma_{nmqp} = \Gamma_{pqnm}. \tag{3.7.2}$$

令

$$\tau = \Omega t, \tag{3.7.3}$$

则(3.7.1)成为

$$\Omega^2 u''_n + \omega_{n0}^2 u_n + \varepsilon \sum_{m=1}^{2} \sum_{q=1}^{2} \sum_{q=1}^{2} \Gamma_{nmpq} u_m u_p u_q = \varepsilon p_n \cos\tau, \quad n = 1,2. \tag{3.7.4}$$

本节主要考虑基谐波响应,即 $\Omega \approx \omega_{i0}$ $(i=1,2)$时的响应. 应用改进的 L-P 法,首先,令

$$\Omega^2 = \omega_{i0}^2 + \varepsilon\omega_1 + \varepsilon^2\omega_2 + \cdots. \tag{3.7.5}$$

其次,引入参数变换

$$\alpha = \frac{\varepsilon_1}{\omega_{i0}^2 + \varepsilon\omega_1}, \tag{3.7.6}$$

于是

$$\varepsilon = \frac{\omega_{i0}^2 \alpha}{\omega_1(1-\alpha)}, \tag{3.7.7}$$

$$\omega_{i0}^2 + \varepsilon\omega_1 = \frac{\omega_{i0}^2}{1-\alpha}, \tag{3.7.8}$$

$$\Omega^2 = \frac{\omega_{i0}^2}{(1-\alpha)}[1 + \delta_2\alpha^2 + \delta_3\alpha^3 + \cdots], \tag{3.7.9}$$

其中 $\omega_1, \delta_2, \delta_3 \cdots$ 是待定的常数.

再把未知量 u_n 也展开成 α 的幂级数

$$u_n = \sum_{k=0}^{\infty} \alpha^k u_{nk}. \tag{3.7.10}$$

记

$$\omega_{n0}^2 = \omega_{i0}^2 \lambda_n^2 + \varepsilon\sigma_n \qquad (n = i \text{ 时}, \sigma_n = 0). \tag{3.7.11}$$

如果 $\omega_{n0} > \omega_{i0}$,则 λ_n 取为整数,如果 $\omega_{n0} < \omega_{i0}$,则 λ_n 取为分数. 把 $\varepsilon, \Omega^2, u_n$ 的表达式代入方程(3.7.4),并令方程两端 α 的同次幂系数相等,得

$$u''_{n0} + \lambda_n^2 u_{n0} = 0, \tag{3.7.12}$$

$$u''_{n1}+\lambda_n^2u_{n1}=\left(\lambda_n^2-\frac{\sigma_n}{\omega_1}\right)u_{n0}-\frac{1}{\omega_1}\sum_{m=1}^{2}\sum_{p=1}^{2}\sum_{q=1}^{2}\Gamma_{nmpq}u_{m0}u_{p0}u_{q0}+\frac{p_n}{\omega_1}\cos\tau, \tag{3.7.13}$$

$$u''_{n2}+\lambda_n^2u_{n2}=\left(\lambda_n^2-\frac{\sigma_n}{\omega_1}\right)u_{n1}-\delta_2u''_{n0}-\frac{1}{\omega_1}\sum_{m=1}^{2}\sum_{p=1}^{2}\sum_{q=1}^{2}\beta_{nmpq}u_{m0}u_{p0}u_{q1}, \tag{3.7.14}$$

其中

$$\beta_{nmpq}=\Gamma_{nmpq}+\Gamma_{nmqp}+\Gamma_{npmq}. \tag{3.7.15}$$

方程(3.7.12)至(3.7.14)可以逐个求解.

3.7.1 $\Omega\approx\omega_{10}$, $\omega_{20}\approx3\omega_{10}$ 时的基谐波响应

当 $\Omega\approx\omega_{10}$ 时,取 $\omega_{i0}=\omega_{10}$, $\sigma_1=0$;当 $\omega_{20}\approx3\omega_{10}$ 时,$\lambda_1=1$, $\lambda_2=3$,这时将有内部共振出现. 方程(3.7.12)的解为

$$u_{n0}=A_{n0}\cos(\lambda_n\tau), \tag{3.7.16}$$

即

$$u_{10}=A_{10}\cos\tau,\quad u_{20}=A_{20}\cos3\tau,$$

把(3.7.16)式代入(3.7.13),得

$$u''_{n1}+\lambda_n^2u_{n1}=\left(\lambda_n^2-\frac{\sigma_n}{\omega_1}\right)A_{n0}\cos\lambda_n\tau-\frac{1}{\omega_1}\sum_{m=1}^{2}\sum_{p=1}^{2}\sum_{q=1}^{2}\frac{1}{4}\Gamma_{nmpq}A_{m0}A_{p0}A_{q0}\Phi_0(\tau)+\frac{P_n}{\omega_1}\cos\tau, \tag{3.7.17}$$

其中

$$\Phi_0(\tau)=\cos(\lambda_m+\lambda_p+\lambda_q)\tau+\cos(\lambda_m+\lambda_p-\lambda_q)\tau+\cos(\lambda_m-\lambda_p+\lambda_q)\tau+\cos(\lambda_m-\lambda_p-\lambda_q)\tau. \tag{3.7.18}$$

令方程(3.7.17)右端 $\cos\lambda_n\tau$ 的系数为零,得

$$A_{10}-\frac{1}{4\omega_1}\cdot[3\Gamma_{1111}A_{10}^3+3\Gamma_{1121}A_{10}^2A_{20}+6\Gamma_{1122}A_{10}A_{20}^2]+\frac{P_1}{\omega_1}=0, \tag{3.7.19}$$

$$9A_{20}-\frac{\sigma_2A_{20}}{\omega_1}-\frac{1}{4\omega_1}[\Gamma_{2111}A_{10}^3+6\Gamma_{2121}A_{10}^2A_{20}+3\Gamma_{2222}A_{20}^3]=0. \tag{3.7.20}$$

从(3.7.19)式,可得

$$\omega_1=\frac{3}{4}[\Gamma_{1111}A_{10}^2+\Gamma_{1121}A_{10}A_{20}+2\Gamma_{1122}A_{20}^2]-\frac{P_2}{A_{10}}, \tag{3.7.21}$$

把 ω_1 代入(3.7.20)，经整理后得

$$c_1 A_{20}^3 + c_2 A_{20}^2 + c_3 A_{20} + c_4 = 0, \tag{3.7.22}$$

于是，方程(3.7.17)的解为

$$u_{n1} = \sum_{k=1}^{9} B_{nk} \cos(k\tau) \qquad (k = 1,3,5,\cdots), \tag{3.7.23}$$

$c_i B_{nk}$ 的表达式略而不表，有兴趣的读者可参阅参考文献 Chen 等(1996c)．把 u_{n0}，u_{n1} 的表达式代入(3.7.14)，得

$$u''_{n2} + \lambda_n^2 u_{n2} = \left(\lambda_n^2 - \frac{\sigma_n}{\omega_1}\right) \sum_{k=1,3}^{9} B_{nk} \cos k\tau - \delta_2 \lambda_n^2 A_{n0} \cos\lambda_n \tau + \Phi_1(\tau), \tag{3.7.24}$$

其中

$$\begin{aligned}\Phi_1(\tau) = & -\frac{1}{4\omega_1} \sum_{k=1,3}^{9} \{ (\beta_{n111} B_{1k} + \beta_{n121} B_{2k}) A_{10}^2 [\cos(k+2)\tau + \cos(k-2)\tau \\ & + 2\cos k\tau] + 2(\beta_{n121} B_{1k} + \beta_{n122} B_{2k}) A_{10} A_{20} [\cos(4+k)\tau \\ & + \cos(4-k)\tau + \cos(2+k)\tau + \cos(2-k)\tau] \\ & + (\beta_{n211} B_{1k} + \beta_{n222} B_{2k}) A_{20}^2 [\cos(6+k)\tau \\ & + \cos(6-k)\tau + 2\cos k\tau] \}.\end{aligned} \tag{3.7.25}$$

消去久期项，令(3.7.25)右边 $\cos\lambda_n\tau$ 的系数为零，得

$$D_{11}\delta_2 + D_{12} B_{23} = D_{16}, \tag{3.7.26}$$

$$D_{31}\delta_2 + D_{32} B_{23} = D_{36}. \tag{3.7.27}$$

从上面二式可求得 δ_2 和 B_{23}．D_{ij} 表达式详见文献(Chen 等，1996c)．最后，总结改进的 L-P 法的求解步骤如下：

1° 对于给出的 A_{10}，从方程(3.7.22)求得 A_{20}；

2° 从公式(3.7.21)求得 ω_1；

3° 从公式(3.7.6)求得 α；

4° 从方程(3.7.26)和(3.7.27)求得 δ_2 和 B_{23}；

5° 从公式(3.7.9)求得 Ω，从而求得 $\Omega - A_{10}$，$\Omega - A_{20}$ 的响应曲线．

3.7.2　$\Omega \approx \omega_{20}$，$\omega_{20} \approx 3\omega_{10}$ 时的基谐波响应

当 $\Omega \approx \omega_{20}$ 时，取 $\omega_{i0} = \omega_{20}$，$\sigma_2 = 0$；当 $\omega_{20} \approx 3\omega_{10}$ 时，$\lambda_1 = \frac{1}{3}$，$\lambda_2 = 1$．在这种情形下，方程(3.7.12)的解为

$$u_{n0} = A_{n0} \cos\lambda_n \tau, \tag{3.7.28}$$

即

$$u_{10}=A_{10}\cos\frac{1}{3}\tau,\quad u_{20}=A_{20}\cos\tau.$$

决定 ω_1 和 A_{20} 的可解性条件为

$$\frac{1}{9}A_{10}-\frac{\sigma_1}{\omega_1}A_{10}-\frac{3}{4\omega_1}[\Gamma_{1111}A_{10}^3+\Gamma_{1121}A_{10}^2A_{20}+2\Gamma_{1122}A_{10}A_{20}^2]=0, \tag{3.7.29}$$

$$A_{20}-\frac{1}{4\omega_1}[\Gamma_{2111}A_{10}^3+6\Gamma_{2121}A_{10}^2A_{20}+3\Gamma_{2222}A_{20}^3]+\frac{P_2}{\omega_1}=0. \tag{3.7.30}$$

显然，上述方程有二组解：

$$\begin{cases}A_{10}=0,\\ \omega_1=\dfrac{3}{4}\Gamma_{2222}A_{20}^2-\dfrac{P_2}{A_{20}}\end{cases} \tag{3.7.31}$$

和

$$\begin{cases}\omega_1=9\omega_1+\dfrac{27}{4}[\Gamma_{1111}A_{10}^2+\Gamma_{1121}A_{10}A_{20}+2\Gamma_{1122}A_{20}^2],\\ 4A_{20}\omega_1-[\Gamma_{2111}A_{10}^3+2\Gamma_{2121}A_{10}^2A_{20}+3\Gamma_{2222}A_{20}^3]+P_2=0.\end{cases} \tag{3.7.32}$$

类似于 $\Omega\approx\omega_{10}$ 的情形，这时，也可得出 A_{20} 的三次代数方程(3.7.22)．u_{n1} 的解可表示为

$$u_{n1}=\sum_{k=1,3}^{9}B_{nk}\cos\left(\frac{1}{3}k\tau\right). \tag{3.7.33}$$

也可得出求解 δ_{23} 和 B_{23} 方程(3.7.26)和(3.7.27)，只是上述方程的系数不同而已，具体表达式详见(Chen 等　1996c)．

3.7.3　算例

以一端固定一端铰支梁非线性振动为例，其两个模态解的振动方程为

$$\ddot{u}+\omega_{10}^2u_1+k_{11}u_1^3+k_{12}u_1^2u_2+k_{13}u_1u_2^2+k_{14}u_2^3=P_1\cos\Omega t, \tag{3.7.34}$$

$$\ddot{u}_2+\omega_{20}^2u_2+k_{21}u_2^3+k_{22}u_2^2u_1+k_{23}u_2u_1^3+k_{24}u_1^3=P_2\cos\Omega t, \tag{3.7.35}$$

其中 $\omega_{10}=1,\omega_{20}=3.24064$，$k_{ij}(i=1,2;j=1,2,3,4)$，即§2.2 中公式(2.2.1)中 α_{ij}．

当 Ω 接近于 ω_{10} 时，$\lambda_1=1,\lambda_2=3,\sigma_1=0,\sigma_2=0.024064$．当 $P_1=1,P_2=0$ 时，其 $\Omega-A_{10}$ 响应曲线如图 3-13 所示，$\Omega-A_{23}$ 响应曲线如图 3-14 所示．．图中 $A_{23}=A_{20}+\alpha B_{23}$ 表示 u_2 第二个谐波 $\cos3\tau$ 的振幅．当 Ω 接近于 ω_{20} 时，$\lambda_1=1/3,\lambda_2=1$，$\sigma_1=-0.0248,\sigma_2=0$．当 $P_1=0,P_2=1$ 时，其响应曲线如图 3-15 至图 3-17 所示．其中，图 3-15 所示为对应于 $A_{10}=0$ 时的 $\Omega-A_{20}$ 响应曲线．图 3-16 和图 3-17 所

示分别为 $A_{10}\neq 0$ 时的 $\Omega-A_{10}$ 和 $\Omega-A_{23}$ 响应曲线．这时 $A_{23}=A_{20}+\alpha B_{23}$ 表示 u_n 第二个谐波 $\cos\tau$ 的振幅.

从图 3-13 至图 3-17 所示的响应曲线可以看出，不论是当 $\Omega\approx\omega_{10}$，还是 $\Omega\approx\omega_{20}$，改进的 L-P 法(MLP 法)所得的结果都与增量谐波平衡法(IHB 法)的结果一

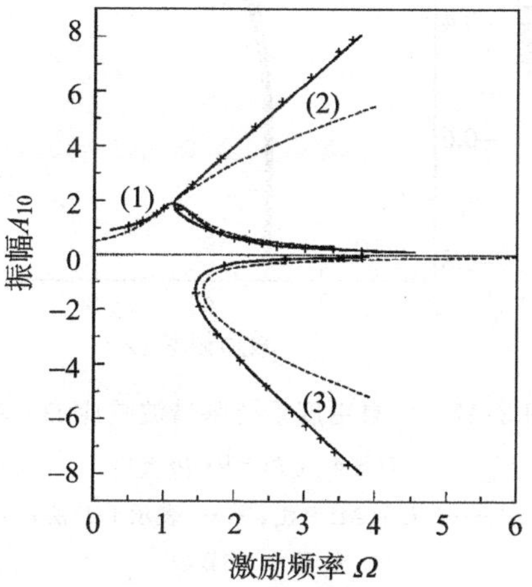

图 3-13　二自由度系统基谐波响应 $\Omega-A_{10}$

$\Omega\approx\omega_{10}$，$p_1=1$，$p_2=0$

------ 表示 L-P 法；—— 表示 MLP 法；

＋＋＋ 表示 IHB 法

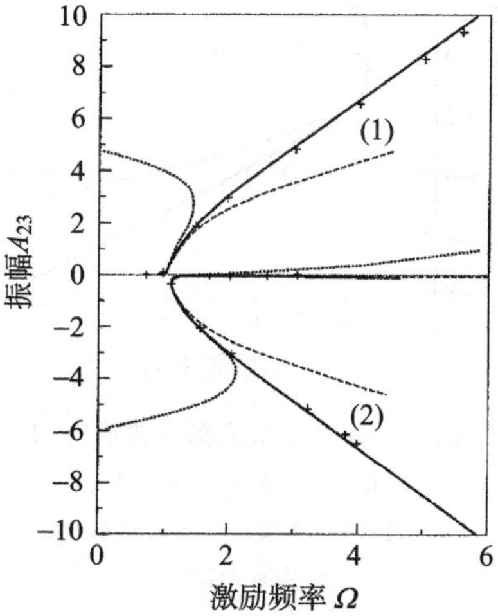

图 3-14　二自由度系统基谐波响应 $\Omega-A_{23}$

$\Omega\approx\omega_{10}$，$p_1=1$，$p_2=0$

------ 表示 L-P 法一阶解；······ 表示 L-P 法二阶解；—— 表示 MLP 法；＋ 表示 IHB 法

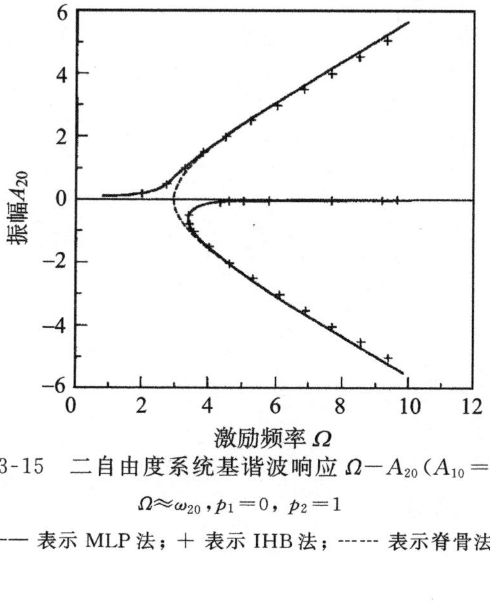

图 3-15　二自由度系统基谐波响应 $\Omega-A_{20}$ $(A_{10}=0)$

$\Omega\approx\omega_{20}$，$p_1=0$，$p_2=1$

—— 表示 MLP 法；＋ 表示 IHB 法；------ 表示脊骨法

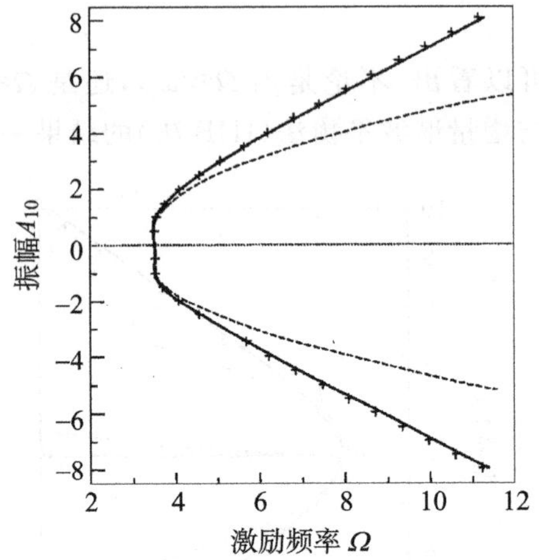

图 3-16　二自由度系统基谐波响应 $\Omega-A_{10}$

$\Omega\approx\omega_{20}$，$p_1=0$，$p_2=1$

—— 表示 MLP 法；------ 表示 L-P 法；

＋ 表示 IHB 法

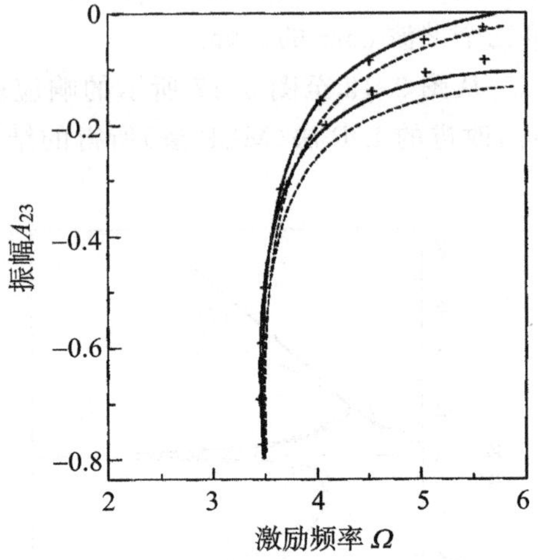

图 3-17　二自由度系统基谐波响应 $\Omega-A_{23}$

$\Omega\approx\omega_{20}$；$p_1=0$，$p_2=1$

—— 表示 MLP 法；------ 表示 L-P 法；

＋ 表示 IHB 法

致，而普通的 L-P 法的结果与 IHB 法相比就有明显的偏差，振幅越大，偏差也越大．这说明改进的 L-P 法是适合于二自由度系统的强非线性振动分析，而普通的 L-P 法就不适合强非线性振动分析.

第 4 章　椭圆函数摄动方法

§4.1　前　　言

第 2 章所述的各种传统的摄动法和第 3 章所述的改进的 L-P 法，都是研究如下的系统

$$\ddot{x}+\omega_0^2x=\varepsilon f(x,\dot{x},t),\tag{4.1.1}$$

所不同的是传统的摄动法只适用于 ε 是小参数的情形，即弱非线性系统，而改进的 L-P 法适用于强非线性系统，即 ε 不必限制为小参数. $\varepsilon=0$ 时，方程

$$\ddot{x}+\omega_0^2x=0\tag{4.1.2}$$

称为原方程(4.1.1)的派生方程. 派生方程的解是摄动法的零阶解，以三角函数(圆函数)表示. 在此基础上得到的高阶摄动解也是以三角函数表示. 这些以圆函数来表示解的方法可以统称为圆函数摄动法. 在这类方法中，圆函数及其运算在摄动过程中起着中心作用.

本章所要研究的是另一类非线性系统

$$\ddot{x}+g(x)=\varepsilon f(x,\dot{x}),\tag{4.1.3}$$

其中 $g(x)$ 是 x 的非线性函数，且派生方程

$$\ddot{x}+g(x)=0\tag{4.1.4}$$

的解能以椭圆函数表示. 因此，在此基础上得到的高阶解也是以椭圆函数表示. 根据其摄动过程采用不同的摄动方法，如平均法、KBM 法、L-P 法等，可以分为椭圆函数平均法(EKB 法)、椭圆函数 KBM 法(EKBM 法)、椭圆函数 L-P 法(ELP 法)等，统称为椭圆函数摄动方法. 诚然，在椭圆函数摄动方法中，椭圆函数及其运算起着中心的作用.

用椭圆函数来求解非线性振动问题，早在 Davis(1962)的专著中已有论述. Nayfeh(1973)等(1979)在其专著中也有较详细的介绍. 但是，真正把椭圆函数和摄动法结合起来求解非线性振动问题的，最早应属于 Barkham 等(1969,1970)，他们推广了 K-B 法，对于方程

$$\ddot{x}+c_1x+c_3x^3=\varepsilon f(x,\dot{x},t),\tag{4.1.5}$$

给出了以 Jacobi 椭圆函数表示的近似解

$$x=A(t)\mathrm{cn}[\varphi(t),k^2],\tag{4.1.6}$$

并采用 K-B 法的平均过程. 他们自己称其为 B-S 方法，我们将其归类为椭圆函数

平均法(EKB 法). 后来,Soudack 等(1970,1971)改进了 B-S 方法,把原来视为常数的频率也视为时间的函数. Christopher(1973),以及后来 Christopher 等(1974)再进一步改进 B-S 方法,把近似解(4.1.6)中的 k^2 也视为时间 t 的函数,他们称为 C-B 方法. 上述这些方法都只考虑 $c_1>0, c_3>0$ 的情形. Yuste 等(1987,1989,1990)采用 C-B 法,考虑类型Ⅱ:$c_1>0, c_3<0$ 和类型Ⅲ:$c_1<0, c_3>0$. 显然,C-B方法比 B-S 方法更准确些,但运算也繁复些. Yuste 等(1986)还采用 EKB 法,构造方程

$$\ddot{x}+x^3=\varepsilon f(x,\dot{x}) \tag{4.1.7}$$

的近似解. 其目的在于说明采用椭圆函数表示的近似解比 Mickens 和 Dyedji(1985)采用圆函数表示的近似解更精确些. Coppola 和 Rand(1990)采用 EKB 法研究非线性自治系统

$$\ddot{x}+c_1x+c_3x^3=\varepsilon f(x,\dot{x}), \tag{4.1.8}$$

并采用计算机代数系统 MACSYMA 有效地计算椭圆函数的积分,使其摄动分析就像使用三角函数分析一样简单,而其近似解却比采用三角函数的解准确得多. Yuste(1991a)采用 Coppola 等(1990)提出的方法分析具有慢变参数的 Duffing 方程. 采用 EKB 方法研究非线性振动的还有 Ferdinand(1974),Roy(1994),Cveticanin(1992a,1992b,1993,1996),其中,Ferdinand 研究的是带有线性或非线性阻尼项或参数随时间变化的非线性微分方程;Roy 研究的是钟摆和典型的擒纵机构的非线性强迫振动;而 Cveticanin 等(1990)则研究二个耦合的非线性微分方程,其解以椭圆函数表示成复数函数的形式.

我国学者戴世强(Dai　1985)、庄峰青(1996)提出了一种渐近方法研究方程(4.1.3). 因为 $g(x)$是非线性函数,所以渐近法中三级数的 x 和 $\dot{\psi}$ 展开式中 ε 的零阶量就不是 $a\cos\psi$ 和 ω_0,而是 $x_0(a,\psi)$和 $B_0(a)$. 该法的实质是推广了 KBM 法,所以李骊(1997)在其著作中称其为推广的 KBM 法. 虽然该法原则上对一般的拟保守系统均可适用,但实际应用时如果 $g(x)$为任意函数,则 $x_0(a,\psi)$很难求出,这样其后的 $x_i(a,\psi)$也就无法求得. 因此,他们所举的例子,以及随后 Qiao 等 (1996)进一步推广该法所举的例子中,都只局限于 x_0 能以椭圆函数表示那类$g(x)$. 从这一意义上讲,戴世强及其同事的渐近方法可称为椭圆函数 KBM 法,简称 EKBM 法. 应用 EKBM 法的还有 Otty(1980a,b).

与椭圆函数平均法(EKB 法)并行发展的是椭圆函数 L-P 法(Elliptic Lindstedt-Poincaré method, 英语简称 ELP 法). 此法首先由 S. H. Chen 等 (1997) 提出并应用于研究方程(4.1.8). 在此之前,Chen 等 (1996a) 提出了椭圆函数摄动法. 椭圆函数 L-P 法和椭圆函数摄动法的区别在于前者假设非线性频率 ω 的各阶分量 ω_i 都是常数,而后者假设 ω_i 是变量 τ 的函数而并非常数. 椭圆函数摄动法也是

采用椭圆函数推广 L-P 法. 所以也可视为 ELP 法的另一种型式. Chen 等(1998)、(1999)先后应用 EP 法和 ELP 法研究具有二次非线性的系统. 椭圆函数摄动法和椭圆函数 L-P 法将分别在§4.3～§4.4 作详细介绍.

椭圆函数除了可以应用于经典摄动法 L-P 法、平均法(K-B 法)、KBM 法的摄动过程外,还可以应用于谐波平衡过程,从而成为一种新方法,我们称其为椭圆函数谐波平衡法(Elliptic Harmonic Balance Method 简称为 EHB 法). EHB 法的基本思想就是方程两边以椭圆函数表示的谐波必须平稳. 关于 EHB 方法的研究,最早和最系统的应归于 S. B. Yuste 及其同事. Yuste 等(1986)首先提出了 EHB 法的思想,研究了方程(4.1.7)并得出与 EKB 法相一致的解. 随后,Margallo 等(1987,1989,1990a,1990b,1992),Margallo 等(1988),Yuste(1992)等进一步发展 EHB 方法,对广义 van der Pol 方程的极限环作了深入的研究. Yuste(1991b)对 EHB 方法作了很好的评论. 本章将对 EHB 法作一简要介绍.

应用椭圆函数研究非线性振动的还有 Yuste 等(1989)提出的椭圆函数加权均方法,Yuste(1989)提出的椭圆函数 Galerkin 方法等等. 这些方法本章将不作一一介绍.

§4.2 非线性微分方程的椭圆函数解

与传统的摄动法不同,本章要研究的是另一类非线性系统, 其派生方程是非线性方程

$$\ddot{x} + g(x) = 0, \tag{4.2.1}$$

而且派生方程具有椭圆函数解. 椭圆函数摄动法的关键及其运算基础是椭圆函数,因此,本节主要介绍椭圆函数摄动法中经常应用的两类非线性方程的椭圆函数解.

4.2.1 三次非线性微分方程的椭圆函数解

我们首先研究三次非线性方程的椭圆函数解,

$$\ddot{x} + c_1 x + c_3 x^3 = 0. \tag{4.2.2}$$

依据系数 c_1 和 c_3 的不同符号,方程(4.2.2)将有三种不同类型的椭圆函数解.

类型Ⅰ:$c_1>0, c_3>0$.

这时,解的形式可表示为

$$x = A_0 \operatorname{cn}(\tau, k) = A_0 \operatorname{cn}\tau, \tag{4.2.3}$$

$$\tau = \omega_0 t, \tag{4.2.4}$$

其中 $\operatorname{cn}(\tau,k)$称为余弦雅可比椭圆函数,$A_0, \omega_0, k$ 分别称为椭圆函数的幅、圆频率和模. 椭圆函数的定义和性质,可参阅有关椭圆函数的教科书或手册(Byrd F. &

Friedman M. D. 1954)或本专著后面的附录. 方程(4.2.3)对 t 求一次、二次导数,得

$$\dot{x} = (\mathrm{d}x/\mathrm{d}\tau)(\mathrm{d}\tau/\mathrm{d}t) = -\omega_0 A_0 \mathrm{sn}\tau\mathrm{dn}\tau, \tag{4.2.5}$$

$$\ddot{x} = (\mathrm{d}\dot{x}/\mathrm{d}\tau)(\mathrm{d}\tau/\mathrm{d}t) = -\omega_0^2 A_0 \mathrm{cn}\tau[(1-2k^2)+2k^2\mathrm{cn}^2\tau], \tag{4.2.6}$$

式中 $\mathrm{sn}\tau$ 称为正弦雅可比椭圆函数,$\mathrm{dn}\tau$ 称为 delta 雅可比椭圆函数. 有关椭圆函数的导数见本书后面的附录. 把(4.2.3)～(4.2.6)诸式代入方程(4.2.2),得

$$[c_1 A_0 - \omega_0^2 A_0(1-2k^2)]\mathrm{cn}\tau + [c_3 A_0^3 - 2k^2\omega_0^2 A_0]\mathrm{cn}^3\tau = 0. \tag{4.2.7}$$

要使上式在任何情况下都成立,只有当 $\mathrm{cn}\tau$ 和 $\mathrm{cn}^3\tau$ 的系数为零. 由此得

$$\omega_0^2 = c_1 + c_3 A_0^2, \tag{4.2.8}$$

$$k^2 = c_3 A_0^2/2\omega_0^2, \tag{4.2.9}$$

A_0 由初始条件决定. 由(4.2.8)和(4.2.9)可定出 ω_0 和 k,于是由(4.2.3)式就求出方程(4.2.2)的椭圆函数解了.

类型Ⅱ:$c_1>0, c_3<0$.

这时,方程(4.2.2)的解可表示为正弦雅可比椭圆函数

$$x = A_0 \mathrm{sn}(\tau,k) = A_0 \mathrm{sn}\tau, \tag{4.2.10}$$

于是

$$\dot{x} = \frac{\mathrm{d}x}{\mathrm{d}\tau}\frac{\mathrm{d}\tau}{\mathrm{d}t} = \omega_0 A_0 \mathrm{cn}\tau\mathrm{dn}\tau, \tag{4.2.11}$$

$$\ddot{x} = \frac{\mathrm{d}\dot{x}}{\mathrm{d}\tau}\frac{\mathrm{d}\tau}{\mathrm{d}t} = -\omega_0^2 A_0 \mathrm{sn}\tau[(1+k^2) - 2k^2\mathrm{sn}2\tau]. \tag{4.2.12}$$

与上面相同的推导,可得

$$\omega_0^2 = c_1 + \frac{1}{2}c_3 A_0^2, \tag{4.2.13}$$

$$k^2 = -c_3 A_0^2/2\omega_0^2. \tag{4.2.14}$$

对于一个稳定的周期解,$\omega_0^2>0$, $|k|<1$,于是有

$$A_0^2 < -c_1/c_3. \tag{4.2.15}$$

类型Ⅲ:$c_1<0, c_3>0$.

这时,方程(4.2.2)的解可表示为

$$x = A_0 \mathrm{dn}(\tau,k) = A_0 \mathrm{dn}\tau, \tag{4.2.16}$$

于是

$$\dot{x} = -\omega_0 A_0 k^2 \mathrm{sin}\tau\mathrm{cn}\tau, \tag{4.2.17}$$

$$\ddot{x} = -\omega_0^2 A_0 \mathrm{dn}\tau(k^2 - 2 + 2\mathrm{dn}^2\tau). \tag{4.2.18}$$

与类型Ⅰ相同的推导，可得

$$\omega_0^2 = \frac{1}{2}c_3 A_0^2, \tag{4.2.19}$$

$$k^2 = 2 + c_1/\omega_0^2. \tag{4.2.20}$$

因为$|k|<1$，所以要求

$$A_0^2 < -2c_1/c_3. \tag{4.2.21}$$

如果 A_0 不满足(4.2.21)式，而是满足下式：

$$A_0^2 > -2c_1/c_3, \tag{4.2.22}$$

则此时，方程(4.2.2)的解取(4.2.3)式的形式.

4.2.2 二次非线性微分方程的椭圆函数解

下面我们研究二次非线性方程的椭圆函数解.

$$\ddot{x} + c_1 x + c_2 x^2 = 0. \tag{4.2.23}$$

类似于三次非线性方程的椭圆函数解的推导，可知方程(4.2.23)的椭圆函数解也可分为三种类型.

类型Ⅰ：$c_1>0, c_3>0$.

这时，解的形式可表示为

$$x_0 = a_0 \mathrm{cn}^2(\tau, k) + b_0, \tag{4.2.24}$$

其中

$$\tau = \omega_0 t, \tag{4.2.25}$$

$$a_0 = 6\omega_0^2 k^2/c_2, \tag{4.2.26}$$

$$b_0 = -4\omega_0^2(2k^2-1) + c_1/2c_2, \tag{4.2.27}$$

$$\omega_0^4 = c_1^2/16(k^4 - k^2 + 1), \tag{4.2.28}$$

b_0 称为偏心.

类型Ⅱ：$c_1>0, c_3<0$.

这时，方程(4.2.23)的解可表示为正弦雅可比椭圆函数

$$x_0(\tau) = \bar{a}_0 \mathrm{sn}^2\tau + \bar{b}_0. \tag{4.2.29}$$

很容易证明，(4.2.29)可以化成(4.2.24)式的形式：

$$a_0 \mathrm{cn}^2\tau + b_0 = a_0(1 - \mathrm{sn}^2\tau) + b_0 = \bar{a}_0 \mathrm{sn}^2\tau + \bar{b}_0, \tag{4.2.30}$$

所以

$$\bar{a}_0 = -a_0, \quad \bar{b}_0 = a_0 + b_0. \tag{4.2.31}$$

类型Ⅲ：$c_1<0, c^3>0$.

这时，方程(4.2.2)的解可表示为

$$x_0(\tau) = \bar{\bar{a}}_0 \mathrm{dn}^2\tau + \bar{\bar{b}}_0, \tag{4.2.32}$$

同理可证,上式也可化为(4.2.24)的形式.此时

$$\bar{\bar{a}}_0 = a_0/k^2, \quad \bar{\bar{b}}_0 = b_0 - a_0(1-k^2)/k^2. \tag{4.2.33}$$

因此,无论 c_1、c_3 的正负符号如何,我们可以统一用(4.2.24)的形式作为方程(4.2.23)的椭圆函数解.

§4.3　椭圆函数摄动法

陈树辉和张佑启 1996 年提出了椭圆函数摄动法研究三次强非线性系统(Chen 等　1996a),随后,陈树辉、杨笑梅和张佑启于 1998 年应用该法研究二次强非线性系统(Chen 等　1998).下面,分别介绍这两种强非线性系统的椭圆函数摄动法.

4.3.1　三次强非线性系统的椭圆函数摄动法

考虑三次强非线性系统

$$\ddot{x} + c_1 x + c_3 x^3 = \varepsilon f(x, \dot{x}), \tag{4.3.1}$$

其中 ε 是小参数.根据上一节的讨论,方程(4.3.1)的派生方程的解将有三种形式.根据系数 c_1,c_3 的不同符号,取(4.2.3)、(4.2.10)、(4.2.16)三者之一,我们可以一般性地表示为

$$x = A\mathrm{ep}(\tau, k). \tag{4.3.2}$$

$\mathrm{ep}(\tau,k)$表示 $\mathrm{cn}(\tau,k)$,$\mathrm{sn}(\tau,k)$,$\mathrm{dn}(\tau,k)$三者之中的一个椭圆函数,A,k 为待定常数.我们可进一步假设

$$A = A_0 + \varepsilon A_1 + \cdots = \sum_{n=0}^{\infty} \varepsilon^n A_n. \tag{4.3.3}$$

于是,(4.3.2)式可以进一步表示为

$$x = \sum_{n=0}^{\infty} \varepsilon^n x_n(\tau), \tag{4.3.4}$$

$$x_n = A_n \mathrm{ep}(\tau, k). \tag{4.3.5}$$

引入变换

$$\frac{\mathrm{d}\tau}{\mathrm{d}t} = \omega(\tau) = \omega_0 + \varepsilon\omega_1(\tau) + \cdots = \sum_{n=0}^{\infty} \varepsilon^n \omega_n(\tau). \tag{4.3.6}$$

把式(4.3.4)至(4.3.6)代入方程(4.3.1),并令方程两边 ε 的同次幂的系数相等,可得

$$\varepsilon^0:\quad \omega_0^2 x_0'' + c_1 x_0 + c_3 x_0^3 = 0, \tag{4.3.7}$$

$$\varepsilon^1: \quad \omega_0(\mathrm{d}(\omega_1 x'_0)/\mathrm{d}\tau) + \omega_1(\mathrm{d}(\omega_0 x'_0)/\mathrm{d}\tau) + \omega_0^2 x''_1 + (c_1 + 3c_3 x_0^2)x_1 = f(x_0, \omega_0 x'_0), \tag{4.3.8}$$

$$\begin{aligned}\varepsilon^2: \quad & \omega_0(\mathrm{d}(\omega_2 x'_0)/\mathrm{d}\tau) + \omega_2(\mathrm{d}(\omega_0 x'_0)/\mathrm{d}\tau) + \omega_0^2 x''_2 \\ & + \omega_1(\mathrm{d}(\omega_0 x'_1)/\mathrm{d}\tau) + \omega_0(\mathrm{d}(\omega_1 x'_1)/\mathrm{d}\tau) \\ & + \omega_1(\mathrm{d}(\omega_1 x'_0)/\mathrm{d}\tau) + (c_1 + 3c_3 x_0^2)x_2 + 3c_3 x_0 x_1^2 \\ & = f'_x(x_0, \omega_0 x'_0)x_1 + f'_{\dot{x}}(x_0, \omega_0, x'_0)(\omega_0 x'_1 + \omega_1 x'_0),\end{aligned} \tag{4.3.9}$$

其中 $x' = \mathrm{d}x/\mathrm{d}\tau, f'_x = \mathrm{d}f/\mathrm{d}x, f'_{\dot{x}} = \mathrm{d}f/\mathrm{d}\dot{x}$.

方程(4.3.7)的解就是派生方程(4.2.2)的解，

$$x_0 + A_0 \mathrm{ep}(\tau, k). \tag{4.3.10}$$

方程(4.3.8)两边同时乘以 x'_0,并积分,可得

$$\omega_0\omega_1 x'^2_0\Big|_0^\tau = \int_0^\tau f(x_0, \omega_0, x'_0)x'_0\,\mathrm{d}\tau - \frac{A_1}{A_0}(\omega_0 x'_0)^2\Big|_0^\tau - x_1(c_1 x_0 + c_3 x_0^3)\Big|_0^\tau. \tag{4.3.11}$$

注意到 $x_0(0) = x_0(4K), x_1(0) = x_1(4K), x'_0(0) = x'_0(4K)$, K 是第一类完全椭圆积分. 令方程(4.3.11)中 $\tau = 4K$,则有

$$\int_0^{4K} f(x_0, \omega_0 x'_0)x'_0\,\mathrm{d}\tau = 0. \tag{4.3.12}$$

从此方程可定出 A_0 的值.

方程(4.3.9)两边同时乘以 x'_0 并积分,得

$$\begin{aligned}\omega_0\omega_2 x'^2_0\Big|_0^\tau = & \int_0^\tau f'_x(x_0, \omega_0 x'_0)x_1 x'_0\,\mathrm{d}\tau + \int_0^\tau f'_{\dot{x}}(x_0, \omega_0 x'_0)(\omega_0 x'_1 + \omega_1 x'_0)x'_0\,\mathrm{d}\tau \\ & - (1/2A_0^2)[2A_0A_2\omega_0^2 + 2A_0A_1\omega_0\omega_1 + A_0^2\omega_1^2 - A_1^2\omega_0^2]x'^2_0\Big|_0^\tau \\ & - (1/A_0)(A_0x_2 - A_1x_1)(c_1x_0 + c_3x_0^3)\Big|_0^\tau \\ & - \frac{1}{2}x_1^2(c_1 + 3c_3x_0^2)\Big|_0^\tau.\end{aligned} \tag{4.3.13}$$

令 $\tau = 4K$,则有

$$\int_0^{4K}(f'_x(x_0, \omega_0 x'_0))x_1 x'_0\,\mathrm{d}\tau + \int_0^{4K}(f'_{\dot{x}}(x_0, \omega_0 x'_0)(\omega_0 x'_1 + \omega_1 x'_0))x'_0\,\mathrm{d}\tau = 0. \tag{4.3.14}$$

从方程(4.3.11)和(4.3.14)可解得 A, ω_1 为

$$\omega_1 = A_1 W_1(\tau) + W_0(\tau), \tag{4.3.15}$$

$$A_1 = I_n/Id, \tag{4.3.16}$$

其中

$$W_0(\tau) = \frac{1}{\omega_0 x'^2_0}\int_0^\tau f(x_0, \omega_0 x'_0)x'_0 \mathrm{d}\tau, \tag{4.3.17}$$

$$W_1(\tau) = -\frac{1}{A_0\omega_0 x'^2_0}(\omega_0^2 x'^2_0 + c_1 x_0^2 + c_3 x_0^4), \tag{4.3.18}$$

$$I_n = \int_0^{4K} f'_x(x_0, \ \omega_0 x'_0)W_0(\tau)x'^2_0 \mathrm{d}\tau, \tag{4.3.19}$$

$$I_d = \frac{1}{A_0}\left\{\int_0^{4K} f'_x(x_0, \omega_0 x'_0)x_0 x'_0 \mathrm{d}\tau,\right.$$

$$\left. + \int_0^{4K} f'_{\dot{x}}(x_0, \omega_0 x'_0)[\omega_0 + A_0 W_1(\tau)x'^2_0 \mathrm{d}\tau]\right\}. \tag{4.3.20}$$

作为椭圆函数摄动法的直接应用，我们来具体研究 Duffing-van der Pol 方程的椭圆函数解.

$$\ddot{x} + c_1 x + c_3 x^3 = \varepsilon(1 - x^2)\dot{x}. \tag{4.3.21}$$

对应于方程(4.3.1)，这里 $f(x, \dot{x}) = (1 - x^2)\dot{x}$.

类型 Ⅰ：$c_1 > 0$，$c_3 > 0$.

此时，派生方程的解为

$$x_0 = A_0 \mathrm{cn}(\tau, k), \tag{4.3.22}$$

$$\omega_0^2 = c_1 + c_3 A_0^2, \tag{4.3.23}$$

$$k^2 = c_3 A_0^2/2\omega_0^2, \tag{4.3.24}$$

令

$$I_1 = \int f(x_0, \omega_0 x'_0)x_0 \mathrm{d}\tau = \int (1 - A_0^2 \mathrm{cn}^2\tau)\omega_0 A_0^2 \mathrm{sn}^2\tau \mathrm{dn}^2\tau \mathrm{d}\tau$$

$$= \omega_0 A_0^2(I_{11} - A_0^2 I_{12}), \tag{4.3.25}$$

其中

$$I_{11} = \int \mathrm{sn}^2\tau \mathrm{dn}^2\tau \mathrm{d}\tau = \frac{1}{3k^2}\{[1 - k^2 + (2k^2 - 1)E/K]\tau$$

$$+ (2k^2 - 1)Z(\tau) - k^2 \mathrm{sn}\tau \mathrm{cn}\tau \mathrm{dn}\tau\},$$

$$I_{12} = \int \mathrm{sn}^2\tau \mathrm{cn}^2\tau \mathrm{dn}^2\tau \mathrm{d}\tau = \frac{1}{15k^4}\{[(1 - k^2)(k^2 - 2) + 2(k^4 + 1 - k^2)E/K]\tau$$

$$+ 2(k^4 + 1 - k^2)Z(\tau) + k^2 \mathrm{sn}\tau \mathrm{cn}\tau \mathrm{dn}\tau(3k^2 \mathrm{sn}^2\tau - 1 - k^2)\},$$

式中

$$Z(\tau) = E(\tau) - (E/K)\tau, \tag{4.3.26}$$

其中，$Z(\tau)$称为雅可比 zeta 函数，其周期为 $2K$；$E(\tau)$称为第二类雅可比椭圆积分；E 是 $E(\tau)$的完全积分. 椭圆函数的积分见本书后面的附录.

根据(4.3.12)式，

$$I_I^K = \int_0^{4K} f(x_0, \omega_0 x'_0) x'_0 \mathrm{d}\tau = \omega_0 A_0^2 (I_{11}^K - A_0^2 I_{12}^K) = 0, \tag{4.3.27}$$

$$I_{11}^K = (4K/3k^2)[(1-k^2) + (2k^2-1)E/K],$$

$$I_{12}^K = (4K/15k^4)[(1-k^2)(k^2-2) + 2(k^4+1-k^2)E/K].$$

由式(4.3.27)，可得

$$A_0^2 = I_{11}^K / I_{12}^K. \tag{4.3.28}$$

于是

$$I_1 = \omega_0 A_0^2 [C_{11} Z(\tau) + C_{12} \mathrm{sn}\tau\mathrm{cn}\tau\mathrm{dn}\tau + C_{13} \mathrm{sn}^3 \tau\mathrm{cn}\tau\mathrm{dn}\tau], \tag{4.3.29}$$

$$W_0(\tau) = \frac{I_1}{\omega_0 x'^2_0} = C_{11} \frac{Z(\tau)}{\mathrm{sn}^2\tau\mathrm{dn}^2\tau} + C_{12} \frac{\mathrm{cn}\tau}{\mathrm{sn}\tau\mathrm{dn}\tau} + C_{13} \frac{\mathrm{sn}\tau\mathrm{cn}\tau}{\mathrm{dn}\tau}, \tag{4.3.30}$$

$$I_n = \int_0^{4K} A_0^2 (1 - A_0^2 \mathrm{cn}^2 \tau) [C_{11} Z(\tau) + C_{12} \mathrm{sn}\tau\mathrm{cn}\tau\mathrm{dn}\tau + C_{13} \mathrm{sn}^3 \tau\mathrm{cn}\tau\mathrm{dn}\tau] \mathrm{d}\tau = 0, \tag{4.3.31}$$

其中 C_{11}，C_{12}，C_{13}如下所示：

$$C_{11} = \frac{1}{3k^2}(2k^2-1) - \frac{2A_0^2}{15k^4}(k^4+1-k^2),$$

$$C_{12} = \frac{1}{15k^2} A_0^2 (1+k^2) - \frac{1}{3}, \quad C_{13} = -\frac{A_0^2}{5}.$$

从方程(4.3.15)、(4.3.16)可直接推得 $A_1 = 0$，$\omega_1 = W_0(\tau)$. 因此，类型Ⅰ的解最后可表示为

$$x = A_0 \mathrm{cn}(\tau, k), \tag{4.3.32}$$

$$\dot{x} = -A_0 [\omega_0 + \varepsilon W_0(\tau)] \mathrm{sn}\tau\mathrm{dn}\tau. \tag{4.3.33}$$

类型Ⅱ：$c_1 > 0$，$c_3 < 0$.

此时派生方程的解为

$$x_0 = A_0 \mathrm{sn}(\tau, k), \tag{4.3.34}$$

$$\omega_0^2 = c_1 + \frac{1}{2} c_3 A_0^2, \tag{4.3.35}$$

$$k^2 = -c_3 A_0^2 / 2\omega_0^2. \tag{4.3.36}$$

和类型Ⅰ相同的推导，最后可得原方程的解为

$$\dot{x} = A_0 \mathrm{sn}(\tau, k), \dot{x} = A_0 [\omega_0 + \varepsilon W_0(\tau)] \mathrm{cn}\tau\mathrm{dn}\tau, \tag{4.3.37}$$

其中

$$A_0^2 = I_{21}^K / I_{12}^K, \tag{4.3.38}$$

$$I_{21}^K = (4K/3k^2)[(1+k^2)(E/K)-(1-k^2)], \tag{4.3.39}$$

$$\begin{aligned} I_2 &= \int (1 - A_0^2 \operatorname{sn}^2\tau)\omega_0 A_0^2 \operatorname{cn}^2\tau \operatorname{dn}^2\tau \mathrm{d}\tau \\ &= \omega_0 A_0^2 [C_{21} Z(\tau) + C_{22} \operatorname{sn}\tau\operatorname{cn}\tau\operatorname{dn}\tau + C_{23} \operatorname{sn}^3\tau\operatorname{cn}\tau\operatorname{dn}\tau], \end{aligned} \tag{4.3.40}$$

$$W_0(\tau) = I_2 \omega_0 x_0'^2 = C_{21} \frac{Z(\tau)}{\operatorname{cn}^2\tau\operatorname{dn}^2\tau} + C_{22}\frac{\operatorname{cn}\tau}{\operatorname{cn}\tau\operatorname{dn}\tau} + C_{23}\frac{\operatorname{sn}^3\tau}{\operatorname{cn}\tau\operatorname{dn}\tau}, \tag{4.3.41}$$

其中系数 C_{21}, C_{22}, C_{23} 如下所示：

$$C_{21} = \frac{1}{3k^2}(1+k^2) - \frac{2}{15}\frac{A_0^2}{k^4}(k^4+1-k^2),$$

$$C_{22} = \frac{1}{15k^2}A_0^2(1+K^2) + \frac{1}{3}, \quad C_{23} = -\frac{A_0^2}{5}.$$

类型Ⅲ：$c_1 < 0$，$c_3 > 0$.

此时派生方程的解为

$$x_0 = A_0 \operatorname{dn}(\tau, k), \tag{4.3.42}$$

$$\omega_0^2 = \frac{1}{2} c_3 A_0^2, \tag{4.3.43}$$

$$k^2 = 2(1 + c_1/c_3 A_0^2) \tag{4.3.44}$$

跟类型Ⅰ一样的推导，最后可得原方程的解为

如果 $A_0^2 < -2c_1/c_3$，则

$$x = A_0 \operatorname{dn}(\tau, k), \tag{4.3.45}$$

$$\dot{x} = -A_0 k^2 [\omega_0 + \varepsilon W_0(\tau)] \operatorname{sn}\tau\operatorname{cn}\tau, \tag{4.3.46}$$

如果 $A_0^2 > -2c_1/c_3$，则

$$x = A_0 \operatorname{cn}(\tau, k), \tag{4.3.47}$$

$$\dot{x} = -A_0 [\omega_0 + \varepsilon W_0(\tau)] \operatorname{sn}\tau\operatorname{dn}\tau, \tag{4.3.48}$$

其中

$$A_0^2 = I_{31}^K / I_{32}^K, \tag{4.3.49}$$

$$I_{31}^K = (4K/3k^4)[(2-k^2)(E/K) - 2 + 2k^2], \tag{4.3.50}$$

$$\begin{aligned} I_{32} &= \int (1 - A_0^2 \operatorname{dn}^2\tau)\omega_0 A_0^2 k^4 \operatorname{sn}^2\tau\operatorname{cn}^2\tau \mathrm{d}\tau \\ &= \omega_0 A_0^2 k^4 [C_{31} Z(\tau) + C_{32} \operatorname{sn}\tau\operatorname{cn}\tau\operatorname{dn}\tau + C_{33} \operatorname{sn}^3\tau\operatorname{cn}\tau\operatorname{dn}\tau], \end{aligned} \tag{4.3.51}$$

$$W_0(\tau) = \frac{I_3}{\omega_0 x_0'^2} = C_{31}\frac{Z(\tau)}{\operatorname{sn}^2\tau\operatorname{cn}^2\tau} + C_{32}\frac{\operatorname{dn}\tau}{\operatorname{sn}\tau\operatorname{cn}\tau} + C_{33}\frac{\operatorname{sn}\tau\operatorname{dn}\tau}{\operatorname{dn}\tau}, \tag{4.3.52}$$

其中系数 C_{31}, C_{32}, C_{33} 如下所示：

$$C_{31} = \frac{1}{3k^4}(2-k^2) - \frac{2}{15}\frac{A_0^2}{k^4}(k^4+1-k^2),$$

$$C_{32} = \frac{1}{15k^2}A_0^2(1+k^2) - \frac{1}{3k^2}, \quad C_{33} = -\frac{A_0^2}{5}.$$

例 1 考虑方程

$$\ddot{x} + x^3 = \varepsilon(1-x^2)\dot{x}. \tag{4.3.53}$$

对应于方程(4.3.21)，这里 $c_1=0, c_3=1$，属于类型 Ⅰ，因此，其解为 $x=A_0\mathrm{cn}(\tau, k)$. 从方程(4.3.23)，(4.3.24)和(4.3.28)可求得 $\omega_0=A_0=1.9098, k^2=0.5$. Mickens 等(1985)，Yuste 等(1986)都研究这一方程，前者采用谐波平衡法(HB 法)，后者采用椭圆函数 K-B(EKB)方法. 但二者都只是求得一次近似解. 图 4-1 所示为当 $\varepsilon=0.1, \varepsilon=0.8$ 和 $\varepsilon=1$ 三种情况下的极限环. 图中表示出四种不同方法的结果，其中，作者的椭圆函数摄动(EP)法的结果与 Runge-Kutta(R-K)数值方法最接近. Yuste 的 EKB 方法只有当 $\varepsilon=0.1$ 时才接近数值解，因为它只是一次近似解. 而 Mickens 的 HB 方法误差就很大，因为它是三角函数解.

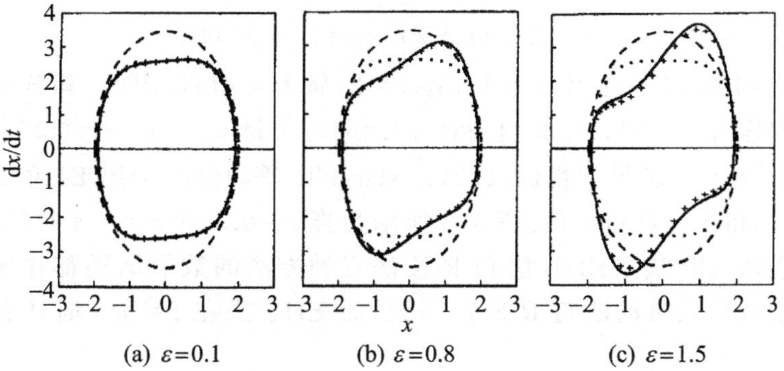

图 4-1 方程(4.3.53)的极限环

—— 表示 R-K 法；------ 表示 Mickens HB 法；⋯⋯ 表示 Yuste EKB 法；
+ + + 表示作者的 EP 法

例 2 考虑方程

$$\ddot{x} + 2x - 0.4x^3 = \varepsilon(1-x^2)\dot{x}. \tag{4.3.54}$$

对应于方程(4.3.21)，这里 $c_1=2, c_3=-0.4$，属于类型 Ⅱ，因此，其解为 $x=A_0\mathrm{sn}(\tau, k)$，从方程(4.3.35)，(4.3.36)和(4.3.38)可求得 $\omega_0=1, A_0=2.2306, k^2=0.9990$. Margallo 等(1988)也研究方程(4.3.54)，他们采用椭圆函数谐波平衡法(EHB)，求得一次近似解. 图 4-2 所示为 $\varepsilon=0.1$ 和 $\varepsilon=0.5$ 时的极限环. 从图中可以看出，作者的椭圆函数摄动(EP)法与 R-K 法的结果，在 $\varepsilon=0.1$ 时完全一致，在

ε＝0.5时很接近，但是 Margallo 等人的 EHB 法的结果，在 ε＝0.5 时就有较大的误差了.

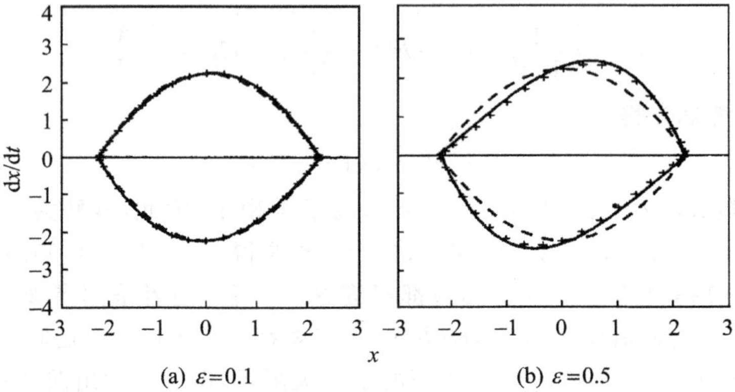

图 4-2　方程(4.3.54)的极限环

—— 表示 R-K 法；　　表示 Margallo EHB 法；＋＋＋ 表示作者的 EP 法

例 3　考虑方程

$$\ddot{x}-2.18x+2x^{3}=\varepsilon(1-x^{2})\dot{x}. \tag{4.3.55}$$

对应于方程(4.3.21)，这里 $c_1=2.18, c_3=2$，属于类型Ⅲ，因此，其解为 $x=A_0\mathrm{dn}(\tau,k)$，从方程(4.3.43)，(4.3.44)和(4.3.49)可求得 $\omega_0=A_0=1.3835, k^2=0.86$. 可以验证 A_0, c_1, c_3 满足方程(4.2.21). Margallo 等(1988)采用 EHB 法也研究方程(4.3.55)，得出一次近似解. 图 4-3 所示为当 ε＝0.1 和 ε＝0.8 时的极限环. 椭圆函数摄动法(EP 法)、EHB 法和 R-K 法三种方法的数值结果都在图中得以比较，显然，椭圆函数摄动法与 R-K 法一致，而 EHB 法在 ε＝0.8 时还有较大的偏差.

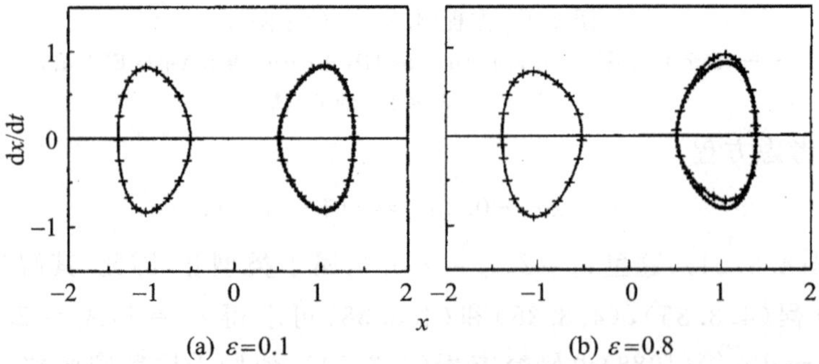

图 4-3　方程(4.3.55)的极限环，$x=A_0\mathrm{dn}(\tau,k)$

—— 表示 R-K 法；…… 表示 Margallo EHB 法；＋＋＋ 表示作者的 EP 法

方程(4.3.55)还有另一个极限环. 我们从方程(4.3.23),(4.3.24)和(4.3.28)可求得 $\omega_0 = 2.130$, $A_0 = 1.8260$, $k^2 = 0.74$. 可以验证, A_0, c_1, c_3 满足方程(4.2.22). 因此,方程(4.3.55)另一解可以表示为 $x = A_0 \mathrm{cn}(\tau, k)$. 图 4-4 所示为 $\varepsilon=0.1$, $\varepsilon=0.8$, $\varepsilon=1.5$ 时三种方法求得的极限环. 从图中可以看出,椭圆函数摄动(EP)法的结果在 $\varepsilon=0.1, 0.8$ 时与 R-K 法一致,在 $\varepsilon=1.5$ 时很接近,而 Margallo 等人的 EHB 法,只有在 $\varepsilon=0.1$ 很小时才与 R-K 法一致,在 $\varepsilon=0.8, 1.5$ 时,误差已很大.

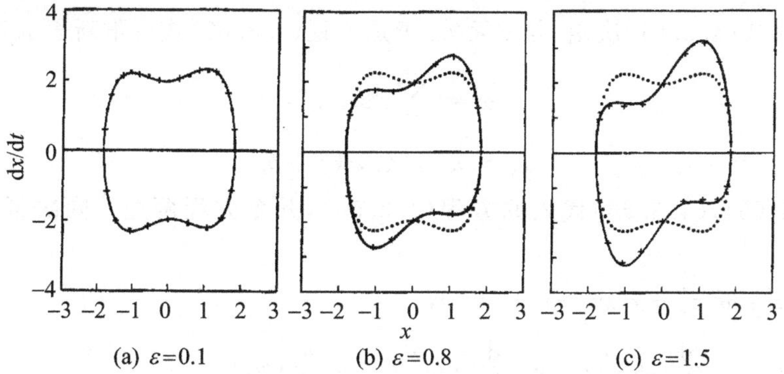

图 4-4　方程(4.3.55)的极限环, $x = A_0 \mathrm{cn}(\tau, k)$

—— 表示 R-K 法;…… 表示 Margallo EHB 法;+ + + 表示作者的 EP 法

4.3.2　二次强非线性系统的椭圆函数摄动法

考虑具有二次强非线性系统

$$\ddot{x} + c_1 x + c_2 x^2 = \varepsilon f(x, \dot{x}), \tag{4.3.56}$$

其中 ε 是小参数. 根据上一节,当 $\varepsilon=0$ 时,方程的派生解无论 c_1, c_3 的正负符号如何都可以表示为

$$x_0 = a_0 \mathrm{cn}^2(\tau, k) + b_0, \tag{4.3.57}$$

其中

$$\tau = \omega_0 t, \tag{4.3.58}$$

$$a_0 = 6\omega_0^2 k^2 / c_2, \tag{4.3.59}$$

$$b_0 = -4\omega_0^2(2k^2 - 1) + c_1/2c_2, \tag{4.3.60}$$

$$\omega_0^4 = c_1^2 / 16(k^4 - k^2 + 1). \tag{4.3.61}$$

当 $\varepsilon \neq 0$ 时,我们假设方程(4.3.56)的解仍然具有(4.3.57)的形式,即

$$x = a \mathrm{cn}^2(\tau, k) + b, \tag{4.3.62}$$

但 a, b, τ 依赖于参数 ε. 对于稳态解, a、b 必须与时间 t 无关. 于是,我们可进一步假

设

$$a = a_0 + \varepsilon a_1 + \cdots = \sum_{n=0}^{\infty} \varepsilon^n a_n, \tag{4.3.63}$$

$$b = b_0 + \varepsilon b_1 + \cdots = \sum_{n=0}^{\infty} \varepsilon^n b_n. \tag{4.3.64}$$

并令

$$\frac{\mathrm{d}\tau}{\mathrm{d}t} = \omega(\tau) = \omega_0 + \varepsilon\omega_1(\tau) + \cdots = \sum_{n=0}^{\infty} \varepsilon^n \omega_n(\tau), \tag{4.3.65}$$

式中 ω_0 由式(4.3.61)决定，与 τ 无关. 于是方程(4.3.62)式可重新表示为

$$x = \sum_{n=0}^{\infty} \varepsilon^n x_n(\tau), \tag{4.3.66}$$

$$x_n = a_n \mathrm{cn}^2(\tau,\ k) + b_n. \tag{4.3.67}$$

把式(4.3.65)，(4.3.66)代入原方程(4.3.56)，并令方程两边 ε 同次幂的系数相等，可得

$$\varepsilon^0: \omega_0^2 x''_0 + c_1 x_0 + c_2 x_0^2 = 0, \tag{4.3.68}$$

$$\begin{aligned}\varepsilon^1: &\omega_0 \frac{\mathrm{d}}{\mathrm{d}\tau}(\omega_1 x'_0) + \omega_1 \frac{\mathrm{d}}{\mathrm{d}\tau}(\omega_0 x'_0) + \omega_0 \frac{\mathrm{d}}{\mathrm{d}\tau}(\omega_0 x'_1) \\ &+ (c_1 + 2c_2 x_0) x_1 = f(x_0, \omega_0 x'_0),\end{aligned} \tag{4.3.69}$$

$$\begin{aligned}\varepsilon^2: &\omega_0 \frac{\mathrm{d}}{\mathrm{d}\tau}(\omega_0 x'_0) + \omega_2 \frac{\mathrm{d}}{\mathrm{d}\tau}(\omega_0 x'_0) + \omega_1 \frac{\mathrm{d}}{\mathrm{d}\tau}(\omega_0 x'_2) + \omega_1 \frac{\mathrm{d}}{\mathrm{d}\tau}(\omega_0 x'_1) \\ &+ \omega_0 \frac{\mathrm{d}}{\mathrm{d}\tau}(\omega_1 x'_1) + \omega_1 \frac{\mathrm{d}}{\mathrm{d}\tau}(\omega_1 x'_0) + (c_1 + 2c_2 x_0) x_2 + c_2 x_1^2 \\ &= f'_x(x_0, \omega_0 x'_0) x_1 + f'_{\dot{x}}({}_0, \omega_0 x'_0)(\omega_0 x'_1 + \omega_1 x'_0),\end{aligned} \tag{4.3.70}$$

式中 $x' = \mathrm{d}x/\mathrm{d}\tau$，$f'_x = \partial f/\partial x$，$f'_{\dot{x}} = \partial f/\partial \dot{x}$.

可以看出，方程(4.3.18)的解是(4.3.57)，因为它是由方程(4.3.56)的派生方程通过变换(4.3.65)而得.

方程(4.3.69)两边同乘以 x'_0 并积分，可得

$$\omega_0 \omega_1 x'^2_0 \Big|_0^\tau = \int_0^\tau f(x_0, \omega_0 x'_0) x'_0 \mathrm{d}\tau - \frac{a_1}{a_0}(\omega_0 x'_0)\Big|_0^\tau - x_{(} c_1 x_0 + c_2 x_0^2)\Big|_0^\tau. \tag{4.3.71}$$

因为 x_0 是周期为 $2K$ 的周期函数，K 是第一类完全椭圆积分，所以 $x_0(0) = x_0(2K)$，$x_1(0) = x_1(2K)$，$x'_0(0) = x'_0(2K)$，我们再假设 $\omega_1(\tau)$ 也是周期为 $2K$ 的函数. 这样分别令(4.3.71)公式中 $\tau = 2K$ $\tau = K$，可得

$$\int_0^{2K} f(x_0, \omega_0 x'_0) x'_0 \mathrm{d}\tau = 0, \tag{4.3.72}$$

$$\int_0^K f(x_0, \omega_0 x'_0) x'_0 \mathrm{d}\tau = (a_1 + b_1)[c_1(a_0 + b_0) + c_2(a_0 + b_0)^2] - b_1(c_1 b_0 + c_2 b_0^2). \tag{4.3.73}$$

类似地，方程(4.3.69)两边同乘以 x'_0 然后积分，得

$$\begin{aligned}\omega_0\omega_2 x'^2_0 \Big|_0^\tau =& \int_0^\tau f'_x(x_0, \omega_0 x'_0) x_1 x'_0 \mathrm{d}\tau + \int_0^\tau f'_{\dot{x}}(x_0, \omega_0 x'_0)(\omega_0 x'_1 + \omega_1 x'_0) x'_0 \mathrm{d}\tau \\ & - (1/2a_0^2)(2a_0 a_2 \omega_0^2 + 2a_0 a_1 \omega_0 \omega_1 + a_0^2 \omega_1^2 - a_1^2 \omega_0^2) x'^2_0 \Big|_0^\tau \\ & - (1/a_0)(a_0 x_2 - a_1 x_1)(c_1 x_0 + c_2 x_0^2) \Big|_0^\tau \\ & - \frac{1}{2} x_1^2 (c_1 + 2c_2 x_0) \Big|_0^\tau.\end{aligned} \tag{4.3.74}$$

令(4.3.74)式中 $\tau = 2K$，得

$$\int_0^{2K} f'_x(x_0, \omega_0 x'_0) x_1 x'_0 \mathrm{d}\tau + \int_0^{2K} f'_{\dot{x}}(x_0, \omega_0 x'_0)(\omega_0 x'_1 + \omega_1 x'_0) x'_0 \mathrm{d}\tau = 0. \tag{4.3.75}$$

a_0, b_0, ω_0, k^2 四个常数可从(4.3.59)～(4.3.61)和(4.3.72)这四个方程解得，而 $a_1, b_1, \omega_1(\tau)$ 可从方程(4.3.71)，(4.3.73)和(4.3.75)解得，如下所示.

$$a_1 = -I_n / I_d \tag{4.3.76}$$

$$b_1 = a_1 B_1 + B, \tag{4.3.77}$$

$$\omega_1(\tau) = a_1 W_1(\tau) + W_0(\tau) \tag{4.3.78}$$

$$I_n = B_0 \int_0^{2K} f'_x(x_0, \omega_0 x'_0) x'_0 \mathrm{d}\tau + \int_0^{2K} f'_{\dot{x}}(x_0, \omega_0 x'_0) W_0(\tau) x'^2_0 \mathrm{d}\tau = 0, \tag{4.3.79}$$

$$\begin{aligned}I_d = & \frac{1}{a_0}\Big\{\int_0^{2K} f'_x(x_0, \omega_0 x'_0) x_0 x'_0 \mathrm{d}\tau + \int_0^{2K} f'_{\dot{x}}(x_0, \omega_0 x'_0)[\omega_0 + a_0 W_1(\tau)] x'^2_0 \mathrm{d}\tau \\ & + \int_0^{2K} (a_0 B_1 - b_0) f'_x(x_0, \omega_0 x'_0) x'_0 \mathrm{d}\tau\Big\},\end{aligned} \tag{4.3.80}$$

$$B_0 = -\int_0^K \frac{f(x_0, \omega_0 x'_0) x'_0 \mathrm{d}\tau}{c_1 a_0 + c_2 a_0^2 + 2c_2 a_0 b_0}, \tag{4.3.81}$$

$$B_1 = -\frac{[c_1(a_0 + b_0) + c_2(a_0 + b_0)^2]}{c_1 a_0 + c_2 a_0^2 + 2c_2 a_0 b_0,}, \tag{4.3.82}$$

$$\begin{aligned}W_0(\tau) = & \frac{1}{\omega_0 x'^2_0}\Big\{\int_0^\tau f(x_0, \omega_0 x'_0) x'_0 \mathrm{d}\tau + B_0[c_1(a_0 + b_0) \\ & + c_2(a_0 + b_0)^2 - (c_1 x_0 + c_2 x_0^2)]\Big\},\end{aligned} \tag{4.3.83}$$

$$W_1(\tau) = \frac{1}{\omega_0 x'^2_0}\{-(\omega_0 x'_0)^2 / a_0 + (1 + B_1)[c_1(a_0 + b_0) + c_2(a_0 + b_0)^2]$$

$$+(\mathrm{cn}^2\tau+B_1)(c_1x_0+c_2x_0^2)\Big\}. \tag{4.3.84}$$

作为二次强非线性椭圆函数摄动法的直接应用，我们来具体研究广义 van der Pol 方程的椭圆函数解.

现考虑广义 van der Pol 方程

$$\ddot{x}+c_1x+c_2x^2=\varepsilon(\mu_0+\mu_1x-\mu_2x^2)\dot{x}, \tag{4.3.85}$$

对应于方程(4.3.56)，这里 $f(x,\dot{x})=(\mu_0+\mu_1x-\mu_2x^2)\dot{x}$，记

$$I_1(\tau)=\int f(x_0,\omega_0x'_0)x'_0\mathrm{d}\tau. \tag{4.3.86}$$

把 x_0 的表达式(4.3.57)代入上式，得

$$I_1(\tau)=4\omega_0a_0^2[(C_aI_{11}^k+C_bI_{12}^k+C_cI_{13}^k)\tau+C_{11}Z(\tau)+C_{12}\mathrm{sn}\tau\mathrm{cn}\tau\mathrm{dn}\tau$$
$$+C_{13}\mathrm{sn}\tau\mathrm{cn}^3\tau\mathrm{dn}\tau+C_{14}\mathrm{sn}\tau\mathrm{cn}^5\tau\mathrm{dn}\tau+C_{15}\mathrm{sn}\tau\mathrm{cn}^7\tau\mathrm{dn}\tau], \tag{4.3.87}$$

其中系数 C_{11} 至 C_{15} 表达式如下：

$$C_{11}=C_a(k^4-k^2+1)/(15k^4)+C_b(2k^2-1)(3k^4-3k^2+8)/(105k^6)$$
$$+C_c(10k^8-20k^6+66k^4-56k^2+16)/(315k^8),$$
$$C_{12}=C_a(2k^2-1)/(15k^2)+C_b[4(2k^2-1)^2+10k^2(1-k^2)]/(105k^4)$$
$$+C_c(2k^2-1)[8(2k^2-1)^2+27k^2(1-k^2)]/(315k^6),$$
$$C_{13}=-C_a/5+C_b(2k^2-1)/(35k^2)+C_c[6(2k^2-1)^2$$
$$+14k^2(1-k^2)]/(315k^6),$$
$$C_{14}=-C_b/7+C_c(2k^2-1)/(63k^2),\ C_{15}=-C_c/9.$$

注意到条件(4.3.72)和椭圆函数的周期性，令

$$C_aI_{11}^k+C_bI_{12}^k+C_cI_{13}^k=0. \tag{4.3.88}$$

因此

$$I_1(\tau)=4\omega_0a_0^2[C_{11}Z(\tau)+C_{12}\mathrm{sn}\tau\mathrm{cn}\tau\mathrm{dn}\tau+C_{13}\mathrm{sn}\tau\mathrm{cn}^{3\tau}\mathrm{dn}\tau$$
$$+C_{14}\mathrm{sn}\tau\mathrm{cn}^5\tau\mathrm{dn}\tau+C_{15}\mathrm{sn}\tau\mathrm{cn}^7\tau\mathrm{dn}\tau], \tag{4.3.89}$$

其中

$$C_a=\mu_0+\mu_1b_0-\mu_2b_0^2,\ C_b=\mu_1a_0-2\mu_2a_0b_0,\ C_c=-\mu_2a_0^2,$$
$$I_{11}^k=(1/15k^4)[(1-k^2)(k^2-2)+2(k^4-k^2+1)E/K],$$
$$I_{12}^k=(1/105k^6)[(1-k^2)(3k^4-15k^2+8)$$
$$+(2k^2-1)(3k^4-3k^2+8)E/K],$$
$$I_{13}^k=(1/315k^8)[(1-k^2)(5k^6-45k^4+48k^2-16)$$
$$+(10k^8-20k^6+66k^4-56k^2+16)E/K].$$

由方程(4.3.89),有 $I_1(0)=I_1(K)=0$,于是

$$\int_0^K f(x_0, \omega_0 x'_0) x'_0 \mathrm{d}\tau = 0. \tag{4.3.90}$$

由方程(4.3.81),

$$B_0 = 0. \tag{4.3.91}$$

再由方程(4.3.83),

$$W_0(\tau) = I_1(\tau)/\omega_0 x'^2_0. \tag{4.3.92}$$

记

$$\begin{aligned} g(\tau) &= f'_x(x_0, \omega_0 x'_0) W_0(\tau) x'^2_0 \\ &= [\mu_0 + \mu_1(a_0 cn^2\tau + b_0) - \mu_2(a_0 cn^2\tau + b_0)^2] I_1(\tau)/\omega_0, \end{aligned} \tag{4.3.93}$$

因为 $g(-\tau)=-g(\tau)$ 和 $g(\tau+2K)=g(\tau)$,所以

$$\int_0^{2K} g(\tau)\mathrm{d}\tau = 0.$$

这样,从方程(4.3.79)可得 $I_n=0$,从方程(4.3.76)和(4.3.77)可得 $a_1=0, b_1=0$,从而可得

$$x_1(\tau) = 0, \tag{4.3.94}$$

$$\omega_1(\tau) = W_0(\tau) = \frac{I_1(\tau)}{\omega_0 x'^2_0}. \tag{4.3.95}$$

最后可得广义 van der Pol 方程精确到 $\mathrm{O}(\varepsilon^2)$的近似解为

$$x = a_0 \mathrm{cn}^2\tau + b_0 + \mathrm{O}(\varepsilon^2), \tag{4.3.96}$$

$$\dot{x} = -2a_0[\omega_0 + \varepsilon\omega_1(\tau)\mathrm{sn}\tau\mathrm{cn}\tau\mathrm{dn}\tau + \mathrm{O}(\varepsilon^2)]. \tag{4.3.97}$$

例 4 考虑方程

$$\ddot{x} + 2x - x^2 = \varepsilon(0.1 + x - x^2)\dot{x}. \tag{4.3.98}$$

对应于方程(4.3.85),这里 $c_1=2, c_2=-1, \mu_0=0.1, \mu_1=1, \mu_2=1$. 依公式(4.3.88)求得 $k^2=0.5061$,再依公式(4.3.59)~(4.3.61)求得 $a_0=-1.7532$, $b_0=1.0142, \omega_0=0.7598$.

图 4-5 所示为(a)$\varepsilon=0.1$,(b)$\varepsilon=1.5$ 时的极限环.图中也表示 R-K 法,L-P 法的结果.可以看出,L-P 法的误差较大,而椭圆函数摄动(EP)法就跟 R-K 法一致.

例 5 考虑方程

$$\ddot{x} + 6x + x^2 = \varepsilon(1 + x - 0.1x^2)\dot{x}. \tag{4.3.99}$$

对应于方程(4.3.85),这里 $c_1=6, c_2=1, \mu_0=1, \mu_1=1, \mu_2=0.1$. 依公式(4.3.88),(4.3.59)~(4.3.61)求得 $k^2=0.74736, a_0=7.4682, b_0=-4.6479, \omega_0=1.29053$.

图 4-6 所示为(a)$\varepsilon=0.1$,(b)$\varepsilon=0.3$ 时三种方法的极限环.从图中可以看出,

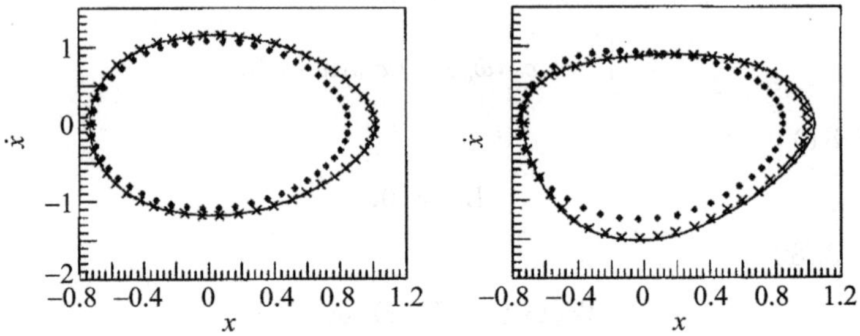

(a) $\varepsilon=0.1$　　(b) $\varepsilon=0.5$

图 4-5　方程(4.3.98)的极限环

—— 表示 R-K 法；＋ ＋ ＋ 表示 EP 法；◆◆◆表示 *L-P* 法

椭圆函数摄动法与 R-K 法一致，而 L-P 法则误差特别大，面目全非.

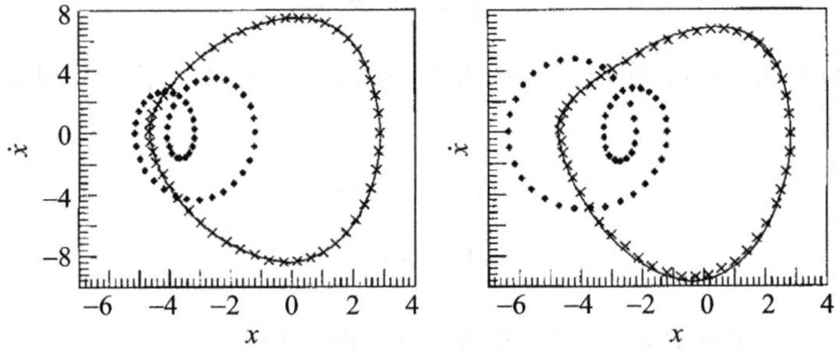

(a) $\varepsilon=0.1$　　(b) $\varepsilon=0.3$

图 4-6　方程(4.3.99)的极限环

—— 表示 R-K 法；＋ ＋ ＋ 表示 EP 法；◆◆◆表示 L-P 法

例 6　考虑方程

$$\ddot{x}-4x+x^{2}=\varepsilon(-15+8x-x^{2})\dot{x},\tag{4.3.100}$$

对应于方程(4.3.85)，这里 $c_1=-4, c_2=1, \mu_0=-15, \mu_1=8, \mu_2=1$. 依公式(4.3.88)，(4.3.59)～(4.3.61)求得 $k^2=0.56484, a_0=3.9024, b_0=1.7013, \omega_0=1.0731$.

图 4-7 所示为(a)ε＝0.1，(b)ε＝0.5 时三种方法的极限环. 从图中可见，椭圆函数摄动法与 R-K 法一致，而 L-P 法就有很大的误差.

值得强调的是，我们不能直接从方程(4.3.100)应用 L-P 法，因为这时 $c_1<0$. 我们可以引入一坐标变换，令

$$u=x-x_0,\quad x_0=-c_1/c_2=4.$$

于是，方程(4.3.100)变为

$$\ddot{u}+4u+u^2=\varepsilon(1-u^2)\dot{u}. \tag{4.3.101}$$

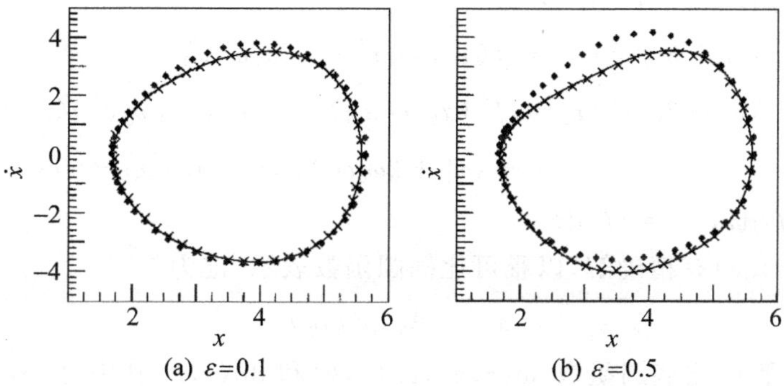

图 4-7　方程(4.3.100)的极限环

—— 表示 R-K 法；+ + + 表示 EP 法；◆◆◆表示 *L-P* 法

这样,L-P 就可以直接应用了.

§ 4.4　椭圆函数 L-P 法(ELP 法)

陈树辉和张佑启 1997 年提出了椭圆函数 L-P 法(elliptic Lindstedt-Poincaré method，简称 ELP 法)研究三次强非线性系统(Chen 等　1997),随后,陈树辉、杨笑梅和张佑启于 1999 年应用该法研究二次强非线性系统(Chen 等　1999).下面,分别介绍这两种强非线性系统的椭圆函数 L-P 法.

4.4.1　三次强非线性系统的椭圆 L-P 摄动法

考虑具三次强非线性系统

$$\ddot{x}+c_1x+c_3x^3=\varepsilon f(x,\dot{x}), \tag{4.4.1}$$

与经典的 L-P 法一样,首先引入新变量,令

$$\tau=\omega t, \tag{4.4.2}$$

其中 ω 是待定的非线性频率.于是对 t 求导的方程(4.4.1)可变为对 τ 求导.

$$\omega^2x''+c_1x+c_3x^3=\varepsilon f(x,\omega x'). \tag{4.4.3}$$

再把 x 和 ω 展开成 ε 的幂级数

$$x=\sum_{n=0}^{\infty}\varepsilon^n x_n(\tau), \tag{4.4.4}$$

$$\omega=\sum_{n=0}^{\infty}\varepsilon^n\omega_n. \tag{4.4.5}$$

把式(4.4.4)和(4.4.5)代入(4.4.3),并令方程两边 ε 的同次幂的系数相等,可得

$$\varepsilon^0: \omega_0^2 x''_0 + c_1 x_0 + c_3 x_0^3 = 0, \tag{4.4.6}$$

$$\varepsilon^1: \omega_0^2 x''_1 + (c_1 + 3c_3 x_0^2)x_1 = f(x_0, \omega_0 x'_0) - 2\omega_0\omega_1 x''_0, \tag{4.4.7}$$

$$\begin{aligned}\varepsilon^2: \omega_0^2 x''_2 + (c_1 + 3c_3 x_0^2)x_2 &= f'_x(x_0, \omega_0 x'_0)x_1 + f'_{\dot{x}}(x_0, \omega_0 x'_0)(\omega_0 x'_1 + \omega_1 x'_0) \\ &\quad - (\omega_1^2 + 2\omega_0\omega_2)x''_0 - 2\omega_0\omega_1 x''_0 - 3c_3 x_0 x_1^2,\end{aligned} \tag{4.4.8}$$

其中 $f'_x = \mathrm{d}f/\mathrm{d}x, f'_{\dot{x}} = \mathrm{d}f/\mathrm{d}\dot{x}$.

方程(4.4.6)有精确解,以雅可比椭圆函数表示.记为

$$x_0 = A_0 \mathrm{ep}(\tau, k). \tag{4.4.9}$$

$\mathrm{ep}(\tau,k)$表示雅可比椭圆函数 $\mathrm{sn}(\tau,k)$,$\mathrm{cn}(\tau,k)$和 $\mathrm{dn}(\tau,k)$其中之一,依系数 c_1 和 c_3 的正负号而定.

将方程(4.4.7)两边同时乘以 x'_0并积分,得

$$\begin{aligned}&\omega_0^2[x'_0 x'_1 - x''_0 x_1]\Big|_0^\tau + \int_0^\tau [\omega_0^2 x'''_0 + c_1 x'_0 + 3c_3 x_0^2 x'_0]x_1 \mathrm{d}\tau \\ &= \int_0^\tau f(x_0, \omega_0, x'_0)x'_0 \mathrm{d}\tau - \omega_0\omega_1 x'^2_0\Big|_0^\tau,\end{aligned} \tag{4.4.10}$$

将方程(4.4.6)对 τ 求导,有

$$\omega_0^2 x'''_0 + c_1 x'_0 + 3c_3 x_0^2 x'_0 = 0. \tag{4.4.11}$$

注意到 x_0 是周期函数,周期为 T.(对于椭圆函数 $\mathrm{sn}\tau$ 和 $\mathrm{cn}\tau$,$T=4K$,对于椭圆函数 $\mathrm{dn}\tau$,$T=2K$,K 是第一类完全椭圆积分.)x'_0、x''_0是以周期为 $4K$ 的周期函数.依我们所求的是周期解的假定,x_1 也是以 $4K$ 的周期函数.于是,令方程(4.4.10)中的 $\tau=4K$,可得

$$\int_0^{4K} [f(x_0, \omega_0 x'_0) - 2\omega_0\omega_1 x''_0]x'_0 \mathrm{d}\tau = 0, \tag{4.4.12}$$

$$\int_0^{4K} f(x_0, \omega_0 x'_0)x'_0 \mathrm{d}\tau = 0. \tag{4.4.13}$$

从方程(4.4.11)可以看到,x'_0是方程(4.4.7)齐次方程的解.根据微分方程的理论,方程(4.4.7)的特解可以表示为

$$x_1 = x'_0 \int \frac{1}{x'^2_0}\left\{\int \frac{x'_0}{\omega_0^2}[f(x_0, \omega_0 x'_0) - 2\omega_0\omega_1 x''_0]\mathrm{d}\tau\right\}\mathrm{d}\tau. \tag{4.4.14}$$

注意到

$$x'_0 \int \frac{1}{x'^2_0}\left[\int \frac{2\omega_1}{\omega_0} x'_0 x''_0 \mathrm{d}\tau\right]\mathrm{d}\tau = \frac{\omega_1}{\omega_0} x'_0 \tau, \tag{4.4.15}$$

式中 $x'_0\tau$ 称为久期项,当 $\tau\to\infty$时趋于无穷大,为得到方程(4.4.1)的一致有效的渐近解,从(4.4.4)式知,必须限制 x_1/x_0 对于所有的 τ 必须有界.所以,为了避免

出现久期项，方程(4.4.14)中 $f(x_0, \omega_0 x'_0) - 2\omega_0\omega_1 x''_0$ 包含 x''_0 的项的系数应为零. 这一条件和条件(4.4.13)都是避免方程出现久期项的必要条件.

值得指出的是，如果 $c_3=0$，则方程(4.4.6)成为线性微分方程，其解为三角函数 $\cos\tau$ 和 $\sin\tau$. 此时，公式(4.4.9)中的 $k=0$，$\mathrm{cn}(\tau,0)=\cos\tau$，$\mathrm{sn}(\tau,0)=\sin\tau$，上面所述的为避免出现久期项的必要条件也就和经典摄动法 L-P 过程中要求摄动方程右端 $\cos\tau$、$\sin\tau$ 的系数为零相一致了. 而椭圆 L-P 法也就变成经典摄动法了. 所以，椭圆 L-P 法就是经典 L-P 法的推广.

对比本节介绍的椭圆函数 L-P 法和上一节介绍的椭圆函数摄动法可知，二者的区别在于前者假设非线性频率 ω 的各阶分量 ω_i 都是常数，而后者假设 ω_i 是变量 τ 的函数而并非常数. 椭圆函数摄动法也是采用椭圆函数推广 L-P 法. 所以也可视为 ELP 法的另一种型式.

作为椭圆函数 L-P 法的直接应用，我们来具体研究 Duffing-van der Pol 方程的椭圆函数解.

$$\ddot{x} + c_1 x + c_3 x^3 = \varepsilon(c_0 - c_2 x^2)\dot{x}, \tag{4.4.16}$$

这里 $f(x_0, \omega_0 x'_0) = (c_0 - c_2 x_0^2)\omega_0 x'_0$. 显然，$f(x_0, \omega_0 x'_0)$ 没包含 x''_0，由(4.4.14)和(4.4.15)二式的讨论可知，为避免久期项的出现，必须

$$\omega_1 = 0, \tag{4.4.17}$$

因此由(4.4.14)式可得

$$x_1 = x'_0 \int \frac{1}{x'^2_0}\left[\int \frac{x'_0}{\omega_0^2} f(x_0, \omega_0 x'_0)\mathrm{d}\tau\right]\mathrm{d}\tau. \tag{4.4.18}$$

下面分三种类型进行讨论：

类型Ⅰ：$c_1>0$，$c_3>0$.

此时方程(4.4.6)的解为

$$x_0 = A_0 \mathrm{cn}(\tau, k), \tag{4.4.19}$$

$$\omega_0^2 = c_1 + c_3 A_0^2, \tag{4.4.20}$$

$$k^2 = \frac{c_3 A_0^2}{2\omega_0^2}. \tag{4.4.21}$$

为求 x_1，记

$$\begin{aligned} I_1 &= \int f(x_0, \omega_0 x'_0) x'_0 \mathrm{d}\tau = \int (c_0 - c_2 A_0^2 \mathrm{cn}^2\tau)\omega_0 A_0^2 \mathrm{sn}^2\tau \mathrm{dn}^2\tau \mathrm{d}\tau \\ &= \omega_0 A_0^2 (c_0 I_{11} - c_2 A_0^2 I_{12}), \end{aligned} \tag{4.4.22}$$

其中

$$I_{11} = \int \mathrm{sn}^2\tau \mathrm{dn}^2\tau \mathrm{d}\tau$$

$$= \frac{1}{3k^2}[(2k^2-1)E(\tau)+k'^2\tau-k^2\mathrm{sn}\tau\mathrm{cn}\tau\mathrm{dn}\tau], \tag{4.4.23}$$

$$I_{12}=\int \mathrm{sn}^2\tau\mathrm{cn}^2\tau\mathrm{dn}^2\tau\mathrm{d}\tau$$

$$= \frac{1}{15k^4}[k'^2(k^2-2)\tau+2(k^4+k'^2)E(\tau)+k^2\mathrm{sn}\tau\mathrm{cn}\tau\mathrm{dn}\tau(3k^2\mathrm{sn}^2\tau-k^2)], \tag{4.4.24}$$

其中，$k'=\sqrt{1-k^2}$，称为余模.

$$I_1^K=\int_0^{4K}(c_0-c_2A_0^2\mathrm{cn}^2\tau)\omega_0A_0^2\mathrm{sn}^2\tau\mathrm{dn}^2\tau\mathrm{d}\tau$$

$$=\omega_0A_0^2(c_0I_{11}^K-c_2A_0^2I_{12}^K)=0. \tag{4.4.25}$$

由此

$$c_0I_{11}^K-c_2A_0^2I_{12}^K=0, \tag{4.4.26}$$

其中

$$I_{11}^K=\int_0^{4K}\mathrm{sn}^2\tau\mathrm{dn}^2\tau\mathrm{d}\tau=\frac{4}{3k^2}[k'^2K+(2K^2-1)E], \tag{4.4.27}$$

$$I_{12}^K=\int_0^{4K}\mathrm{sn}^2\tau\mathrm{cn}^2\tau\mathrm{dn}^2\tau\mathrm{d}\tau=\frac{4}{15k^4}[k'^2(k^2-2)K+2(k^4+k'^2)E]. \tag{4.4.28}$$

为求 x_1 方便起见. 我们把 $E(\tau)$，τ 展开成包含 $\sin\varphi$，$\cos\varphi$ 的级数，

$$E(\tau)=E(\varphi,k)$$
$$=c_{E0}\varphi+c_{E1}\sin\varphi\cos\varphi+c_{E2}\sin^3\varphi\cos\varphi+c_{E3}\sin^5\varphi\cos\varphi+\cdots$$
$$=c_{E0}am\tau+c_{E1}\mathrm{sn}\tau\mathrm{cn}\tau+c_{E2}\mathrm{sn}^3\tau\mathrm{cn}\tau+c_{E3}\mathrm{sn}^5\tau\mathrm{cn}\tau+\cdots$$
$$(0<\varphi<\pi/2,\ k^2<1), \tag{4.4.29}$$

$$\tau=F(\varphi,k)$$
$$=c_{\tau0}\varphi+c_{\tau1}\sin\varphi\cos\varphi+c_{\tau2}\sin^3\tau\cos\tau+c_{\tau_3}\sin^5\varphi\cos\varphi+\cdots$$
$$=c_{\tau0}am\tau+c_{\tau1}\mathrm{sn}\tau\mathrm{cn}\tau+c_{\tau2}\mathrm{sn}^3\tau\mathrm{cn}\tau+c_{\tau3}\mathrm{sn}^5\tau\mathrm{cn}\tau+\cdots$$
$$(0<\varphi<\pi/2, k^2<1) \tag{4.4.30}$$

$$c_{E0}=\frac{2}{\pi}E, \tag{4.4.31}$$

$$c_{\tau0}=\frac{2}{\pi}K, \tag{4.4.32}$$

式中 $\varphi=am(\tau,k)=am\tau$ 称为椭圆积分的幅角. 最后可得

$$I_1=\omega_0A_0^2[C_{11}\mathrm{sn}\tau\mathrm{cn}\tau+C_{12}\mathrm{sn}^3\tau\mathrm{cn}\tau+C_{13}\mathrm{sn}^5\tau\mathrm{cn}\tau$$

$$+ C_{14}\,\mathrm{sn}\tau\mathrm{cn}\tau\mathrm{dn}\tau + C_{15}\,\mathrm{sn}^3\tau\mathrm{cn}\tau\mathrm{dn}\tau + \cdots] \tag{4.4.33}$$

$$x_1 = x'_0\int \frac{1}{\omega_0^2 x'^2_0} I_1\,\mathrm{d}\tau = \frac{x'_0}{\omega_0}\sum_{j=1}^{5} C_{1j}D_{1j} + \cdots, \tag{4.4.34}$$

$$x'_1 = \frac{x''_0}{\omega_0}\sum_{j=1}^{5} C_{1j}D_{1j} + \frac{x'_0}{\omega_0}\sum_{j=1}^{5} C_{1j}S_{1j} + \cdots, \tag{4.4.35}$$

其中

$$D_{1j} = \int S_{1j}\,\mathrm{d}\tau. \tag{4.4.36}$$

方程(4.4.29)和(4.4.30)中的系数 $c_{Ej}, c_{\tau j}\,(j=0,1,2)$ 为

$$c_{E0} = 1 - \frac{1}{4}k^2 - \frac{3}{64}k^4 - \frac{5}{256}k^6 + \cdots,$$

$$c_{E1} = \frac{1}{4}k^2 + \frac{3}{64}k^4 + \frac{5}{356}k^6 + \cdots,$$

$$c_{E2} = \frac{1}{32}k^4 + \frac{5}{384}k^6 + \cdots,$$

$$c_{E3} = \frac{1}{96}k^6 + \cdots,$$

$$c_{\tau 0} = 1 + \frac{1}{4}k^2 + \frac{9}{64}k^4 + \frac{25}{256}k^6 + \cdots,$$

$$c_{\tau 1} = -\frac{1}{4}k^2 - \frac{9}{64}k^4 - \frac{25}{256}k^6 + \cdots,$$

$$c_{\tau 2} = -\frac{3}{32}k^4 - \frac{25}{384}k^6 + \cdots,$$

$$c_{\tau 3} = -\frac{5}{96}k^6 + \cdots.$$

方程(4.4.33)~(4.4.35)的系数 $C_{1j}\,(j=0,1,\cdots,5)$

$$C\,1j = \frac{c_0}{3k^2}[(2k^2-1)c_{Ej} + k'^2 c_{\tau j}] - A_0^2\,\frac{c_2}{15k^4}[2(k^4+k'^2)c_{Ej} + k'^2(k^2-2)c_{\tau j}],$$

$$j = 0,1,2,3,$$

$$C_{14} = -\frac{c_0}{3} + \frac{c_2}{15j^2}A_0^2(1+k^2), \quad C_{15} = -\frac{c_2}{5}A_0^2.$$

方程(4.4.34)~(4.4.36)的函数 $S_{1j}\,(j=0,1,\cdots,5)$, D_{1j} 分别为

$$S_{11}=\frac{\mathrm{cn}\tau}{\mathrm{sn}\tau\mathrm{dn}^2\tau},\quad D_{11}=\frac{1}{2}\ln\frac{1-\mathrm{db}\tau}{1+\mathrm{dn}\tau}+\frac{1}{\mathrm{dn}\tau},$$

$$S_{12}=\frac{\mathrm{sn}\tau\mathrm{cn}\tau}{\mathrm{dn}^2\tau},\quad D_{12}=\frac{1}{k^2\mathrm{dn}\tau},$$

$$S_{13}=\frac{\mathrm{sn}^3\tau\mathrm{cn}\tau}{\mathrm{dn}^2\tau},\quad D_{13}=\frac{1}{k^4}\left[\frac{1}{\mathrm{dn}\tau}\mathrm{dn}\tau\right],$$

$$S_{14}=\frac{\mathrm{cn}\tau}{\mathrm{sn}\tau\mathrm{dn}\tau},\quad D_{14}=\ln\frac{\mathrm{sn}\tau}{\mathrm{dn}\tau},$$

$$S_{15}=\frac{\mathrm{sn}\tau\mathrm{cn}\tau}{\mathrm{dn}\tau},\quad D_{15}=-\frac{1}{k^2}\ln(\mathrm{dn}\tau).$$

类型Ⅱ：$c_1>0$，$c_3<0$.

此时方程(4.4.6)的解为

$$x_0=A_0\mathrm{sn}(\tau,k)=\mathrm{sn}\tau,\tag{4.4.37}$$

$$\omega_0^2=c_1+\frac{1}{2}c_3A_0^2,\tag{4.4.38}$$

$$k^2=-\frac{c_3A_0^2}{2\omega_0^2}.\tag{4.4.39}$$

类似于类型Ⅰ的推导,我们可推出求 A_0 的方程

$$I_2^K=\int_0^{4K}(c_0-c_2A_0^2\mathrm{sn}^2\tau)\omega_0A_0^2\mathrm{cn}^2\tau\mathrm{dn}^2\tau\mathrm{d}\tau$$

$$=\omega_0A_0^2(c_0I_{21}^K-c_2A_0^2I_{12}^K)=0,\tag{4.4.40}$$

于是

$$c_0I_{21}^K-c_2A_0^2I_{12}^K=0,\tag{4.4.41}$$

其中

$$I_{21}^K=\int_0^{4K}\mathrm{cn}^2\tau\mathrm{dn}^2\tau\mathrm{d}\tau=\frac{4}{3k^2}[(1+k^2)E-k'^2K].\tag{4.4.42}$$

I_{21}^K 取(4.4.28)式. 最后可得

$$I_2=\int(c_0-c_2A_0^2\mathrm{sn}^2\tau)\omega_0A_0^2\mathrm{cn}^2\tau\mathrm{dn}^2\tau\mathrm{d}\tau$$

$$=\omega_0A_0^2[C_{21}\mathrm{sn}\tau\mathrm{cn}\tau+C_{22}\mathrm{sn}^3\tau\mathrm{cn}\tau+C_{23}\mathrm{sn}^5\tau\mathrm{cn}\tau$$

$$+C_{24}\mathrm{sn}\tau\mathrm{cn}\tau\mathrm{dn}\tau+C_{25}\mathrm{sn}^3\tau\mathrm{cn}\tau\mathrm{dn}\tau+\cdots],\tag{4.4.43}$$

$$x_1=x'_0\int\frac{1}{\omega_0^2x'^2_0}I_2\mathrm{d}\tau=\frac{x'_0}{\omega_0}\sum_{j=1}^5C_{2j}IS_{2j}+\cdots,\tag{4.4.44}$$

$$x'_1=\frac{x''_0}{\omega_0}\sum_{j=1}^5C_{2j}D_{2j}+\frac{x'_0}{\omega_0}\sum_{j=0}^5C_{2j}S_{2j}+\cdots,\tag{4.4.45}$$

其中

$$D_{2j}=\int S_{2j}\mathrm{d}\tau. \tag{4.4.46}$$

方程(4.4.43)至(4.4.45)的系数 $C_{2j}(j=0,1,\cdots,5)$,

$$C_{2j}=\frac{c_0}{3k^2}[(1-k^2)c_{Ej}-k'^2c_{\tau j}]-A_0^2\frac{c_2}{15k^4}[2(k^4+k'^2)c_{Ej}+k'^2(k^2-2)c_{\tau j}],$$

$$j=0,1,2,3.$$

$$C_{24}=\frac{c_0}{3}+\frac{c_2}{15k^2}A_0^2(1+k^2),\quad C_{25}=-\frac{c_2}{5}A_0^2.$$

方程(4.4.44)～(4.4.46)的函数 $S_{2j}(j=0,1,\cdots,5)$,$D2j$ 分别为

$$S_{21}=\frac{\mathrm{sn}\tau}{\mathrm{cn}\tau\mathrm{dn}^2\tau},\quad D_{21}=\frac{1}{2k'^2}\left[\frac{1}{k'}\ln\frac{\mathrm{dn}\tau+k'}{\mathrm{dn}\tau-k'}-\frac{2}{\mathrm{dn}\tau}\right],$$

$$S_{22}=\frac{\mathrm{sn}^3\tau}{\mathrm{cn}\tau\mathrm{dn}^2\tau},\quad D_{22}=\frac{1}{2k'^2}\left[\frac{1}{k'}\ln\frac{\mathrm{dn}\tau+k'}{\mathrm{dn}\tau-k'}-\frac{2}{k^2\mathrm{dn}\tau}\right],$$

$$S_{23}=\frac{\mathrm{sn}^5\tau}{\mathrm{cn}\tau\mathrm{dn}^2\tau},\quad D_{23}=\frac{1}{2k'^2}\left[\frac{1}{k'}\ln\frac{\mathrm{dn}\tau+k'}{\mathrm{dn}\tau-k'}-\frac{2}{k^4\mathrm{dn}\tau}-\frac{2k'^2}{k^4}\mathrm{dn}\tau\right],$$

$$S_{24}=\frac{\mathrm{sn}\tau}{\mathrm{cn}\tau\mathrm{dn}\tau},\quad D_{24}=\frac{1}{k'^2}\ln\frac{\mathrm{dn}\tau}{\mathrm{cn}\tau},$$

$$S_{25}=\frac{\mathrm{sn}^3\tau}{\mathrm{cn}\tau\mathrm{dn}\tau},\quad D_{25}=\frac{1}{k'^2}\left[\frac{1}{k'^2}\ln(\mathrm{dn}\tau)-\ln(\mathrm{cn}\tau)\right].$$

类型Ⅲ:$c_1<0,c_3>0$.

此时方程(4.4.6)的解为

$$x_0=A_0\mathrm{dn}(\tau,k)=A_0\mathrm{dn}\tau, \tag{4.4.47}$$

$$\omega_0^2=\frac{1}{2}c_3A_0^2, \tag{4.4.48}$$

$$k^2=2\left(1+\frac{c_1}{c_3A_0^2}\right). \tag{4.4.49}$$

类似于上面的推导,我们可得决定 A_0 的公式

$$I_3^K=\int_0^{4K}(c_0-c_2A_0^2\mathrm{dn}^2\tau)\omega_0A_0^2k^4\mathrm{sn}^2\tau\mathrm{cn}^2\tau\mathrm{d}\tau$$

$$=\omega_0A_0^2k^4(c_0I_{31}^K-c_2A_0^2I_{12}^K)=0. \tag{4.4.50}$$

于是

$$c_0I_{31}^K-c_2A_0^2I_{12}^K=0, \tag{4.4.51}$$

其中

$$I_{31}^K=\int_0^{4K}\mathrm{sn}^2\tau\mathrm{cn}^2\tau\mathrm{d}\tau=\frac{4}{3k^4}[(2-k^2)E-2k'^2K], \tag{4.4.52}$$

这里 I_{12}^{K} 取(4.4.28)式.最后可得

$$I_3 = \int (c_0 - c_2 A_0^2 \mathrm{dn}^2 \tau)\omega_0 A_0^2 k^4 \mathrm{sn}^2 \tau \mathrm{cn}^2 \tau \mathrm{d}\tau$$

$$= \omega_0 A_0^2 k^4 [C_{31} \mathrm{sn}\tau\mathrm{cn}\tau + C_{32} \mathrm{sn}^3 \tau\mathrm{cn}\tau + C_{33} \mathrm{sn}^5 \tau\mathrm{cn}\tau + C_{34} \mathrm{sn}\tau\mathrm{cn}\tau\mathrm{dn}\tau + C_{35} \mathrm{sn}^3 \tau\mathrm{cn}\tau\mathrm{dn}\tau + \cdots], \tag{4.4.53}$$

$$x_1 = x'_0 \int \frac{1}{\omega_0^2 x'^2_0} I_3 \mathrm{d}\tau = \frac{x'_0}{\omega_0} \sum_{j=1}^{5} C_{3j} IS_{3j} + \cdots, \tag{4.4.54}$$

$$x'_1 = \frac{x''_0}{\omega_0} \sum_{j=1}^{5} C_{3j} D_{3j} + \frac{x'_0}{\omega_0} \sum_{j=1}^{5} C_{3j} S_{3j} + \cdots, \tag{4.4.55}$$

其中

$$D_{3j} = \int S_{3j} \mathrm{d}\tau. \tag{4.4.56}$$

方程(4.4.53)～(4.4.55)的系数 $C_{3j}(j=0,1,\cdots,5)$,

$$C_{3j} = \frac{c_0}{3k^4}[(2-k^2)c_{Ej} - 2k'^2 c_{\tau j}] - A_0^2 \frac{c_2}{15k^4}[2(k^4 + k'^2)c_{Ej}, + k'^2(k^2-2)c_{\tau j}], \quad j = 0,1,2,3$$

$$C_{34} = -\frac{c_0}{3k^2} + \frac{c_2}{15k^2} A_0^2 (1+k^2), \quad C_{35} = -\frac{c_2}{5} A_0^2.$$

方程(4.4.54)～(4.4.56)的函数 $S_{3j}(j=0,1,\cdots,5)$,D_{3j} 为

$$S_{31} = \frac{1}{\mathrm{sn}\tau\mathrm{cn}\tau}, \quad D_{31} = \ln \frac{1-\ln\tau}{\mathrm{sn}\tau} + \frac{1}{k'} \ln \frac{\mathrm{dn}\tau + k'}{\mathrm{cn}\tau},$$

$$S_{32} = \frac{\mathrm{sn}\tau}{\mathrm{cn}\tau}, \quad D_{32} = -\frac{1}{2k'} \ln \frac{\mathrm{dn}\tau - k'}{\mathrm{dn}\tau + k'},$$

$$S_{33} = \frac{\mathrm{sn}^3 \tau}{\mathrm{cn}\tau}, \quad D_{33} = \frac{1}{k^2}\mathrm{dn}\tau - \frac{1}{2k'} \ln \frac{\mathrm{dn}\tau - k'}{\mathrm{dn}\tau + k'},$$

$$S_{34} = \frac{\mathrm{dn}\tau}{\mathrm{sn}\tau\mathrm{cn}\tau}, \quad D_{34} = \ln \frac{\mathrm{sn}\tau}{\mathrm{cn}\tau},$$

$$SC_{35} = \frac{\mathrm{sn}\tau\mathrm{dn}\tau}{\mathrm{cn}\tau}, \quad IS_{35} = -\ln(\mathrm{cn}\tau).$$

根据§4.2的讨论,由方程(4.4.51)决定的 A_0 必须满足 $A_0^2 < -2c_1/c_3$,否则,其解就不是 $x_0 = A_0 \mathrm{dn}\tau$,而是 $x_0 = A_0 \mathrm{cn}\tau$. A_0, x_1, x'_1 则要由类型Ⅰ的有关公式(4.4.26),(4.4.34),(4.4.35)来决定了.

例 1　考虑方程

$$\ddot{x} + x^3 = \varepsilon(1-x^2)\dot{x}, \tag{4.4.57}$$

对应于方程(4.4.16),这里 $c_1=0$,$c_3=1$,$c_0=1$,$c_2=1$ 属于类型Ⅰ,$x_0 = A_0 \mathrm{cn}(\tau,k)$

从公式(4.4.20),(4.4.21)和(4.4.26)求得 A_0,ω_0,k^2 为 $\omega^0=A_0=1.9098,k^2=0.5$. 这一结果与用椭圆摄动法求得的结果完全一致. 参见§4.3 算例一.

例 2　考虑方程

$$\ddot{x}+23.12x+2x^3=\varepsilon(3-x^2)\dot{x},\tag{4.4.58}$$

对应于方程(4.4.16),这里 $c_1=23.12,c_3=2,c_0=3,c_2=1$ 也是属于类型Ⅰ. $x_0=A_0\mathrm{cn}(\tau,k)$. 从公式(4.4.20),(4.4.21)和(4.4.26)可求得 $A_0=3.4,\omega_0=6.8,k^2=0.25$. Margallo, Bejarano(1990a)采用椭圆函数谐波平衡法(EHB)也研究此方程,但他们只是得出一次近似解,在小参数 $\varepsilon=0.1$ 时,其解与 R-K 法接近,但当 ε 较大时,如 $\varepsilon=0.8$,解的误差就很大了. 与此相反,作者的椭圆函数 L-P 法(ELP),无论 ε 大小如何,与 R-K 法能保持一致. 如图 4-8 所示.

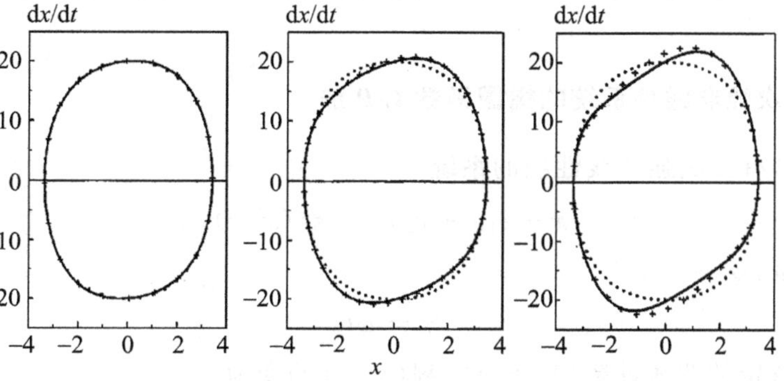

(a) ε=0.1　　(b) ε=0.4　　(c) ε=0.8

图 4-8　方程(4.4.58)的极限环

—— 表示 R-K 法;…… 表示 Margallo EHB 法;+ + + 表示作者的 ELP 法

例 3　考虑方程

$$\ddot{x}-x+x^3=-\varepsilon(1-1.1x^2)\dot{x},\tag{4.4.59}$$

对应于方程(4.4.16),这里,$c_1=-1,c_3=1,c_0=-1,c_2=1.1$ 属于类型Ⅲ,所以 $x_0=A_0\mathrm{dn}(\tau,k)$. 从方程(4.4.48),(4.4.49)和(4.4.51)可以解得 $A_0=1.33450$, $\omega_0=0.94364,k^2=0.87697$. 可以验证,$A_0,c_1,c_3$ 满足条件(4.2.21). 该方程还有另一解,$x_0=A_0\mathrm{cn}(\tau,k)$. 从方程(4.4.20)、(4.4.21)和(4.4.26)解得 $\omega_0=1.42103$, $A_0=1.73762,k^2=0.74761$. 这时,A_0,c_1,c_3 满足条件(4.2.22).

图 4-9 所示为 $\varepsilon=0.1$ 和 $\varepsilon=1.0$ 时,椭圆函数 L-P 法(ELP),椭圆函数摄动法(EP)和 R-K 方法三种方法的极限环. 从图示可以看出,在小参数时($\varepsilon=0.1$),三种方法的结果一致;但是,当 $\varepsilon=1.0$ 时,ELP 法比 EP 法更接近于 R-K 法. 这说明 ELP 法比 EP 法更好.

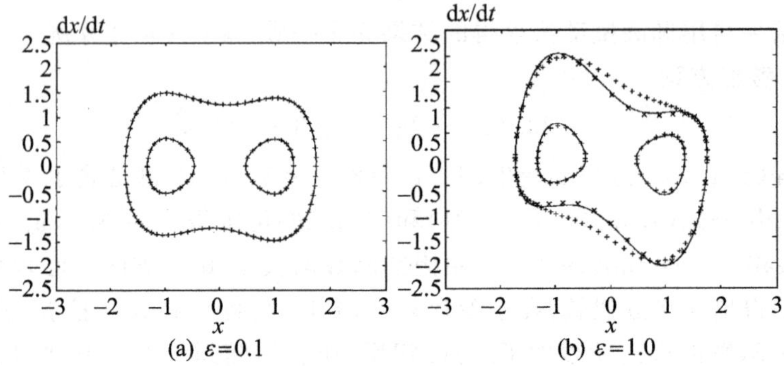

图 4-9　方程(4.4.59)的极限环

—— 表示 R-K 法；×××表示 Margallo EHB 法；+ + + 表示作者的 ELP 法

4.4.2　二次强非线性系统的椭圆函数 L-P 法

考虑具有二次强非线性项的系统

$$\ddot{x} + c_1 x + c_2 x^2 = \varepsilon f(x, \dot{x}), \tag{4.4.60}$$

引入新变量，令

$$\tau = \omega t, \tag{4.4.61}$$

式中 ω 为待定的非线性频率. 于是方程(4.4.60)变为

$$\omega^2 x'' + c_1 x + c_2 x^2 = \varepsilon f(x, \omega x'). \tag{4.4.62}$$

把 x 和 ω 展开成 ε 的幂级数

$$x = \sum_{n=0}^{\infty} \varepsilon^n x_n(\tau), \tag{4.4.63}$$

$$\omega = \sum_{n=0}^{\infty} \varepsilon^n \omega_n, \tag{4.4.64}$$

其中 ω_n 是常数，x_n 假定为周期函数. 把式(4.4.63)和(4.4.64)代入方程(4.4.62)，并令方程两边 ε 的同次幂的系数相等，可得各阶摄动方程

$$\varepsilon^0: \omega_0^2 x''_0 + c_1 x_0 + c_2 x_0^2 = 0, \tag{4.4.65}$$

$$\varepsilon^1: \omega_0^2 x''_1 + (c_1 + 2c_2 x_0) x_1 = f(x_0, \omega_0 x'_0) - 2\omega_0 \omega_1 x''_0, \tag{4.4.66}$$

$$\begin{aligned}\varepsilon^2: \omega_0^2 x''_2 + (c_1 + 2c_2 x_0) x_2 = {} & f'_x(x_0, \omega_0 x'_0) x_1 + f'_{\dot{x}}(x_0, \omega_0 x'_0)(\omega_0 x'_1 + \omega_1 x'_0) \\ & - (\omega_1^2 + 2\omega_0 \omega_2) x''_0 - 2\omega_0 \omega_1 x''_1 - c_2 x_1^2,\end{aligned} \tag{4.4.67}$$

式中 $f'_x = \partial f / \partial x$，$f'_{\dot{x}} = \partial f / \partial \dot{x}$.

根据§4.2 所述，无论 c_1 与 c_2 的正负号属于哪一类型，方程(4.4.65)的解可以统一用雅可比椭圆函数表示如下：

$$x_0 = a_0 \mathrm{cn}^2(\tau, k) + b_0, \tag{4.4.68}$$

$$a_0 = 6\omega_0^2 k^2 / c_2, \tag{4.4.69}$$

$$b_0 = -[4\omega_0^2(2k^2-1)+c_1]/2c_2, \tag{4.4.70}$$

$$\omega_0^4 = c_1^2/[16(k^4-k^2+1)]. \tag{4.4.71}$$

显然，x_0 的周期为 $2K$，K 为第一类完全椭圆积分.

将方程(4.4.66)两边同时乘以 x'_0 并积分，得

$$\begin{aligned}\omega_0^2[x'_0 x'_1 - x''_0 x_1]\Big|_0^\tau + \int_0^\tau [\omega_0^2 x'''_0 + c_1 x'_0 + 2c_2 x_0 x'_0] x_1 \mathrm{d}\tau \\ = \int_0^\tau (f(x_0, \omega_0 x'_0) - 2\omega_0\omega_1 x''_0) x'_0 \mathrm{d}\tau.\end{aligned} \tag{4.4.72}$$

将方程(4.4.65)对 τ 求导，有

$$\omega_0^2 x'''_0 + c_1 x'_0 + 2c_2 x_0 x'_0 = 0. \tag{4.4.73}$$

令(4.4.72)式中 $\tau=2K$，并注意到 x_0 的周期为 $T=2K$，可得

$$\int_0^{2K} [f(x_0, \omega_0 x'_0) - 2\omega_0\omega_1 x''_0] x'_0 \mathrm{d}\tau = 0. \tag{4.4.74}$$

由于

$$\int_0^{2K} x''_0 x'_0 \mathrm{d}\tau = \frac{1}{2} x'^2_0 \Big|_0^{2K} = 0, \tag{4.4.75}$$

所以

$$\int_0^{2K} f(x_0, \omega_0 x'_0) x'_0 \mathrm{d}\tau = 0. \tag{4.4.76}$$

因此，方程(4.4.60)有极限环的必要条件就是方程(4.4.76)有非零解. 这样，a_0，b_0，ω_0，k^2 可由方程(4.4.69)～(4.4.71)和(4.4.76)决定.

从方程(4.4.73)可以看出，x'_0 是方程(4.4.66)齐次方程的解. 根据微分方程的理论，方程(4.4.66)的特解可以表示为

$$\begin{aligned}x'_1 &= x'_0 \int_0^\tau \frac{1}{x'^2_0} \left\{ \int_0^\tau \frac{x'_0}{\omega_0^2} [f(x_0, \omega_0 x'_0) - 2\omega_0\omega_1 x''_0] \mathrm{d}\tau \right\} \mathrm{d}\tau \\ &= x'_0 \int_0^\tau \frac{1}{x'^2_0} \left\{ \int_0^\tau \frac{x'_0}{\omega_0^2} f(x_0, \omega_0 x'_0) \mathrm{d}\tau \right\} \mathrm{d}\tau - (\omega_1/\omega_0) x'_0 \tau.\end{aligned} \tag{4.4.77}$$

如果函数 $f(x_0, \omega_0 x'_0)$ 没有包含 x''_0，则为消除久期项，必须令

$$\omega_1 = 0. \tag{4.4.78}$$

因此

$$x_1 = x'_0 \int_0^\tau \frac{1}{x'^2_0} \left[\int_0^\tau \frac{2\omega_1}{\omega_0} x'_0 x''_0 \mathrm{d}\tau \right] \mathrm{d}\tau. \tag{4.4.79}$$

作为椭圆函数 L-P 法的直接应用，我们来具体研究广义 van der Pol 方程

$$\ddot{x}+c_1x+c_2x^2=\varepsilon(\mu_0+\mu_1x-\mu_2x^2)\dot{x},\tag{4.4.80}$$

这里 $f(x,\dot{x})=(\mu_0+\mu_1x-\mu_2x^2)\dot{x}$. 记

$$I_1(\tau)=\int_0^\tau f(x_0,\omega_0x'_0)x'_0\,\mathrm{d}\tau.\tag{4.4.81}$$

以 x_0 的表达式代入上式，积分可得

$$I_1(\tau)=4\omega_0a_0^2[C_aI_{11}(\tau)+C_bI_{12}(\tau)+C_cI_{13}(\tau)],\tag{4.4.82}$$

其中

$$C_a=\mu_0+\mu_1b_0-\mu_2b_0^2,\quad C_b=\mu_1a_0-2\mu_2a_0b_0,\quad C_c=-\mu_2a_0^2,$$

$$\begin{aligned}I_{11}(\tau)&=\int_0^\tau \mathrm{sn}^2\tau\mathrm{cn}^2\tau\mathrm{dn}^2\tau\mathrm{d}\tau\\&=\{[(1-k^2)(k^2-2)+2(k^4-k^2+1)E/K]\tau\\&\quad+2(k^4-k^2+1)Z(\tau)-3k^4\mathrm{sn}\tau\mathrm{cn}^3\tau\mathrm{dn}\tau\\&\quad+k^2(2k^2-1)\mathrm{sn}\tau\mathrm{cn}\tau\mathrm{dn}\tau\}/(15k^4),\end{aligned}$$

$$\begin{aligned}I_{12}(\tau)&=\int_0^\tau \mathrm{sn}^2\tau\mathrm{cn}^4\tau\mathrm{dn}^2\tau\mathrm{d}\tau\\&=\{[(1-k^2)(3k^4-15k^2+8)+(2k^2-1)(3k^4-3k^2+8)E/K]\tau\\&\quad+(2k^2-1)(3k^4-3k^2+8)Z(\tau)+k^2[4(2k^2-1)^2\\&\quad+10k^2(1-k^2)\mathrm{sn}\tau\mathrm{cn}\tau\mathrm{dn}\tau\\&\quad+3k^4(2k^2-1)\mathrm{sn}\tau\mathrm{cn}^3\tau\mathrm{dn}\tau-15k^6\mathrm{sn}\tau\mathrm{cn}^5\tau\mathrm{dn}\tau\}/(105k^6),\end{aligned}$$

$$\begin{aligned}I_{13}(\tau)&=\int_0^\tau \mathrm{sn}^2\tau\mathrm{cn}6\tau\mathrm{dn}^2\tau\mathrm{d}\tau\\&=\{[(1-k^2)(5k^6-45k^4+48k^2-16)+(10k^8-20k^6\\&\quad+66k^4-56k^2+16)E/K]\tau\\&\quad+(10k^8-20k^6+66k^4-56k^2+16)Z(\tau)\\&\quad+k^2(2k^2-1)[8(2k^2-1)^2+27k^2(1-k^2)]\mathrm{sn}\tau\mathrm{cn}\tau\mathrm{dn}\tau\\&\quad+k^4[6(2k^2-1)^2+14k^2(1-k^2)]\mathrm{sn}\tau\mathrm{cn}\tau\mathrm{dn}\tau\\&\quad+5k^6(2k^2-1)\mathrm{sn}\tau\mathrm{cn}^5\tau\mathrm{dn}\tau-35k^8\mathrm{sn}\tau\mathrm{cn}^7\tau\mathrm{dn}\tau\}/(315k^8).\end{aligned}$$

因此，方程(4.4.82)进一步化简为

$$\begin{aligned}I_1(\tau)=&4\omega_0a_0^2[(C_aI_{11}^k+C_bI_{12}^k+C_cI_{13}^k)\tau+C_{11}Z(\tau)+C_{12}\mathrm{sn}\tau\mathrm{cn}\tau\mathrm{dn}\tau\\&+C_{13}\mathrm{sn}\tau\mathrm{cn}^3\tau\mathrm{dn}\tau+C_{14}\mathrm{sn}\tau\mathrm{cn}^5\tau\mathrm{dn}\tau+C_{15}\mathrm{sn}\tau\mathrm{cn}^7\tau\mathrm{dn}\tau].\end{aligned}\tag{4.4.83}$$

注意到条件(4.4.76)和椭圆函数的周期性，令

$$C_a I_{11}^k + C_b I_{12}^k + C_c I_{13}^k = 0, \tag{4.4.84}$$

其中

$$I_{11}^k = [(1-k^2)(k^2-2) + 2(k^4-k^2+1)E/K]/(15k^4),$$

$$I_{12}^k = [(1-k^2)(3k^2-15k^2+8) + (2k^2-1)(3k^4-3k^2+8)E/k]/(105k^6),$$

$$I_{13}^k = [(1-k^2)(5k^6-45k^4+48k^2-16) + (10k^8-20k^6+66k^4-56k^2+16)E/K]/(315k^8).$$

因此

$$I_1(\tau) = 4\omega_0 a_0^2[C_{11}Z(\tau) + C_{12}\,\mathrm{sn}\tau\mathrm{cn}\tau\mathrm{dn}\tau + C_{13}\,\mathrm{sn}\tau\mathrm{cn}^3\tau\mathrm{dn}\tau + C_{14}\,\mathrm{sn}\tau\mathrm{cn}^5\tau\mathrm{dn}\tau + C_{13}\,\mathrm{sn}\tau\mathrm{cn}^7\tau\mathrm{dn}\tau]. \tag{4.4.85}$$

因为 $f(x_0, \omega_0 x'_0) = (\mu_0 + \mu_1 x_0 - \mu_0 x_0^2)\omega_0 x'_0$ 明显没包含 x''_0,所以

$$\omega_1 = 0, \tag{4.4.86}$$

$$x_1 = x'_0 \int_0^\tau \frac{1}{\omega_0^2 x'^2_0} I_1(\tau)\mathrm{d}\tau. \tag{4.4.87}$$

把(4.4.85)式代入(4.4.87)式并积分,最后可求得

$$x_1 = (x'_0/\omega_0)\sum_{j=1}^{5} C_{1j}D_{1j} + C_{10}x'_0, \tag{4.4.88}$$

$$x'_1 = (x''_0/\omega_0)\sum_{j=1}^{5} C_{1j}D_{1j} + (x'_0/\omega_0)\sum_{j=1}^{5} C_{1j}S_{1j} + C_{10}x''_0, \tag{4.4.89}$$

其中

$$D_{1j} = \int S_{1j}\,\mathrm{d}\tau \quad (j = 1, 2, \cdots, 5),\ C_{10} = (-1/\omega_0)\lim_{\tau\to 0} C_{1j}D_{1j}.$$

这里 C_{1j}, D_{1j}, S_{1j} 如下所示:

$$C_{11} = 2C_a(k^4-k^2+1)/(15k^4) + C_b(2k^2-1)(3k^4-3k^2+8)/(105k^6) + C_c(10k^8-20k^6+66k^4-56k^2+16)/(315k^8),$$

$$C_{12} = C_a(2k^2-1)/(15k^2) + C_b[4(2k^2-1) + 10k^2(1-k^2)]/(105k^4) + C_c(2k^2-1)[8(2k^2-1)^2 + 27k^2(1-k^2)]/(315k^6),$$

$$C_{13} = -C_a/5 + C_b(2k^2-1)/(35k^2) + C_c[6(2k^2-1)^2 + 14k^2(1-k^2)]/(315k^4),$$

$$C_{14} = -C_b/7 + C_c(2k^2-1)/(63k^2),$$

$$C_{15} = -C_c/9,$$

$$S_{11} = Z(\tau)/(\mathrm{sn}^2\tau\mathrm{cn}^2\tau\mathrm{dn}^2\tau),$$

$S_{12} = 1/(\mathrm{sn}\tau\mathrm{cn}\tau\mathrm{dn}\tau)$,

$S_{13} = \mathrm{cn}\tau/(\mathrm{sn}\tau\mathrm{dn}\tau)$,

$S_{14} = \mathrm{cn}^3\tau/(\mathrm{sn}\tau\mathrm{dn}\tau)$,

$S_{15} = \mathrm{cn}^5\tau/(\mathrm{cn}\tau\mathrm{dn}\tau)$,

$D_{11} = (H_1 + H_2 + H_3 + H_4 + H_5)/k'^4$,

$H_1 = (\mathrm{sn}\tau\mathrm{dn}\tau/\mathrm{cn}\tau - k'^4\mathrm{cn}\tau\mathrm{dn}\tau/\mathrm{sn}\tau + k^6\mathrm{sn}\tau\mathrm{cn}\tau/\mathrm{dn}\tau)Z(\tau)$,

$H_2 = [k'^2(1+k'^2) - (1+k^4+k'^4)E/K]\ln\Theta(\tau)$,

$H_3 = -(1+k^4+k'^4)Z^2(\tau)/2$,

$H_4 = k'^2\ln(\mathrm{cn}\tau) + k'^4\ln(\mathrm{sn}\tau) + (k^2/2)\mathrm{cn}^2\tau - (k^2k'^4/2)\mathrm{sn}^2\tau + (k^4/2)\mathrm{dn}^2\tau$,

$H_5 = (E/K)[-\ln(\mathrm{cn}\tau) - k'^4\ln(\mathrm{sn}\tau) - k^4\ln(\mathrm{dn}\tau)]$,

其中

$$k'^2 = 1 - k^2,$$

$$\ln\Theta(\tau) = \ln\xi - 2\sum\frac{q^m}{m(1-q^{2m})}\cos(2mv),$$

$$\xi = 0.57721566,\ q = e^{-(\pi K'/K)},\ v = \pi\tau/2K,$$

$$D_{12} = \ln(\mathrm{sn}\tau) - \ln(\mathrm{cn}\tau)/k'^2 + (k^2/k'^2)\ln(\mathrm{dn}\tau),$$

$$D_{13} = \ln(\mathrm{sn}\tau/\mathrm{dn}\tau),$$

$$D_{14} = \ln(\mathrm{sn}\tau) + (k'^2/k^2)\ln(\mathrm{dn}\tau),$$

$$D_{15} = \ln(\mathrm{sn}\tau) + \mathrm{cn}^2\tau/2k^2 - (k'^4/k^4)\ln(\mathrm{dn}\tau).$$

例 4　考虑方程

$$\ddot{x} + x + x^2 = \varepsilon(0.1 + x - x^2)\dot{x}. \tag{4.4.90}$$

对应于方程(4.4.80)，这里 $c_1=1, c_2=1, \mu_0=0.1, \mu_1=1, \mu_2=1$. 从方程(4.4.84)求得 $k=0.7114$. 再从方程(4.4.69)～(4.4.71)求得 $a_0=0.8766, b_0=-0.5071, \omega_0=0.5373$. 最后再从附录公式求得 $C_{10}=0.6707, C_{11}=-0.3454, C_{12}=0.1615, C_{13}=0.1007, C_{14}=-0.2525, C_{15}=-0.0854$. 图 4-10 显示 $\varepsilon=0.1$；$\varepsilon=0.5$ 时椭圆函数 L-P 法，L-P 法和 R-K 法求得的极限环. 从图中可以看出，ELP 法和 R-K 法求得的结果在 $\varepsilon=0.1$ 时完全一致，在 $\varepsilon=0.5$ 时非常接近. 但是，L-P 法的结果，无论 $\varepsilon=0.1$ 或是 $\varepsilon=0.5$，都是误差很大，这说明普通的 L-P 法不适合求解这类方程.

例 5　考虑方程

$$\ddot{x} + x + 1.5x^2 = \varepsilon(0.07 + x)\dot{x}, \tag{4.4.91}$$

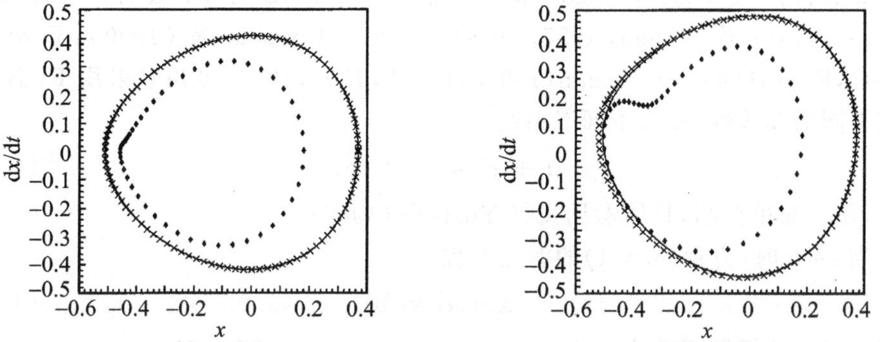

(a) $\varepsilon=0.1$　　　　(b) $\varepsilon=0.5$

图 4-10　方程(4.4.90)的极限环

—— 表示 R-K 法；◆◆◆表示 L-P 法；+ + + 表示 ELP 法

对应于方程(4.4.80)，这里 $c_1=1$，$c_2=1.5$，$\mu_0=0.07$，$\mu_1=1$，$\mu_2=0$. 从方程(4.4.84)求得 $k=0.8667$. 从方程(4.4.69)～(4.4.71)求得 $a_0=0.8330$，$b_0=-0.5190$，$\omega_0=0.5265$. 再从附录公式求得 $C_{10}=0.3156$，$C_{11}=-0.0163$，$C_{12}=-0.0205$，$C_{13}=0.1057$，$C_{14}=-0.1190$，$C_{15}=0.0$.

图 4-11 显示为(a)$\varepsilon=0.1$；(b)$\varepsilon=0.8$ 时，ELP 法与 R-K 法求得的极限环. 从图中可以看出，$\varepsilon=0.1$ 时两种方法完全一致，在 $\varepsilon=0.8$ 时，两种方法基本一致. 这说明 ELP 法适合求解(4.5.32)这类方程，是一个有效的方法.

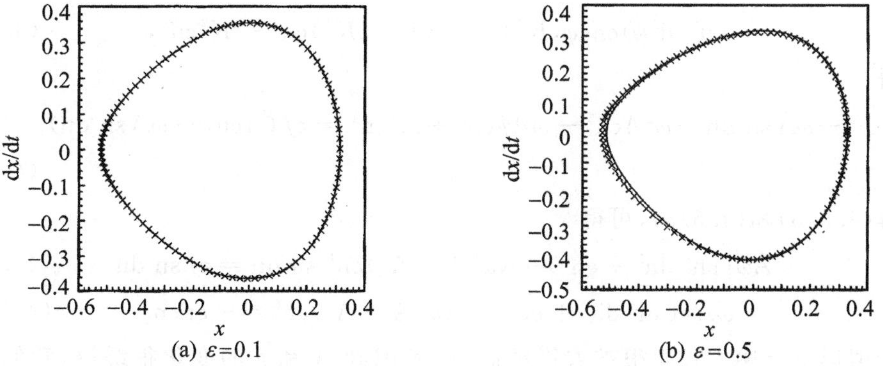

(a) $\varepsilon=0.1$　　　　(b) $\varepsilon=0.5$

图 4-11　方程(4.4.91)的极限环

—— 表示 R-K 法；+ + + 表示 ELP 法

§ 4.5　椭圆函数平均法(EKB 法)

正如 § 4.1 所述，Barkham 等(1969，1970，1971)最先采用椭圆函数(elliptic

function)推广经 Krylov-Bogoliubov 方法，称为 EKB 方法. 随后，Christopher (1973)，Yuste 等（1986，1987，1989，1990)，Coppola 等(1990)，Ferdinand (1974)，Roy(1994)，Cveticanin(1992a，1992b，1993，1996)等相继采用 EKB 方法研究不同的非线性系统. 下面以系统

$$\ddot{x} + x^3 = \varepsilon f(x,\dot{x}), \tag{4.5.1}$$

为例，作一简单介绍，具体参见文献 Yuste 等(1986).

当 $\varepsilon=0$ 时，方程(4.6.1)的派生方程为

$$\ddot{x} + x^3 = 0, \tag{4.5.2}$$

其解以雅可比椭圆函数表示为

$$x(t) = A\mathrm{cn}(\omega t + \phi, k^2) = A\mathrm{cn}(\psi, k) = A\mathrm{cn}, \tag{4.5.3}$$

其中 ω, A, ϕ 为常数，$\Psi=\omega t+\varphi$，$k^2=1/2$，cn 是椭圆函数 $\mathrm{cn}(\Psi,k)$的简写. 则

$$\dot{x}(t) = -\omega A\,\mathrm{sn}\,\mathrm{dn}. \tag{4.5.4}$$

当 $\varepsilon\neq0$ 时，假设方程(4.6.1)的解仍然为(4.6.3)的形式，但 A,ϕ 不是常数，而是 t 的函数，即

$$x(t) = A(t)\mathrm{cn}\left[\omega t + \phi(t), K^2 = \frac{1}{2}\right] = A(t)\mathrm{cn}\left[\psi(t), \frac{1}{2}\right] \equiv A\mathrm{cn}, \tag{4.5.5}$$

其中 ω 是待定常数，$A(t)$，$\phi(t)$是待定函数，而且假定 $\dot{x}(t)$仍保留(4.6.4)，即要求

$$\dot{A}\mathrm{cn} - A\dot{\phi}\,\mathrm{sn}\,\mathrm{dn} = 0. \tag{4.5.6}$$

方程(4.5.5)对 t 二次求导，并与方程(4.5.4)一起代入方程(4.5.1)，注意到

$$(\mathrm{d}^2/\mathrm{d}^2\psi)\mathrm{cn}(\psi, K^2) = -(1-2K^2)\mathrm{cn} - 2K^2\mathrm{cn}^3, \tag{4.5.7}$$

可得

$$-\omega\dot{A}\,\mathrm{sn}\,\mathrm{dn} - \omega^2 A\mathrm{cn}^3 - \omega A\dot{\phi}\mathrm{cn}^3 + A^3\mathrm{cn}^3 = \varepsilon f(A\mathrm{cn}, -\omega A\,\mathrm{sn}\,\mathrm{dn}). \tag{4.5.8}$$

求解(4.5.6)和(4.5.8)，可得

$$\dot{A}\omega(\mathrm{sn}^2\,\mathrm{dn}^2 + \mathrm{cn}^4) + (\omega^2 A - A^3)\mathrm{cn}^4\,\mathrm{sn}\,\mathrm{dn} = \varepsilon f\,\mathrm{sn}\,\mathrm{dn}, \tag{4.5.9}$$

$$\omega A\dot{\phi}(\mathrm{sn}^2\,\mathrm{dn}^2 + \mathrm{cn}^4) + (\omega^2 A - A^3)\mathrm{cn}^4 = -\varepsilon f\mathrm{cn}. \tag{4.5.10}$$

一般情形下上述方程组很难求得精确解. 考虑到 A 和 ϕ 的变化很缓慢，我们可取在椭圆函数周期 $4K$ 时间内取平均值.

$$\omega\dot{A} = -\left(\frac{3\varepsilon}{8K}\right)\int_0^{4K} f(A\mathrm{cn}, -\omega A\,\mathrm{sn}\,\mathrm{dn})\mathrm{sn}\,\mathrm{dn}\,\mathrm{d}\psi, \tag{4.5.11}$$

$$\omega A\dot{\phi} = -\left(\frac{3\varepsilon}{8K}\right)\int_0^{4K} f(A\mathrm{cn}, -\omega A\,\mathrm{sn}\,\mathrm{dn})\mathrm{cn}\mathrm{d}\Psi - \frac{1}{3}(\omega^2 A - A^3), \tag{4.5.12}$$

其中采用了积分公式

$$\langle \mathrm{sn}^2, \mathrm{dn}^2 \rangle = (1/4K)\int_0^{4K} \mathrm{sn}^2 \mathrm{dn}^2 \mathrm{d}\Psi = \frac{1}{3}, \quad \langle \mathrm{cn}^2, \mathrm{cn}^2 \rangle = \frac{1}{3}, \quad \langle \mathrm{cn}^4 \mathrm{sn}\ \mathrm{dn} \rangle = 0.$$

上述的推导过程很类似于§2.4传统平均法的推导过程，只是把传统平均法的圆函数(三角函数)$\cos(\omega t+\theta)$换为椭圆函数 $\mathrm{cn}(\omega t+\Psi)$，把圆函数的运算换为椭圆函数的运算而已. 所以，椭圆函数平均法相对简单，但是，与圆函数平均法一样，它也只是一次近似，精度不够高.

例 求如下非线性方程的解

$$\ddot{x} + x^3 = \varepsilon(1 - x^2)\dot{x}. \tag{4.5.13}$$

把 $f(x,\dot{x})=(1-x^2)\dot{x}$ 代入(4.5.11)和(4.5.12)，进行椭圆函数的积分可得

$$\dot{A} = (\varepsilon/2)A\left\{1 + \frac{3}{5}(1 - 2E/K)A^2\right\}, \tag{4.5.14}$$

$$\dot{\phi} = (A^2 - \omega^2)/3\omega. \tag{4.5.15}$$

对于稳态解，$\dot{A}=0$，$\dot{\phi}=0$，由此可求得

$$\omega = A_s, \tag{4.5.16}$$

$$A_s^2 = \left(\frac{5}{3}\right)/[2(E/K) - 1], \tag{4.5.17}$$

当 $k^2=1/2$ 时，$E(\frac{1}{2})=1.350644$，$K(\frac{1}{2})=1.854075$，由此求得 $A_s^2=3.6474$，从而求得 $A_s=1.9098$. 于是方程(4.6.13)的稳定解为

$$x(t) = A_s\mathrm{cn}(A_s t,\ \frac{1}{2}). \tag{4.5.18}$$

这一结果与§4.3算例一应用椭圆函数摄动法求得的解答形式上完全一致. 不过，$x(t)$对 t 的导数就有区别. 椭圆函数平均法 $\dot{x}(t)$取(4.6.3)式，而椭圆函数摄动法的 $\dot{x}(t)$取(4.3.33)式. 由(4.3.33)式可以看出，椭圆函数摄动法求得的 $\dot{x}(t)$，包含了 ε，即频率 ω 包含了 ω_1 分量，因此，椭圆函数摄动法求得的是二次近似解，而椭圆函数平均法求得的是一次近似解. 所以§4.3介绍的椭圆函数摄动法比椭圆函数平均法有更高的精度，当 ε 取较大值时，更为明显，从图 4-1 所示的极限环完全印证这一结论.

§4.6 椭圆函数谐波平衡法(EHB 法)

采用椭圆函数研究非线性振动，除上几节介绍的方法外，还有另一种方法—椭圆函数谐波平衡法(Elliptic Harmonic Balance Method，简称 EHB 法). S. B. Yuste 及其同事，在这方面做了很多工作. 参见 Yust 等(1986)，Margallo 等(1987，1989，1990a，1990b，1992). 下面仅以方程

$$\ddot{x} + x^3 = \varepsilon f(x, \dot{x}) \tag{4.6.1}$$

为例,对 EHB 法作一简单介绍.为尽量避免数学运算上的困难而又能清楚地阐明 EHB 方法的思想,我们只极限于一次近似解.

设方程(4.6.1)的解为

$$x(t) = A\mathrm{cn}(\omega t, \frac{1}{2}), \tag{4.6.2}$$

其中 A,ω 为待定常数.把(4.6.2)式代入(4.6.1)

$$\begin{aligned}&\frac{3}{4}(-\omega^2 A + A^3)\cos z + (1/4)(-\omega^2 A + A^3)\cos 3z \\ &+ \omega\varepsilon(A - A^3/4)\sin z\mathrm{dn} - (\varepsilon\omega/4)A^3\sin 3z\mathrm{dn} = 0,\end{aligned} \tag{4.6.3}$$

式中 z 是变量 ωt 和参数 $\frac{1}{2}$ 的幅值函数,$z=\mathrm{am}(\omega t, \frac{1}{2})$,$\cos z=\mathrm{cn}(\omega t, \frac{1}{2})$,$\sin z=\mathrm{sn}(\omega t, \frac{1}{2})$,$\mathrm{dn}=(1-\frac{1}{2}\sin^2 z)^{1/2}$.把 $\sin z\mathrm{dn}$,$\sin 3z\mathrm{dn}$ 展开成富里埃 Fourier 级数,得

$$\frac{3}{4}(-\omega^2 A + A^3)\cos z + (\varepsilon\omega/\pi)\left[\frac{4}{3}KA + \frac{4}{5}(K-2E)A^3\right]\sin z + \cdots = 0, \tag{4.6.4}$$

其中 $K=K(\frac{1}{2})$,$E=E(\frac{1}{2})$分别称为第一、二类完全椭圆积分.令 $\cos z$,$\sin z$ 的系数为零,

$$-\omega^2 A + A^3 = 0, \tag{4.6.5}$$

$$\frac{4}{3}KA + \frac{5}{5}(K-2E)A^3 = 0. \tag{4.6.6}$$

于是有

$$\omega = A, \tag{4.6.7}$$

$$A^2 = \frac{5}{3}\cdot\frac{1}{2E/K-1}. \tag{4.6.8}$$

与上节用 EKB 法所得结果(4.5.16),(4.5.17)完全一致.

上面介绍的仅是求一次近似解,比较简单,如果求高次近似解,则要求高次谐波的平衡,其计算就复杂得多了.所以 S. B. Yuste 及其同事采用 EHB 法求解各类非线性振动方程时,都只是求一次近似解.

第 5 章　广义谐波函数摄动方法

§5.1　前　　言

推广经典的摄动法、发展强非线性振动的分析方法的另一途径就是采用广义谐波函数. 我国学者徐兆及其同事在这方面做了一系列的工作.

徐兆(1985)首先提出一种新的渐近法用于研究方程

$$\ddot{x} + g(x) = \varepsilon f(x, \dot{x}). \tag{5.1.1}$$

该法突破经典 KBM 法的解的结构形式,用广义谐波函数来表示,而且假设相角的微分方程不仅与相角有关,而且也与振幅有关,即对原来 KBM 法中三个级数表达式的两个作了重大改变. 广义谐波函数是以 $\varepsilon=0$ 时的派生方程的能量积分为基础求得的,它对于任意的非线性函数均有效. 此法在形式上是 KBM 法的推广,故可称为推广的 KBM 法. 它已被应用到含两个参数的强非线性振动系统(Xu 等　1986),多自由度强非线性系统(Lau 等　1992),强非线性振子的极限环分析(徐兆等　1988),船舶大角度横摇分析(Chan 等　1995)和强非线性系统的主共振分析(邵光辉等　1995).

基于采用广义谐波函数构造方程的解,Xu(1992)又提出了非线性时间变换法,把广义谐波函数应用于 L-P 法的求解过程,推广了 L-P 法. Xu., Cheung(1994)再提出了广义平均法,推广了经典的平均法,把广义谐波函数应用于 K-B 法的求解过程. 接着,Cheung 等(1995)把该法进一步推广到多自由度系统的内部共振问题. Xu 等(1995)还提出非线性尺度法,推广了经典的多尺度法中的二变量展开法,把广义谐波函数应用到多尺度法的求解过程.

本章将分别介绍上述四种推广的摄动法.

§5.2　广义谐波函数

考虑方程(5.1.1)的派生方程

$$\ddot{x} + g(x) = 0, \tag{5.2.1}$$

将方程乘以 $\dot{x}$ 并积分得

$$\frac{1}{2}\dot{x}^2 + V(x) = E, \tag{5.2.2}$$

其中

$$V(x) = \int_0^x g(u)\mathrm{d}u. \tag{5.2.3}$$

方程(5.2.2)左边第一项$\frac{1}{2}\dot{x}^2$ 代表系统的动能,第二项 $V(x)$代表弹性力 $g(x)$的势能,E 代表系统的机械能.

设 $g(x)$为解析函数,且 $g(0)=0$,此外,再假设存在四个数,$\beta_2<\beta_1\leqslant 0\leqslant\alpha_1<\alpha_2$(如图 5-1 所示),使 $V(\alpha_1)=V(\beta_1)$,$V(\alpha_2)=V(\beta_2)$.

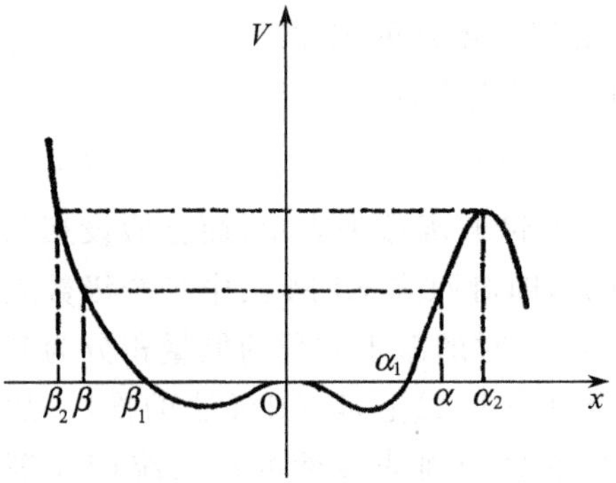

图 5-1　势能函数曲线

当 $x\in(\alpha_1,\alpha_2)$及 $x\in(\beta_2,\beta_1)$时,

$$xg(x)>0; \tag{5.2.4}$$

当 $x\in(\beta,\alpha)$时,

$$V(\alpha)-V(x)>0, \tag{5.2.5}$$

其中

$$V(\alpha)=V(\beta),\quad \alpha\in(\alpha_1,\alpha_2),$$
$$\beta\in(\beta_2,\beta_1).$$

上述条件表示,保守系统(5.2.1)在相平面上有闭轨线,这些闭轨线分别与 x 的正半轴上的区间(α_1,α_2)和 x 的负半轴上的区间(β_2,β_1)相交.也就是说,方程(5.2.1)有周期解.

我们把周期解表示为如下形式:

$$x(t)=a\cos\varphi(t)+b, \tag{5.2.6}$$

$$\varphi(t)=\tau(t)+\theta, \tag{5.2.7}$$

其中 $\tau(t)$是 t,a,b 的函数,θ 是常数,故有

$$\alpha_1<a+b<\alpha_2,\quad \beta_2<-a+b<\beta_1, \tag{5.2.8}$$

$$V(a+b)=V(-a+b). \tag{5.2.9}$$

由(5.2.6)式,有

$$\dot{x}=-a\dot{\varphi}(t)\sin\varphi(t), \tag{5.2.10}$$

把(5.2.8)式代入(5.2.2)式,可得

$$\dot{\varphi}(t)=\Phi(a,\varphi), \tag{5.2.11}$$

其中

$$\Phi(a,\varphi)=\sqrt{2[V(a+b)-V(a\cos\varphi+b)]/a^2\sin^2\varphi},\quad \varphi\neq n\pi(n=0,\pm1,\pm2,\cdots), \tag{5.2.12}$$

$$\Phi(a,0)=\sqrt{g(a+b)/a},\quad \Phi(a,\pi)=\sqrt{-g(-a+b)/a}.$$

因此有

$$\dot{x} = -a\Phi(a,\varphi(t))\sin\varphi(t), \tag{5.2.13}$$

这里 $\cos\varphi(t)$ 和 $\sin\varphi(t)$ 称为广义谐波函数.

当 $g(x)=\omega_0^2 x$ 时,$V(x)=\frac{1}{2}\omega_0^2 x^2$,从方程(5.2.9)和(5.2.12)可得 $b=0$,$\Phi(a,\varphi)=\omega_0$,因此 $\varphi(t)=\omega_0 t+\theta$. 于是,广义谐波函数 $\cos\varphi(t)$,$\sin\varphi(t)$ 变成简单的谐波函数 $\cos(\omega_0 t+\theta)$,$\sin(\omega_0 t+\theta)$.

当 $g(x)=c_1 x+c_3 x^3$,$c_3>0$ 时,$V(x)=\frac{1}{2}c_1 x^2+\frac{1}{4}c_3 x^4$,从方程(5.2.9)和(5.2.12)求得

$$b = 0, \tag{5.2.14}$$

$$\Phi(a,\varphi) = \omega\sqrt{1-k^2\sin^2\varphi}, \tag{5.2.15}$$

$$\omega^2 = c_1 + c_3 a^2, \tag{5.2.16}$$

$$k^2 = c_3 a^2/2(c_1+c_3 a^2), \tag{5.2.17}$$

对方程(5.2.11)积分,可得

$$\omega t + \varphi_0 = \int_0^{\varphi} \frac{\mathrm{d}u}{\sqrt{1-k^2\sin^2 u}}, \tag{5.2.18}$$

其中 φ_0 是常数. 原方程的解为

$$x = a\cos\varphi(t) = a\,\mathrm{cn}(\omega t+\varphi_0,k), \tag{5.2.19}$$

式中 cn 是 Jacobi 椭圆余弦函数. 因此,三角函数和 Jacobi 椭圆函数都是广义谐波函数的特殊情形.

§5.3 广义谐波函数 KBM 法

徐兆(1985)提出一种新的渐近方法,推广了经典的 KBM 法,使之适合于强非线性保守自治系统

$$\ddot{x} + g(x) = \varepsilon f(x,\dot{x}). \tag{5.3.1}$$

5.3.1 方法梗概

假设方程(5.3.1)中的 $g(x)$ 和 $f(x,\dot{x})$ 均为解析函数,且 $g(0)=f(0,0)=0$,并且满足上节所述系统存在周期解的条件.

当 $\varepsilon=0$ 时,方程(5.3.1)的解取为(5.2.6)的形式,记为

$$x_0 = a\cos\varphi(t) + b = x_0(a,\varphi), \tag{5.3.2}$$

$$\dot{\varphi}(t) = \Phi_0(a,\varphi), \tag{5.3.3}$$

$$\Phi_0(a,\varphi)=\sqrt{2[V(a+b)-V(a\cos\varphi+b)]/a^2\sin^2\varphi},\quad \varphi\neq n\pi(n=0,\pm1,\pm2,\cdots),\tag{5.3.4}$$

$$\Phi_0(a,0)=\sqrt{g(a+b)/a},\quad \Phi_0(a,\pi)=\sqrt{-g(-a+b)/a}.$$

当 $\varepsilon\neq0$ 时，方程(5.3.1)的解可构造为如下形式：

$$x=a\cos\varphi+b+\varepsilon x_1(a)+\varepsilon^2x_2(a)+\cdots,\tag{5.3.5}$$

$$\dot a=\varepsilon A_1(a)+\varepsilon^2A_2(a)+\cdots,\tag{5.3.6}$$

$$\dot\varphi=\Phi_0(a,\varphi)+\varepsilon\Phi_1(a,\varphi)+\varepsilon^2\Phi_2(a,\varphi)+\cdots,\tag{5.3.7}$$

其中 $\Phi_n(a,\varphi)(n=0,1,2,\cdots)$是 φ 的以 2π 为周期的函数，$\Phi_0(a,\varphi)$由(5.3.4)式确定. 式(5.3.5)和(5.3.7)是本方法的重要特点，它们与传统 KBM 法有重大的区别. 首先，(5.3.5)式中的 $a\cos\varphi$ 表示广义谐波函数，是零阶摄动方程(非线性微分方程)的解，而传统 KBM 法中的展开式(2.5.2)中的 $a\cos\psi$ 表示三角函数，是零阶摄动方程(线性微分方程)的解；其次，(5.3.7)式中相角的微分方程不仅与相角有关，而且也与振幅有关，而传统 KBM 法中相角的微分方程的展开式(2.5.4)只是与振幅 a 有关. 由于这一摄动法的基础函数是广义谐波函数，实质上是对 KBM 法的推广，对传统 KBM 法中三个级数表达式的两个作了重大改变. 因此，我们称其为广义谐波函数 KBM 法，方法的提出者徐兆称其为新的渐近法.

以下是参照 KBM 法的过程进行公式推导. 对式(5.3.5)求导得到

$$\begin{aligned}\dot x=&-a\Phi_0\sin\varphi+\varepsilon(A_1h+A_1\cos\varphi-a\Phi_1\sin\varphi)\\&+\varepsilon^2\left(A_2h+A_1\frac{\mathrm{d}x_1}{\mathrm{d}a}+A_2\cos\varphi-a\Phi_2\sin\varphi\right)+O(\varepsilon^3),\end{aligned}\tag{5.3.8}$$

$$\begin{aligned}\ddot x=&-a\Phi_0\frac{\partial\Phi_0}{\partial\varphi}\sin\varphi-a\Phi_0^2\cos\varphi-\varepsilon[2a\Phi_0\Phi_1\cos\varphi\\&+\left(2A_1\Phi_0+aA_1\frac{\partial\Phi_0}{\partial a}+a\Phi_0\frac{\partial\Phi_1}{\partial\varphi}+a\Phi_1\frac{\partial\Phi_0}{\partial\varphi}\right)\sin\varphi]\\&+\varepsilon^2[hA_1\frac{dA_1}{da}+A_1^2\left(\frac{\partial h}{\partial a}+h\frac{\partial h}{\partial b}\right)-\left(a\Phi_1^2+2a\Phi_0\Phi_2-A_1\frac{\mathrm{d}A_1}{\mathrm{d}a}\right)\cos\varphi\\&-\left(2A_1\Phi_1+2A_2\Phi_0+aA_1\frac{\partial\Phi_1}{\partial a}+aA_2\frac{\partial\Phi_0}{\partial a}+a\Phi_0\frac{\partial\Phi_2}{\partial\varphi}+a\Phi_1\frac{\partial\Phi_1}{\partial\varphi}\right.\\&\left.+a\Phi_2\frac{\partial\varphi_0}{\partial\varphi}\right)\sin\varphi]+O(\varepsilon^3),\end{aligned}\tag{5.3.9}$$

其中

$$h(a,b)=[g(-a+b)+g(a+b)]/[g(-a+b)-g(a+b)],\tag{5.3.10}$$

再把 $g(x)$展开成 ε 的幂级数，

$$g(x)=g(a\cos\varphi+b)+\varepsilon x_1 g'(a\cos\varphi+b)+\varepsilon^2[x_2 g'(a\cos\varphi+b)$$
$$+\frac{1}{2}x_1^2 g''(a\cos\varphi+b)]+O(\varepsilon^3), \tag{5.3.11}$$

式中撇号表示对 x 求导. 方程(5.3.1)的右端相应写成如下形式：

$$\varepsilon f(x,\dot{x})=\varepsilon f(a\cos\varphi+b,-a\Phi_0\sin\varphi)+\varepsilon^2[x_1 f'_x(a\cos\varphi+b,-a\Phi_0\sin\varphi)$$
$$+(A_1 h+A_1\cos\varphi-a\Phi_1\sin\varphi)f'_{\dot{x}}(a\cos\varphi+b,-a\Phi_0\sin\varphi)]+O(\varepsilon^3). \tag{5.3.12}$$

把式(5.3.9),(5.3.11)和(5.3.12)代入方程(5.3.1)并令方程两边 ε 的相同幂次的系数相等,就得到下列方程：

$$a\frac{\partial}{\partial\varphi}[\Phi_0\Phi_i\sin^2\varphi]=-f_{i-1}(a,\varphi)\sin\varphi-A_i\left(2\Phi_0+a\frac{\partial\Phi_0}{\partial a}\right)\sin^2\varphi$$
$$+x_i g'(a\cos\varphi+b)\sin\varphi\quad(i=1,2,\cdots), \tag{5.3.13}$$

其中

$$f_0(a,\varphi)=f(a\cos\varphi+b,-a\Phi_0\sin\varphi), \tag{5.3.14}$$

$$f_1(a,\varphi)=x_1 f'_x(a\cos\varphi+b,-a\Phi_0\sin\varphi)+(A_1 h+A_1\cos\varphi$$
$$-a\Phi_1\sin\varphi)f'_{\dot{x}}(a\cos\varphi+b,-a\Phi_0\sin\varphi)-\frac{1}{2}x_1^2 g''(a\cos\varphi+b)$$
$$-\left(A_1^2\frac{\partial h}{\partial a}+hA_1^2\frac{\partial h}{\partial b}+hA_1\frac{\mathrm{d}A_1}{\mathrm{d}a}\right)\left(a\Phi_1^2-A_1\frac{\mathrm{d}A_1}{\mathrm{d}a}\right)\cos\varphi$$
$$+\left(2A_1\Phi_1+aA_1\frac{\partial\Phi_1}{\partial a}+a\Phi_1\frac{\partial\Phi_1}{\partial\varphi}\right)\sin\varphi. \tag{5.3.15}$$

为了确定 $x_i(a)$,$A_i(a)$和 $\Phi_i(a,\varphi)$,我们对式(5.3.13)积分,便得到

$$a\Phi_0\Phi_i\sin^2\varphi=-\int_0^\varphi f_{i-1}(a,\theta)\sin\theta\mathrm{d}\theta-A_i\int_0^\varphi\left(2\Phi_0+a\frac{\partial\Phi_0}{\partial a}\right)\sin^2\theta\mathrm{d}\theta$$
$$+x_i[g(a+b)-g(a\cos\varphi+b)]/a. \tag{5.3.16}$$

在上式中分别令 $\varphi=\pi,2\pi$,我们得到

$$x_i(a)=a\int_0^\pi\left[f_{i-1}(a,\theta)+A_i\left(2\Phi_0+a\frac{\partial\Phi_0}{\partial a}\right)\sin\theta\right]\sin\theta\mathrm{d}\theta/[g(a+b)-g(-a+b)], \tag{5.3.17}$$

$$A_i(a)=-\int_0^{2\pi}f_{i-1}(a,\theta)\sin\theta\mathrm{d}\theta/\int_0^{2\pi}\left(2\Phi_0+a\frac{\partial\Phi_0}{\partial a}\right)\sin^2\theta\mathrm{d}\theta. \tag{5.3.18}$$

于是

$$\Phi_i(a,\varphi)=\{x_i[g(a+b)-g(a\cos\varphi+b)]-a\int_0^\varphi[f_{i-1}(a,\theta)$$

$$+A_i\left(2\Phi_0+a\frac{\partial\Phi_0}{\partial a}\right)\sin\theta]\sin\theta\mathrm{d}\theta\}/a^2\Phi_0\sin^2\varphi \quad (i=1,2,\cdots). \tag{5.3.19}$$

我们指出,由于$\left(2\Phi_0+a\dfrac{\partial\Phi_0}{\partial a}\right)\sin^2\varphi$是$\varphi$的偶函数,如果$f_{i-1}(a,\varphi)\sin\varphi$也是$\varphi$的偶函数或者是$\varphi$的以$\pi$为周期的函数,则由式(5.3.18)(取$i=j$)得

$$A_j(a)=-\int_0^\pi f_{j-1}(a,\theta)\sin\theta\mathrm{d}\theta\Big/\int_0^\pi\left(2\Phi_0+a\frac{\partial\Phi_0}{\partial a}\right)\sin^2\theta\mathrm{d}\theta,$$

即

$$\int_0^\pi\left[f_{j-1}(a,\theta)+A_j\left(2\Phi_0+a\frac{\partial\Phi_0}{\partial a}\right)\sin\theta\right]\sin\theta\mathrm{d}\theta=0.$$

因此,由式(5.3.17)得到$x_j(a)=0$.

此外,如果$g(x)$是x的奇函数,则$V(x)$是x的偶函数,那么由式(5.3.9)推知,$b=0$.一种常见的情形是

$$g(-x)=-g(x),\quad f(-x,-\dot{x})=-f(x,\dot{x}), \tag{5.3.20}$$

此时以$(-x,-\dot{x})$代替$(x,\dot{x})$,方程(5.3.1)保持不变,在这种情形下相轨线关于原点是对称的.把x看成φ的函数,那么由式(5.3.5)有$x(\varphi+\pi)\equiv-x(\varphi)$,即

$$b+\sum_{i\geqslant1}\varepsilon^i x_i(a)\equiv-\left[b+\sum_{i\geqslant1}\varepsilon^i x_i(a)\right],$$

由此得

$$b=0,\quad x_i(a)=0\quad(i=1,2,\cdots). \tag{5.3.21}$$

为了使$A_i(a)$有定义,式(5.3.18)的分母必须不等于零.事实上,我们可以证明

$$R(a)=\int_0^{2\pi}\left(2\Phi_0+a\frac{\partial\Phi_0}{\partial a}\right)\sin^2\theta\mathrm{d}\theta>0. \tag{5.3.22}$$

为此,先引入记号

$$a+b=\alpha\in(\alpha_1,\alpha_2),\quad -a+b=\beta\in(\beta_2,\beta_1).$$

此时,$a=(\alpha-\beta)/2$,式(5.2.9)可写成$V(\alpha)=V(\beta)$.把β看作α的函数,等式两边对α求导并注意到条件(5.2.4),我们有

$$\frac{\mathrm{d}\beta}{\mathrm{d}\alpha}=\frac{g(\alpha)}{g(\beta)}<0,\quad \frac{\mathrm{d}a}{\mathrm{d}\alpha}=\frac{1}{2}\left[1-\frac{g(\alpha)}{g(\beta)}\right]>0.$$

再把式(5.3.22)写成如下形式:

$$\begin{aligned}R(a)&=2\int_0^\pi\left(2\Phi_0+a\frac{\partial\Phi_0}{\partial a}\right)\sin^2\theta\mathrm{d}\theta\\&=\frac{2}{a}\frac{\mathrm{d}}{\mathrm{d}a}\int_0^\pi a^2\Phi_0\sin^2\theta\mathrm{d}\theta\end{aligned}$$

$$= \frac{2}{a}\frac{\mathrm{d}}{\mathrm{d}a}\int_0^{\pi}\sqrt{2[V(a+b)-V(a\cos\theta+b)]}a\sin\theta\mathrm{d}\theta$$

$$= \frac{2\sqrt{2}}{a}\frac{\mathrm{d}}{\mathrm{d}a}\int_{\beta}^{\alpha}\sqrt{V(\alpha)-V(x)}\mathrm{d}x$$

$$= \left[\frac{\sqrt{2}}{a}\int_{\beta}^{\alpha}\frac{g(\alpha)\mathrm{d}x}{\sqrt{V(\alpha)-V(x)}}\right]\frac{\mathrm{d}\alpha}{\mathrm{d}a} > 0.$$

这就证明了我们的结论.

5.3.2 定常振幅及其稳定性

式(5.3.6)确定了振动的振幅随时间变化的规律,这就可以研究定常振幅及其稳定性了. 当 $\dot{a}>0$ 时,振幅增长;当 $\dot{a}<0$ 时,振幅下降;$\dot{a}=0$ 时,振幅不随时间变化,而保持为常值,称为定常振动. 定常振动时的振幅 a 称为定常振幅. 令

$$K_i(a) = -\int_0^{2\pi} f_{i-1}(a,\theta)\sin\theta\mathrm{d}\theta, \tag{5.3.23}$$

$$K(a) = \sum_{i\geqslant 1}\varepsilon^i K_i(a), \tag{5.3.24}$$

则

$$A_i(a) = K_i(a)/R(a), \tag{5.3.25}$$

$$\dot{a} = K(a)/R(a). \tag{5.3.26}$$

由于 $R(a)>0$,定常振幅由 $K(a)=0$ 确定. 为方便讨论稳定性,记

$$\dot{a} = A(a). \tag{5.3.27}$$

假设 a_0 为定常振幅,即 $A(a_0)=0$. 在 a_0 附近有一无穷小增量 δa,由(5.3.27)式,

$$\frac{\mathrm{d}(a_0+\delta a)}{\mathrm{d}t} = A(a_0+\delta a)$$

$$= A(a_0) + A'(a_0)\delta a + \frac{1}{2}A''(a_0)(\delta a)^2 + \cdots,$$

略去 δa 的二阶以上的项,得

$$\frac{\mathrm{d}(\delta a)}{\mathrm{d}t} = A'(a_0)\delta a,$$

其解为

$$\delta a = (\delta a)_0 e^{A'(a_0)t}.$$

因此,如果

$$A'(a_0) < 0, \tag{5.3.28}$$

则定常振幅 a_0 是稳定的. 否则,如果

$$A'(a_0) > 0, \tag{5.3.29}$$

则定常振幅 a_0 是不稳定的. 进一步分析知,式(5.3.28)和(5.3.29)可由 $K_1'(a_0)$的符号来代替,即如果

$$K_1'(a_0) < 0 \quad (> 0), \tag{5.3.30}$$

则定常运动是稳定(不稳定)的.

由于求导数有时不方便,在实际应用中我们可以用如下方法判别稳定性问题. 如果

$$K_1(a_0 - \delta) > 0 \quad (< 0), \tag{5.3.31}$$

$$K_1(a_0 + \delta) < 0 \quad (> 0), \tag{5.3.32}$$

其中 δ 为充分小的正数,则定常振动是稳定(不稳定)的.

5.3.3 算例

例 1 电机工程中出现的一个微分方程为

$$\ddot{x} + x + 1.5x^2 = \varepsilon(\mu + x)\dot{x}, \tag{5.3.33}$$

其中参数 $\mu > 0$,试求它的定常振动解.

解 对应于方程(5.3.1),在这里,$g(x) = x + 1.5x^2$, $f(x, \dot{x}) = (\mu + x)\dot{x}$, $V(x) = \frac{x^2}{2} + \frac{x^3}{2}$. 函数 $V(x)$ 比上两例稍为复杂一些. 为了确定 $\alpha_1, \alpha_2, \beta_1$ 和 β_2 四个数,我们先作出 $V(x)$ 的图形(图 5-2). 不难验证,当 $x = -\frac{2}{3}$ 时,$V(x)$ 有极大值$\frac{2}{27}$,

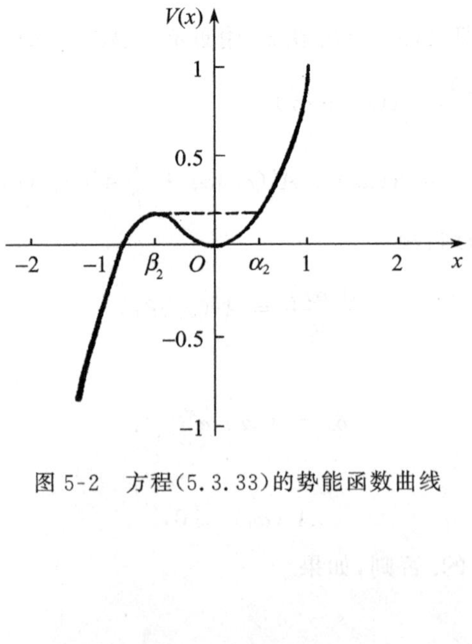

图 5-2 方程(5.3.33)的势能函数曲线

由方程 $V(x)=\frac{2}{27}$，即 $\frac{x^2}{2}+\frac{x^3}{2}=\frac{2}{27}$ 求得另一个 x 值：$x=\frac{1}{3}$. 这样就得到 $\alpha_2=\frac{1}{3}$，$\beta_2=-\frac{2}{3}$. 此外，易见 $\alpha_1=\beta_1=0$. 于是

$$0<a+b<\frac{1}{3}, \tag{a}$$

$$-\frac{2}{3}<-a+b<0. \tag{b}$$

b 是 a 的函数，由关系式(5.2.9)，我们求得

$$b=(-1+\sqrt{1-3a^2})/3, \tag{c}$$

式中根号前取正号是因为 $a=0$ 时，$b=0$. 把上式代入式(b)得

$$0<a<\frac{1}{2}. \tag{d}$$

再把这个不等式代入式(c)得

$$-\frac{1}{6}<b<0. \tag{e}$$

现在按式(5.3.4)求得

$$\Phi_0(a,\varphi)=\sqrt{\sqrt{1-3a^2}+a\cos\varphi}, \tag{f}$$

$$f_0(a,\varphi)=-a(\mu+b+a\cos\varphi)\Phi_0(a,\varphi)\sin\varphi,$$

$$A_1(a)=a\int_0^{2\pi}(\mu+b+a\cos\varphi)\Phi_0(a,\varphi)\sin^2\varphi\mathrm{d}\varphi\Big/\int_0^{2\pi}\left(2\Phi_0+a\frac{\partial\Phi_0}{\partial a}\right)\sin^2\varphi\mathrm{d}\varphi. \tag{g}$$

由于 $f_0(a,\varphi)\sin\varphi$ 是 φ 的偶函数，因此，$x_1(a)=0$，

$$\begin{aligned}\Phi_1(a,\varphi)=\int_0^{\varphi}\Big[&a(\mu+b+a\cos\theta)\Phi_0(a,\theta)\\&-A_1\left(2\Phi_0+a\frac{\partial\Phi_0}{\partial a}\right)\Big]\sin^2\theta\mathrm{d}\theta/a\Phi_0(a,\varphi)\sin^2\varphi.\end{aligned} \tag{h}$$

在第一次近似下振幅的微分方程为

$$\frac{\mathrm{d}a}{\mathrm{d}t}=\varepsilon A_1(a),$$

对于定常振幅有 $A_1(a)=0$，即

$$K_1(a,\mu)=a\int_0^{2\pi}(\mu+b+a\cos\varphi)\Phi_0(a,\varphi)\sin^2\varphi\mathrm{d}\varphi=0. \tag{i}$$

在上式中要求出 a 的明显表达式是很困难的，但解出 μ 却是很简单. 我们可以得到 $\mu=\mu(a)$ 的表达式：

$$\mu = (1-\sqrt{1-3a^2})/3 - a\int_0^{2\pi}\sqrt{\sqrt{1-3a^2}+a\cos\varphi}\sin^2\varphi$$

$$\times\cos\varphi\mathrm{d}\varphi\Big/\int_0^{2\pi}\sqrt{\sqrt{1-3a^2}+a\cos\varphi}\sin^2\varphi\mathrm{d}\varphi. \tag{j}$$

应用数值积分法可得 $\mu=\mu(a)$ 的图形(图 5-3). 以 $a=\dfrac{1}{2}$ 代入式(j)可得 μ 的上确界 μ^*:

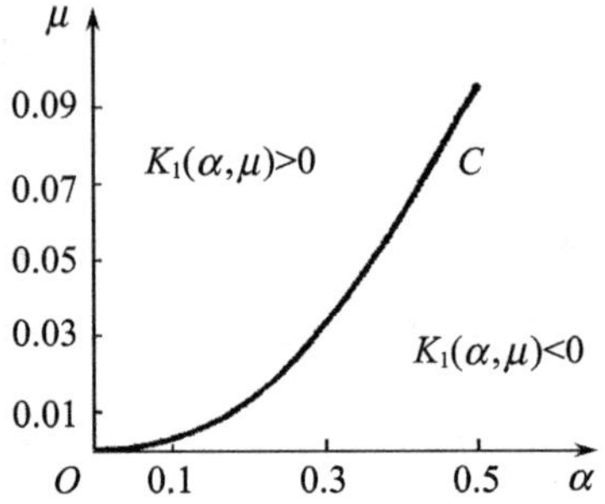

图 5-3　参数曲线 $\mu(a)$

$$\mu^* = \frac{2}{21},$$

因此,

$$0<\mu<\frac{2}{21}. \tag{k}$$

对于满足上述不等式的参数 μ,对应有唯一的定常振幅 a.

对于第一次近似的定常振动,我们得到

$$x = a\cos\varphi + (-1+\sqrt{1-3a^2})/3, \tag{l}$$

这里 φ 决定于方程

$$\dot{\varphi} = \Phi_0(a,\varphi) + \varepsilon\Phi_1(a,\varphi), \tag{m}$$

式中 Φ_0,Φ_1 分别由式(f)和(h)确定.

现在我们来研究定常振动的稳定性问题. 由式(i)可知,在图 5-3 的曲线 C 上,$K_1(a,\mu)=0$;在 C 的上侧,$K_1(a,\mu)>0$;在 C 的下侧,$K_1(a,\mu)<0$. 设(a_0,μ_0)为曲线 C 上一点,则

$$K_1(a_0-\delta,\mu_0)>0,\quad K_1(a_0+\delta,\mu_0)<0,$$

其中 δ 为充分小的正数. 因此,根据式(5.3.31),(5.3.32)可知,定常振动是稳定的.

例 2　求变型的 van der Pol 方程

$$\ddot{x} - x + x^3 = \varepsilon(1-x^2)\dot{x} \tag{5.3.34}$$

的近似解.

解　对应于方程(5.3.1),本例中

$$g(x) = -x + x^3,\quad f(x,\dot{x}) = (1-x^2)\dot{x},\quad V(x) = -\frac{x^2}{2}+\frac{x^4}{4}.$$

为了确定满足式(5.2.4)和(5.2.5)要求的四个数,我们先作 $V(x)$ 的曲线图,如图 5-4 所示. 由 $V(x)=0$,求得 $x=\pm\sqrt{2}$. 因此,$\alpha_1=\sqrt{2}$,$\beta_1=-\sqrt{2}$. 另外,易见$\alpha_2=+\infty$,$\beta_2=-\infty$.

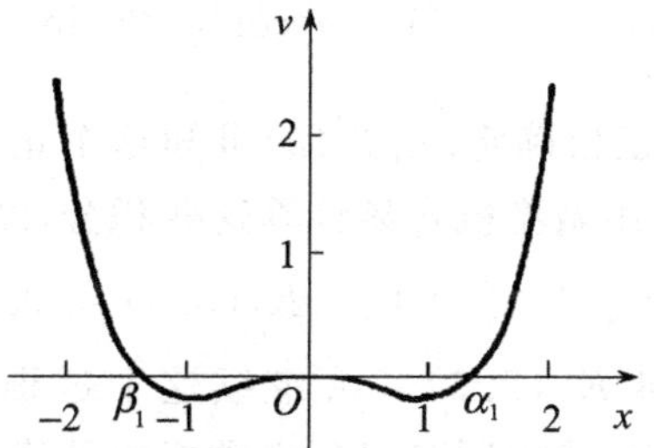

图 5-4　方程(5.3.34)的势能函数曲线

由条件(5.3.20),我们有

$$b = 0, \quad x_i(a) = 0 \quad (i = 1,2,\cdots), \tag{a}$$

而由式(5.2.8)得到 a 的取值范围

$$a > \sqrt{2}. \tag{b}$$

再由式(5.3.4)和(5.3.14)得

$$\Phi_0(a,\varphi) = \sqrt{\frac{3}{4}a^2 - 1 + \frac{1}{4}a^2\cos 2\varphi}, \tag{c}$$

$$f_0(a,\varphi) = -a(1 - a^2\cos^2\varphi)\Phi_0\sin\varphi. \tag{d}$$

按式(5.3.18)和(5.3.19),在第一次近似中有

$$A_1(a) = \int_0^{2\pi} a(1 - a^2\cos^2\varphi)\Phi_0\sin^2\varphi\mathrm{d}\varphi \Big/ \int_0^{2\pi}\left(2\Phi_0 + a\frac{\partial\Phi_0}{\partial a}\right)\sin^2\varphi\mathrm{d}\varphi, \tag{e}$$

$$\begin{aligned}\Phi_1(a,\varphi) = \int_0^{\varphi}&\Big[a(1 - a^2\cos^2\theta)\Phi_0(a,\theta) \\ &- A_1\left(2\Phi_0 + a\frac{\partial\Phi_0}{\partial a}\right)\Big]\sin^2\theta\mathrm{d}\theta / a\Phi_0(a,\varphi)\sin^2\varphi.\end{aligned} \tag{f}$$

第一次近似解为

$$x = a\cos\varphi, \tag{g}$$

这里 a 和 φ 由下列方程组确定:

$$\frac{\mathrm{d}a}{\mathrm{d}t} = \varepsilon A_1(a), \tag{h}$$

$$\frac{\mathrm{d}\varphi}{\mathrm{d}t} = \Phi_0(a,\varphi) + \varepsilon\Phi_1(a,\varphi). \tag{i}$$

它们只能用数值方法求解.

现在指出常解的计算.用 $K_1(a)$表示 $A_1(a)$的分子,即

$$K_1(a) = \int_0^{2\pi} a(1 - a^2\cos^2\varphi)\Phi_0\sin^2\varphi d\varphi. \tag{j}$$

定常振幅由 $K_1(a)=0$ 的正根确定. 由式(b)可知这个正根 $a>\sqrt{2}$. 现试用 $a=1.5$ 和 $a=3.5$ 代入 $K_1(a)$. 应用微型机容易计算这些积分,结果得

$$K_1(1.5) > 0, \quad K_1(3.5) < 0.$$

再以两点中值 2.5 代入得 $K_1(2.5)<0$. 继续这个过程,得到定常振幅 $a=a_0\approx 1.8433$. 在这个求根过程中,我们同时得到定常振幅是稳定的. 把 a_0 代入式(f)得

$$\Phi_1(a_0,\varphi) = \int_0^{\varphi}(1 - a_0^2\cos^2\theta)\Phi_0(a_0,\theta)\sin^2\theta d\theta / \Phi_0(a_0,\varphi)\sin^2\varphi. \tag{k}$$

易知 $\Phi_1(a,\varphi)$是 φ 的奇函数,周期为 π. 因此,它的 Fourier 级数为

$$\Phi_1(a_0,\varphi) = \sum_{n=1}^{\infty} C_{2n}\sin 2n\varphi, \tag{l}$$

其中

$$C_{2n} = \frac{2}{\pi}\int_0^{\pi}\Phi_1(a_0,\varphi)\sin 2n\varphi d\varphi. \tag{m}$$

把式(l)代入上式,用数值积分法求得

$$C_2 = -0.43, \quad C_4 = 0.023,$$

更高阶的系数已经很小,由此得到

$$\Phi_1(a_0,\varphi) = -0.43\sin 2\varphi + 0.023\sin 4\varphi + \text{高阶谐波}.$$

对于第一次近似的定常振动. 我们得到

$$x = 1.8433\cos\varphi, \tag{n}$$

$$\dot{\varphi} = \sqrt{1.5484 + 0.8495\cos 2\varphi} + \varepsilon(-0.43\sin 2\varphi + 0.023\sin 4\varphi) + \text{高阶谐波}. \tag{o}$$

§5.4　广义谐波函数平均法

徐兆、张佑启 1994 年提出了一种平均法,把广义谐波函数引进平均法的求解过程(见 Xu 等　1994),我们称之为广义谐波函数平均法.

5.4.1　强非线性自治系统

考虑强非线性拟保守自治系统

$$\ddot{x} + g(x) = \varepsilon f(x,\dot{x}). \tag{5.4.1}$$

当 $\varepsilon=0$ 时,其派生方程的解取为(5.2.6)的广义谐波函数形式

$$x(t)=a\cos\varphi(t)+b, \tag{5.4.2}$$

$$\varphi(t)=\tau(t)+\theta, \tag{5.4.3}$$

$$\dot{x}(t)=-a\dot{\varphi}(t)\sin\varphi(t), \tag{5.4.4}$$

$$\dot{\varphi}(t)=\dot{\tau}(t)=\Phi(a,\varphi), \tag{5.4.5}$$

其中,$\Phi(a,\varphi)$表达式与(5.2.12)式相同.

当$\varepsilon\neq0$时,应用常数变易法,把方程(5.4.2)中的a和θ看作时间t的函数,即$a=a(t)$,$\theta=\theta(t)$,于是

$$x(t)=a(t)\cos[\tau(t)+\theta(t)]+b, \tag{5.4.6}$$

$$\dot{x}(t)=\dot{a}\cos\varphi+\frac{\mathrm{d}b}{\mathrm{d}a}\dot{a}-\dot{\theta}a\sin\varphi-a\dot{\varphi}\sin\varphi. \tag{5.4.7}$$

为了使$\dot{x}(t)$仍保持(5.4.4)式的形式,则

$$\dot{a}(\cos\varphi+h)-\dot{\theta}a\sin\varphi=0, \tag{5.4.8}$$

其中

$$h=\frac{\mathrm{d}b}{\mathrm{d}a}=\frac{g(-a+b)+g(a+b)}{g(-a+b)-g(a+b)}. \tag{5.4.9}$$

将方程(5.4.4)再对t求导,并代入方程(5.4.1)得

$$\dot{a}[\Phi(a,\varphi)\sin\varphi]+a\frac{\partial}{\partial a}[\Phi(a,\varphi)\sin\varphi]+\dot{\theta}a\frac{\partial}{\partial\varphi}[\Phi(a,\varphi)\sin\varphi]$$
$$=-\varepsilon f(a\cos\varphi+b,-a\Phi(a,\varphi)\sin\varphi), \tag{5.4.10}$$

从方程(5.4.8)和(5.4.10)解得

$$\frac{\mathrm{d}a}{\mathrm{d}t}=-\frac{\varepsilon a}{g(a+b)(1+h)}f[a\cos\varphi+b,-a\Phi(a,\varphi)\sin\varphi]\Phi(a,\varphi)\sin\varphi, \tag{5.4.11}$$

$$\frac{\mathrm{d}\theta}{\mathrm{d}t}=-\frac{\varepsilon}{g(a+b)(1+h)}f[a\cos\varphi+b,-a\Phi(a,\varphi)\sin\varphi]\Phi(a,\varphi)(\cos\varphi+h). \tag{5.4.12}$$

由于$\varphi(t)=\tau(t)+\theta(t)$,从(5.4.5)和(5.4.12)二式可得

$$\frac{\mathrm{d}\varphi}{\mathrm{d}\tau}=\Phi(a,\varphi)-\frac{\varepsilon}{g(a+b)(1+h)}$$
$$\times f[a\cos\varphi+b,-a\Phi(a,\varphi)\sin\varphi]\Phi(a,\varphi)(\cos\varphi+h). \tag{5.4.13}$$

最后,从(5.2.11),(5.4.11)和(5.4.13)可得

$$\frac{\mathrm{d}a}{\mathrm{d}\tau}=-\frac{\varepsilon a}{g(a+b)(1+h)}f[a\cos\varphi+b,-a\Phi(a,\varphi)\sin\varphi]\sin\varphi, \tag{5.4.14}$$

$$\frac{\mathrm{d}\varphi}{\mathrm{d}\tau}=1-\frac{\varepsilon}{g(a+b)(1+h)}f[a\cos\varphi+b,-a\Phi(a,\varphi)\sin\varphi](\cos\varphi+h). \tag{5.4.15}$$

如果从上述公式能求得精确解，代入公式(5.4.4)可得原方程(5.4.1)的精确解.不过，这种情况并不容易碰到.为此，我们必须考虑一阶近似解，对公式(5.4.14)和(5.4.15)取其平均值

$$\frac{\mathrm{d}a}{\mathrm{d}\tau}=-\frac{\varepsilon a}{2\pi g(a+b)(1+h)}\int_0^{2\pi}f[a\cos\varphi+b,-a\Phi(a,\varphi)\sin\varphi]\sin\varphi\mathrm{d}\varphi, \tag{5.4.16}$$

$$\frac{\mathrm{d}\varphi}{\mathrm{d}\tau}=1-\frac{\varepsilon}{2\pi g(a+b)(1+h)}\int_0^{2\pi}f[a\cos\varphi+b,-a\Phi(a,\varphi)\sin\varphi](\cos\varphi+h)\mathrm{d}\varphi. \tag{5.4.17}$$

这就是广义谐波函数的平均法的求解过程，它以广义谐波函数作为摄动的基本函数.

当原方程(5.4.1)是拟线性时，即当 $g(x)=\omega_0^2x$ 时，从方程(5.2.9)、(5.2.11)和(5.4.9)可解得 $b=0,\Phi(a,\varphi)=\omega_0,h=0,\mathrm{d}\tau=\omega_0\mathrm{d}t$，于是，方程(5.4.16)和(5.4.17)变成

$$\frac{\mathrm{d}a}{\mathrm{d}t}=-\frac{\varepsilon}{2\pi\omega_0}\int_0^{2\pi}f(a\cos\varphi,-a\omega_0\sin\varphi)\sin\varphi\mathrm{d}\varphi, \tag{5.4.18}$$

$$\frac{\mathrm{d}\varphi}{\mathrm{d}t}=\omega_0-\frac{\varepsilon}{2\pi\omega_0}\int_0^{2\pi}f(a\cos\varphi,-a\omega_0\sin\varphi)\cos\varphi\mathrm{d}\varphi. \tag{5.4.19}$$

这就是众所周知的 K-B 方法的平均公式.因此，K-B 法就是本节所述方法的特殊情形，所以我们称本节所述的方法为广义谐波函数平均法，是推广的平均法.

5.4.2 强非线性非自治系统

考虑强非线性非自治系统

$$\ddot{x}+g(x)=\varepsilon F(x,\dot{x},\Omega t). \tag{5.4.20}$$

设 $F(x,\dot{x},\Omega t)$ 是 Ωt 的周期函数，周期为 2π.我们首先把 $\Phi^{-1}(a,\varphi)$ 展开成 Fourier 级数，令

$$\Phi^{-1}(a,\varphi)=c_0(a)+\sum_{n=1}^{M}c_n(a)\cos n\varphi,\quad \varphi=\tau(t)+\theta. \tag{5.4.21}$$

积分(5.4.4)，得

$$t=c_0(a)\tau+\sum_{n=1}^{M}\frac{1}{n}c_n(a)\sin n\varphi, \tag{5.4.22}$$

式中已略去积分常数.方程(5.4.20)的派生方程的周期可对方程(5.4.5)从 0 到 2π 进行积分得到

$$T(a)=2\pi c_0(a), \tag{5.4.23}$$

于是频率为

$$\omega(a) = 1/c_0(a). \tag{5.4.24}$$

现考虑响应.设

$$\Omega/\omega(a) = (q/p) + \varepsilon\sigma, \tag{5.4.25}$$

式中 p 和 q 互为质数,$\sigma=O(1)$,称为调谐参数.这样方程(5.4.22)成为

$$\Omega t = \frac{q}{p}\varphi + \varepsilon\sigma\tau - \frac{q}{p}\theta + \Omega\sum_{n=1}^{M}\frac{1}{n}c_n(a)\sin n\varphi. \tag{5.4.26}$$

原方程(5.4.20)的解依然假设为

$$x = a(t)\cos\varphi(t) + b(t), \tag{5.4.27}$$

$$\varphi(t) = \tau(t) + \theta(t), \tag{5.4.28}$$

$$\dot{x} = -a(t)\Phi[a(t),\varphi(t)]\sin\varphi(t) \tag{5.4.29}$$

类似于自治系统的推导,对于非自治系统有

$$\frac{\mathrm{d}a}{\mathrm{d}t} = -\frac{\varepsilon a}{g(a+b)(1+h)}F[a\cos\varphi + b, -a\Phi(a,\varphi)\sin\varphi, \Omega t]\Phi(a,\varphi)\sin\varphi, \tag{5.4.30}$$

$$\frac{\mathrm{d}\theta}{\mathrm{d}t} = -\frac{\varepsilon}{g(a+b)(1+h)}F[a\cos\varphi + b, -a\Phi(a,\varphi)\sin\varphi, \Omega t]\Phi(a,\varphi)(\cos\varphi + h). \tag{5.4.31}$$

消去时间变量 t,得

$$\frac{\mathrm{d}a}{\mathrm{d}\tau} = -\frac{\varepsilon a}{g(a+b)(1+h)}F_0(a,\psi,\gamma)\sin p\psi, \tag{5.4.32}$$

$$\frac{\mathrm{d}\theta}{\mathrm{d}\tau} = -\frac{\varepsilon}{g(a+b)(1+h)}F_0(a,\psi,\gamma)(\cos p\gamma + h), \tag{5.4.33}$$

其中

$$\psi = \varphi/p, \tag{5.4.34}$$

$$\gamma = \varepsilon\sigma\tau - (q/p)\theta, \tag{5.4.35}$$

$$F_0(a,\psi,\gamma) = f[a\cos p\psi + b, -a\Phi(a,p\psi)\sin p\psi, q\psi + \gamma + \Omega\sum_{n=1}^{M}\frac{1}{n}C_n(a)\sin np\psi]. \tag{5.4.36}$$

应用平均原理,得

$$\mathrm{d}a/\mathrm{d}\tau = \varepsilon A_1(a,\gamma), \tag{5.4.37}$$

$$\mathrm{d}\theta/\mathrm{d}\tau = \varepsilon B_1(a,\gamma), \tag{5.4.38}$$

式中

$$A_1(a,\gamma) = -\frac{a}{2\pi g(a+b)(1+h)}\int_0^{2\pi}F_0(a,\psi,\gamma)\sin p\psi\,\mathrm{d}\psi, \tag{5.4.39}$$

$$B_1(a,\gamma)=-\frac{a}{2\pi g(a+b)(1+h)}\int_0^{2\pi}F_0(a,\psi,\gamma)(\cos p\psi+h)\mathrm{d}\psi;\tag{5.4.40}$$

方程(5.4.37)和(5.4.38)可以转化为自治系统.注意到(5.4.35)式,有

$$\mathrm{d}\gamma/\mathrm{d}\tau=\varepsilon\sigma-\varepsilon(q/p)B_1(a,\gamma).\tag{5.4.41}$$

对于稳态响应,有 $\mathrm{d}a/\mathrm{d}\tau=0$ 和 $\mathrm{d}\gamma/\mathrm{d}\tau=0$,从中消去 γ 可得频率响应方程

$$A_1(a,\gamma)=0,\tag{5.4.42}$$

$$\frac{\Omega}{\omega(a)}-\frac{q}{p}-\varepsilon\frac{q}{p}B_1(a,\gamma)=0\tag{5.4.43}$$

5.4.3 算例

例1 考虑广义 van der Pol 方程

$$\ddot{x}+x^{2n+1}=\varepsilon(1-x^2)\dot{x}.\tag{5.4.44}$$

对应于方程(5.4.20),本例中 $f(x,\dot{x})=(1-x^2)\dot{x}$,$g(x)=x^{2n+1}$,$V(x)=x^{2n+2}/(2n+2)$.从方程(5.2.9)、(5.2.11)和(5.4.9)可求得 $b=0$,$h=0$,因此

$$\Phi(a,\varphi)=a^n\sqrt{\frac{1-\cos^{2n+2}\varphi}{(n+1)\sin^2\varphi}}.\tag{a}$$

方程(5.4.16)成为

$$\begin{aligned}\frac{\mathrm{d}a}{\mathrm{d}\tau}&=\frac{\varepsilon}{2\pi a^{2n-1}}\int_0^{2\pi}(1-a^2\cos^2\varphi)\Phi(a,\varphi)\sin^2\varphi\mathrm{d}\varphi\\&=\frac{2\varepsilon}{\pi a^{n-1}(n+1)^{0.5}}\int_0^{\pi/2}(1-a^2\cos^2\varphi)\sqrt{1-\cos^{2n+2}\varphi}\sin^2\varphi\mathrm{d}\varphi\\&=\frac{\varepsilon}{\pi a^{n-1}(n+1)^{1.5}}\int_0^1[(1-u)^{3/2-1}u^{1/(2n+2)-1}-a^2(1-u)^{3/2-1}u^{3/(2n+2)-1}]\mathrm{d}u\\&=\frac{\varepsilon}{\pi a^{n-1}(n+1)^{1.5}}\left[B\left(\frac{3}{2},\frac{1}{2n+2}\right)-a^2B\left(\frac{3}{2},\frac{3}{2n+2}\right)\right],\end{aligned}\tag{b}$$

其中

$$u=\cos^{2n+2}\varphi,\tag{c}$$

$$B(p,q)=\Gamma(p)\Gamma(q)/\Gamma(p+q),\tag{d}$$

这里 $\Gamma(\ )$ 是伽马(gamma)函数.方程(5.4.17)成为

$$\frac{\mathrm{d}\varphi}{\mathrm{d}\tau}=1+\frac{\varepsilon}{2\pi a^{2n}}\int_0^{2\pi}(1-a^2\cos^2\varphi)\Phi(a,\varphi)\cos\varphi\sin\varphi\mathrm{d}\varphi=1.\tag{e}$$

为求稳态解,令 $\mathrm{d}a/\mathrm{d}\tau=0$,得

$$a=\sqrt{B\left(\frac{3}{2},\frac{1}{2n+2}\right)\Big/B\left(\frac{3}{2},\frac{3}{2n+2}\right)}.\tag{f}$$

当 $n=1$ 时，$a=1.9098$，对应的极限环的近似解为

$$x = 1.9098\cos\varphi, \tag{g}$$

$$\mathrm{d}x/\mathrm{d}t = -a\Phi(a,\varphi)\sin\varphi = -2.5791\sqrt{1+\cos^2\varphi}\sin\varphi. \tag{h}$$

当 $n=2$ 时，$a=1.8631$，对应的极限环的近似解为

$$x = 1.8631\cos\varphi, \tag{i}$$

$$\mathrm{d}x/\mathrm{d}t = -3.7339\sqrt{1+\cos^2\varphi+\cos^4\varphi}\sin\varphi. \tag{j}$$

Yuste 等(1990)采用 EKB 方法求解方程(5.4.44)$n=1$ 时的极限环，并得出

$$x = 1.9098\mathrm{cn}(1.9098t-\varphi_c,\sqrt{2}/2), \tag{k}$$

其中 φ_c 是常数.

$$1.9098t-\varphi_c = \int_0^{\varphi}\frac{\mathrm{d}u}{\sqrt{1-\dfrac{1}{2}\sin^2 u}} = \int_0^{\varphi}\frac{\mathrm{d}u}{\sqrt{\dfrac{1}{2}(1+\cos^2 u)}}, \tag{l}$$

$$\mathrm{d}\varphi/\mathrm{d}t = 1.9098\sqrt{\frac{1}{2}(1+\cos^2\varphi)}, \tag{m}$$

而方程可以重新写为

$$x = 1.9098\cos\varphi, \tag{n}$$

$$\mathrm{d}x/\mathrm{d}t = -1.9098(\mathrm{d}\varphi/\mathrm{d}t)\sin\varphi = -2.5791\sqrt{1+\cos^2\varphi}\sin\varphi. \tag{o}$$

公式(n)和(o)与(g)和(h)是一致的，即是说广义平均法与 EKB 法获得一致的结果. 其实，广义平均法可以导出 EKB 法.

图 5-5 中显示(a)$n=1$，(b)$n=2$ 时的极限环. 从图中可以看出，推广的平均法和四阶 Runge-Kutta 方法的结果是一致的.

例 2　考虑 Duffing 方程的强迫振动

$$\ddot{x}+m_1x+m_2x^3 = \varepsilon(-\mu\dot{x}+E\cos\Omega t). \tag{5.4.45}$$

本例中，$F(x,\dot{x},\Omega t)=-\mu\dot{x}+E\cos\Omega t$，$g(x)=m_1x+m_2x^3$，因此，依公式(5.2.3)，$V(x)=\dfrac{1}{2}m_1x^3+\dfrac{1}{4}m_2x^4$. 再依公式(5.2.9)、(5.2.11)和(5.4.9)，求得

$$b=0,\quad h=0,\quad \Phi(a,\varphi)=\sqrt{m_1+0.75m_2a^2+0.25m_2a^2\cos2\varphi}. \tag{a}$$

把 $\Phi^{-1}(a,\varphi)$展开成 Fourier 级数，

$$\Phi^{-1}(a,\varphi) = c_0(a)+\sum_{n=1}^{M}c_{2n}(a)\cos2n\varphi, \tag{b}$$

其中

$$c_0(a) = \frac{1}{2\pi}\int_0^{2\pi}\Phi^{-1}(a,\varphi)\mathrm{d}\varphi, \tag{c}$$

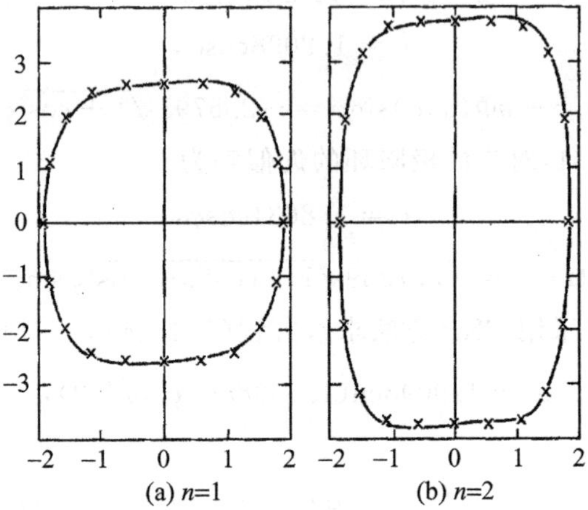

图 5-5　方程(5.4.44)当 $\varepsilon=0.1$ 时极限环
—— 表示 R-K 法；×××表示推广的平均法

$$c_{2n}(a) = \frac{1}{\pi}\int_0^{2\pi} \Phi^{-1}(a,\varphi)\cos 2n\varphi \mathrm{d}\varphi. \tag{d}$$

现考虑基谐波响应，即 $p=q=1$，这时，(5.4.39)和(5.4.40)成为

$$A_1(a,\gamma) = -\frac{1}{2\pi(m_1+m_2a^2)}\int_0^{2\pi}[\mu a\Phi(a,\varphi)\sin^2\varphi + E\cos(\gamma+\psi)\sin\varphi]\mathrm{d}\varphi, \tag{e}$$

$$B_1(a,\gamma) = -\frac{1}{2\pi(m_1a+m_2a^3)}\int_0^{2\pi}[\mu a\Phi(a,\varphi)\sin\varphi\cos\varphi + E\cos(\gamma+\psi)\cos\varphi]\mathrm{d}\varphi, \tag{f}$$

其中

$$\psi = \varphi + \Omega\sum_{n=1}^{M}\frac{1}{2n}c_{2n}(a)\sin 2n\varphi, \tag{g}$$

把上述公式代入方程(5.4.42)和(5.4.43)，可得

$$\sin\gamma = \frac{\mu a\int_0^{2\pi}\Phi(a,\varphi)\sin^2\varphi\mathrm{d}\varphi}{E\int_0^{2\pi}\sin\psi\sin\varphi\mathrm{d}\varphi}, \tag{h}$$

$$\Omega = \omega(a) \pm \frac{\varepsilon E\omega(a)\sqrt{1-\sin^2\gamma}\int_0^{2\pi}\cos\psi\cos\varphi\mathrm{d}\varphi}{2\pi(m_1a+m_2a^3)}. \tag{i}$$

值得指出的是 Burton & Rahman(1986)采用多尺度法得到如下的解

$$\Omega^2 = (m_1+\varepsilon c_1/a)(1+\alpha\sigma), \tag{j}$$

其中 $c_1=\dfrac{3}{4}\widetilde{m}a^3$，$c_H=\dfrac{1}{4}\widetilde{m}a^3$，$\varepsilon\widetilde{m}=m_2$，

$$\alpha=\left(\frac{\varepsilon}{a}\right)\left(\frac{c_H}{m_1+(\varepsilon/a)c_1}\right), \tag{k}$$

$$\sigma=\pm\frac{a}{c_H}\left[\left(\frac{E}{a}\right)^2-(\mu\Omega)^2\right]^{1/2}. \tag{l}$$

图 5-6 所示为 $m_1=2$，$m_2=4$，$\varepsilon=0.1$，$\mu=0.2$，$E=2$ 的频率—响应曲线. 从图中可以看出，推广的平均法，多尺度法和 Runge-Kutta 三种方法的计算结果都很接近.

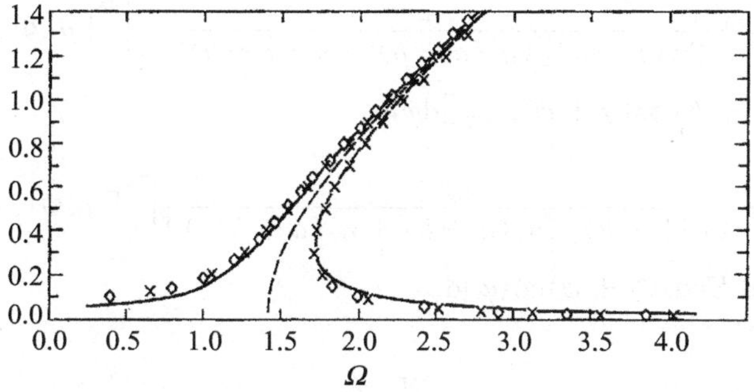

图 5-6 方程(5.4.45)的频率-振幅响应曲线

—— 表示推广的平均法；×××表示多尺度法；◇◇◇表示 R-K 法

例 3 考虑二次非线性方程的强迫振动

$$\ddot{x}+n_1x+n_2x^2=\varepsilon(-\mu\dot{x}+E\cos\Omega t). \tag{5.4.46}$$

本例 $F(x,\dot{x},\Omega t)=-\mu\dot{x}+E\cos\Omega t$，$g(x)=n_1x+n_2x^2$，因此 $V(x)=\dfrac{1}{2}n_1x^2+\dfrac{1}{3}n_2x^3$. 依公式(5.2.9)、(5.2.11)和(5.4.9)，求得

$$b=\frac{-n_1+\sqrt{n_1^2-\dfrac{4}{3}n_2^2a^2}}{2n_2}, \tag{a}$$

$$h=-\frac{n_1b+n_2(a^2+b^2)}{n_1a+2n_2ab}, \tag{b}$$

$$\Phi(a,\varphi)=\sqrt{n_1+2n_2b+\frac{2}{3}n_2a\cos\varphi}. \tag{c}$$

把 $\Phi^{-1}(a,\varphi)$ 展开成 Fourier 级数

$$\Phi^{-1}(a,\varphi)=c_0(a)+\sum_{n=1}^{M}c_n(a)\cos n\varphi, \tag{d}$$

其中

$$c_0(a) = \frac{1}{2\pi}\int_0^{2\pi}\Phi^{-1}(a,\varphi)\mathrm{d}\varphi, \tag{e}$$

$$c_n(a) = \frac{1}{\pi}\int_0^{2\pi}\Phi^{-1}(a,\varphi)\cos n\varphi\mathrm{d}\varphi, \tag{f}$$

考虑第一谐波响应,即 $p=q=1$,这时

$$\Omega/\omega(a) = 1+\varepsilon\sigma, \tag{g}$$

其中 $\omega(a)=c_0^{-1}(a)$. 于是,方程(5.4.39)和(5.4.40)成为

$$A_1(a,\gamma) = -\frac{a}{2\pi(1+h)[(n_1(a+b)+n_2(a+b)^2)]}\int_0^{2\pi}[\mu a\Phi(a,\varphi)\sin^2\varphi + E\cos(\gamma+\psi)\sin\varphi]\mathrm{d}\varphi, \tag{h}$$

$$B_1(a,\gamma) = -\frac{1}{2\pi(1+h)[(n_1(a+b)+n_2(a+b)^2)]}\int_0^{2\pi}[\mu a\Phi(a,\varphi)\sin\varphi\cos\varphi + E\cos(\gamma+\psi)\cos\varphi]\mathrm{d}\varphi, \tag{i}$$

式中

$$\psi = \varphi+\Omega\sum_{n=1}^{M}\frac{1}{n}c_n(a)\sin n\varphi. \tag{j}$$

把上述公式代入方程(5.4.42)和(5.4.43),可得

$$\sin\gamma = \frac{\mu a\int_0^{2\pi}\Phi(a,\varphi)\sin^2\varphi\mathrm{d}\varphi}{E\int_0^{2\pi}\sin\psi\sin\varphi\mathrm{d}\varphi}, \tag{k}$$

$$\Omega = \omega(a)\pm\frac{\varepsilon E\omega(a)\sqrt{1-\sin^2\gamma}}{2\pi(1+h)[(n_1(a+b)+n_2(a+b)^2)]}\int_0^{2\pi}\cos\psi\cos\varphi\mathrm{d}\varphi. \tag{l}$$

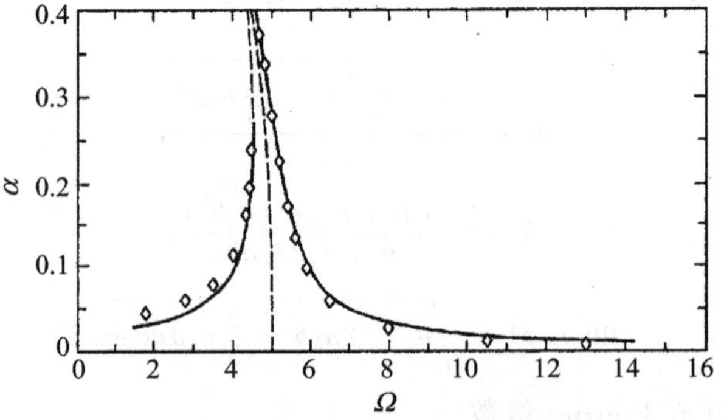

图 5-7　方程(5.4.46)的频率-振幅响应曲线

—— 表示推广的平均法；◇◇◇表示 R-K 法

图 5-7 所示为当 $n_1=25, n_2=30, \varepsilon=1, \mu=0.5, E=1$ 时的极限环. 从图中可以看出,推广的平均法的计算结果与 Runge-Kutta 的数值结果非常接近,其精度是令人满意的.

§5.5 广义谐波函数 L-P 法

徐兆(1992)提出一种非线性时间变换法. 该法把经典 L-P 法中的线性变换改为非线性时间变换. 线性时间变换只适合于弱非线性系统,而非线性时间变换可适合于强非线性系统. 由于该法是以广义谐波函数作为摄动得基本函数,是对经典 L-P 法的推广,因此,我们称其为我们广义谐波函数 L-P 法. 下面对该法予以介绍.

5.5.1 强非线性自治系统

考虑强非线性自治系统

$$\frac{d^2x}{dt^2}+g(x)=\varepsilon f\left(x,\frac{dx}{dt}\right), \tag{5.5.1}$$

$g(x)$和 $f(x,dx/dt)$是非线性解析函数,它们满足 § 5.2 所述使系统存在周期解的条件.

现引入非线性时间变换,令

$$\frac{d\tau}{dt}=\omega(\tau)\equiv\omega_0(\tau)+\varepsilon\omega_1(\tau)+\varepsilon^2\omega_2(\tau)+\cdots, \tag{5.5.2}$$

其中 $\omega_i(\tau)(i=0,1,2,\cdots)$是 τ 的周期函数,周期为 2π. 记 $x'=dx/dt$,则方程(5.5.1)成为

$$\omega\frac{d}{dt}(\omega x')+g(x)=\varepsilon f(x,\omega x'), \tag{5.5.3}$$

把 $x(\tau)$展开为 ε 的幂级数

$$x(\tau)\equiv x_0(\tau)+\varepsilon x_1(\tau)+\varepsilon^2x_2(\tau)+\cdots, \tag{5.5.4}$$

其中 $x_i(\tau)(i=0,1,2,\cdots)$也是 τ 的周期函数,周期也是 2π. 把方程(5.5.2)和(5.5.4)代入方程(5.5.3),并令方程两边 ε 的同次幂的系数相等,整理得到

$$\varepsilon^0:\quad \omega_0\frac{d}{d\tau}(\omega_0x_0')+g(x_0)=0, \tag{5.5.5}$$

$$\varepsilon^1:\quad \omega_0\frac{d}{d\tau}(\omega_1x_0')+\omega_1\frac{d}{d\tau}(\omega_0x_0')+\omega_0\frac{d}{d\tau}(\omega_0x_1')+g'(x_0)x_1=f(x_0,\omega_0x'), \tag{5.5.6}$$

$$\varepsilon^2:\quad \omega_0\frac{d}{d\tau}(\omega_2x_0')+\omega_2\frac{d}{d\tau}(\omega_0x_0')+\omega_0\frac{d}{d\tau}(\omega_0x_2')+\omega_1\frac{d}{d\tau}(\omega_0x_1')$$

$$+\omega_0\frac{\mathrm{d}}{\mathrm{d}\tau}(\omega_1 x_1')+\omega_1\frac{\mathrm{d}}{\mathrm{d}\tau}(\omega_1 x_0')+g'(x_0)x_2+\frac{1}{2}g''(x_0)x_1^2$$
$$=f_x'(x_0,\omega_0 x_0')x_1+f_{\dot{x}}'(x_0,\omega_0 x_0')(\omega_0 x_1'+\omega_1 x_0'). \tag{5.5.7}$$

从上述方程可逐一求出 $x_0,x_1,\omega_0,\omega_1,\cdots$. 方程(5.5.5)两边同乘以 x_0' 并积分,得

$$\frac{1}{2}(\omega_0 x_0')^2+V(x_0)=C, \tag{5.5.8}$$

$$V(x_0)=\int_0^{x_0}g(x)\mathrm{d}x. \tag{5.5.9}$$

设方程(5.5.5)的解取(5.2.6)式的形式,即

$$x_0=a_0\cos\tau+b_0, \tag{5.5.10}$$

并取 $\tau=0,\pi$,可得

$$C=V(a_0+b_0), \tag{5.5.11}$$

$$V(a_0+b_0)=V(-a_0+b_0), \tag{5.5.12}$$

$$\omega_0(\tau)=\left\{\frac{2[V(a_0+b_0)-V(a_0\cos\tau+b_0)]}{a_0^2\sin^2\tau}\right\}^{1/2}. \tag{5.5.13}$$

设方程(5.5.6)的解也取(5.2.6)的形式,

$$x_1=a_1\cos\tau+b_1. \tag{5.5.14}$$

方程(5.5.6)两边同乘以 x_0' 并积分,得

$$a_0\omega_0\omega_1\sin^2\tau=-\int_0^\tau f_0(a_0,\tau)\sin\tau\mathrm{d}\tau-a_1\omega_0^2\sin^2\tau$$
$$+\frac{1}{a_0}[(a_1+b_1)g(a_0+b_0)-(a_1\cos\tau+b_1)g(a_0\cos\tau+b_0)], \tag{5.5.15}$$

$$f_0(a_0,\tau)=f(a_0\cos\tau+b_0,-a_0\omega_0\sin\tau). \tag{5.5.16}$$

分别取公式(5.5.15)中的 $\tau=2\pi,\pi$,得

$$A(a_0)=\int_0^{2\pi}f_0(a,\tau)\sin\tau\mathrm{d}\tau=0, \tag{5.5.17}$$

$$\int_0^\pi f_0(a_0,\tau)\sin\tau\mathrm{d}\tau=\frac{1}{a_0}[(a_1+b_1)g(a_0+b_0)-(-a_1+b_1)g(-a_0+b_0)]. \tag{5.5.18}$$

因此,$a_0,b_0,\omega_0(\tau)$ 可从(5.5.12)、(5.5.13)和(5.5.17)三式决定. 原方程(5.5.1)具有极限环的必要条件就是方程(5.5.17)具有非零的 a_0 解. 设

$$A'(a_0)=\frac{\mathrm{d}A(a_0)}{\mathrm{d}a_0}\neq 0, \tag{5.5.19}$$

设 x_2 与 x_1, x_0 具有相同的形式,即

$$x_2 = a_2\cos\tau + b_2. \tag{5.5.20}$$

方程(5.5.7)两边同乘以 x_0',经积分后整理可得

$$\begin{aligned} a_0\omega_0\omega_2\sin^2\tau =& -\int_0^\tau f'_x(a_0,\tau)(a_1\cos\tau+b_1)\sin\tau\mathrm{d}\tau \\ &+\int_0^\tau f'_{\dot{x}}(a_0,\tau)(a_0\omega_1+a_1\omega_0)\sin^2\tau \\ &-\frac{1}{2a_0}(2a_0a_2\omega_0^2+2a_0a_1\omega_0\omega_1+a_0^2\omega_1^2-a_1^2\omega_0^2)\sin^2\tau \\ &+\frac{1}{a_0}[(a_2+b_2)g(a_0+b_0)-(a_2\cos\tau+b_2)g(a_0\cos\tau+b_0)] \\ &+\frac{a_1}{a_0^2}[(a_1\cos\tau+b_1)g(a_0\cos\tau+b_0)-(a_1+b_1)g(a_0+b_0)] \\ &+\frac{1}{2a_0}[(a_1+b_1)^2g'_x(a_0+b_0)-(a_1\cos\tau+b_1)^2g'_x(a_0\cos\tau+b_0)], \end{aligned} \tag{5.5.21}$$

其中

$$f'_x(a_0,\tau) = f'_x(a_0\cos\tau+b_0, -a_0\omega_0\sin\tau), \tag{5.5.22}$$

$$f'_{\dot{x}}(a_0,\tau) = f'_{\dot{x}}(a_0\cos\tau+b_0, -a_0\omega_0\sin\tau). \tag{5.5.23}$$

公式(5.5.21)中取 $\tau=2\pi$,得

$$\int_0^{2\pi} f'_x(a_0,\tau)(a_1\cos\tau+b_1)\sin\tau\mathrm{d}\tau = \int_0^{2\pi} f'_{\dot{x}}(a_0,\tau)(a_0\omega_1+a_1\omega_0)\sin^2\tau\mathrm{d}\tau. \tag{5.5.24}$$

从方程(5.5.15)、(5.5.18) 和(5.5.24)可以求得

$$a_1 = \frac{1}{A'(a_0)}\left[B_0\int_0^{2\pi} f'_x(a_0,\tau)\sin\tau\mathrm{d}\tau - a_0\int_0^{2\pi} f'_{\dot{x}}(a_0,\tau)W_0(\tau)\sin^2\tau\mathrm{d}\tau\right], \tag{5.5.25}$$

$$b_1 = a_1B_1 - B_0, \tag{5.5.26}$$

$$\omega_1(\tau) = a_1W_1(\tau) - W_0(\tau), \tag{5.5.27}$$

其中

$$B_0 = \frac{a_0\int_0^{\pi} f_0(a_0,\tau)\sin\tau\mathrm{d}\tau}{g(-a_0+b_0)-g(a_0+b_0)}, \tag{5.5.28}$$

$$B_1 = \frac{g(-a_0+b_0)+g(a_0+b_0)}{g(-a_0+b_0)-g(a_0+b_0)}, \tag{5.5.29}$$

$$W_0(\tau)=\frac{1}{a_0\omega_0\sin^2\tau}\left\{\int_0^\tau f_0(a_0,\tau)\sin\tau\mathrm{d}\tau+\frac{B_0}{a_0}[g(a_0+b_0)-g(a_0\cos\tau+b_0)]\right\},\tag{5.5.30}$$

$$W_1(\tau)=\frac{1}{a_0\omega_0\sin^2\tau}\Big[-\omega_0^2\sin^2\tau+\frac{1}{a_0}(1+B_1)g(a_0+b_0)$$
$$-\frac{1}{a_0}(\cos\tau+B_1)g(a_0\cos\tau+b_0)\Big].\tag{5.5.31}$$

值得指出的是上述方法可以求得任意 i 值的 $a_i,b_i,\omega_i(\tau)$，视我们的要求而定. 如果公式(5.5.2)中的 $\omega_i(\tau)=\omega_i$(常数)，则

$$\tau=(\omega_0+\varepsilon\omega_1+\varepsilon^2\omega_2+\cdots)t.\tag{5.5.32}$$

显然，(5.5.32)式就是 L-P 法的一种推广.

对比(5.5.2)与(5.2.11)二式可知，本节的 $\cos\tau$ 其实就是 § 5.2 所述 $\theta=0$ 时的广义谐波函数 $\cos\varphi$. 而对比(5.5.8)～(5.5.10)与(5.2.2)、(5.2.3)和(5.2.12)诸式可知，本节的 $\omega_0(\tau)$其实就是 § 5.2 中的 $\Phi_0(a,\varphi)$，a 取常数值. 所以本节所述的非线性时间变换法其实质是在 L-P 法中应用广义谐波函数求定常解. 我们称其为广义谐波函数 L-P 法，是推广的 L-P 法.

5.5.2 强非线性非自治系统

考虑强非线性非自治系统

$$\frac{\mathrm{d}^2x}{\mathrm{d}t^2}+g(x)=\varepsilon F\left(x,\frac{\mathrm{d}x}{\mathrm{d}t},\Omega t\right),\tag{5.5.33}$$

其中 $F\left(x,\frac{\mathrm{d}x}{\mathrm{d}t},\Omega t\right)$是 t 的周期函数，周期为 $T=2\pi/\Omega$. $\varepsilon=0$ 时派生方程的周期 T_0 为

$$T_0=\int_0^{2\pi}\frac{\mathrm{d}\tau}{\omega_0(\tau)}.\tag{5.5.34}$$

令

$$\frac{1}{\omega_0(\tau)}=c_0+\sum_{n=1}^{\infty}c_n\cos n\tau,\tag{5.5.35}$$

则

$$T_0=2\pi c_0.\tag{5.5.36}$$

现考虑共振情况：$T_0/T\approx q/p$. 这样

$$vc_0=\frac{q}{p}+\varepsilon\sigma,\tag{5.5.37}$$

其中 q,p 是互为质数的正整数，σ 是调谐参数. 把方程(5.5.35)代入方程(5.5.2)，

经积分整理后得

$$t - t_0 = c_0\tau + \sum_{n=1}^{\infty} \frac{1}{n} c_n \sin n\tau + O(\varepsilon). \tag{5.5.38}$$

采用非线性变换(5.5.2),方程(5.5.33)变为

$$\omega \frac{\mathrm{d}}{\mathrm{d}\tau}(\omega x') + g(x) = \varepsilon F\left(x, \omega x', \Omega t_0 + \Omega c_0 \tau + \Omega \sum_{n=1}^{\infty} \frac{1}{n} c_n \sin n\tau + O(\varepsilon)\right). \tag{5.5.39}$$

令 $\tau = p\varphi$,则(5.5.39)式可简化为

$$\omega \frac{\mathrm{d}}{\mathrm{d}\varphi}\left(\omega \frac{\mathrm{d}x}{\mathrm{d}\varphi}\right) + p^2 g(x) = \varepsilon p^2 F\left(x, \frac{\omega}{p}\frac{\mathrm{d}x}{\mathrm{d}\varphi}, \theta + q\varphi + \Omega \sum_{n=1}^{\infty} \frac{1}{n} c_n \sin np\varphi + O(\varepsilon)\right), \tag{5.5.40}$$

其中 $\theta = \Omega t_0$. 非线性变换公式(5.5.2)可以写成

$$\begin{aligned} \frac{p\,\mathrm{d}\varphi}{\mathrm{d}t} &= \omega(p\varphi) \\ &\equiv \bar{\omega}_0(\varphi) + \varepsilon \bar{\omega}_1(\varphi) + \varepsilon^2 \bar{\omega}_2(\varphi) + \cdots. \end{aligned} \tag{5.5.41}$$

现假设方程(5.5.40)的解可展开为如下的形式:

$$x(\varphi) = x_0(\varphi) + \varepsilon x_1(\varphi) + \varepsilon^2 x_2(\varphi) + \cdots, \tag{5.5.42}$$

$$x_i(\varphi) = a_i \cos p\varphi + b_i, \quad i = 0,1,2,\cdots. \tag{5.5.43}$$

类似于公式(5.5.5)至(5.5.24)的推导,我们可以导出

$$\bar{\omega}_0(\varphi) = \omega_0(p\varphi), \tag{5.5.44}$$

$$V(a_0 + b_0) = V(-a_0 + b_0), \tag{5.5.45}$$

$$\int_0^{2\pi/p} F_0(a_0, \varphi, \theta) \sin p\varphi \,\mathrm{d}\varphi = 0, \tag{5.5.46}$$

其中

$$F_0(a_0, \varphi, \theta) = F\left(a_0 \cos p\varphi + b_0, -a_0 \bar{\omega}_0 \sin p\varphi, \theta + q\varphi + v\sum_{n=1}^{\infty} \frac{1}{n} c_n \sin np\varphi\right) \tag{5.5.47}$$

$a_1, b_1, \bar{\omega}_1(\varphi)$ 由下列公式决定.

$$\begin{aligned} a_0 \bar{\omega}_0 \bar{\omega}_1 \sin^2 p\varphi = &- \int_0^{\varphi} pF_0(a_0, \varphi, \theta) \sin p\varphi \,\mathrm{d}\varphi - a_1 \bar{\omega}_0^2 \sin^2 p\varphi \\ &+ \frac{1}{a_0}[(a_1 + b_1) g(a_0 + b_0) - (a_1 \cos p\varphi + b_1) g(a_0 \cos p\varphi + b_0)], \end{aligned} \tag{5.5.48}$$

$$\int_0^{\frac{\pi}{p}} pF_0(a_0,\varphi,\theta)\sin p\varphi \mathrm{d}\varphi - \frac{1}{a_0}[(a_1+b_1)g(a_0+b_0)-(-a_1+b_1)$$
$$g(-a_0+b_0)] = 0, \tag{5.5.49}$$

$$\int_0^{2\pi/p} F'_x(a_0,\varphi,\theta)(a_1\cos p\varphi + b_1)\sin p\varphi \mathrm{d}\varphi,$$
$$-\int_0^{2\pi/p} pF'_{\dot{x}}(a_0,\varphi,\theta)(a_0\bar{\omega}_1 + a_1\bar{\omega}_0)\sin^2 p\varphi \mathrm{d}\varphi = 0, \tag{5.5.50}$$

$$F'_x(a_0,\varphi,\theta) = F'_x\left(a_0\cos p\varphi + b_0, -a_0\bar{\omega}_0\sin p\varphi, \theta + q\varphi + \Omega\sum_{n=1}^{\infty}\frac{1}{n}c_n\sin np\varphi\right), \tag{5.5.51}$$

$$F'_{\dot{x}}(a_0,\varphi,\theta) = F'_{\dot{x}}\left(a_0\cos p\varphi + b_0, -a_0\bar{\omega}_0\sin p\varphi, \theta + q\varphi + \Omega\sum_{n=1}^{\infty}\frac{1}{n}c_n\sin np\varphi\right). \tag{5.5.52}$$

因此,原方程(5.5.33)的第一次近似解的周期为

$$T^* = \int_0^{2\pi}\frac{\mathrm{d}\varphi}{\bar{\omega}_0(\varphi)+\varepsilon\bar{\omega}_1(\varphi)}, \tag{5.5.53}$$

因为 $T^* = qT/p$,所以

$$\int_0^{2\pi}\frac{\mathrm{d}\varphi}{\bar{\omega}_0(\varphi)+\varepsilon\bar{\omega}_1(\varphi)} = \frac{2\pi q}{\Omega p}. \tag{5.5.54}$$

5.5.3 算例

例 1　考虑广义 van der Pol 方程

$$\frac{\mathrm{d}^2x}{\mathrm{d}t^2} + x + x^3 = \varepsilon(1-x^2)\frac{\mathrm{d}x}{\mathrm{d}t}. \tag{5.5.55}$$

对应于方程(5.5.33),本例中,$f\left(x,\frac{\mathrm{d}x}{\mathrm{d}t}\right)=(1-x^2)\frac{\mathrm{d}x}{\mathrm{d}t}$,$g(x)=x+x^3$,$V(x)=\frac{1}{2}x^2+\frac{1}{4}x^4$. 从方程(5.5.12)、(5.5.13)和(5.5.17)求得

$$a_0 = 1.9351, \tag{a}$$

$$b_0 = 0, \tag{b}$$

$$\omega_0(\tau) = (3.8085 + 0.9362\cos 2\tau)^{1/2}. \tag{c}$$

再把 a_0,b_0,ω_0 代入公式(5.5.25)至(5.5.27),得

$$a_1 = 0, \tag{d}$$

$$b_1 = 0, \tag{e}$$

$$\omega_1(\tau) = -0.4777\sin 2\tau + 0.0098\sin 4\tau + HH, \tag{f}$$

式中 HH 代表高次谐波项. 最后可得方程(5.5.55)一次近似解为

$$x = 1.9351\cos\tau + O(\varepsilon^2), \tag{g}$$

$$\frac{\mathrm{d}\tau}{\mathrm{d}t} = \omega_0(\tau) + \varepsilon\omega_1(\tau) + O(\varepsilon^2). \tag{h}$$

图 5-8 所示为 $\varepsilon=0.1$ 时极限环. 从图中可以看出, 推广的 L-P 法和 R-K 法的数值解的计算结果是十分一致的.

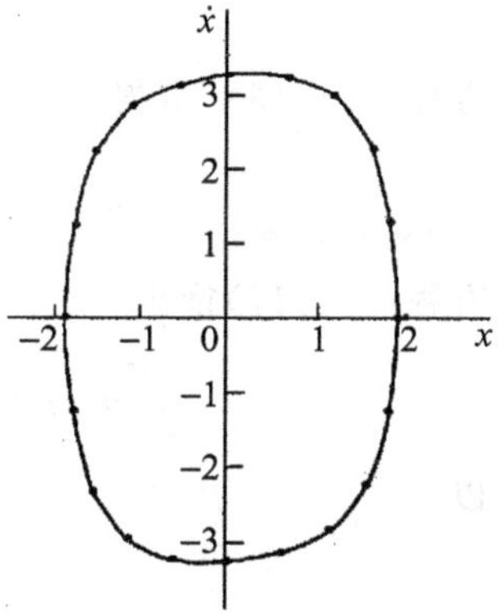

图 5-8　方程(5.5.55)当 $\varepsilon=0.1$ 时的极限环
—— 表示 R-K 法;
······ 表示推广的 L-P 法

例 2　考虑具有二次非线性的广义 van der Pol 方程

$$\frac{\mathrm{d}^2x}{\mathrm{d}t^2} + k_1x + k_2x^2 = \varepsilon(\mu - x^2)\frac{\mathrm{d}x}{\mathrm{d}t}, \tag{5.5.56}$$

$k_1>0, k_2>0, \mu>0$. 首先确定方程存在极限环的条件. 令

$$x = \frac{k_1}{k_2}\bar{x}, \tag{a}$$

$$t = \frac{1}{\sqrt{k_1}}\bar{t}, \tag{b}$$

则原方程成为

$$\frac{\mathrm{d}^2\bar{x}}{\mathrm{d}\bar{t}^2} + \bar{x} + \bar{x}^2 = \bar{\varepsilon}(\bar{\mu} - \bar{x}^2)\frac{\mathrm{d}\bar{x}}{\mathrm{d}\bar{t}}, \tag{c}$$

$$\bar{\varepsilon} = \varepsilon\frac{k_1^{1.5}}{k_2^2}, \tag{d}$$

$$\bar{\mu} = \mu\frac{k_2^2}{k_1^2}. \tag{e}$$

对于方程(c)而言, $f\left(\bar{x}, \frac{\mathrm{d}\bar{x}}{\mathrm{d}\bar{t}}\right) = (\bar{\mu} - \bar{x}^2)\frac{\mathrm{d}\bar{x}}{\mathrm{d}\bar{t}}$, $g(\bar{x}) = \bar{x} + \bar{x}^2$, $V(\bar{x}) = \frac{1}{2}\bar{x}^2 + \frac{1}{3}\bar{x}^3$. 代入方程(5.5.12), 求得

$$\bar{b}_0 = \frac{1}{2}\left(-1 + \sqrt{1 - \frac{4}{3}\bar{a}_0^2}\right). \tag{f}$$

当 $\bar{\varepsilon}=0$ 时, 方程(c)的派生方程为

$$\frac{\mathrm{d}^2\bar{x}}{\mathrm{d}\bar{t}^2} + \bar{x} + \bar{x}^2 = 0. \tag{g}$$

其解为

$$\bar{x} = \bar{a}_0\cos\tau + b_0, \tag{h}$$

$$0<\bar{a}_0+\bar{b}_0<\frac{1}{2}, \tag{i}$$

$$-1<-\bar{a}_0+\bar{b}_0<0. \tag{j}$$

因此

$$0<\bar{a}_0<0.75. \tag{k}$$

从方程(5.5.13),可得

$$\bar{\omega}_0(\tau)=\left[\left(1-\frac{4}{3}\bar{a}_0^2\right)^{\frac{1}{2}}+\frac{2}{3}\bar{a}_0\cos\tau\right]^{1/2}, \tag{l}$$

从方程(5.5.17)推出

$$\int_0^{2\pi}\bar{a}_0[\bar{\mu}-(\bar{a}_0\cos\tau+\bar{b}_0)^2]\bar{\omega}_0(\tau)\sin^2\tau\mathrm{d}\tau=0, \tag{m}$$

所以

$$\bar{\mu}=\frac{\int_0^{2\pi}(\bar{a}_0\cos\tau+\bar{b}_0)^2]\bar{\omega}_0(\tau)\sin^2\tau\mathrm{d}\tau}{\int_0^{2\pi}\bar{\omega}_0(\tau)\sin^2\tau\mathrm{d}\tau}. \tag{n}$$

把(f)、(k)、(l)三式代入上式,并采用数值积分,可得

$$0<\bar{\mu}<\frac{1}{7}, \tag{o}$$

即

$$0<\mu\left(\frac{k_2}{k_1}\right)^2<\frac{1}{7}. \tag{p}$$

因此,如果 k_1,k_2,μ 满足条件(p),则原方程(5.5.56)唯一的极限环.

特别地,当 $k_1=k_2=\mu=1$ 时,方程(5.5.56)成为

$$\frac{\mathrm{d}^2x}{dt^2}+x+x^2=\varepsilon(1-x^2)\frac{\mathrm{d}x}{\mathrm{d}t}. \tag{q}$$

条件(p)不满足,所以方程(q)没有极限环.

当 $k_1=4,k_2=1,\mu=1$ 时,方程(5.5.56)成为

$$\frac{\mathrm{d}^2x}{\mathrm{d}t^2}+4x+x^2=\varepsilon(1-x^2)\frac{\mathrm{d}x}{\mathrm{d}t}, \tag{r}$$

满足条件(p),因此方程(r)具有极限环.这时,$f\left(x,\frac{\mathrm{d}x}{\mathrm{d}t}\right)=(1-x^2)\frac{\mathrm{d}x}{\mathrm{d}t}$,$g(x)=4x+x^2$,$V(x)=2x^2+\frac{1}{3}x^3$.从公式(5.5.12)求得

$$b_0=-2+\left(4-\frac{1}{3}a_0^2\right)^{1/2}. \tag{s}$$

从公式(5.5.13)求得

$$\omega_0(t) = \left[2\left(4-\frac{1}{3}a_0^2\right)^{1/2}+\frac{2}{3}a_0\cos\tau\right]^{1/2}, \tag{t}$$

再从公式(5.5.17)求得 $a_0=1.9465$,因此 $b_0=-0.3456$,

$$\omega_0(\tau) = \sqrt{3.3095+1.2971\cos\tau}. \tag{u}$$

把 a_0、b_0、ω_0 代入公式(5.5.25)至(5.5.31),求得 $a_1=0$,$b_1=0$ 和

$$\omega_1(\tau) = 0.3352\sin\tau - 0.4237\sin 2\tau + HH. \tag{v}$$

这样,方程(r)的一次近似解为

$$x = 1.9465\cos\tau - 0.3456 + O(\varepsilon^2), \tag{w}$$

$$\frac{d\tau}{dt} = \omega_0(\tau) + \varepsilon\omega_1(\tau) + O(\varepsilon^2). \tag{x}$$

图 5-9 所示为根据(w)和(x)二式画出的极限环.从图中可以看出,推广的 L-P 法和 R-K 数值法的计算结果非常一致.

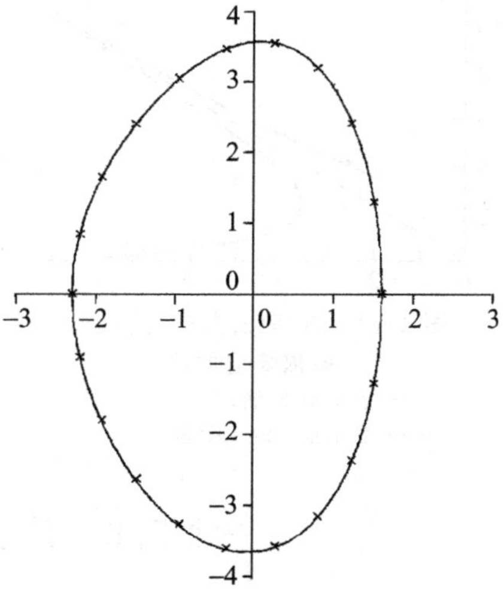

图 5-9 方程(5.5.56)极限环

—— 表示 R-K 法;×××表示推广的 L-P 法

例 3 考虑如下强非线性系统的强迫振动

$$\frac{d^2x}{dt^2}+x^3 = \varepsilon\left(-2\mu\frac{dx}{dt}+k\cos\Omega t\right). \tag{5.5.57}$$

本例 $F\left(x,\frac{dx}{dt},\Omega t\right) = -2\mu\frac{dx}{dt}+k\cos\Omega t$,$g(x)=x^3$,$V(x)=\frac{1}{4}x^4$. 根据公式(5.5.12)和(5.5.13)求得

$$b_0 = 0,\quad \omega_0(\tau) = a_0(0.75+0.25\cos 2\tau)^{1/2},$$

因此

$$\frac{1}{\omega_0(\tau)} \approx 1.1547\frac{1}{a_0} - 0.1924\frac{1}{a_0}\cos 2\tau. \tag{a}$$

对照公式(5.5.35),

$$c_0 = 1.1547\frac{1}{a_0},\quad c_1 = 0,\quad c_2 = -0.1924\frac{1}{a_0},\quad c_n = 0,\quad n\geqslant 3.$$

现考虑基谐波响应,即公式(5.5.37)中 $p=q=1$. 从公式(5.5.45)和(5.5.46)求得

$$\bar{\omega}_0(\varphi) = a_0(0.75+0.25\cos 2\varphi)^{1/2}, \tag{b}$$

$$-0.7983\mu a_0^2 + \frac{1}{2}k(J_0 - J_1)\sin\theta = 0, \tag{c}$$

式中 Bessel(贝塞耳)函数 $J_i = J_i\left(0.0962\,\dfrac{\Omega}{a_0}\right)(i=0,1)$. 再从公式(5.5.48)～(5.5.50)求得

$$a_1 = 0.4038\,\frac{k}{a_0^2}(J_0 + 2J_1)\cos\theta, \tag{d}$$

$$b_1 = 0, \tag{e}$$

$$\bar{\omega}_1(\varphi) = -0.2357\,\frac{k}{a_0^2}(J_0 + 2J_1)\cos\theta + 0.1699\,\frac{k}{a_0^2}(J_0 + 2J_1)\cos\theta\cos 2\varphi$$
$$+\left(0.8695\mu - 0.6025\,\frac{k}{a_0^2}J_0\sin\theta\right)\sin 2\varphi. \tag{f}$$

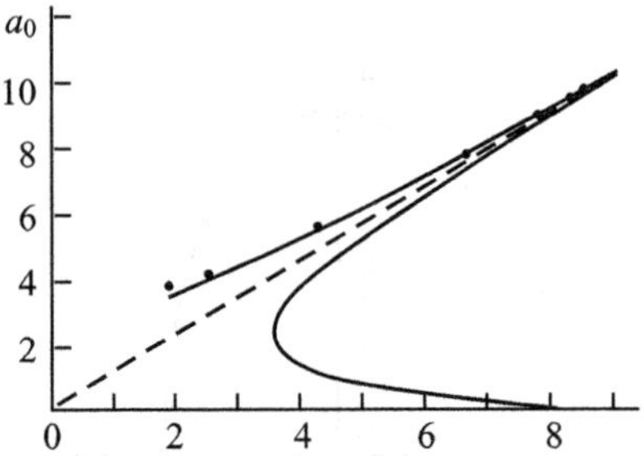

图 5-10　方程(5.5.57)的频率-振幅响应曲线
—— 表示 R-K 法；
…… 表示推广的 L-P 法

把 $\bar{\omega}_0(\varphi)$、$\bar{\omega}(\varphi)$代入方程(c)并消去未知量 θ,就可得出频率-振幅响应方程,并进而可画出频率-振幅响应曲线如图 5-10 所示. 图示曲线的参数为 $\varepsilon=1$, $\mu=0.1$ 和 $k=20$. 从图中可以看出,推广的 L-P 法计算强迫振动响应,也得到与 R-K 数值方法一致的结果.

从上面几个例子可以看出,非线性时间变换法,即广义谐波函数 L-P 方法不但适用于弱非线性系统,也适合于强非线性系统;不但适用于自治系统,也适用于非自治系统.

§5.6　广义谐波函数多尺度法

徐兆和张佑启 1995 年提出了另一个适合于强非线性系统的新方法—非线性尺度法,推广了多尺度法中的两变量展开法(Xu 等　1995). 由于该法也是采用广义谐波函数作为摄动过程的基本函数,在摄动过程中采用多尺度法中的两变量展开法, 因此,我们称其为广义谐波函数多尺度法,下面对该法予以介绍.

5.6.1　方法梗概

考虑一般的强非线性拟保守系统

$$\ddot{x} + g(x) = \varepsilon f(x, \dot{x}) \tag{5.6.1}$$

其中, $g(x)$, $f(x,\dot{x})$满足§ 5.2 所述的使方程具有周期解的条件. 引入两个变量 ξ 和 η,它们满足(5.6.1)派生方程

$$\ddot{x} + g(x) = 0 \tag{5.6.2}$$

的解，即

$$x(t) = \xi\cos\eta(t) + b, \tag{5.6.3}$$

$$\dot{x} = -\xi\mathrm{d}\eta/\mathrm{d}t\sin\eta, \tag{5.6.4}$$

$$\frac{\mathrm{d}\eta}{\mathrm{d}t} = \sqrt{\frac{2[V(\xi+b) - V(\xi\cos\eta+b)]}{\xi^2\sin^2\eta}} \triangleq S_0(\xi,\eta), \tag{5.6.5}$$

其中

$$V(x) = \int_0^x g(u)\mathrm{d}u, \tag{5.6.6}$$

$$v(\xi+b) = v(-\xi+b), \tag{5.6.7}$$

$$\xi+b = \alpha > 0, \quad -\xi+b = \beta < 0,$$

当 $\varepsilon\neq 0$ 时，我们假设方程(5.6.1)的解具有一般的形式

$$x(t,\varepsilon) = x_0(\xi,\eta) + \varepsilon x_1(\xi) + \cdots + \varepsilon^{m-1}x_{m-1}(\xi) + O(\varepsilon^m), \tag{5.6.8}$$

$$\frac{\mathrm{d}\xi}{\mathrm{d}t} = \varepsilon R_1(\xi) + \varepsilon^2 R_2(\xi) + \cdots + \varepsilon^m R_m(\xi), \tag{5.6.9}$$

$$\frac{\mathrm{d}\eta}{\mathrm{d}t} = S_0(\xi,\eta) + \varepsilon S_1(\xi,\eta) + \cdots + \varepsilon^m S_m(\xi,\eta), \tag{5.6.10}$$

其中 $R_n(\xi)$，$S_n(\xi,\eta)$是待定函数. 于是，对 t 的求导可转化为对 ξ 和 η 的偏导来表示.

$$\frac{\mathrm{d}}{\mathrm{d}t} = S_0\frac{\partial}{\partial\eta}\varepsilon\left(R_1\frac{\partial}{\partial\xi} + S_1\frac{\partial}{\partial\eta}\right) + \varepsilon^2\left(R_2\frac{\partial}{\partial\xi} + S_2\frac{\partial}{\partial\eta}\right) + \cdots, \tag{5.6.11}$$

$$\begin{aligned}\frac{\mathrm{d}^2}{\mathrm{d}t^2} = {} & S_0\frac{\partial}{\partial\eta}\left(S_0\frac{\partial}{\partial\eta}\right) + \varepsilon\left[S_0\frac{\partial}{\partial\eta}\left(S_1\frac{\partial}{\partial\eta} + R_1\frac{\partial}{\partial\xi}\right) + S_1\frac{\partial}{\partial\eta}\left(S_0\frac{\partial}{\partial\eta}\right)\right. \\ & \left. + R_1\frac{\partial}{\partial\xi}\left(S_0\frac{\partial}{\partial\eta}\right)\right] + \varepsilon^2\left[S_0\frac{\partial}{\partial\eta}\left(S_2\frac{\partial}{\partial\eta} + R_2\frac{\partial}{\partial\xi}\right) + S_1\frac{\partial}{\partial\eta}\left(S_1\frac{\partial}{\partial\eta} + R_1\frac{\partial}{\partial\xi}\right)\right. \\ & \left. + S_2\frac{\partial}{\partial\eta}\left(S_0\frac{\partial}{\partial\eta}\right) + R_1\frac{\partial}{\partial\xi} + \left(S_1\frac{\partial}{\partial\eta} + R_1\frac{\partial}{\partial\xi}\right) + R_2\frac{\partial}{\partial\xi}\left(S_0\frac{\partial}{\partial\eta}\right)\right] + \cdots.\end{aligned} \tag{5.6.12}$$

把方程(5.6.8)代入方程(5.6.1)并令方程两边 ε 的同次幂的系数相等，整理得如下各阶摄动方程：

$$\varepsilon^0: \quad S_0\frac{\partial}{\partial\eta}\left(S_0\frac{\partial x_0}{\partial\eta}\right) + g(x_0) = 0, \tag{5.6.13}$$

$$\varepsilon^1: \quad S_0\frac{\partial}{\partial\eta}\left(S_1\frac{\partial x_0}{\partial\eta} + R_1\frac{\partial x_0}{\partial\xi}\right) + S_1\frac{\partial}{\partial\eta}\left(S_0\frac{\partial x_0}{\partial\eta}\right) + R_1\frac{\partial}{\partial\xi}\left(S_0\frac{\partial x_0}{\partial\eta}\right)$$

$$+g'(x_0)x_1 = f\left(x_0, S_0\frac{\partial x_0}{\partial \eta_0}\right), \tag{5.6.14}$$

$$\varepsilon^2:\quad S_0\frac{\partial}{\partial \eta}\left(S_2\frac{\partial x_0}{\partial \eta}+R_2\frac{\partial x_0}{\partial \xi}\right)+S_1\frac{\partial}{\partial \eta}\left(S_1\frac{\partial x_0}{\partial \eta}+R_1\frac{\partial x_0}{\partial \xi}\right)+S_2\frac{\partial}{\partial \eta}\left(S_0\frac{\partial x_0}{\partial \eta}\right)$$

$$+R\frac{\partial}{\partial \xi}\left(S_1\frac{\partial x_0}{\partial \eta}+R_1\frac{\partial x_0}{\partial \xi}\right)+R_2\frac{\partial}{\partial \xi}\left(S_0\frac{\partial x_0}{\partial \eta}\right)+x_2g'(x_0)+\frac{1}{2}x_1^2g''(x_0)$$

$$=x_1f'_x\left(x_0, S_0\frac{\partial x_0}{\partial \eta}\right)+\left(S_1\frac{\partial x_0}{\partial \eta}+R_1\frac{\partial x_0}{\partial \xi}\right)f'_{\dot{x}}\left(x_0, S_0\frac{\partial x_0}{\partial \eta}\right). \tag{5.6.15}$$

于是各阶方程的摄动解可以逐步求得.

对于 ε^0 阶,方程(5.6.13)的解为

$$x_0(\xi,\eta) = \xi\cos\eta + b, \tag{5.6.16}$$

$$S_0(\xi,\eta) = \sqrt{\frac{2[V(\xi+b)-V(\xi\cos\eta+b)]}{\xi^2\sin^2\eta}}. \tag{5.6.17}$$

对于 ε 阶,将方程(5.6.14)两边同乘以$\partial x_0/\partial\eta$,

$$\frac{\partial}{\partial \eta}\left[S_0S_1\left(\frac{\partial x_0}{\partial \eta}\right)^2\right]=f\left(x_0, S_0\frac{\partial x_0}{\partial \eta}\right)\frac{\partial x_0}{\partial \eta}-x_1\frac{\partial}{\partial \eta}g(x_0)$$

$$-R_1\left(2S_0\frac{\partial^2 x_0}{\partial\xi\partial \eta}+\frac{\partial S_0}{\partial \xi}\frac{\partial x_0}{\partial \eta}\right)\frac{\partial x_0}{\partial \eta}, \tag{5.6.18}$$

积分得

$$S_0S_1\xi^2\sin^2\eta = -\int_0^\eta \xi f_0(\xi,\eta)\mathrm{d}\eta - R_1\int_0^\eta \xi\left(2S_0+\xi\frac{\partial S_0}{\partial \xi}\right)\sin^2\eta\mathrm{d}\eta$$

$$+x_1[g(\xi+b)-g(\xi\cos\eta+b)], \tag{5.6.19}$$

其中

$$f_0(\xi,\eta) = f(\xi\cos\eta+b, -\xi S_0\sin\eta). \tag{5.6.20}$$

取上式积分上限 $\eta=2\pi$,求得

$$R_1(\xi) = -\frac{\int_0^{2\pi} f_0(\xi,\eta)\sin\eta\mathrm{d}\eta}{\int_0^{2\pi}\left(2S_0+\xi\frac{\partial S_0}{\partial \xi}\right)\sin^2\eta\mathrm{d}\eta}. \tag{5.6.21}$$

类似地,取积分上限 $\eta=\pi$,求得

$$x_1(\xi) = \frac{\xi\left[\int_0^\pi f_0(\xi,\eta)\sin\eta\mathrm{d}\eta + R_1\int_0^\pi\left(2S_0+\xi\frac{\partial S_0}{\partial \xi}\right)\sin^2\eta\mathrm{d}\eta\right]}{g(\xi+b)-g(-\xi+b)}. \tag{5.6.22}$$

从而可从方程(5.6.19)计算出 $S_1(\xi,\eta)$.

对于 ε^2 阶,将方程(5.6.15)两边乘以$\partial x_0/\partial\eta$,类似于上面的求解过程,可以求出

$$R_2(\xi)=-\frac{\int_0^{2\pi}f_1(\xi,\eta)\sin\eta\mathrm{d}\eta}{\int_0^{2\pi}\left(2S_0+\xi\frac{\partial S_0}{\partial\xi}\right)\sin^2\eta\mathrm{d}\eta},\tag{5.6.23}$$

$$x_2(\xi)=\frac{\xi\left[\int_0^{\pi}f_1(\xi,\eta)\sin\eta\mathrm{d}\eta+R_2\int_0^{\pi}\left(2S_0+\xi\frac{\partial S_0}{\partial\xi}\right)\sin^2\eta\mathrm{d}\eta\right]}{g(\xi+b)-g(-\xi+b)},\tag{5.6.24}$$

$$\begin{aligned}S_2(\xi,\eta)=&\frac{1}{\xi^2S_0\sin^2\eta}\{x_2[g(\xi+b)-g(\xi\cos\eta+b)],\\&-\xi\int_0^{\eta}\left[f_1(\xi,\eta)+R_2\left(2S_0+\xi\frac{\partial S_0}{\partial\xi}\right)\sin\eta\right]\sin\eta\mathrm{d}\eta\right\},\end{aligned}\tag{5.6.25}$$

其中

$$\begin{aligned}f_1(\xi,\eta)=&x_1f'_x\left(x_0,S_0\frac{\partial x_0}{\partial\eta}\right)+\left[-\xi S_1\sin\eta+R_1\left(\cos\eta+\frac{\mathrm{d}b}{\mathrm{d}\xi}\right)\right]f'_{\dot{x}}\left(x_0,S_0\frac{\partial x_0}{\partial\eta}\right)\\&-\frac{1}{2}x_1^2g''(x_0)-R_1\frac{\partial}{\partial\xi}\left[-\xi S_1\sin\eta+R_1\left(\cos\eta+\frac{\mathrm{d}b}{\mathrm{d}\xi}\right)\right]\\&-S_1\frac{\partial}{\partial\eta}\left[-\xi S_1\sin\eta+R_1\left(\cos\eta+\frac{\mathrm{d}b}{\mathrm{d}\xi}\right)\right]\\=&x_1f'_x(\xi\cos\eta+b,-\xi S_0\sin\eta)\\&+(R_1h+R_1\cos\eta-\xi S_1\sin\eta)f'_{\dot{x}}(\xi\cos\eta+b,-\xi S_0\sin\eta)\\&-\frac{1}{2}x_1^2g''(\xi\cos\eta+b)+R_1\left[\left(S_1+\xi\frac{\partial S_1}{\partial\xi}\right)\sin\eta-\frac{\mathrm{d}R_1}{\mathrm{d}\xi}\cos\eta\right.\\&\left.-R_1\frac{\mathrm{d}h}{\mathrm{d}\xi}-h\frac{\mathrm{d}R_1}{\mathrm{d}\xi}\right]+S_1\left[\left(\xi\frac{\partial S_1}{\partial\eta}+R_1\right)\sin\eta+\xi S_1\cos\eta\right],\end{aligned}\tag{5.6.26}$$

$$b=b(\xi),\quad h=\frac{\mathrm{d}b}{\mathrm{d}\xi}=\frac{g(-\xi+b)+g(\xi+b)}{g(-\xi+b)-g(\xi+b)}.\tag{5.6.27}$$

如有需要,可以往下继续求解 $R_i(\xi)$,$x_i(\xi)$,$S_i(\xi,\eta)$. 因此,方程(5.6.1)的一次近似解可以表示为

$$x=\xi\cos\eta+b,\tag{5.6.28}$$

$$\frac{\mathrm{d}\xi}{\mathrm{d}t}=\varepsilon R_1(\xi),\tag{5.6.29}$$

$$\frac{\mathrm{d}\eta}{\mathrm{d}t}=S_0(\xi,\eta)+\varepsilon S_1(\xi,\eta),\tag{5.6.30}$$

而其二次近似解可以表示为

$$x=\xi\cos\eta+b+\varepsilon x_1(\xi),\tag{5.6.31}$$

$$\frac{\mathrm{d}\xi}{\mathrm{d}t} = \varepsilon R_1(\xi) + \varepsilon^2 R_2(\xi), \tag{5.6.32}$$

$$\frac{\mathrm{d}\eta}{\mathrm{d}t} = S_0(\xi,\eta) + \varepsilon S_1(\xi,\eta) + \varepsilon^2 S_2(\xi,\eta). \tag{5.6.33}$$

可以看出，本节所述的方法其实就是 § 1.3 多尺度法中的两变量展开法的推广. 由于该法也是采用广义谐波函数作为摄动过程的基本函数，因此，我们称其为广义谐波函数 KBM 法，方法的提出者徐兆称其为非线性尺度法，是推广的多尺度法. 诚然，普通的多尺度法只适用于弱非线性系统，而广义谐波函数多尺度法则可适用于强非线性系统.

5.6.2　算例

例 1　考虑具有 5 次非线性项的系统

$$\ddot{x} + x^5 = \varepsilon(1 - x^2 - \dot{x}^2)\dot{x}. \tag{5.6.34}$$

对应于方程(5.5.33)，本例 $f(x,\dot{x}) = (1 - x^2 - \dot{x}^2)\dot{x}$，$g(x) = x^5$，$V(x) = \frac{1}{6}x^6$. 从方程(5.6.5)、(5.6.7)和(5.6.20)求得

$$b = 0, \tag{a}$$

$$S_0(\xi,\eta) = \xi^2\sqrt{(15 + 8\cos 2\eta + \cos 4\eta)/24}, \tag{b}$$

$$f_0(\xi,\eta) = -\xi[1 - \xi^2\cos^2\eta - \xi^2 S_0^2(\xi,\eta)\sin^2\eta]S_0(\xi,\eta)\sin\eta. \tag{c}$$

把它们代入方程(5.6.21)和(5.6.22)，求得

$$R_1(\xi) = \frac{1}{4}\xi(1 - 0.2874\xi^2 - 0.3000\xi^6), \tag{d}$$

$$x_1(\xi) = 0. \tag{e}$$

再从方程(5.6.19)，求得

$$S_1(\xi,\eta) = \frac{1}{\xi S_0(\xi,\eta)\sin^2\eta}\left\{\int_0^\eta \xi[1 - \xi^2\cos^2\eta - \xi^2 S_0^2(\xi,\eta)\sin^2\eta]\right.,$$

$$\left. S_0(\xi,\eta)\sin^2\eta\mathrm{d}\eta - 4R_1(\xi)\int_0^n S_0(\xi,\eta)\sin^2\eta\mathrm{d}\eta\right\}. \tag{f}$$

如果我们只要求一次近似解，则令 $R_1(\xi) = 0$ 可得定常振幅

$$\xi = \bar{a} \approx 1.1321, \tag{g}$$

$$R_1'(\bar{a}) = \frac{1}{4}(1 - 0.8631\bar{a}^2 - 2.09860\bar{a}^6) < 0. \tag{h}$$

根据 § 5.3 判断定常振幅稳定性的法则知，这一极限环是稳定的. 于是把 ξ 值代入(b)式得

$$S_0(\bar{a},\eta)=1.2817\sqrt{(15+8\cos 2\eta+\cos 4\eta)/24}. \tag{i}$$

由(f)式知，$S_1(\bar{a},\eta)$的 Fourier 展开式只含正弦项，周期为 π.

$$S_1(\bar{a},\eta)=-0.1044\sin 2\eta+0.024\sin 4\eta-0.0001\sin 6\eta+HH, \tag{j}$$

其中 HH 表示高次谐波项. 因此，极限环的一次近似为

$$x=1.1321\cos\eta, \tag{k}$$

$$\dot{x}=-1.1321[S_0(\bar{a},\eta)+\varepsilon S_1(\bar{a},\eta)]\sin\eta. \tag{l}$$

图 5-11 所示为 ε=0.1 时的极限环. 可以看出，其数值结果与 Runge-Kutta 法是一致的.

例 2 考虑具有二次非线性项的系统

$$\ddot{x}+x+x^2=\varepsilon(0.1+x)\dot{x}. \tag{5.6.35}$$

本例 $f(x,\dot{x})=(0.1+x)\dot{x}$，$g(x)=x+x^2$，$V(x)=\dfrac{1}{2}x^2+\dfrac{1}{3}x^3$. 从方程(5.6.5)、(5.6.7)和(5.6.20)求得

$$b=\frac{1}{2}\left(-1+\sqrt{1-\frac{4}{3}\xi^2}\right), \tag{a}$$

$$S_0(\xi,\eta)=\sqrt{\sqrt{1-\frac{4}{3}\xi^2}+\frac{2}{3}\xi\cos\eta}, \tag{b}$$

$$f_0(\xi,\eta)=-\xi(0.1+b+\xi\cos\eta)S_0(\xi,\eta)\sin\eta. \tag{c}$$

再从方程(5.6.21)、(5.6.22)和(5.6.19)求得

$$R_1(\xi)=-\frac{\xi\displaystyle\int_0^{2\pi}(0.1+b+\xi\cos\eta)S_0(\xi,\eta)\sin^2\eta\,\mathrm{d}\eta}{\displaystyle\int_0^{2\pi}\left[2S_0(\xi,\eta)+\xi\frac{\partial S_0(\xi,\eta)}{\partial\xi}\right]\sin^2\eta\,\mathrm{d}\eta}, \tag{d}$$

$$x_1(\xi)=0, \tag{e}$$

$$\begin{aligned}S_1(\xi,\eta)=&\frac{1}{\xi S_0(\xi,\eta)\sin^2\eta}\left\{\int_0^{\eta}\xi(0.1+b+\xi\cos\eta)S_0(\xi,\eta)\sin^2\eta\,\mathrm{d}\eta\right.\\&\left.-R_1(\xi)\int_0^{\eta}\left[2S_0(\xi,\eta)+\xi\frac{\partial S_0(\xi,\eta)}{\partial\xi}\right]\sin^2\eta\,\mathrm{d}\eta\right\}.\end{aligned} \tag{f}$$

为求稳态解，令 $R_1(\xi)=0$，求得定常振幅为

$$\xi=\bar{a}\approx 0.6102. \tag{g}$$

将其代入(a)，(b)二式，得

$$b=-0.1452, \tag{h}$$

$$S_0(\bar{a},\eta)=\sqrt{0.7096+0.4068\cos\eta}. \tag{i}$$

再由(f)式，把 $S_1(\bar{a},\eta)$展开为 Fourier 级数，周期 2π，最后求得

$$S_1(\bar{a},\eta) = 0.0986\sin\eta - 0.0032\sin 2\eta + 0.0009\sin 3\eta + HH. \tag{j}$$

其中，HH 表示高次谐波项. 这样，方程(5.6.35)的一次近似解为

$$x = 0.6102\cos\eta - 0.1452, \tag{k}$$

$$\dot{x} = -0.6102[S_0(\bar{a},\eta) + \varepsilon S_1(\bar{a},\eta)]\sin\eta. \tag{l}$$

图 5-12 所示为 $\varepsilon=0.3$ 时的极限环. 从图中可以看出，非线性尺度法和 Runge-Kutta 法的数值结果是一致的.

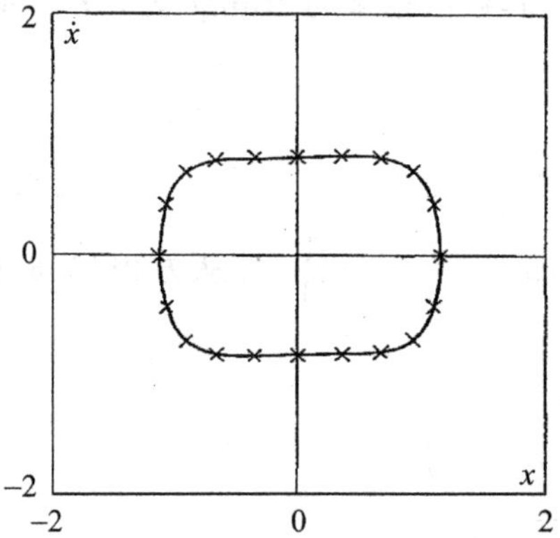

图 5-11　方程(5.6.34)当 $\varepsilon=0.1$ 的极限环
—— 表示 R-K 法；×××表示非线性尺度法

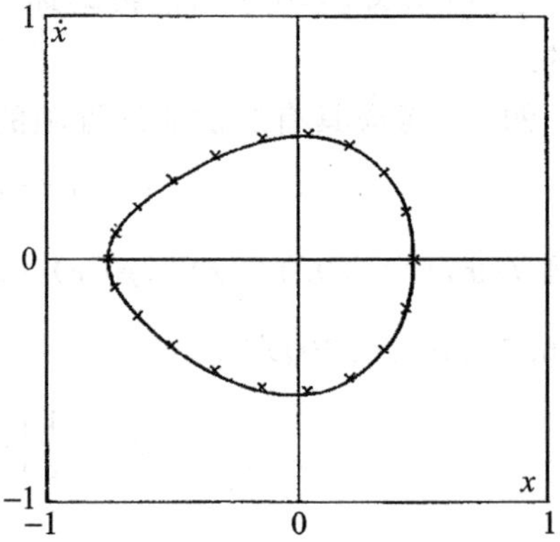

图 5-12　方程(5.6.35)当 $\varepsilon=0.3$ 的极限环
—— 表示 R-K 法；×××表示非线性尺度法

第 6 章　增量谐波平衡法(IHB 法)

§6.1　前　　言

本章将介绍求解非线性振动的另一个有效的定量方法，增量谐波平衡法(Incremental Harmonic Balance Method，简称 IHB 法)．该法是由 Lau(刘世龄)、Cheung(张佑启)于 1981 年首先提出来的．

Lau 等(1981)提出了非线性弹性系统周期运动的振幅增量变分原理．基于这一变分原理，Rayleigh-Ritz 法可以结合进来成为增量谐波平衡法．Cheung 等(1982)提出增量时间-空间有限条法，把增量谐波平衡法和时间、空间域的有限条法结合起来．Lau 等(1984)再把增量谐波平衡法与有限元法结合起来分析弹性薄板的非线性振动．之后，Lau、Cheung 及其合作者成功地将该法推广，应用于非线性振动的各个领域，成为求解非线性振动，特别是强非线性振动的有效方法．

增量谐波平衡法(IHB 法)就其本质来看，就是把增量法和谐波平衡法有机地结合起来．因此，本章 §6.2 将首先介绍谐波平衡法的基本原理，§6.3 以 Duffing 方程和 Mathieu 方程为例介绍 IHB 法的求解过程，§6.4 介绍多自由度系统的 IHB 法，§6.5 介绍 IHB 法与有限元法相结合研究工程结构的非线性振动，§6.6 介绍弹性系统非线性振动幅度增量变分原理，它是 IHB 法的理论基础，§6.7 介绍应用 IHB 法研究参变振动的不稳定区域，§6.8 介绍应用 IHB 法研究非线性系统的概周期振动，§6.9 介绍应用 IHB 法研究分段线性系统得非线性振动，§6.10介绍 IHB 法与时间变换法相结合，最后于 §6.11 介绍 IHB 法在各个领域的应用．

§6.2　谐波平衡法

谐波平衡法(the method of harmonic balance)是求解非线性振动的定量方法之一．大多数关于非线性振动的书，如国外的 Hayashi(1964)，Jordan 等(1977)，Nayfeh 等(1979)，国内的陈予恕(1983)，黄安基(1993)，褚亦清等(1996)等，都有介绍．

现考虑如下的非线性振动方程

$$\ddot{x} + \omega_0^2 x + f(x, \dot{x}) = F(t), \tag{6.2.1}$$

其中 $f(x,\dot{x})$ 为非线性函数，$F(t)$ 为以 T 为周期的周期函数，其 Fourier 级数为

$$F(t) = A_0 + \sum_{n=1}^{\infty}(A_n\cos n\omega t + B_n\sin n\omega t). \tag{6.2.2}$$

设方程(6.2.1)有周期解,并且以有限项的 Fourier 级数表示为

$$x(t) = a_0 + \sum_{n=1}^{N}(a_n\cos n\omega t + b_n\sin n\omega t). \tag{6.2.3}$$

把(6.2.2),(6.2.3)式代入(6.2.1)式,并把 $f(x,\dot{x})$ 也展开为 Fourier 级数的形式,再令方程两边 $\cos n\omega t$,$\sin n\omega t$ 的系数相等(谐波平衡),则可得到确定系数 a_0,a_n 和 b_n 总共 $2N+1$ 个未知量的方程组. 一般而言,此方程组是一个非线性代数方程组. 所得到的周期解的精度依赖于公式(6.2.3)中所取的谐波的项数 N.

方程(6.2.1)没有含小参数,$f(x,\dot{x})$ 可以是强非线性的函数,也可以是弱非线性的函数, 因此,谐波平衡法最大的优点是既可以是适合于强非线性系统,也可以适合于弱非线性系统. Mickens(1984)对谐波平衡法作了评论,称该法最大的优点是概念简单、明了,不局限于弱非线性系统. 所以,谐波平衡法的应用比较广泛. 但是要得到足够的精确的解,N 必须取足够大,并检查略去的谐波系数的量级,否则将会引起较大的误差.

例　用谐波平衡法求二次、三次非线性系统

$$\ddot{x} + k_1 x + k_2 x^2 + k_3 x^3 = 0. \tag{6.2.4}$$

解　对应于方程(6.2.1),本例 $\omega_0^2 = k_1$,$f(x,\dot{x}) = k_2 x^2 + k_3 x^3$,$F(t) = 0$.

设方程的解为

$$x(t) = A_1\cos\omega t = A_1\cos\phi, \tag{a}$$

把(a)式代入方程(6.2.4),得

$$(k_1 - \omega^2)A_1\cos\phi + \frac{1}{2}k_2 A_1^2(1 + \cos 2\phi) + \frac{1}{4}k_3 A_1^3(3\cos\phi + \cos 3\phi) = 0. \tag{b}$$

由 $\cos\phi$ 的系数等于零,得

$$(k_1 - \omega^2)A_1 + \frac{3}{4}k_3 A_1^3 = 0. \tag{c}$$

如果 A_1 是小量,可求得 ω 的近似式

$$\omega = \sqrt{k_1}\left(1 + \frac{3}{8}\frac{k_3}{k_1}A_1^2\right). \tag{d}$$

Nayfeh、Mook(1979)用经典的 L-P 法和多尺度法求得方程(6.2.4)的频率的表达式为

$$\omega = \sqrt{k_1}\left(1 + \frac{9k_1k_3 - 10k_2^2}{24k_1^2}A_1^2\right) + \cdots. \tag{e}$$

比较(d),(e)二式可知,(d)式并没有反映二次非线性项的影响. 因为(b)式中与

$k_2A_1^2$ 相关的常数项和 $\cos 2\phi$ 项没有考虑进来. 要正确地反映各刚度系数的影响, 就必须对假设的解取更多的谐波项.

下面我们再试设方程(6.2.4)的解为

$$x = A_0 + A_1\cos\phi + A_2\cos 2\phi. \tag{f}$$

把(j)式代入(6.2.4)式并令方程两边常数项, $\cos\phi$ 和 $\cos 2\phi$ 项的系数相等, 得

$$k_1 - \omega^2 + 2k_2A_0 + k_2A_2 + \frac{3}{4}k_3A_1^2 + 3k_3A_0A_2 + 3k_3A_0^2 + \frac{3}{2}k_3A_2^2 = 0, \tag{g}$$

$$k_1A_0 + k_2\left(A_0^2 + \frac{1}{2}A_1^2 + \frac{1}{2}A_2^2\right) + \frac{3}{2}k_3A_1^2\left(A_0 + \frac{1}{2}A_2\right) + k_3\left(A_0^3 + \frac{3}{2}A_0A_2^2\right) = 0, \tag{h}$$

$$(k_1 - 4\omega^2)A_2 + \frac{1}{2}k_2A_1^2 + 2k_2A_0A_2 + \frac{3}{2}k_3A_1^2(A_0 + A_2) + 3k_3A_0^2A_2 + \frac{3}{4}k_3A_2^3 = 0. \tag{i}$$

当 A_1 为小量时, 可以看出 $A_0 = O(A_1^2)$, $A_2 = O(A_1^2)$, 因此

$$A_0 = -\frac{1}{2}\frac{k_2}{k_1}A_1^2 + O(A_1^4), \tag{j}$$

$$A_2 = \frac{1}{6}\frac{k_2}{k_1}A_1^2 + O(A_1^4), \tag{k}$$

$$\omega^2 = k_1 + \frac{3}{4}k_3A_1^2 - \frac{5}{6}\frac{k_2^2}{k_1}A_1^2 + O(A_1^4). \tag{l}$$

于是, 可得方程(6.2.4)的解为

$$x = A_1\cos\phi - \frac{A_1^2k_2}{2k_1}\left[1 - \frac{1}{3}\cos 2\phi\right], \tag{m}$$

$$\omega = \sqrt{k_1}\left[1 + \frac{9k_1k_3 - 10k_2^2}{24k_1^2}A_1^2\right]. \tag{n}$$

(n)和(e)式完全一致, 说明本例至少应取三项才能得到与 L-P 法相一致的结果.

§ 6.3 增量谐波平衡法(IHB 法)

现以 Duffing 方程为例, 说明 IHB 法的求解过程.

$$m\ddot{x} + k_1x + k_3x^3 = f\cos\omega t. \tag{6.3.1}$$

令

$$\tau = \omega t, \tag{6.3.2}$$

则(6.3.1)式成为

$$m\omega^2 x'' + \omega_0^2 x + k_3 x^3 = f\cos\tau. \tag{6.3.3}$$

IHB 法把增量法和谐波平衡法有机地结合起来，所以 IHB 法的第一步是增量，设 x_0,ω_0 是方程(6.3.1)的解，则其邻近点可表示为

$$x = x_0 + \Delta x,\ \omega = \omega_0 + \Delta\omega, \tag{6.3.4}$$

其中 $\Delta x,\Delta\omega$ 为增量. 把(6.3.4)式代入方程(6.3.3)，并略去高阶小量后可得到以 $\Delta x,\Delta\omega$ 为未知量的增量方程

$$m\omega_0^2\Delta x'' + (k_1 + 3k_3 x_0^2)\Delta x = R - 2m\omega_0 x''_0\Delta\omega, \tag{6.3.5}$$

其中

$$R = f\cos\tau - (m\omega_0^2 x''_0 + k_1 x_0 + k_3 x_0^3), \tag{6.3.6}$$

R 称为不平衡力. 如果 x_0,ω_0 为准确解时，则 $R=0$.

IHB 法的第二步是谐波平衡过程. 由第二章众多例子可知，Duffing 方程的解只含有余弦的奇次谐波项，故可设

$$x_0 = a_1\cos\tau + a_3\cos 3\tau + \cdots, \tag{6.3.7}$$

$$\Delta x = \Delta a_1\cos\tau + \Delta a_3\cos 3\tau + \cdots. \tag{6.3.8}$$

把方程(6.3.7)、(6.3.8)代入方程(6.3.5)，并令方程两边相同谐波项的系数相等，可得如下方程

$$K_m\Delta a = R + R_m\cdot\Delta\omega, \tag{6.3.9}$$

其中

$$K_m = K - \omega_0^2 M,\ \Delta a = [\Delta a_1, \Delta a_3]^{\mathrm{T}},$$

K,M 为 2×2 的矩阵，其元素为

$$K_{11} = k_1 + \frac{3}{2}k_3\left(\frac{3}{2}a_1^2 + a_1 a_3 + a_3^2\right),$$

$$K_{12} = \frac{3}{2}k_3\left(\frac{1}{2}a_1^2 + 2a_1 a_3\right),$$

$$K_{21} = K_{22},$$

$$K_{22} = k_1 + \frac{3}{2}k_3\left(a_1^2 + \frac{3}{2}a_3^2\right),$$

$$M_{11} = m;\ M_{12} = M_{21} = 0;\ M_{22} = 9m,$$

R_1,R_m 为 2×1 的列阵，其元素为

$$R_1 = f + \left[m\omega_0^2 - k_1 - k_3\left(\frac{3}{4}a_1^2 + \frac{3}{4}a_1 a_3 + \frac{3}{2}a_3^2\right)\right]a_1,$$

$$R_3 = \left[9m\omega_0^2 - k_1 - k_3\left(\frac{3}{2}a_1^2 + \frac{3}{4}a_3^2\right)\right]a_3 - \frac{1}{4}k_3 a_1^3,$$

$$R_{m1} = 2m\omega_0 a_1, \quad R_{m2} = 18m\omega_0 a_3.$$

(6.3.9)式有三个未知量 Δa_1,Δa_3 和 $\Delta\omega$,但只有两个方程. 求解时必须指定其中之一(例如 $\Delta\omega$)为预先给定值,其余的两个增量(例如 Δa_1,Δa_3)就可以唯一确定了.

实际求解时,我们可先指定某一增量,如 $\Delta\omega$,为指定增量,于是由(6.3.9)式求得其余二个增量值,如 Δa_1,Δa_3. 然后,以 $a_1+\Delta a_1$,$a_3+\Delta a_3$ 代替原来的的 a_1 和 a_3,代入(6.3.9)式求得新的 Δa_1 和 Δa_3. 这样继续下去,循环迭代,直至求得的 a_1 和 a_3 满足不平衡力 $R=0$. 之后,给 ω_0 一个新的增量 $\Delta\omega$,以 $\omega_0+\Delta\omega$ 代替原先的 ω_0,以新的 ω_0 和上一次迭代求得的 a_1 和 a_3 为初值,重新进入谐波平衡过程. 求得对应于新的 ω_0 的 a_1 和 a_3 后,就进入下一个增量过程.

上面我们以两个谐波项为例,阐述 IHB 法的求解过程. 实际计算时,谐波项取得越多,不平衡力 R 越容易趋于零,即迭代易收敛. 但式(6.3.9)所含的方程的数目就越多,每次求解时花的时间也就越长. 若谐波项的数目太少,有时会造成不收敛,不平衡力 R 很难趋于零.

下面再以人们熟悉的 Mathieu 方程为例,说明 IHB 法在参数振动中的应用.

$$\ddot{x} + (1 + 2\lambda\cos 2\omega t)x = 0. \tag{6.3.10}$$

引入变换(6.3.2),则上式成为

$$\omega^2 x'' + (1 + 2\lambda\cos 2\tau)x = 0. \tag{6.3.11}$$

首先进行增量过程. 设 λ_0、ω_0 是对应周期解 x_0 的参数,则其邻近的状态可以用增量形式表示为

$$\lambda = \lambda_0 + \Delta\lambda, \quad \omega = \omega_0 + \Delta\omega, \quad x(\tau) = x_0(\tau) + \Delta x(\tau). \tag{6.3.12}$$

把上式代入方程(6.3.11),略去高阶小量,得

$$\omega_0^2 \Delta x'' + (1 + 2\lambda_0\cos 2\tau)\Delta x = R - 2\Delta\lambda x_0\cos 2\tau - 2\omega_0 x''_0\Delta\omega, \tag{6.3.13}$$

其中不平衡力

$$R = -\left[\omega_0^2 x''_0 + (1 + 2\lambda_0\cos 2\tau)x_0\right]. \tag{6.3.14}$$

其次,采用谐波平衡过程. 设方程(6.3.10)的周期解表示为

$$x_0 = \sum_{K=1,3,5}^{2N-1} (a_k\cos k\tau + b_k\sin k\tau), \tag{6.3.15}$$

则

$$\Delta x_0 = \sum_{K=1,3,5}^{2N-1} (\Delta a_k\cos k\tau + \Delta b_k\sin k\tau). \tag{6.3.16}$$

把上述 x_0 和 Δx_0 展开式代入增量方程(6.3.13)和不平衡力公式(6.3.14),并应用 Galerkin 平均过程

$$\int_0^{2\pi}[\omega_0^2\Delta x''+(1+2\lambda_0\cos 2\tau)\Delta x]\delta(\Delta x)\mathrm{d}\tau$$
$$=\int_0^{2\pi}[R-2\Delta\lambda x_0\cos 2\tau-2\omega_0 x''_0\Delta\omega]\delta(\Delta x)\mathrm{d}\tau. \tag{6.3.17}$$

积分上式并化简为代数方程组,以矩阵形式表示为

$$K\Delta a=R+R_\lambda\Delta\lambda+R_\omega\Delta\omega, \tag{6.3.18}$$

其中

$$\Delta a=[\Delta a_1,\Delta a_3,\Delta a_5,\cdots,\Delta a_{2N-1},\Delta b_1,\Delta b_3,\cdots,\Delta b_{2N-1}]^{\mathrm{T}}$$

$$K=\begin{bmatrix}1+\lambda_0-\omega_0^2 & \text{对} & \cdots\\ -\lambda_0 & 1-9\omega_0^2 & \text{称}\\ \cdots & \cdots & \ddots\end{bmatrix},$$

R,R_λ,R_ω 分别从方程(6.3.17)右边第一项、第二项和第三项推导而得.

显然,(6.3.18)式中所含未知量的数目比方程的数目多 2 个,因此求解时,必须先选定其中一个增量为主动增量(例如 $\Delta\lambda$),再选定(6.3.15)式中某一谐波项的系数为参考量,例如 $a_1=1$,则该参数量的增量为零,即 $\Delta a_1=0$. 这样,方程(6.3.18)就可唯一求解了.

值得指出的是,进行(6.3.17)式的 Galerkin 平均过程,其实质是谐波平衡过程. 讲谐波平衡过程是概念简单明了,讲采用 Galerkin 平均方程是推倒公式简单,易于表达.

同样值得指出的是,IHB 法中的增量过程和谐波平衡过程的次序可以互换,即先进行平衡,后进行增量. Ferri(1986)已证明二者是等价的.

增量谐波平衡法由于采用谐波平衡过程, 因此,它包含了谐波平衡法的优点,即它不但适合于弱非线性系统,而且适合于强非线性系统.

§6.4　多自由度系统非线性振动的 IHB 法

前面各章介绍的摄动方法,对于单自由度系统,应用起来还比较方便,但是对于多自由度系统而言,应用起来就复杂得多了, 更谈不上应用于经有限元离散后的大自由度系统了. 然而, IHB 法对于多自由度系统而言,其求解过程和推导公式的复杂程度和困难程度跟单自由度系统都差不多. 下面以具有三次非线性多自由度系统的振动问题为例,介绍 IHB 法的应用,具体请参见参考文献 Cheung 等(1990).

考虑具有三次非线性的多自由度系统

$$\sum_{j=1}^{n}\overline{M}_{ij}\ddot{q}_j+\sum_{j=1}^{n}\overline{C}_{ij}\dot{q}_j+\sum_{j=1}^{n}\overline{K}_{ij}q_j+\sum_{j=1}^{n}\sum_{k=1}^{n}\sum_{l=1}^{n}\overline{K}_{ijkl}^{(3)}q_jq_kq_l=f_i\cos[(2m-1)\omega t],$$

$$i = 1,2,\cdots,n, \tag{6.4.1}$$

其中 q_i 是系统的未知量，$\overline{M}_{ij}$，$\overline{C}_{ij}$，$\overline{K}_{ij}$，$\overline{K}_{ijkl}^{(3)}$，$f_i$ 和 ω 分别表示系统的质量系数，阻尼系数，线性刚度系数、三次非线性刚度系数、激励力振幅和频率，而且

$$\overline{K}_{ijkl}^{(3)} = \overline{K}_{iljk}^{(3)} = \overline{K}_{iklj}^{(3)}. \tag{6.4.2}$$

令

$$\tau = \omega t, \tag{6.4.3}$$

则方程(6.4.1)可以写成

$$\omega^2\overline{\boldsymbol{M}}\ddot{\boldsymbol{q}} + \omega\overline{\boldsymbol{C}}\dot{\boldsymbol{q}} + (\overline{\boldsymbol{K}} + \overline{\boldsymbol{K}}_N^{(3)})\boldsymbol{q} = \overline{\boldsymbol{F}}\cos(2m-1)\tau, \tag{6.4.4}$$

其中 $\boldsymbol{q}=[q_1,q_2,\cdots,q_n]^{\mathrm{T}}$，$\overline{\boldsymbol{F}}=[f_1,f_2,\cdots,f_n]^{\mathrm{T}}$，$\overline{\boldsymbol{M}}$，$\overline{\boldsymbol{C}}$ 和 $\overline{\boldsymbol{K}}$ 分别称为系统的质量矩阵、阻尼矩阵和线性刚度矩阵，其元素分别为 $\overline{M}_{ij}$，$\overline{C}_{ij}$ 和 $\overline{K}_{ij}$．$\overline{\boldsymbol{K}}_N^{(3)}$ 称为三次非线性刚度矩阵，其元素为

$$\overline{\boldsymbol{K}}_{N_{ij}}^{(3)} = \sum_{k=1}^{n}\sum_{l=1}^{n}\overline{K}_{ijkl}^{(3)}q_k q_l.$$

IHB 法的第一步是增量过程．设 q_{i0}，f_{i0} 和 ω_0 表示(6.4.1)的解，则其邻近状态以增量形式表示为

$$q_j = q_{i0} + \Delta q_j, \quad f_i = f_{i0} + \Delta f_i, \quad \omega = \omega_0 + \Delta\omega. \tag{6.4.5}$$

把(6.4.5)诸式代入方程(6.4.4)，并略去高阶小量，可得矩阵形式的线性化方程：

$$\begin{aligned}&\omega_0^2\overline{\boldsymbol{M}}\Delta\ddot{\boldsymbol{q}} + \omega_0\overline{\boldsymbol{C}}\Delta\dot{\boldsymbol{q}} + (\overline{\boldsymbol{K}} + 3\overline{\boldsymbol{K}}^{(3)})\Delta\boldsymbol{q}\\ &\quad = \overline{\boldsymbol{R}} - (2\omega_0\overline{\boldsymbol{M}}\ddot{\boldsymbol{q}}_0 + \overline{\boldsymbol{C}}\dot{\boldsymbol{q}}_0)\Delta\omega + \cos[(2m-1)\tau]\Delta\boldsymbol{F},\end{aligned} \tag{6.4.6}$$

$$\overline{\boldsymbol{R}} = \overline{\boldsymbol{F}}_0\cos(2m-1)\tau - (\omega_0^2\overline{\boldsymbol{M}}\ddot{\boldsymbol{q}}_0 + \omega_0\overline{\boldsymbol{C}}\dot{\boldsymbol{q}}_0 + \overline{\boldsymbol{K}}\boldsymbol{q}_0 + \overline{\boldsymbol{K}}^{(3)}\boldsymbol{q}_0). \tag{6.4.7}$$

$\overline{\boldsymbol{R}}$ 称为误差向量．当 q_{j0}，f_{i0} 和 ω_0 是方程的准确解时，$\overline{\boldsymbol{R}}=0$．$\boldsymbol{q}_0$，$\Delta\boldsymbol{q}$，$\overline{\boldsymbol{F}}_0$ 以及 $\overline{\boldsymbol{K}}^{(3)}$ 的元素 $\overline{K}_{ij}^{(3)}$ 如下所示：

$$\boldsymbol{q}_0 = [q_{10},q_{20},\cdots,q_{n0}]^{\mathrm{T}},\ \Delta\boldsymbol{q} = [\Delta q_1,\Delta q_2,\cdots,\Delta q_n]^{\mathrm{T}}$$

$$\boldsymbol{F}_0 = [f_{10},f_{20},\cdots,f_{n0}]^{\mathrm{T}},\ \Delta\boldsymbol{F} = [\Delta f_1,\Delta f_2,\cdots,\Delta f_n]^{\mathrm{T}},$$

$$\overline{\boldsymbol{K}}_{ij}^{(3)} = \sum_{k=1}^{n}\sum_{l=1}^{n}\overline{K}_{ijkl}^{(3)}q_{k0}q_{l0}.$$

IHB 法的第二步是 Galerkin 过程即谐波平衡过程．因为方程(6.4.1)是具有三次非线性，其稳态的周期解可假设为

$$q_{j0} = \sum_{k=1}^{N_c}a_{jk}\cos(2k-1)\tau + \sum_{k=1}^{N_s}b_{jk}\sin(2k-1)\tau = C_sA_j, \tag{6.4.8}$$

$$\Delta q_j = \sum_{k=1}^{N_c}\Delta a_{jk}\cos(2k-1)\tau + \sum_{k=1}^{N_s}\Delta b_{jk}\sin(2k-1)\tau = C_s\Delta A_j, \tag{6.4.9}$$

其中

$$C_s = [\cos\tau, \cos 3\tau, \cdots, \cos(2N_c - 1)\tau, \sin\tau, \sin 3\tau, \cdots, \sin(2N_s - 1)\tau],$$

$$A_j = [a_{j1}, a_{j2}, \cdots, a_{jN_c}, b_{j1}, b_{j2}, \cdots, b_{jN_s}]^{\mathrm{T}},$$

$$\Delta A_j = [\Delta a_{j1}, \Delta a_{j2}, \cdots, \Delta a_{jN_c}, \Delta b_{j1}, \Delta b_{j2}, \cdots, \Delta b_{jN_s}]^{\mathrm{T}}$$

记

$$\boldsymbol{A} = [A_1, A_2, \cdots, A_n]^{\mathrm{T}}, \quad \Delta\boldsymbol{A} = [\Delta A_1, \Delta A_2, \cdots, \Delta A_n]^{\mathrm{T}},$$

$$\boldsymbol{S} = \mathrm{dia}[\boldsymbol{C}_s, \boldsymbol{C}_s, \cdots, \boldsymbol{C}_s],$$

dia 表示只取对角线元素,则

$$\boldsymbol{q}_0 = \boldsymbol{S}\boldsymbol{A}, \quad \Delta\boldsymbol{q} = \boldsymbol{S}\Delta\boldsymbol{A}. \tag{6.4.10}$$

把(6.4.10)式代入增量方程(6.4.8)并采用

$$\int_0^{2\pi} \delta(\Delta\boldsymbol{q})^{\mathrm{T}} [\omega_0^2 \overline{\boldsymbol{M}} \Delta\ddot{\boldsymbol{q}} + \omega_0 \overline{\boldsymbol{C}} \Delta\dot{\boldsymbol{q}} + (\overline{\boldsymbol{K}} + 3\overline{\boldsymbol{K}}^{(3)}) \Delta\boldsymbol{q}] \mathrm{d}\tau$$

$$= \int_0^{2\pi} \delta(\Delta\boldsymbol{q})^{\mathrm{T}} [\overline{\boldsymbol{R}} - (2\omega_0 \overline{\boldsymbol{M}} \ddot{\boldsymbol{q}}_0 + \overline{\boldsymbol{C}} \dot{\boldsymbol{q}}_0) \Delta\omega + \cos[(2m-1)\tau] \Delta\boldsymbol{F}] \mathrm{d}\tau. \tag{6.4.11}$$

积分上式并整理归并为以 $\Delta\boldsymbol{A}$,$\Delta\omega$ 和 $\Delta\boldsymbol{F}$ 为未知量的代数方程组

$$\boldsymbol{K}_{mc} \Delta\boldsymbol{A} = \boldsymbol{R} + \boldsymbol{R}_{mc} \Delta\omega + \boldsymbol{R}_f \Delta\boldsymbol{F}, \tag{6.4.12}$$

$$\boldsymbol{K}_{mc} = \omega_0^2 \boldsymbol{M} + \omega_0 \boldsymbol{C} + \boldsymbol{K} + 3\boldsymbol{K}_0^{(3)}, \tag{6.4.13}$$

其中

$$\boldsymbol{R} = \boldsymbol{F} - (\omega_0^2 \boldsymbol{M} + \omega_0 \boldsymbol{C} + \boldsymbol{K} + \boldsymbol{K}^{(3)}) \boldsymbol{A}, \tag{6.4.14}$$

$$\boldsymbol{R}_{mc} = -(2\omega_0 \boldsymbol{M} + \boldsymbol{C}) \boldsymbol{A}, \tag{6.4.15}$$

$\boldsymbol{M}$,$\boldsymbol{C}$,$\boldsymbol{K}$,$\boldsymbol{K}^{(3)}$,$\boldsymbol{F}$ 和 $\boldsymbol{R}_f$ 的表达式如下:

$$\boldsymbol{M} = \int_0^{2\pi} \boldsymbol{S}^{\mathrm{T}} \overline{\boldsymbol{M}} \ddot{\boldsymbol{S}} \mathrm{d}\tau, \ \boldsymbol{C} = \int_0^{2\pi} \boldsymbol{S}^{\mathrm{T}} \overline{\boldsymbol{C}} \dot{\boldsymbol{S}} \mathrm{d}\tau,$$

$$\boldsymbol{K} = \int_0^{2\pi} \boldsymbol{S}^{\mathrm{T}} \overline{\boldsymbol{K}} \boldsymbol{S} \mathrm{d}\tau, \ \boldsymbol{K}^{(3)} = \int_0^{2\pi} \boldsymbol{S}^{\mathrm{T}} \overline{\boldsymbol{K}}^{(3)} \boldsymbol{S} \mathrm{d}\tau,$$

$$\boldsymbol{F} = \int_0^{2\pi} \boldsymbol{S}^{\mathrm{T}} \overline{\boldsymbol{F}}_0 \cos(2m-1)\tau \mathrm{d}\tau, \ \boldsymbol{R}_f = \int_0^{2\pi} \boldsymbol{S}^{\mathrm{T}} \cos(2m-1)\tau \mathrm{d}\tau.$$

如果我们只感兴趣于某一固定激励力振幅下的频率-振幅响应曲线,则 $\boldsymbol{F}$ 取固定值,$\Delta\boldsymbol{F}=0$,于是方程(6.4.12)成为

$$\boldsymbol{K}_{mc} \Delta\boldsymbol{A} = \boldsymbol{R} + \boldsymbol{R}_{mc} \Delta\omega. \tag{6.4.16}$$

这样,我们就可以如 § 6.3 所讲述求解方程(6.3.9)那样来求解方程(6.4.16).

如果我们感兴趣于某一固定激励频率下各响应谐波的振幅随某一激励力振幅而变化的曲线,比如说我们研究 f_i 的变化对响应谐波振幅的影响. 这时,$\Delta\omega=0$,$\Delta f_j=0$,$j\neq i$ 方程(6.4.12)就化简为

$$\boldsymbol{K}_{mc}\Delta\boldsymbol{A} = \boldsymbol{R} + \boldsymbol{R}_f\Delta\boldsymbol{F}. \tag{6.4.17}$$

值得指出的是，在计算追踪某一响应曲线，比如频率-振幅响应曲线时，通常采用频率增量或振幅增量或二者交替使用，有时还以弧长作为增量. 这都要视响应曲线的具体情况而定. 具体可参见 Cheung 等(1990)的论文. 该文详细介绍一种自动追踪响应曲线的弧长增量法. 应用该法能避开求解响应曲线的极值点(在极值点处，方程的切线刚度矩阵刚度为奇异矩阵，因而迭代不收敛)，从而达到能自动追踪曲线的目的. 在弧长增量法中，还采用三次外插技术，从已求得的四个已知解来预报下一个解的值，并以此作为下一个增量开始时迭代法的初值，这样可以减少每一个增量过程中的迭代次数，从而提高了收敛的速度. 设 x_0，x_1，x_2 和 x_3 为已求得的解，那么下一个解 x_4 可通过增加一个弧长 Δs 外插预报. 如果弧长 t 可作为参数，t_i 对应于 x_i，即 $t_0=0$，$t_1=s_1$，$t_2=t_1+s_2$，$t_3=t_2+s_3$，$t_4=t_3+\Delta s$，则 x_4 可由下式决定

$$x_4 = \sum_{i=0}^{3}\left(\prod_{\substack{j=0\\ j\neq 1}}^{3}\frac{t_4-t_j}{t_i-t_j}\right)x_i,$$

其中

$$s_i = |\,x_i - x_{i-1}\,| = \sqrt{\sum_{j=1}^{N_f+1}[x_i(j)-x_{i-1}(j)]^2},$$

式中 N_f 代表方程(6.4.16)中总自由度数. 外插示意图如图 6-1 所示.

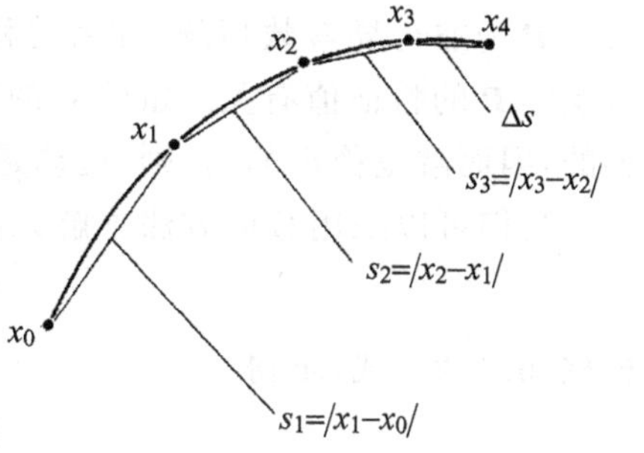

图 6-1　三次外插法 x_0，x_1，x_2，x_3 为已知点

下面研究 IHB 法求得的稳态周期解的稳定性. 设 $\boldsymbol{q}_0$ 是已求得的解，由于某种原因产生偏离量 $\Delta\boldsymbol{q}$，即

$$\boldsymbol{q} = \boldsymbol{q}_0 + \Delta\boldsymbol{q}. \tag{6.4.18}$$

把上式代入原方程(6.4.4)，略去高阶小量，并注意到 $\boldsymbol{q}_0$ 满足方程(6.4.4)，最后可得以 $\Delta\boldsymbol{q}$ 为未知量的方程

$$\omega^2\overline{\boldsymbol{M}}\Delta\boldsymbol{q} + \omega\overline{\boldsymbol{C}}\Delta\boldsymbol{q} + (\overline{\boldsymbol{K}} + 3\overline{\boldsymbol{K}}^{(3)})\Delta\boldsymbol{q} = 0. \tag{6.4.19}$$

方程(6.4.19)称为摄动方程，即是从已知的平衡位置摄动而得的方程. 它可从增量方程(6.4.6)令 $\overline{\boldsymbol{R}}=0$，$\Delta\omega=0$，$\Delta\boldsymbol{F}=0$ 而得到. 因此，原方程定常解的稳定性对应于具有周期系数 $\overline{\boldsymbol{K}}^{(3)}$ 的线性常微分方程(6.4.19)的解的稳定性. 我们可采用多变量的 Floquet 理论来研究.

把方程(6.4.19)重新写为

$$\dot{\boldsymbol{X}} = \boldsymbol{Q}(\tau)\boldsymbol{X}, \tag{6.4.20}$$

其中

$$\boldsymbol{X}=[\Delta\boldsymbol{q},\Delta\dot{\boldsymbol{q}}]^{\mathrm{T}},\ \boldsymbol{Q}=\begin{bmatrix}0 & \mathrm{I}\\ \boldsymbol{Q}_{21} & -(1/\omega)\overline{\boldsymbol{M}}^{-1}\overline{\boldsymbol{C}}\end{bmatrix},\ \boldsymbol{Q}_{21}=-\frac{1}{\omega^2}\overline{\boldsymbol{M}}^{-1}(\overline{\boldsymbol{K}}+3\overline{\boldsymbol{K}}^{(3)}),$$

式中 0 代表零矩阵,而 I 代表单位矩阵. 由于 $\boldsymbol{q}_0$ 是 τ 的周期函数,周期为 $T=2\pi/\omega$,所以 $\boldsymbol{Q}_{21}$ 的每一元素也是与 q_0 具有相同周期的周期函数.

对于方程(6.4.20),存在一个基础解

$$\boldsymbol{y}_k=[y_{1k},y_{2k},\cdots,y_{Nk}]^{\mathrm{T}},\quad k=1,2,\cdots,N,\tag{6.4.21}$$

其中 $N=2n$. 这一基础解可用矩阵形式来表示:

$$\boldsymbol{Y}=\begin{bmatrix}y_{11} & y_{12} & \cdots & y_{1N}\\ y_{21} & y_{22} & \cdots & y_{2N}\\ \vdots & \vdots & & \vdots\\ y_{N1} & y_{N2} & \cdots & y_{NN}\end{bmatrix}.\tag{6.4.22}$$

显然,$\boldsymbol{Y}$ 满足矩阵方程

$$\dot{\boldsymbol{Y}}=\boldsymbol{Q}(\tau)\boldsymbol{Y}.\tag{6.4.23}$$

由于 $\boldsymbol{Q}(\tau+T)=\boldsymbol{Q}(\tau)$,所以 $\boldsymbol{Y}(\tau+T)$ 也是基础矩阵解,因此,它可表示为

$$\boldsymbol{Y}(\tau+T)=\boldsymbol{P}\boldsymbol{Y}(\tau),\tag{6.4.24}$$

其中 $\boldsymbol{P}$ 为非奇异常数矩阵,称为转移矩阵. 根据 Floquet 理论,系统的稳定性准则与矩阵 $\boldsymbol{P}$ 的特征值有关. 如果 $\boldsymbol{P}$ 的所有特征值的模都小于 1,则系统的运动是有界的,因而解是稳定的;否则,运动是无界的,解也就不稳定.

我们可以采用数值方法求解方程(6.4.23)的基本解系,取初始条件

$$\boldsymbol{Y}(0)=\boldsymbol{I}.\tag{6.4.25}$$

根据(6.4.24)式,求得

$$\boldsymbol{P}=\boldsymbol{Y}(T).\tag{6.4.26}$$

从上面讨论可知,有效地计算转移矩阵就成为稳定性分析的关键. C. S. Hu 在其一系列的文章中(Hsu　1972,1973,1974)提出了一个近似求取转移矩阵的有效方法. 该法把一个周期等分为若干时间间段,在每一时间间段上进行积分. Friedmann 等(1977)总结了 Hsu 的方法并给出明晰的公式. 假设每一个周期 T 等分为 N_k 份,第 K 份 $\Delta_k=\tau_k-\tau_{k-1}$,在第 K 份时间间隔中,周期系数矩阵 $\boldsymbol{Q}(\tau)$ 以常系数矩阵 $\boldsymbol{Q}_k$ 代替.

$$\boldsymbol{Q}_k=\frac{1}{\Delta_k}\int_{\tau_{k-1}}^{\tau_k}\boldsymbol{Q}(\zeta)\mathrm{d}\zeta.\tag{6.4.27}$$

最后,转移矩阵以下式给出

$$P = Y(T) = \prod_{i=1}^{N_k}\left[I + \sum_{j=1}^{N_j}\frac{(\Delta_i Q_i)^j}{j\,!}\right]. \tag{6.4.28}$$

例 考虑由二个质量，二个弹簧一个阻尼器组成的二自由度非线性系统，受一个谐波激励力作用，如图 6-2 所示. 其中一个弹簧具有线性刚度系数 k_{10}，另一个具有三次非线性刚度，其恢复力为

$$f_{12} = k_{12}(q_1 - q_2) + \bar{\mu}(q_1 - q_2)^3.$$

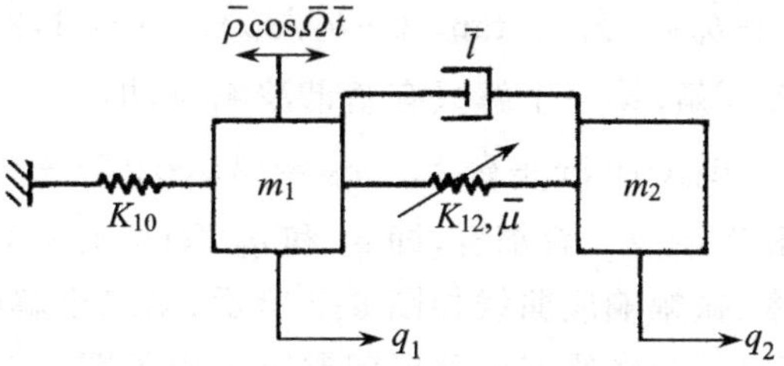

图 6-2 二自由度非线性振动系统

系统的平衡微分方程以无量纲形式表示为

$$\ddot{q}_1 + k^2 q_1 + \gamma(q_1 - q_2) + \mu\gamma l(\dot{q}_1 - \dot{q}_2) + \mu\gamma(q_1 - q_2)^3 = p\cos\Omega t, \tag{6.4.29}$$

$$\ddot{q}_2 + q_2 - q_1 - \mu l(\dot{q}_1 - \dot{q}_2) - \mu(q_1 - q_2)^3 = 0, \tag{6.4.30}$$

其中

$$\gamma = m_1/m_2,\quad t = \bar{t}\sqrt{k_{12}/m_2},\quad k^2 = k_{10}\gamma/k_{12},\quad l = \bar{l}\sqrt{k_{12}/m_2},$$

$$\mu = \bar{\mu}/k_{12},\quad \Omega = \bar{\Omega}\sqrt{m_2/k_{12}},\quad p = \bar{p}\gamma/k_{12},\quad \dot{q} = \mathrm{d}q/\mathrm{d}t,$$

q_1, q_2 表示质量 m_1 和 m_2 的位移，$\bar{t}$ 表示时间，$m_1, m_2, k_{10}, k_{12}, \bar{\mu}, \bar{l}, \bar{\Omega}, \bar{p}$ 分别表示系统的质量，线性刚度系数，非线性刚度系数，阻尼系数，激励力的频率和振幅等.

方程(6.4.29)和(6.4.30)可以写成(6.4.4)的矩阵形式，$\bar{\boldsymbol{M}}, \bar{\boldsymbol{C}}, \bar{\boldsymbol{K}}$ 和 $\bar{\boldsymbol{F}}$ 的表达式如下：

$$\bar{\boldsymbol{M}} = \begin{bmatrix}1 & 0\\0 & 1\end{bmatrix},\ \bar{\boldsymbol{K}} = \begin{bmatrix}k^2+\gamma & -\gamma\\-1 & 1\end{bmatrix},\ \bar{\boldsymbol{C}} = \mu l\begin{bmatrix}\gamma & -\gamma\\-1 & 1\end{bmatrix},\ \bar{\boldsymbol{F}} = \begin{Bmatrix}p\\0\end{Bmatrix},$$

$$\bar{k}^{(3)}_{1122} = \bar{k}^{(3)}_{1212} = \bar{k}^{(3)}_{1221} = \mu\gamma,\ \bar{k}^{(3)}_{1112} = \bar{k}^{(3)}_{1121} = \bar{k}^{(3)}_{1211} = -\mu\gamma,$$

$$\bar{k}^{(3)}_{2211} = \bar{k}^{(3)}_{2121} = \bar{k}^{(3)}_{2112} = \mu,\ \bar{k}^{(3)}_{2221} = \bar{k}^{(3)}_{2212} = \bar{k}^{(3)}_{2122} = -\mu,$$

$$\bar{k}^{(3)}_{1111} = \mu\gamma,\ \bar{k}^{(3)}_{2222} = \mu,\ \bar{k}^{(3)}_{1222} = -\mu\gamma,\ \bar{k}^{(3)}_{2111} = -\mu.$$

取 $k^2=1.5, \gamma=1.582, p=2, l=2\mu=0.01, \Omega=3\omega$，这时，系统的第二阶固有频率约等于第一阶固有频率的 3 倍，因此，系统将发生内部共振.

在求解过程中,本例取

$$q_1 = a_{11}\cos\tau + a_{12}\cos3\tau + b_{11}\sin\tau + b_{12}\sin3\tau$$
$$= A_{11}\cos(\tau+\phi_{11}) + A_{12}\cos(3\tau+\phi_{12}), \tag{6.4.31}$$
$$q_2 = a_{12}\cos\tau + a_{22}\cos3\tau + b_{21}\sin\tau + b_{22}\sin3\tau$$
$$= A_{21}\cos(\tau+\phi_{21}) + A_{22}\cos(3\tau+\phi_{22}), \tag{6.4.32}$$

其中

$$A_{ij} = \sqrt{a_{ij}^2 + b_{ij}^2},\quad \phi_{ij} = \tan^{-1}(-b_{ij}/a_{ij}),\quad i=1,2;\ j=1,2.$$

系统将有两个非零解.第一个解只有基谐波响应,即

$$q_1 = A_{12}\cos(3\tau+\phi_{12}),\quad q_2 = A_{22}\cos(3\tau+\phi_{22}). \tag{6.4.33}$$

第二个解是基谐波和次谐波二者都有,即 q_1 和 q_2 取(6.4.31)和(6.4.32)的形式.

第一个解的频率-振幅响应曲线如图 6-3 所示;第二个解的响应曲线如图 6-4 所示. Bajkowski 等(1986)在研究内共振问题时采用了图 6-2 的模型,并应用 Ritz 法求解和计算机模拟. 为检验 IHB 法的计算结果,我们取与 Bajkowski 相同的数据,从而可以比较计算结果. 从图6-3和图 6-4 所示结果看,IHB 法的计算结果与 Ritz 法和计算机的模拟结果是一致的.

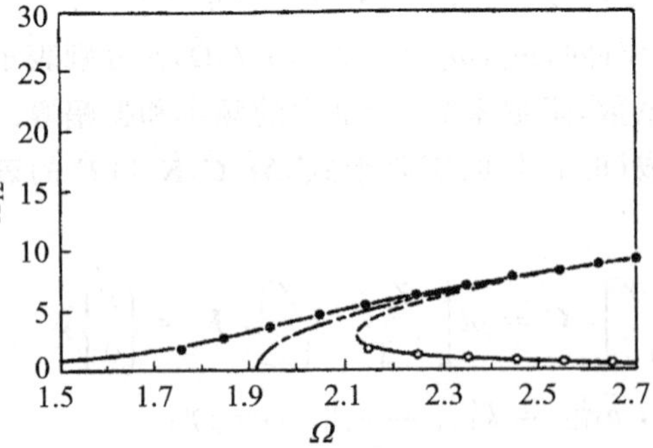

图 6-3　方程(6.4.29)和(6.4.30)的基谐波响应线
—表示稳定解;- - -表示不稳定解;—·—表示自由振动解;· 表示 Ritz 法;○ 表示计算机模拟解

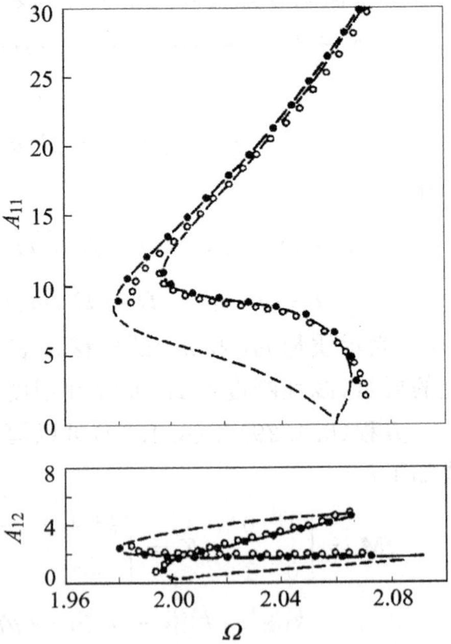

图 6-4　方程(6.4.29)和(6.4.30)的基谐波和次谐波响应曲线
— 表示稳定解;- - - 表示不稳定解;· 表示 Ritz 法;○ 表示计算机模拟解

§6.5 与非线性有限元分析相结合的 IHB 法

IHB 法的另一个突出优点就是能与有限元法相结合，可以计算工程结构具有大自由度的强非线性振动问题. 这一结合可以显示 IHB 法具有重要的实用价值和广阔的应用前景. 已有很多这方面的研究，如：Cheung 等(1982)求解梁的非线性振动问题；Lau 等(1984)求解薄板的问题；Lau 等(1986)求解壳体问题；Iu 等(1985)求解夹层梁问题；Iu 等(1986)求解夹层板问题；Leung 等(1989a，1990a，b，c)，Chen 等(2001)求解平面杆系结构问题，等等. 下面以平面杆系结构的非线性振动为例，具体介绍 IHB 法与有限元法的结合.

6.5.1 非线性有限元分析

考虑图 6-5 所示的典型二节点平面梁单元，其节点位移分量为 u_i，w_i 和 θ_i，分别表示节点的轴向位移，横向挠度和转角.

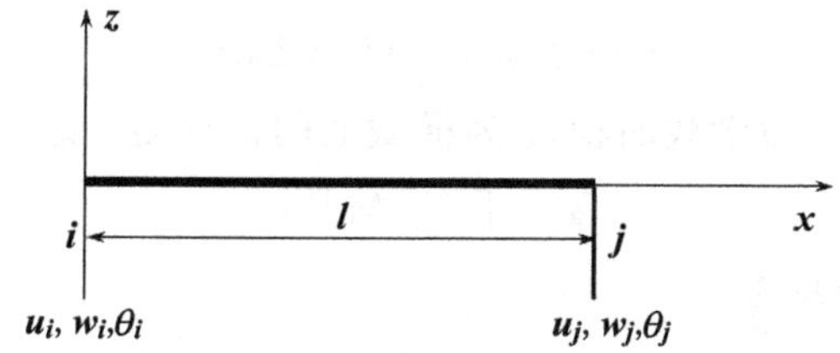

图 6-5 平面梁单元

单元体中任意点的位移以单元节点位移 $\boldsymbol{u}_e$，$\boldsymbol{w}_e$ 表示为

$$u = \boldsymbol{N}^p \boldsymbol{u}_e, \quad w = \boldsymbol{N}^b \boldsymbol{w}_e, \tag{6.5.1}$$

$$\boldsymbol{u}_e = [u_i \quad u_j]^{\mathrm{T}}, \quad \boldsymbol{w}_e = [w_i \quad \theta_i \quad w_j \quad \theta_j]^{\mathrm{T}}, \tag{6.5.2}$$

其中 $\boldsymbol{N}^p$，$\boldsymbol{N}^b$ 分别表示拉压直杆和弯曲横梁单元的形函数矩阵. 记

$$\boldsymbol{U} = [u \quad w]^{\mathrm{T}}, \quad \boldsymbol{q}_e = [\boldsymbol{u}_e^{\mathrm{T}} \quad \boldsymbol{w}_e^{\mathrm{T}}]^{\mathrm{T}}, \quad \boldsymbol{N} = \begin{bmatrix} \boldsymbol{N}^p & \boldsymbol{0} \\ \boldsymbol{0} & \boldsymbol{N}^b \end{bmatrix}, \tag{6.5.3}$$

则(6.5.1)二式可合并记为

$$\boldsymbol{U} = \boldsymbol{N}\boldsymbol{q}_e. \tag{6.5.4}$$

现仅考虑几何非线性问题. 对于大挠度梁的振动，轴向应变 ε 和横向弯曲曲率 κ 为

$$\varepsilon = \frac{\partial u}{\partial x} + \frac{1}{2}\left(\frac{\partial w}{\partial x}\right)^2, \quad \kappa = \frac{\partial^2 w}{\partial^2 x}. \tag{6.5.5}$$

把(6.5.1)式代入上式,得

$$\varepsilon = \boldsymbol{B}_0^p \boldsymbol{u}_e + \frac{1}{2}\boldsymbol{B}_L^b \boldsymbol{w}_e, \quad \kappa = \boldsymbol{B}_0^b \boldsymbol{W}_e. \tag{6.5.6}$$

记

$$\boldsymbol{E} = [\varepsilon \quad \kappa]^{\mathrm{T}}. \tag{6.5.7}$$

为方便起见,把 $\boldsymbol{E}$ 表示为线性部分 $\boldsymbol{E}_0$ 和非线性部分 $\boldsymbol{E}_L$ 之和

$$\boldsymbol{E} = \boldsymbol{E}_0 + \boldsymbol{E}_L, \quad \boldsymbol{E}_0 = \boldsymbol{B}_0 \boldsymbol{q}_e, \quad \boldsymbol{E}_L = \frac{1}{2}\boldsymbol{B}_L \boldsymbol{q}_e, \tag{6.5.8}$$

其中

$$\boldsymbol{B}_0 = \begin{bmatrix} \boldsymbol{B}_0^p & \boldsymbol{0} \\ \boldsymbol{0} & \boldsymbol{B}_0^b \end{bmatrix}, \qquad \boldsymbol{B}_L = \begin{bmatrix} \boldsymbol{0} & \boldsymbol{B}_L^b \\ \boldsymbol{0} & \boldsymbol{0} \end{bmatrix}, \tag{6.5.9}$$

$\boldsymbol{B}_0$ 与线弹性有限元应变矩阵相同,$\boldsymbol{B}_L$ 含单元体节点位移 $\boldsymbol{q}_e$. 对 $\boldsymbol{E}$ 取变分,得

$$\mathrm{d}\boldsymbol{E} = \bar{\boldsymbol{B}}\mathrm{d}\boldsymbol{q}_e, \quad \bar{\boldsymbol{B}} = \boldsymbol{B}_0 + \boldsymbol{B}_L, \tag{6.5.10}$$

轴向力 T 和弯矩 M 为

$$T = EA\varepsilon, \quad M = EI\kappa. \tag{6.5.11}$$

其中 E 为杨氏模量,A 为横截面积,I 为横截面的惯性矩. 记

$$\sigma = [T \quad M]^{\mathrm{T}}, \tag{6.5.12}$$

则(6.5.11)二式可合并为

$$\sigma = \boldsymbol{D}\boldsymbol{E}, \tag{6.5.13}$$

其中

$$\boldsymbol{D} = \begin{bmatrix} EA & 0 \\ 0 & EI \end{bmatrix}. \tag{6.5.14}$$

再记外力向量为 $\boldsymbol{P}$. 应用虚功原理和达朗贝尔原理(d'Alembert's principle),再考虑阻尼力,可得单元体的动力平衡方程

$$\int_0^l \delta\boldsymbol{E}^{\mathrm{T}}\sigma\mathrm{d}x = -\int_0^l \rho A\delta\boldsymbol{U}^{\mathrm{T}}\ddot{\boldsymbol{U}}\mathrm{d}x - \int_0^l \mu\delta\boldsymbol{U}^{\mathrm{T}}\boldsymbol{U}\mathrm{d}x + \int_0^l \delta\boldsymbol{U}^{\mathrm{T}}\boldsymbol{P}\mathrm{d}x, \tag{6.5.15}$$

其中 ρ 是质量密度,μ 是阻尼系数. 把方程(6.5.4),(6.5.8),(6.5.13)代入上式,整理可得如下的矩阵形式的动力平衡方程:

$$\boldsymbol{M}_e\boldsymbol{q}_e + \boldsymbol{C}_e\boldsymbol{q}_e + \boldsymbol{K}_e(\boldsymbol{q}_e)\boldsymbol{q}_e = \boldsymbol{F}_e(t), \tag{6.5.16}$$

$$\int_0^{l-T} \boldsymbol{B}\sigma\mathrm{d}x = \boldsymbol{K}_e(\boldsymbol{q}_e)\boldsymbol{q}_e, \ \boldsymbol{K}_e(\boldsymbol{q}_e) = \boldsymbol{K}_0 + \boldsymbol{K}_{NL}(\boldsymbol{q}_e), \tag{6.5.17}$$

其中 $\boldsymbol{K}_0$,$\boldsymbol{M}_e$,$\boldsymbol{C}_e$,$\boldsymbol{F}_e(t)$分别为单元的刚度矩阵、质量矩阵、阻尼矩阵和载荷矩阵. 其具体表达式如下:

$$\boldsymbol{K}_0 = \int_0^l \boldsymbol{B}_0^{\mathrm{T}} \boldsymbol{D} \boldsymbol{B}_0 \mathrm{d}x = \begin{bmatrix} \boldsymbol{K}_u & 0 \\ 0 & \boldsymbol{K}_w \end{bmatrix}, \quad \boldsymbol{K}_u = EA\int_0^l (\boldsymbol{B}_0^p)^{\mathrm{T}} \boldsymbol{B}_0^p \mathrm{d}x,$$

$$\boldsymbol{K}_w = EI\int_0^l (\boldsymbol{B}_0^b)^{\mathrm{T}} \boldsymbol{B}_0^b \mathrm{d}x, \ \boldsymbol{M}_e = \rho A\int_0^l \boldsymbol{N}^{\mathrm{T}} \boldsymbol{N} \mathrm{d}x = \begin{bmatrix} \boldsymbol{M}_u & 0 \\ 0 & \boldsymbol{M}_w \end{bmatrix},$$

$$\boldsymbol{M}_u = \rho A\int_0^l (\boldsymbol{N}^p)^{\mathrm{T}} \boldsymbol{N}^p \mathrm{d}x, \ \boldsymbol{M}_w = \rho A\int_0^l (\boldsymbol{N}^b)^{\mathrm{T}} \boldsymbol{N}^b \mathrm{d}x,$$

$$\boldsymbol{C}_e = \mu A\int_0^l \boldsymbol{N}^{\mathrm{T}} \boldsymbol{N} \mathrm{d}x = \begin{bmatrix} \boldsymbol{C}_u & \boldsymbol{0} \\ \boldsymbol{0} & \boldsymbol{C}_w \end{bmatrix}, \quad \boldsymbol{C}_u = \mu A\int_0^l (\boldsymbol{N}^p)^{\mathrm{T}} \boldsymbol{N}^p \mathrm{d}x,$$

$$\boldsymbol{C}_w = \mu A\int_0^l (\boldsymbol{N}^b)^{\mathrm{T}} \boldsymbol{N}^b \mathrm{d}x, \quad \boldsymbol{F}_e(t) = \int_0^l (\boldsymbol{N}^b)^{\mathrm{T}} \boldsymbol{P} \mathrm{d}x,$$

$$\boldsymbol{K}_{NL} = \int_0^l \left(\frac{1}{2} \boldsymbol{B}_0^{\mathrm{T}} \boldsymbol{D} \boldsymbol{B}_L + \boldsymbol{B}_L^{\mathrm{T}} \boldsymbol{D} \boldsymbol{B}_0 + \frac{1}{2} \boldsymbol{B}_L^{\mathrm{T}} \boldsymbol{D} \boldsymbol{B}_L \right)^{\mathrm{T}} \mathrm{d}x = \begin{bmatrix} \boldsymbol{0} & \frac{1}{2}\boldsymbol{K}_{uw} \\ \boldsymbol{K}_{wu} & \frac{1}{2}\boldsymbol{K}_{ww} \end{bmatrix},$$

$$\boldsymbol{K}_{uw} = EA\int_0^l (\boldsymbol{B}_0^p)^{\mathrm{T}} \widetilde{\boldsymbol{B}}_L^b \mathrm{d}x = EA(\boldsymbol{B}_0^p)^{\mathrm{T}} \boldsymbol{w}_e^{\mathrm{T}} \boldsymbol{K}_g, \quad \boldsymbol{K}_{wu} = \boldsymbol{K}_{uw}^{\mathrm{T}},$$

$$\boldsymbol{K}_{ww} = EA\int_0^l (\boldsymbol{B}_L^b)^{\mathrm{T}} \widetilde{\boldsymbol{B}}_L^b \mathrm{d}x = \frac{EA}{l} \boldsymbol{K}_g \boldsymbol{w}_e \boldsymbol{w}_e^{\mathrm{T}} \boldsymbol{K}_g^{\mathrm{T}}, \quad \boldsymbol{K}_g = \int_0^l \boldsymbol{G}^{\mathrm{T}} \boldsymbol{G} \mathrm{d}x,$$

$\boldsymbol{K}_{NL}$ 包含了未知量 $\boldsymbol{q}_e$，显然，$\boldsymbol{K}_{NL}$ 不对称. 为了下面推导公式方便，轴向力可取单元的轴力的平均值，即

$$T = \frac{EA}{l}\int_0^l \varepsilon \mathrm{d}x = EA\boldsymbol{B}_0^p \boldsymbol{u}_e + \frac{1}{2} EA \widetilde{\boldsymbol{B}}_L^b \boldsymbol{w}_e, \quad \widetilde{\boldsymbol{B}}_L^b = \frac{1}{l} \boldsymbol{w}_e^{\mathrm{T}} \boldsymbol{K}_g.$$

按照常规有限元单元刚度矩阵迭加进结构总的刚度矩阵的法则，最后可得整个结构的动力平衡方程

$$\boldsymbol{M}\ddot{\boldsymbol{q}} + \boldsymbol{C}\dot{\boldsymbol{q}} + \boldsymbol{K}(\boldsymbol{q})\boldsymbol{q} = \boldsymbol{F}(t), \tag{6.5.18}$$

其中 $\boldsymbol{q}$ 为总的位移向量，$\boldsymbol{M}$，$\boldsymbol{C}$，$\boldsymbol{K}(\boldsymbol{q})$，$\boldsymbol{F}(t)$ 为结构总质量矩阵、总阻尼矩阵、总刚度矩阵和总的外力列阵.

值得指出的是，对于拱和框架结构，其单元矩阵 $\boldsymbol{M}_e$，$\boldsymbol{C}_e$，$\boldsymbol{K}_e$，$\boldsymbol{F}_e(t)$ 在迭加进总体矩阵之前必须进行坐标转换. 同时，对于实际工程结构的有限元分析，方程(6.5.18)未知量的数目非常大，因此在实际求解之前有必要降阶，最常用的方法就是采用振型展开法，把大量的结点位移以少数的前几阶振型的振幅来表示. Lau (1982)，Iu 等(1985)在应用 IHB 法求解实际结构时都有采用这一技巧.

6.5.2 IHB 法求解

现考虑方程(6.5.18)具有频率为 ω 的周期解. 先引入无量纲量 τ，令

$$\tau = \omega t, \tag{6.5.19}$$

则方程(6.5.18)成为

$$\omega^2 \boldsymbol{M}\boldsymbol{q}'' + \omega \boldsymbol{C}\boldsymbol{q}' + \boldsymbol{K}(\boldsymbol{q})\boldsymbol{q} = \boldsymbol{F}(\tau). \tag{6.5.20}$$

为便于研究超谐波、次谐波和组合谐波响应，设

$$\boldsymbol{F}(\tau) = \sum_{n=1}^{N} (\boldsymbol{F}_{cn} \cos n\tau + \boldsymbol{F}_{sn} \sin n\tau). \tag{6.5.21}$$

IHB法的第一步骤为增量法(即 Newton-Raphson 增量过程). 令 $\boldsymbol{q}_0$ 和 ω_0 表示某一振动状态，则其邻近状态为

$$\boldsymbol{q} = \boldsymbol{q}_0 + \Delta \boldsymbol{q}, \quad \omega = \omega_0 + \Delta\omega. \tag{6.5.22}$$

把(6.5.22)代入(6.5.20)式，略去高阶小量，便可得到增量方程

$$\omega_0^2 \boldsymbol{M}\Delta\boldsymbol{q}'' + \omega_0 \boldsymbol{C}\Delta\boldsymbol{q}' + \boldsymbol{K}_T(\boldsymbol{q}_0)\Delta\boldsymbol{q} = \boldsymbol{R} - (2\omega_0 \boldsymbol{M}\boldsymbol{q}''_0 + \boldsymbol{C}\boldsymbol{q}'_0)\Delta\omega, \tag{6.5.23}$$

$$\boldsymbol{K}_T = \boldsymbol{K}_0 + \boldsymbol{K}_L + \boldsymbol{K}_\sigma, \tag{6.5.24}$$

$$\boldsymbol{R} = \boldsymbol{F}(\tau) - [\omega_0^2 \boldsymbol{M}\boldsymbol{q}''_0 + \omega_0 \boldsymbol{C}\boldsymbol{q}'_0 + \boldsymbol{K}(\boldsymbol{q}_0)\boldsymbol{q}_0], \tag{6.5.25}$$

其中

$$\boldsymbol{K}_L = \int_0^l (\boldsymbol{B}_0^{\mathrm{T}} \boldsymbol{D}\boldsymbol{B}_L + \boldsymbol{B}_L^{\mathrm{T}} \boldsymbol{D}\boldsymbol{B}_0 + \boldsymbol{B}_L^{\mathrm{T}} \boldsymbol{D}\boldsymbol{B}_L)^{\mathrm{T}} \mathrm{d}x = \begin{bmatrix} 0 & \boldsymbol{K}_{uw} \\ \boldsymbol{K}_{wu} & \boldsymbol{K}_{ww} \end{bmatrix},$$

$$\boldsymbol{K}_\sigma = \begin{bmatrix} 0 & 0 \\ 0 & \boldsymbol{K}_\sigma^b \end{bmatrix}, \quad \boldsymbol{K}_\sigma^b = T_0 \boldsymbol{K}_g.$$

上述式子中，$\boldsymbol{K}_T$ 称为切线刚度矩阵，其包含三个矩阵 $\boldsymbol{K}_0$，$\boldsymbol{K}_L$，$\boldsymbol{K}_\sigma$ 分别称为线性刚度矩阵(小位移刚度矩阵)、大位移刚度矩阵(初位移刚度矩阵)、几何刚度矩阵(初应力刚度矩阵). T_0 表示平均轴向力，$\boldsymbol{R}$ 表示不平衡力，也称为修正向量. 当 $\boldsymbol{q}_0$、ω_0 是准确解时，$\boldsymbol{R}=0$.

IHB法的第二步骤 谐波平衡法(即 Ritz-Galerkin 过程). 令

$$q_{10} = \frac{1}{2}a_{i0} + \sum_{n=1}^{N} (a_{in} \cos n\tau + b_{in} \sin n\tau) = \boldsymbol{C}_s \boldsymbol{A}_i, \tag{6.5.26}$$

$$\Delta q_i = \frac{1}{2}a_{i0} + \sum_{n=1}^{N} (\Delta a_{in} \cos n\tau + \Delta b_{in} \sin n\tau) = \boldsymbol{C}_s \Delta\boldsymbol{A}_i, \tag{6.5.27}$$

其中

$$\boldsymbol{C}_s = [1\ \cos\tau \cdots \cos n\tau\ \ \sin\tau \cdots \sin n\tau]^{\mathrm{T}},$$

$$\boldsymbol{A}_i = [a_{i0}\ a_{i1}\ \cdots\ a_{in}\ b_{i1}\ \cdots\ b_{in}]^{\mathrm{T}},$$

$$\Delta\boldsymbol{A}_i = [\Delta a_{i0}\ \Delta a_{i1}\ \cdots\ \Delta a_{in}\ \Delta b_{i1}\ \cdots\ \Delta b_{in}]^{\mathrm{T}}.$$

于是，q_0，Δq 可以方便地富氏系数向量 A 及其增量 ΔA 表示为

$$q_0 = SA, \quad \Delta q = S\Delta A, \tag{6.5.28}$$

$$S = \mathrm{dia}[C_s \, C_s \cdots C_s], \quad A = [A_1 \, A_2 \cdots A_{neq}]^{\mathrm{T}},$$

$$\Delta A = [\Delta A_1 \, \Delta A_2 \cdots \Delta A_{neq}]^{\mathrm{T}},$$

式中 dia 表示对角线矩阵，下标 neq 表示自由度总数. 把方程(6.5.28)代入(6.5.22)并应用 Galerkin 过程，最后可得以 ΔA，$\Delta\omega$ 为未知量的线性方程组

$$\bar{K}_{mc} \Delta A = \bar{R} + \bar{R}_{mc} \Delta\omega, \tag{6.5.29}$$

其中

$$\bar{K}_{mc} = \omega_0^2 \bar{M} + \omega_0 \bar{C} + \bar{K}_T(q_0), \tag{6.5.30}$$

$$\bar{R} = \bar{F} - [\omega_0^2 \bar{M} + \omega_0 \bar{C} + \bar{K}(q_0)]A, \tag{6.5.31}$$

$$\bar{R}_{mc} = (2\omega_0 \bar{M} + \bar{C})A, \tag{6.5.32}$$

式中 $\bar{K}$，$\bar{M}$，$\bar{C}$，$\bar{K}_T$；$\bar{F}$ 分别由 $S^{\mathrm{T}}KS$，$S^{\mathrm{T}}MS''$，$S^{\mathrm{T}}CS'$，$S^{\mathrm{T}}K_TS$，$S^{\mathrm{T}}F$ 从 0 到 2π 积分而得.

6.5.3　算例

例 1　简支梁的联合共振.

图 6-6 所示为简支梁受三个谐波激励力的作用. 梁的基本参数为(略去量纲单位)：$A=0.1$，$I=0.00081$，$\rho=2$，$E=2\times10^5$，$r=0.09$，$p_1=p_3=5EIr/L^3$，$p_2=10EIr/L^3$. $r=\sqrt{\dfrac{I}{A}}$，称为梁的惯性半径.

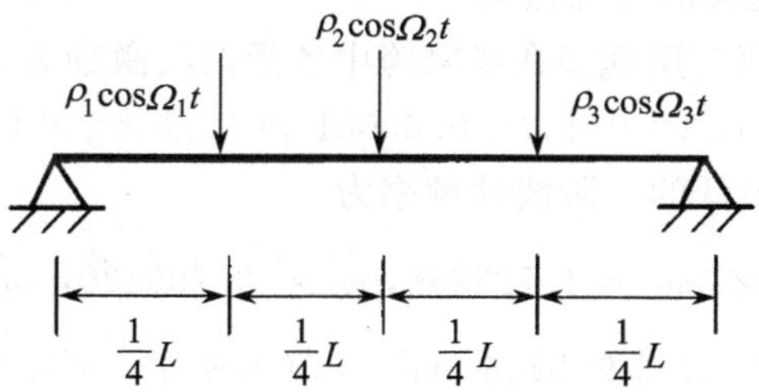

图 6-6　简支梁受三个谐波激励力作用

该梁的第一阶线性频率为 $\omega_1=1.550858$. 现研究如下情况 $\omega=\Omega_1=\Omega_3=\dfrac{1}{2}\Omega_2$. 当 $\omega\approx\omega_1/4$ 时将发生联合共振，其响应图如图 6-7 所示. 图中 a_1，a_2 和 a_4 分别表示 $\cos\omega t$，$\cos2\omega t$ 和 $\cos4\omega t$ 的振幅. a_1，a_2 属于基本谐波响应，对应于激励

力 $\cos\Omega_1 t(\cos\Omega_3 t)$，$\cos\Omega_2 t$ 的响应；而 a_4 属于组合谐波的响应，$\omega_1 \approx \Omega_1 + \Omega_2 + \Omega_3$. 从图 6-7 可以明显看出，$a_1$，$a_2$ 和 a_4 之间有一个明显的能量交换过程. 当频率比 ω/ω_1 大于 0.25 时，a_4 迅速增大而 a_1，a_2 减小，a_4 达到极大值时，a_1，a_2 达到极小值. 之后，a_4 迅速减小而 a_1，a_2 却增大，这一现象称为内部共振，是非线性振动的特有现象之一.

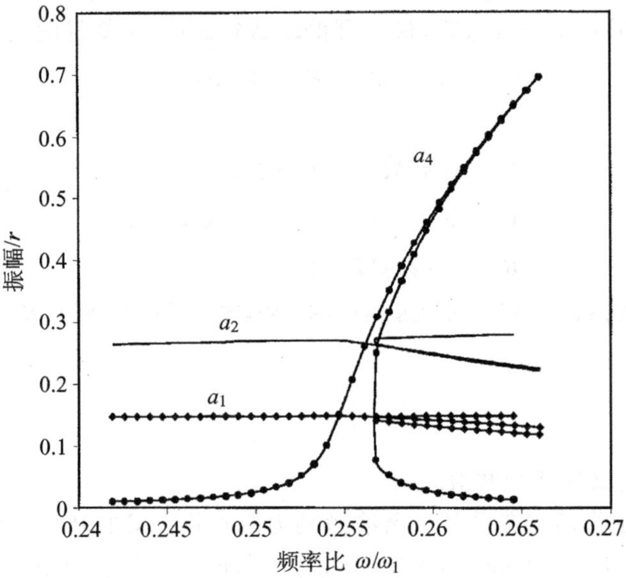

图 6-7　简支梁的联合共振

例 2　平面二层框架的对称振动.

图 6-8 所示为平面二层框架在横梁跨中各受谐波激励力的作用. 框架的基本参数为(略去量的单位)：$A=0.1$，$I=0.00081$，$\rho=2$，$E=2\times10^5$，$r=0.09$，$L=h=9$，$L/r=100$. 该框架最低的 4 阶线性频率为

$$\omega_1 = 0.5262952,\ \omega_2 = 1.727236,\ \omega_3 = 3.796430,\ \omega_4 = 5.36935,$$

其对应的振型如图 6-9(a)、6-9(b)、6-9(c)、6-9(d)所示. 可以看出，第一、二阶振型是反对称的，而第三、第四振型是对称的. 现研究当 $P_A = EIr/r^3\cos\omega t$ 和 $P_B = 5EIr/L^3\cos3\omega t$，$\omega\approx\omega_4$ 时的基本谐波响应. 采用 IHB 法计算，整个结构划分为 24 个单元(每一个根柱和梁分为 6 个单元)，Fourier 级数中取 7 个谐波项. A 点垂直振动的第一个谐波的频率-振幅响应曲线如图 6-10 所示. 这是响应曲线展示渐软弹簧的特性.

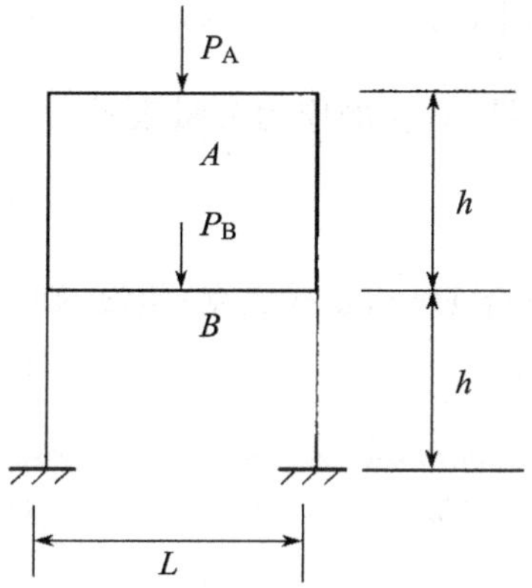

图 6-8 平面二层框架受 2 个谐波激励力的作用

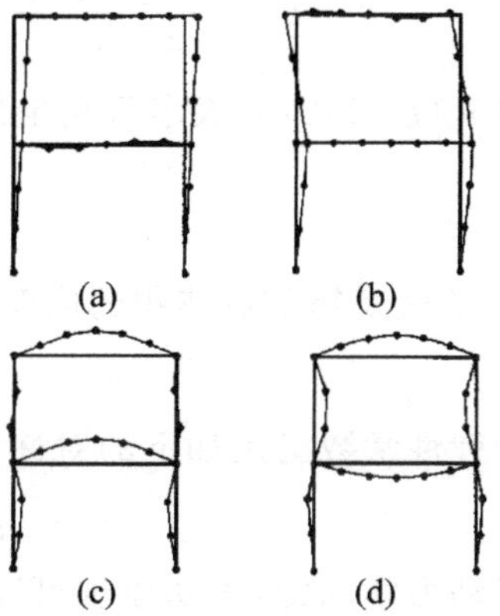

图 6-9 平面二层框架前四阶线性振型

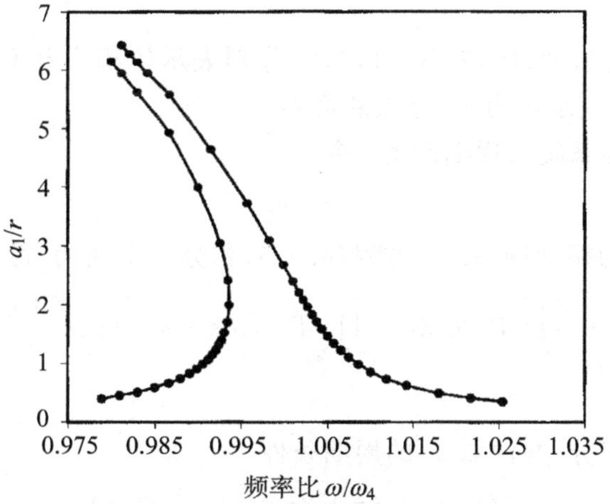

图 6-10 平面二层框架 A 点垂直振动的响应曲线

§6.6 弹性系统非线性振动幅度增量变分原理

本节对一般的弹性系统建立幅度增量变分原理. 这一原理是 Lau 等(1981)首先提出来的,它是增量谐波平衡法的理论基础.

6.6.1 幅度增量变分原理

为方便起见,从一般的弹性理论出发. 在非线性弹性理论中,如果采用 Lagrangian(拉格朗日)近似,则应变分量 ε_{ij} 定义为

$$\varepsilon_{ij} = \frac{1}{2}\left(\frac{\partial u_i}{\partial x_j} + \frac{\partial u_j}{\partial x_i} + \frac{\partial u_r}{\partial x_i} + \frac{\partial u_r}{\partial x_j}\right)\ (i,j,r = 1,2,3), \tag{6.6.1}$$

其中 $u_i(i=1,2,3)$ 表示直角坐标中三个位移分量,对应的应力分量表示为

$$\sigma_{ij} = \frac{\partial U}{\partial \varepsilon_{ij}}, \tag{6.6.2}$$

式中 U 代表每单位体积的应变能. 如果材料符合 Hookean(虎克)假设,则

$$\sigma_{ij} = C_{ijkl}\varepsilon_{kl}, \tag{6.6.3}$$

其中弹性常数满足如下的对称条件

$$C_{ijkl} = C_{ijlk} = C_{jikl} = C_{klij}. \tag{6.6.4}$$

对于动力学问题,虚功原理可以表示为

$$\iiint_v \sigma_{ij}\delta\varepsilon_{ij}\,\mathrm{d}v - \iiint_v \overline{P}_i\delta u_i\,\mathrm{d}v + \iiint_v \rho\left(\frac{\partial^2 u_i}{\partial t^2}\right)\delta u_i\,\mathrm{d}v - \iint_{S_\sigma}\overline{T}_i\delta u_i\,\mathrm{d}s = 0, \tag{6.6.5}$$

其中 ρ 表示材料的密度,$\overline{P}_i,\overline{T}_i(i=1,2,3)$分别表示体积力和面力的分量. v 表示弹性体的体积,S_σ 表示面力 $\overline{T}_i$ 已知的边界.

现仅考虑弹性系统的周期运动. 令

$$\tau = \omega t, \tag{6.6.6}$$

其中 ω 表示系统的振动频率. 对方程(6.6.5)积分一个周期,得

$$\int_0^{2\pi}\left[\iiint_v \sigma_{ij}\delta\varepsilon_{ij}\,\mathrm{d}v - \iiint_v \overline{P}_i\delta u_i\,\mathrm{d}v - \iint_{S_\sigma}\overline{T}_i\delta u_i\,\mathrm{d}s + \omega^2\iiint_v \rho\left(\frac{\partial^2 u_i}{\partial \tau^2}\right)\delta u_i\,\mathrm{d}v\right]\mathrm{d}\tau = 0. \tag{6.6.7}$$

对上式进行分部积分,并注意 u_i 的周期条件

$$u_i(\tau) = u_i(\tau + 2\pi)\ (i = 1,2,3), \tag{6.6.8}$$

则(6.6.7)式成为

$$\int_0^{2\pi}\left[\iiint_v \sigma_{ij}\delta\varepsilon_{ij}\,\mathrm{d}v - \iiint_v \overline{P}_i\delta u_i\,\mathrm{d}v - \iint_{S_\sigma}\overline{T}_i\delta u_i\,\mathrm{d}s - \omega^2\iiint_v \rho\left(\frac{\partial u_i}{\partial \tau}\right)\delta\left(\frac{\partial u_i}{\partial \tau}\right)\mathrm{d}v\right]\mathrm{d}\tau = 0. \tag{6.6.9}$$

这一变分方程其实就是 Hamilton(哈密顿)原理对于周期运动的特殊形式.

记 $u_i^{(0)},\overline{P}_i^{(0)},\overline{T}_i^{(0)}$ 和 ω_0 表示前一状态,则其邻近状态可以增量形式表示为

$$u_i = u_i^{(0)} + \Delta u_i, \tag{6.6.10}$$

$$\overline{P}_i = \overline{P}_i^{(0)} + \Delta\overline{P}_i, \tag{6.6.11}$$

$$\overline{T}_i = \overline{T}_i^{(0)} + \Delta\overline{T}_i, \tag{6.6.12}$$

$$\omega = \omega_0 + \Delta\omega. \tag{6.6.13}$$

把(6.6.1)和(6.6.10)二式代入(6.6.9)式中第一个积分并略去高阶小量,得

$$\iiint_v \sigma_{ij}\delta\varepsilon_{ij}\,dv = \iiint_v \frac{1}{2}(\sigma_{ij}^{(0)} + \Delta\sigma_{ij}) \times \Big[\delta\frac{\partial\Delta u_i}{\partial x_j} + \delta\frac{\partial\Delta u_j}{\partial x_i} + \frac{\partial(u_r^{(0)}+\Delta u_r)}{\partial x_i}\delta\frac{\partial\Delta u_r}{\partial x_j} + \frac{\partial(u_r^{(0)}+\Delta u_r)}{\partial x_j}\delta\frac{\partial\Delta u_r}{\partial x_i}\Big]dv$$

$$\cong \iiint_v \Big[\sigma_{ij}^{(0)}\delta\Delta\varepsilon_{ij} + \Delta\sigma_{ij}\delta\Delta\varepsilon_{ij} + \sigma_{ij}^{(0)}\ \frac{1}{2}\Big(\frac{\partial\Delta u_r}{\partial x_i}\delta\frac{\partial\Delta u_r}{\partial x_j} + \frac{\partial\Delta u_r}{\partial x_j}\delta\frac{\partial\Delta u_r}{\partial x_i}\Big)\Big]dv, \tag{6.6.14}$$

其中

$$\Delta\varepsilon_{ij} = \frac{1}{2}\Big(\frac{\partial\Delta u_i}{\partial x_j} + \frac{\partial\Delta u_j}{\partial x_i} + \frac{\partial\Delta u_r^{(0)}}{\partial x_i}\frac{\partial\Delta u_r}{\partial x_j} + \frac{\partial\Delta u_r}{\partial x_i} + \frac{\partial\Delta u_r^{(0)}}{\partial x_j}\Big), \tag{6.6.15}$$

$$\Delta\sigma_{ij} = C_{ijkl}\Delta\varepsilon_{kl}. \tag{6.6.16}$$

类似地,把(6.6.10)和(6.6.13)二式代入(6.6.9)式方括号中最后一个积分,得

$$\omega^2\iiint_v \rho\Big(\frac{\partial u_i}{\partial\tau}\Big)\delta\Big(\frac{\partial u_i}{\partial\tau}\Big)dv$$

$$= (\omega^2 + 2\omega_0\Delta\omega + \Delta\omega^2)\iiint_v \rho\frac{\partial(u_i^{(0)}+\Delta u_i)}{\partial\tau}\delta\frac{\partial\Delta u_i}{\partial\tau}dv$$

$$\cong (\omega_0^2 + 2\omega_0\Delta\omega)\iiint_v \rho\frac{\partial u_i^{(0)}}{\partial\tau}\delta\frac{\partial\Delta u_i}{\partial\tau}dv + \omega_0^2\iiint_v \rho\frac{\partial\Delta u_i}{\partial\tau}\delta\frac{\partial\Delta u_i}{\partial\tau}dv. \tag{6.6.17}$$

于是,方程(6.6.9)最后可化简为

$$\int_0^{2\pi}\Big\{\iiint_v\Big[\Delta\sigma_{ij}\delta\Delta\varepsilon_{ij} + \sigma_{ij}^{(0)}\ \frac{1}{2}\delta\Big(\frac{\partial\Delta u_r}{\partial x_i}\frac{\partial\Delta u_r}{\partial x_j}\Big)\Big]dv - \omega_0^2\iiint_v\rho\frac{\partial\Delta u_i}{\partial\tau}\delta\frac{\partial u_i}{\partial\tau}dv$$
$$+ \iiint_v \sigma_{ij}^{(0)}\delta\Delta\varepsilon_{ij}\,dv - \iiint_v \overline{P}_i^{(0)}\delta\Delta u_i\,dv - \iint_{S_\sigma}\overline{T}_i^{(0)}\delta\Delta u_i\,ds$$
$$- \omega_0^2\iiint_v\rho\frac{\partial u_i^{(0)}}{\partial\tau}\delta\frac{\partial\Delta u_i}{\partial\tau}dv - \iiint_v\Delta\overline{P}_i\delta\Delta u_i\,dv$$
$$- \iint_{S_\sigma}\Delta\overline{T}_i\delta\Delta u_i\,ds + 2\omega_0\Delta\omega\iiint_v\rho\frac{\partial u_i^{(0)}}{\partial\tau}\delta\frac{\partial\Delta u_i}{\partial\tau}dv\Big\}d\tau = 0. \tag{6.6.18}$$

请注意,上述方程中所有的函数必须是周期函数,并且满足类似于(6.6.8)式的周期性条件.

应用Gauss(高斯)定理,

$$\iiint_v \sigma_{ij}^{(0)}\Delta\varepsilon_{ij}\,dv = -\iiint_v \frac{\partial}{\partial x_i}\Big[\sigma_{ik}^{(0)}\Big(\delta_{ik} + \frac{\partial u_i^{(0)}}{\partial x_k}\Big)\Big]\Delta u_i\,dv$$

$$+\iint_{S_\sigma}\sigma_{ik}^{(0)}\left(\delta_{ik}+\frac{\partial u_i^{(0)}}{\partial x_k}\right)n_j\Delta u_i\mathrm{d}s,\tag{6.6.19}$$

其中 δ_{ik} 表示 Kronecker(克罗内克)符号,n_j 表示表面法线方向的方向余弦.

最后假定外力与变形无关,方程(6.6.18)可以写成

$$\begin{aligned}\delta\Big\{&\int_0^{2\pi}\Big[\iiint_v\left(\frac{1}{2}C_{ijkl}\Delta\varepsilon_{ij}\Delta\varepsilon_{kl}+\frac{1}{2}\sigma_{ij}^{(0)}\frac{\partial\Delta u_r}{\partial x_i}\frac{\partial\Delta u_r}{\partial x_j}\right)\mathrm{d}v-\frac{\omega_0^2}{2}\iiint_v\rho\frac{\partial\Delta u_i}{\partial\tau}\frac{\partial\Delta u_i}{\partial\tau}\mathrm{d}v\Big]\mathrm{d}\tau\\&-\int_0^{2\pi}\Big[\iiint_v(\Delta\bar{P}_i+P_i^{(r)})\Delta u_i\mathrm{d}v+\iint_{S_\sigma}(\Delta\bar{T}_i+T_i^{(r)})\Delta u_i\mathrm{d}s\\&+2\omega_0\Delta\omega\iiint_v\rho\frac{\partial u_i^{(0)}}{\partial\tau}\frac{\partial\Delta u_i}{\partial\tau}\mathrm{d}v\Big]\mathrm{d}\tau\Big\}=0,\end{aligned}\tag{6.6.20}$$

其中

$$P_i^{(r)}=\frac{\partial}{\partial x_i}\left[\sigma_{ik}^{(0)}\left(\delta_{ik}+\frac{\partial u_i^{(0)}}{\partial x_k}\right)\right]-\rho\omega_0^2\frac{\partial^2u_i^{(0)}}{\partial\tau^2}+\bar{P}_i^{(0)},\tag{6.6.21}$$

$$\bar{T}_i^{(r)}=\bar{T}_i^{(0)}-\sigma_{ik}^{(0)}\left(\delta_{ik}+\frac{\partial u_i^{(0)}}{\partial x_k}\right)n_j,\tag{6.6.22}$$

$P_i^{(r)}$,$T_i^{(r)}$ 称为不平衡力,由前一个状态的值计算而得,当前一个状态是准确解时,其值为零.

值得强调的是方程(6.6.18)比方程(6.6.20)更具有普遍性. 因为前者不考虑应力-应变关系,因而更适合于非保守系统.

6.6.2 平板和扁壳

如果采用 von Karman(冯 · 卡门)大变形理论,并略去平面内惯性以及转动的影响,则平板的平衡微分方程可以用挠度函数 w 和艾里(Airy)应力函数中表示为

$$D\nabla^2\nabla^2\omega=\frac{\partial^2\omega}{\partial x^2}\frac{\partial^2\phi}{\partial y^2}+\frac{\partial^2\omega}{\partial y^2}\frac{\partial^2\phi}{\partial x^2}-2\frac{\partial^2\omega}{\partial x\partial y}\frac{\partial^2\phi}{\partial x\partial y}-\rho h\frac{\partial^2\omega}{\partial t^2},\tag{6.6.23}$$

$$\frac{1}{Eh}\nabla^2\nabla^2\phi=\left(\frac{\partial^2\omega}{(\partial x\partial y)^2}\right)^2-\frac{\partial^2\omega}{\partial x^2}\frac{\partial^2\omega}{\partial y^2}.\tag{6.6.24}$$

这一公式保留平板最基本的非线性特性并且广为应用. 根据刘世宁(1963)提出的广义变分原理(该原理与上述的方程和边界条件是等价的),周期振动问题的简化形式可以写为

$$\begin{aligned}&\delta\int_0^{2\pi}\Big[\iint_A\left(\frac{1}{2}\chi^{\mathrm{T}}\boldsymbol{D}_b\chi-\frac{1}{2}\boldsymbol{\Phi}^{\mathrm{T}}\boldsymbol{D}_m\boldsymbol{\Phi}+\frac{1}{2}\boldsymbol{\theta}^{\mathrm{T}}\boldsymbol{A}^{\mathrm{T}}\boldsymbol{\Phi}\right)\mathrm{d}x\mathrm{d}y\\&-\omega^2\iint_A\frac{\rho h}{2}\left(\frac{\partial\omega}{\partial\tau}\right)^2\mathrm{d}x\mathrm{d}y-\iint_Aq\omega\mathrm{d}x\mathrm{d}y-\int_{C_R}\bar{R}_n\omega\mathrm{d}s+\int_{C_M}\bar{M}_n\frac{\partial\omega}{\partial n}\mathrm{d}s\mathrm{d}\tau\Big]\mathrm{d}\tau=0,\end{aligned}\tag{6.6.25}$$

其中

$$
\boldsymbol{D}_b = \frac{Eh^3}{12(1-\nu^2)}\begin{bmatrix} 1 & \nu & 0 \\ \nu & 1 & 0 \\ 0 & 0 & \dfrac{1-\nu}{2} \end{bmatrix}, \quad \boldsymbol{D}_m = \frac{1}{Eh}\begin{bmatrix} 1 & -\nu & 0 \\ -\nu & 1 & 0 \\ 0 & 0 & 2(1+\nu) \end{bmatrix},
$$

$$
\boldsymbol{\chi} = \left[-\frac{\partial^2 w}{\partial x^2}, -\frac{\partial^2 w}{\partial y^2}, -\frac{\partial^2 w}{\partial x \partial y}\right]^{\mathrm{T}}, \quad \boldsymbol{\Phi} = \left[\frac{\partial^2 \phi}{\partial y^2}, \frac{\partial^2 \phi}{\partial x^2}, -2\frac{\partial^2 \phi}{\partial x \partial y}\right]^{\mathrm{T}},
$$

$$
\boldsymbol{\theta} = \begin{Bmatrix} \dfrac{\partial \omega}{\partial x} \\ \dfrac{\partial \omega}{\partial y} \end{Bmatrix}, \quad \boldsymbol{A} = \begin{bmatrix} \dfrac{\partial \omega}{\partial x} & 0 \\ 0 & \dfrac{\partial \omega}{\partial y} \\ \dfrac{\partial \omega}{\partial y} & \dfrac{\partial \omega}{\partial x} \end{bmatrix},
$$

$E=$Young(杨氏)模量,$\nu=$Poisson(泊松)比,$h=$板的厚度,$\overline{M}_n=$沿边界 C_M 上预先给定的弯矩,$\overline{R}_n=$沿边界 C_R 上预先给定的横向剪力,$n=$中面边界的法线方向,$A=$中面的面积.

其附加条件是:

(1) 挠度函数 w 必须满足预先给定的几何边界条件;

(2) Airy(艾里)应力函数中应满足所有的边界条件(包括几何的条件和力学上的条件).

采用上一节所述步骤,幅度增量变分原理可以表达为

$$
\begin{aligned}
&\delta\int_0^{2\pi}\Big[\iint_A\left(\frac{1}{2}\Delta\boldsymbol{\chi}^{\mathrm{T}}\boldsymbol{D}_b\Delta\boldsymbol{\chi} - \frac{1}{2}\Delta\boldsymbol{\Phi}^{\mathrm{T}}\boldsymbol{D}_m\Delta\boldsymbol{\Phi}\right)\mathrm{d}x\mathrm{d}y \\
&+\iint_A\left(\frac{1}{2}\Delta\boldsymbol{\theta}^{\mathrm{T}}\Delta\boldsymbol{A}^{\mathrm{T}}\boldsymbol{\Phi}^{(0)} + \Delta\boldsymbol{\theta}^{\mathrm{T}}(\boldsymbol{A}^{(0)})^{\mathrm{T}}\Delta\boldsymbol{\Phi}\right)\mathrm{d}x\mathrm{d}y - \omega^2\iint_A\frac{\rho h}{2}\left(\frac{\partial\Delta\omega}{\partial\tau}\right)^2\mathrm{d}x\mathrm{d}y \\
&+\iint_A(\Delta\boldsymbol{\chi}^{\mathrm{T}}\boldsymbol{D}_b\boldsymbol{\chi}^{(0)} - \Delta\boldsymbol{\Phi}^{\mathrm{T}}\boldsymbol{D}_m\boldsymbol{\Phi}^{(0)})\mathrm{d}x\mathrm{d}y \\
&+\iint_A\left(\Delta\boldsymbol{\theta}^{\mathrm{T}}(\boldsymbol{A}^{(0)})^{\mathrm{T}}\boldsymbol{\Phi}^{(0)} + \frac{1}{2}\Delta\boldsymbol{\Phi}^{\mathrm{T}}\boldsymbol{A}^{(0)}\boldsymbol{\theta}^{(0)}\right)\mathrm{d}x\mathrm{d}y \\
&-(\omega^2 + 2\omega_0\Delta\omega)\iint_A\rho h\left(\frac{\partial\Delta\omega}{\partial\tau}\right)\left(\frac{\partial\omega^{(0)}}{\partial\tau}\right)\mathrm{d}x\mathrm{d}y \\
&-\iint_A(q+\Delta q)\Delta\omega\mathrm{d}x\mathrm{d}y - \int_{C_R}(\overline{\boldsymbol{R}}_n^{(0)} + \Delta\overline{\boldsymbol{R}}_n)\Delta\omega\mathrm{d}s \\
&+\int_{C_M}(\overline{\boldsymbol{M}}_n^{(0)} + \Delta\overline{\boldsymbol{M}}_n)\frac{\partial\Delta\omega}{\partial n}\mathrm{d}s\Big]\mathrm{d}\tau = 0.
\end{aligned}
\tag{6.6.26}
$$

如果挠度函数在 C_R 和 C_M 上同时满足力的边界条件,那么,应用 Green(格林)公

式,可以很容易地推导(6.6.26)式的另一形式的增量 Galerkin(伽辽金)公式

$$\delta\int_0^{2\pi}\Big[\iint_A (D\nabla^2\nabla^2(\Delta\omega)+\Delta\boldsymbol{\chi}^{\mathrm T}\boldsymbol{\Phi}^{(0)}+(\boldsymbol{\chi}^{(0)})^{\mathrm T}\Delta\boldsymbol{\Phi})\delta\Delta\omega\mathrm{d}x\mathrm{d}y$$

$$+\iint_A\rho h\omega_0^2\frac{\partial^2\Delta\omega}{\partial\tau^2}\delta\Delta\omega\mathrm{d}x\mathrm{d}y-\iint_A\left(\frac{1}{Eh}\nabla^2\nabla^2(\Delta\phi)-\Delta\boldsymbol{\chi}^{\mathrm T}\bar{\boldsymbol{\chi}}^{(0)}\right)\delta\Delta\phi\mathrm{d}x\mathrm{d}y$$

$$+\iint_A\left(D\nabla^2\nabla^2\omega^{(0)}+(\boldsymbol{\chi}^{(0)})^{\mathrm T}\boldsymbol{\Phi}^{(0)}-q^{(0)}+\omega_0^2\rho h\frac{\partial^2\omega^{(0)}}{\partial\tau^2}\right)\delta\Delta\omega\mathrm{d}x\mathrm{d}y$$

$$-\iint_A\left(\frac{1}{Eh}\nabla^2\nabla^2\phi^{(0)}-\frac{1}{2}(\boldsymbol{\chi}^{(0)})^{\mathrm T}\bar{\boldsymbol{\chi}}^{(0)}\right)\delta\Delta\phi\mathrm{d}x\mathrm{d}y-\iint_A\Delta q\delta\Delta\omega\mathrm{d}x\mathrm{d}y$$

$$+2\omega_0\Delta\omega\iint_A\rho h\frac{\partial^2\omega^{(0)}}{\partial\tau^2}\delta\Delta\omega\mathrm{d}x\mathrm{d}y\Big]\mathrm{d}\tau=0,\tag{6.6.27}$$

其中

$$\bar{\boldsymbol{\chi}}^{(0)}=\left[\frac{\partial^2\omega^{(0)}}{\partial y^2},\frac{\partial^2\omega^{(0)}}{\partial x^2},-\frac{\partial^2\omega^{(0)}}{\partial x\partial y}\right]^{\mathrm T}.$$

对于扁拱的非线性振动,其增量变分原理可以在方程(6.6.26)的方括号中增加一项

$$-\iint_A[\boldsymbol{k}^{\mathrm T}\Delta\boldsymbol{\Phi}(\omega^{(0)}+\Delta\omega)+\boldsymbol{k}^{\mathrm T}\boldsymbol{\Phi}^{(0)}\Delta\omega]\mathrm{d}x\mathrm{d}y,\tag{6.6.28}$$

其中

$$\boldsymbol{k}=[k_x,k_y,2k_{xy}]^{\mathrm T},$$

k_x,k_y,k_{xy}分别表示扁壳中面的曲率和扭率.

6.6.3 算例

考虑矩形四边简支的扁壳的自由振动,假设其对应基阶频率的振动模态为

$$\omega(x,y,t)=A(t)\cos\frac{\pi x}{a}\cos\frac{\pi y}{b},\tag{6.6.29}$$

其中 a,b 分别为沿 x,y 方向的长度. 为满足协调方程,力函数中取为

$$\phi(x,y,t)=\frac{EhA(t)a^2b^2}{\pi^2(a^2+b^2)^2}(b^2k_y+a^2k_x)\cos\frac{\pi x}{a}\cos\frac{\pi y}{b}$$

$$-\frac{EhA^2(t)}{32}\left[\left(\frac{a}{b}\right)^2\cos\frac{2\pi x}{a}\left(\frac{b}{a}\right)^2\cos\frac{2\pi y}{b}\right].\tag{6.6.30}$$

设 $A(t)$为

$$A(t)=\sum_{n=0}^{m-1}A_n\cos n\omega t.\tag{6.6.31}$$

由于满足了协调条件,方程(6.6.27)加上(6.6.28)可以化简为

$$\int_0^{2\pi}\Big[\iint_A\Big(D\,\nabla^2\nabla^2(\Delta\omega)+\nabla\boldsymbol{\chi}^{\mathrm T}\boldsymbol{\Phi}^{(0)}+(\boldsymbol{\chi}^{(0)})^{\mathrm T}\Delta\boldsymbol{\Phi}-\boldsymbol{k}^{\mathrm T}\Delta\boldsymbol{\Phi}+\rho h\omega_0^2\,\frac{\partial^2\Delta\omega}{\partial\tau^2}\Big)$$
$$\times\delta\Delta\omega\mathrm{d}x\mathrm{d}y+\iint_A\Big(D\,\nabla^2\nabla^2\omega^{(0)}+(\boldsymbol{\chi}^{(0)})^{\mathrm T}\boldsymbol{\Phi}^{(0)}-\boldsymbol{k}^{\mathrm T}\boldsymbol{\Phi}^{(0)}+\rho h\omega_0^2\,\frac{\partial^2\Delta\omega^{(0)}}{\partial\tau^2}\Big)\delta\omega\,\mathrm{d}x\mathrm{d}y$$
$$+2\omega_0\Delta\omega\iint_A\rho h\,\frac{\partial^2\Delta\omega^{(0)}}{\partial\tau^2}\delta\Delta\omega\mathrm{d}x\mathrm{d}y\Big]\mathrm{d}\tau=0 \tag{6.6.32}$$

把方程(6.6.29)至(6.6.31)代入上面变分方程(6.6.32)并进行积分运算,可以得到含有 m 个方程的线性方程组.

$$\boldsymbol{K}_m\Delta\boldsymbol{A}=\boldsymbol{R}+\boldsymbol{R}_m\Delta\omega, \tag{6.6.33}$$
$$\Delta\boldsymbol{A}=[\Delta A_0,\Delta A_1,\cdots,\Delta A_{m-1}]^{\mathrm T},$$
$$\boldsymbol{K}_m=\boldsymbol{K}_T-\omega_0^2\boldsymbol{M},$$

$\boldsymbol{K}_T$ 称为切线刚度矩阵,由方程(6.6.32)左边第一个积分中前四项计算而得;
$\boldsymbol{M}$ 称为质量矩阵,由方程(6.6.32)边第一个积分中最后一项计算而得;
$\boldsymbol{R}$ 表示修正向量,称为不平衡力,由方程(6.6.32)左边第二个积分计算而得;
$\boldsymbol{R}_m=2\omega_0\boldsymbol{M}\Delta\boldsymbol{A}^{(0)}$,由方程(6.6.32)左边第三个积分计算而得.

$$\Delta\boldsymbol{A}^{(0)}=[\Delta A_0^{(0)},\Delta A_1^{(0)},\cdots,\Delta A_{m-1}^{(0)}]^{\mathrm T}.$$

方程(6.6.33)类似于方程(6.3.9)或(6.4.16)或(6.5.28),可以如前几节所述进行求解.

如果把壳体中面内的位移(u,v)和中面内的惯性力也一起考虑,则计算中面内应变时还要考虑弯曲产生的大挠度引起中面内的应变. 这是典型的薄板几何非线性问题. Lau 等(1984)就是研究这类几何非线性薄板的振动问题.

图 6-11 所示为 $a/b=1.0$, $hk_x=0.01$, $ak_x=0.4$, $v=0.3$,谐波项数 $m=4$ 时,不同曲率比的扁壳的自由振动响应曲线. 图中 ω/ω_L 表示计算频率与线性频率之比. 从图中可以看出,除了 $k_y/k_x=-1$ 以外,其余情形下的响应曲线都展示同一特性:当挠度比较小或是适中时,曲线呈"渐软"弹簧特性;而当挠度比较大时,曲线呈"渐硬"弹簧特性. 这一现象可从图 6-12 所示的挠度 $A(t)$ 的历程曲线和弹性恢复力 F 与挠度之间的关系曲线得到清楚的力学解释. 图中左边所示的挠度曲线不对称,这是由于弹性恢复力不对称所引起. Leissa 等(1971)曾给出一个特殊例子的恢复力公式:

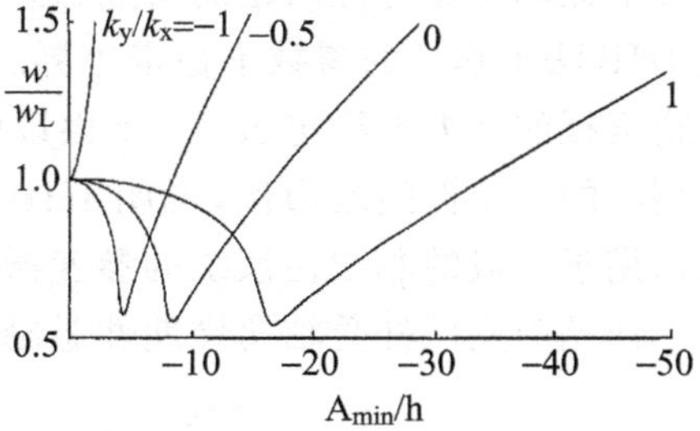

图 6-11 扁壳自由振动的频率-挠度曲线
$a/b=1.0$, $hk_x=0.001$
$ak_x=0.4$, $v=0.3$, $m=4$

$$F=\frac{A}{h}-0.0416\left(\frac{A}{h}\right)^2+0.000475\left(\frac{A}{h}\right)^3. \qquad (6.6.34)$$

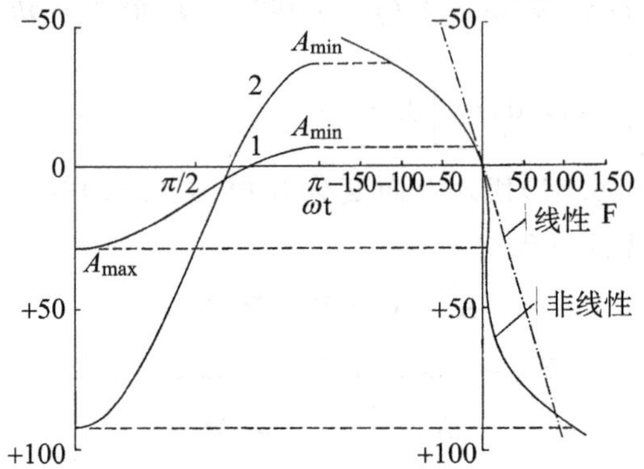

图 6-12　挠度 $A(t)$的历程曲线和弹性恢复力曲线

$k_x=k_y$, $a/b=1.0$, $hk_x=0.001$, $ak_x=0.4$, $v=0.3$, $m=4$

从图 6-12 或公式(6.6.34)可以看出,对于比较小或适中的振幅,弹性恢复力 F 总是小于线性的恢复力,因此响应曲线呈"渐软"弹簧的特性;而当振幅较大时,弹性恢复力大于线性的恢复力,因此呈"渐硬"弹簧的特性.

§6.7　参变振动不稳定区域研究的 IHB 法

上节我们介绍了弹性系统幅度增量变分原理. 本节我们介绍把 IHB 法应用于参变振动不稳定性问题的研究,这是 IHB 法早期应用的例子. Lau 等(1982)应用 IHB 法求解柱的参数不稳定边界. 随后,Pierre 等(1985)将之推广求解有阻尼大挠度板的动力不稳定边界. 下面以两端简支压杆受轴向周期性激振力 $P\cos 2\omega t$ 作用下的稳定性问题为例,说明 IHB 法的应用. 问题虽然比较简单,但阐述的方法适用于一般的非线性系统的参变振动.

两端简支压杆受轴向周期性激励外力作用下的微分方程为

$$EI\,\frac{\partial^4 w}{\partial x^4}+P\cos 2\omega t\,\frac{\partial^2 w}{\partial x^2}+\rho A\,\frac{\partial^2 w}{\partial t^2}=0, \qquad (6.7.1)$$

其中 E 为弹性模量,ρ 为密度,A 为截面面积,I 为横截面惯性矩. w 为挠度,P 为轴向强迫力的振幅,2ω 为强迫力的频率,x 沿杆的轴向,t 为时间. 令

$$w(x,t)/r=u(t)\cdot\sin(\pi x/L), \qquad (6.7.2)$$

其中 r 是惯性半径,$r=\sqrt{I/A}$;$u(t)$表示中截面的挠度,L 是压杆的长度,问题可简化为熟知的 Mathieu 方程

$$\Omega^2 u'' + (1 + 2\lambda\cos 2\tau)u = 0, \tag{6.7.3}$$

式中 $\tau=\omega t$，$\Omega=\omega/\omega_L$，$\omega_L^2=\pi^2 EI/\rho AL^4$，$\lambda=-\frac{1}{2}(P/P_{cr})$，$P_{cr}=\pi^2 EI/L^2$，$u''$表示对 τ 二阶导数. ω_L 表示简支梁横向振动第一阶固有频率，P_{cr}表示压杆的临界载荷.

根据周期系数线性微分方程解的稳定性理论（见许凇庆（1962），Bolotin（1964）），Mathieu 方程零解的稳定性决定于参数 Ω 和 λ 的值. 在 Ω-λ 平面上使零解稳定（或不稳定）的点（Ω,λ）形成稳定区域（或不稳定区域），而稳定区域与不稳定区域分界线上的点（Ω,λ）对应于 Mathieu 方程以 $2\pi/\omega$ 或 $4\pi/\omega$ 为周期的周期解. 这就提供了一个确定区域分界线的方法.

对于 Mathieu 方程(6.7.3)，如果参数 λ 是小量，可以采用摄动法求解，具体解法可参见吴福光等(1987)编著的《振动理论》一书. 但当 λ 不是小参数时，摄动法就失效了，此时我们可采用 IHB 法，因为 IHB 法对参数 λ 没有任何限制. 这也是 IHB 法的优点之一，它适合于求解摄动法不能求解的强非线性问题. 应用 IHB 法求解方程(6.7.3)的具体步骤，已在§6.3 中介绍了. 方程(6.7.3)其实就是方程(6.3.11). 图 6-13 所示为应用 IHB 法求解所得的结果. 图中所示两端简支压杆的稳定区域与不稳定区域的分界线. 谐波项数目不同，边界线略有不同. 同时，谐波项越多，其结果越准确.

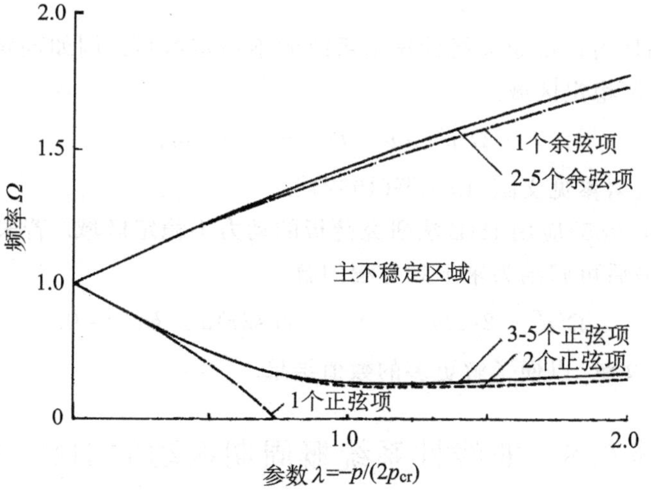

图 6-13 两端简支压杆的主不稳定区域

应用 IHB 法也很容易求解含有阻尼的系统的不稳定区域. 这时，系统的方程最后归结为

$$\Omega^2 u'' + \mu\Omega u' + (1 + 2\lambda\cos 2\tau)u = 0, \tag{6.7.4}$$

式中 μ 是阻尼系数. 图 6-14 所示为 $\mu=0.4$ 时的数值结果.

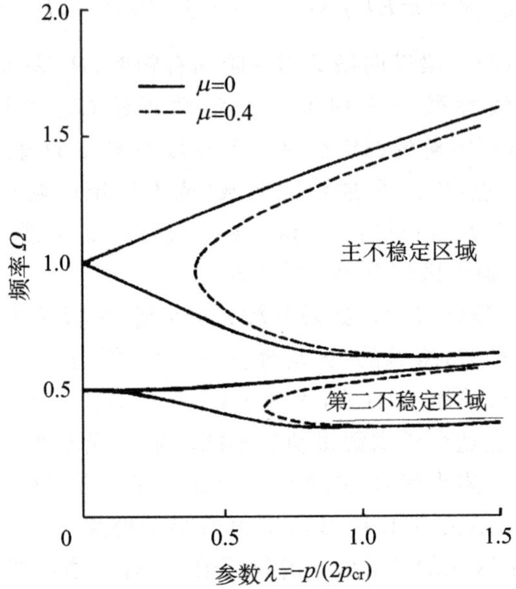

图 6-14　阻尼对两端简支压杆的不稳定区域的影响

IHB 法同样可以确定非线性振动系统的不稳定区域. 例如确定 Duffing 系统强迫振动时的不稳定区域.

$$\Omega^2 u'' + u + ku^3 = F_1 \cos\omega t. \tag{6.7.5}$$

有兴趣的读者,请参见文献[Lau 等(1982)].

Pierre 等(1985)应用 IHB 法研究薄板的动力不稳定区域. 若采用一个振动模态分析,问题最后可归结为求下列方程的解

$$\Omega^2 u'' + 2\mu\Omega u' + (1 + 2\lambda\cos 2\tau)u + ku^3 = 0. \tag{6.7.6}$$

读者可参见该文献,以便了解更多的数值结果.

§6.8　非线性系统概周期振动的 IHB 法

前面几节介绍 IHB 法在非线性系统周期振动中的应用,本节介绍 IHB 法在概周期振动中的应用. Lau 等(1983)提出"非线性非周期的增量 Hamilton(哈密顿)原理",采用多维傅氏级数,把 IHB 法应用于概周期的振动分析. 下面介绍 Lau 等人的工作.

考虑以模态坐标表示的系统,其运动微分方程为

$$L_i(u_i) + f_i(u_1, u_2, \cdots, u_n) = p_i (i = 1, 2, \cdots, n), \tag{6.8.1}$$

其中 u_i 为正规模态坐标，$f_i(u_1, u_2, \cdots, u_n)$ 为第 i 个非线性恢复力的分量，p_i 表示第 i 个荷载分量，L_i 是一个线性微分算子.

$$L_i = \frac{\mathrm{d}^2}{\mathrm{d}t^2} + 2c_i \frac{\mathrm{d}}{\mathrm{d}t} + \Omega_i^2, \tag{6.8.2}$$

式中 t 表示时间，c_i 表示第 i 个模态阻尼系数，Ω_i 表示第 i 个线性固有频率.

非线性系统在周期外力激励下通常可能出现二种方式的振动，周期振动和概周期振动（或称拟周期振动）. 对于周期振动，其解可以表示为多重 Fourier 级数.

$$u_i(\Omega t) = \sum_{j=0}^{\infty} (A_{j\eta}^{(i)} \cos j\eta\Omega t + B_{j\eta}^{(i)} \sin j\eta\Omega t) \tag{6.8.3}$$

$$(B_0^{(i)} = 0,\ i = 1, 2, \cdots, n),$$

式中 η 是一个有理数. 例如当求系统的基谐波响应或超谐波响应时，取 $\eta=1$. 而当求 1/2 或 1/3 次谐波响应时，则取 $\eta=1/2$ 或 $\eta=1/3$，等等. 上面几节介绍的 IHB 法，就是采用(6.8.3)式的级数而求出周期解. 以(6.8.3)式可知，在周期运动中，所有谐波的频率都是可约的，因此，我们有理由认为，在概周期运动中，其所含谐波的频率是不可约的. 换言之，在周期运动中，u_i 是 $\eta\Omega t$ 的周期函数，而在概周期运动中，u_i 是 $\eta\omega_1 t,\ \eta\omega_2 t,\ \cdots, \eta\omega_m t$ 的函数.

$$u_i = u_i(\eta\omega_1 t,\ \eta\omega_2 t,\ \cdots, \eta\omega_m t)\ (i = 1, 2, \cdots, n), \tag{6.8.4}$$

其中，频率 $\omega_1, \omega_2, \cdots, \omega_m$ 是不可约的. 令

$$\tau_k = \eta\omega_k t\ (k = 1, 2, \cdots, m),\ 0 \leqslant \tau_k \leqslant 2\pi. \tag{6.8.5}$$

于是，方程(6.8.4)可写为

$$u_i = u_i(\tau_1, \tau_2, \cdots, \tau_m)\ (i = 1, 2, \cdots, n). \tag{6.8.6}$$

利用(6.8.5)式的多重时间尺度，我们可以假设概周期振动的稳态解的表达式为

$$u_i = \sum_{j_1=-N}^{N} \sum_{j_2=-N}^{N} \cdots \sum_{j_m=-N}^{N} \left[A_{j_1 j_2 \cdots j_m}^{(i)} \cos\Big(\sum_{k=1}^{m} j_k \tau_k\Big) + B_{j_1 j_2 \cdots j_m}^{(i)} \sin\Big(\sum_{k=1}^{m} j_k \tau_k\Big) \right]$$

$$(j = 1, 2, \cdots, n), \tag{6.8.7}$$

其中 $A_{j_1 j_2 \cdots j_m}^{(i)}, B_{j_1 j_2 \cdots j_m}^{(i)}$ 是 Fourier 系数. 由于 τ_i 是时间 t 的函数，因此有

$$\left.\begin{aligned} \frac{\mathrm{d}}{\mathrm{d}t} &= \sum_{j=1}^{m} \omega_j \frac{\partial}{\partial \tau_j}, \\ \frac{\mathrm{d}^2}{\mathrm{d}t^2} &= \Big(\sum_{j=1}^{m} \omega_j \frac{\partial}{\partial \tau_j}\Big)^2 = \sum_{j=1}^{m} \sum_{k=1}^{m} \omega_j \omega_k \frac{\partial^2}{\partial \tau_j \partial \tau_k}, \end{aligned}\right\} \tag{6.8.8}$$

$$L_i = \sum_{j=1}^{m} \sum_{k=1}^{m} \omega_j \omega_k \frac{\partial^2}{\partial \tau_j \partial \tau_k} + 2c_i \sum_{j=1}^{m} \omega_j \frac{\partial}{\partial \tau_j} + \Omega_i^2. \tag{6.8.9}$$

下面我们应用 IHB 法求解. 首先,应用增量法. 设

$$u_{i0}, p_{i0}, \omega_{j0} (i = 1,2,\cdots,n;\ j = 1,2,\cdots,m)$$

表示当前的振动状态,其邻近状态可以增量方式表示

$$\left.\begin{aligned} u_i &= u_{i0} + \Delta u_i (i = 1,2,\cdots,n), \\ p_i &= p_{i0} + \Delta p_i, \\ \omega_j &= \omega_{j0} + \Delta\omega_j (j = 1,2,\cdots,m). \end{aligned}\right\} \tag{6.8.10}$$

把方程(6.8.10)代入方程(6.8.1),略去高阶小量,可得线性化的增量方程

$$L_i(\Delta u_i) + \sum_{j=1}^{n} \frac{\partial f_i}{\partial u_j} = R_i + \sum_{j=1}^{m} \Delta\omega_j F_{ij} + \Delta p_i (i = 1,2,\cdots,n), \tag{6.8.11}$$

其中

$$R_i = -[L_i(u) + f_j(u_1, u_2, \cdots, u_n) - p_i], \tag{6.8.12}$$

$$F_{ij} = -\left(2c_i \frac{\partial u_i}{\partial \tau_j} + 2\sum_{k=1}^{m} \omega_k \frac{\partial^2 u_i}{\partial \tau_j \partial \tau_k}\right), \tag{6.8.13}$$

R_i 是修正项,当 u_i、p_i、ω_j 是原方程的准确解时,$R_i=0$. 在数值计算中,R_i 非常重要,可以防止数值解偏离准确解. F_{ij} 表示由于 ω_j 和增量在第 i 个力方向引起的不平衡力分量.

IHB 法的第二步是 Galerkin 过程,即谐波平衡过程. 设概周期稳态解为(6.8.7)的形式,则

$$\Delta u_i = \sum_{j_1=-N}^{N} \sum_{j_2=-N}^{N} \cdots \sum_{j_m=-N}^{N} \left[\Delta A_{j_1 j_2 \cdots j_m}^{(i)} \cos\left(\sum_{k=1}^{m} j_k \tau_k\right) + \Delta B_{j_1 j_2 \cdots j_m}^{(i)} \sin\left(\sum_{k=1}^{m} j_k \tau_k\right)\right]$$

$$(i = 1,2\cdots,n). \tag{6.8.14}$$

把 u_i,Δu_i 的表达式代入方程(6.8.11)并应用 Galerkin 方法,得

$$\underbrace{\int_0^{2\pi}\int_0^{2\pi}\cdots\int_0^{2\pi}}_{m} L_i(\Delta u_i) + \sum_{j=1}^{n} \frac{\partial f_i}{\partial u_j} \Delta u_i - R_i - \sum_{j=1}^{m} \Delta\omega_i F_{ij} - \Delta p_i]$$

$$\times \delta\Delta u_i \mathrm{d}\tau_1 \mathrm{d}\tau_2 \cdots \mathrm{d}\tau_m = 0\ (i = 1,2,\cdots,n). \tag{6.8.15}$$

利用三角函数的正交性质,方程(6.8.15)可以准确积分计算并整理成矩阵形式

$$\boldsymbol{K}_T \Delta\boldsymbol{A} = \boldsymbol{R} + \boldsymbol{F}\Delta\boldsymbol{\omega} + \Delta\boldsymbol{P}, \tag{6.8.16}$$

其中 $\Delta\boldsymbol{A}$ 是由 $\Delta A_{j_1 j_2 \cdots j_m}^{(i)}$,$\Delta B_{j_1 j_2 \cdots j_m}^{(i)}$ $(i=1,2,\cdots,n;\ j_k=-N,-N+1,\cdots,N-1,N)$ 组成,$\Delta\boldsymbol{\omega}$ 是由 $\Delta\omega_j (j=1,2,\cdots,m)$ 组成,$\Delta\boldsymbol{P}$ 由 Δp_i 组成. $\boldsymbol{K}_T$ 称切向刚度矩阵. $\boldsymbol{F}$ 由 $F_j (j=1,2,\cdots,m)$. F_j 是由 $\Delta\omega_i$ 引起的不平衡力向量. 通常,$\Delta\boldsymbol{P}$ 是预先给定的已知量,如果所有 m 个 $\Delta\omega_j$ 也预先给定,那么,$\Delta\boldsymbol{A}$ 可由方程(6.8.16)解出. 而新的邻近状态可由此状态增加一个增量而得,即

$$A_{j_1 j_2 \cdots j_m}^{(i)'} = A_{j_1 j_2 \cdots j_m}^{(i)} + \Delta A_{j_1 j_2 \cdots j_m}^{(i)}, \quad \omega'_j = \omega_j + \Delta\omega_j.$$

由此进入新一轮的迭代,谐波平衡过程直接求得新状态的解.

下面以一端固定,另一端简支的梁的非线性振动为例. 由于第二阶固有频率接近于第一阶固有频率的 3 倍,$\omega_{L2}=3.24\omega_{L1}$[见 Nayfeh 等(1974)],这时,梁在周期解的附近,将有概周期解存在.

固定-简支梁横向振动的微分方程为

$$\rho A \frac{\partial^2 w}{\partial t^2} + EI \frac{\partial^4 w}{\partial x^4} - \left[\frac{EA}{2L}\int_0^L \left(\frac{\partial w}{\partial x}\right)^2 \mathrm{d}x\right]\frac{\partial^2 w}{\partial x^2} = 0, \tag{6.8.17}$$

其中 w 为梁的挠度,ρ 为密度,A 为横截面积,E 为弹性模量,I 为截面惯性矩,L 是梁的长度,x 代表轴向方向,t 为时间. 若采用二个模态近似,取

$$w(x,t)/r = u(t)\Phi_1(x) + v(t)\Phi_2(x), \tag{6.8.18}$$

其中 $\Phi_1(x)$,$\Phi_2(x)$是梁自由振动时的第一、二阶模态,$r=\sqrt{I/A}$,称为梁的惯性半径.

应用 Galerkin 方法,可得

$$\left.\begin{aligned} &\frac{\mathrm{d}^2 u}{\mathrm{d}t^2} + \Omega_1^2 u + \alpha_1 u^3 + \alpha_2 u^2 v + \alpha_3 u v^2 + \alpha_4 v^3 = 0, \\ &\frac{\mathrm{d}^2 v}{\mathrm{d}t^2} + \Omega_1^2 v + \beta_1 u^3 + \beta_2 u^2 v + \beta_3 u v^2 + \beta_4 v^3 = 0, \end{aligned}\right\} \tag{6.8.19}$$

其中 $\Omega_1=1$,$\Omega_2=(\lambda_2/\lambda_1)^2=3.24064$,$\lambda_1^2=\omega_{Li}$. ω_{Li} 表示梁的第 i 个线性频率. 各个系数为

$$\alpha_1 = \frac{1}{\lambda_1^4}\gamma_{1111} = 0.278769,$$

$$\alpha_2 = \frac{1}{\lambda_1^4}(\gamma_{1112}+\gamma_{1121}+\gamma_{1211}) = -0.311074,$$

$$\alpha_3 = \frac{1}{\lambda_1^4}(\gamma_{1122}+\gamma_{1212}+\gamma_{1221}) = 1.11585,$$

$$\alpha_4 = \frac{1}{\lambda_1^4}\gamma_{1222} = -0.386361,$$

$$\beta_1 = \frac{1}{\lambda_1^4}\gamma_{2111} = \frac{1}{3}\alpha_2,$$

$$\beta_2 = \frac{1}{\lambda_1^4}(\gamma_{2211}+\gamma_{2121}+\gamma_{2112}) = \alpha_3,$$

$$\beta_3 = \frac{1}{\lambda_1^4}(\gamma_{2221}+\gamma_{2212}+\gamma_{2122}) = 3\alpha_4,$$

$$\beta_4 = \frac{1}{\lambda_1^4}\gamma_{2222} = 3.87030,$$

$$\gamma_{nmpq} = \frac{1}{2}\int_0^1 \frac{\partial\phi_n}{\partial x_1}\frac{\partial\phi_m}{\partial x_1}\mathrm{d}x_1 \int_0^1 \frac{\partial\phi_p}{\partial x_1}\frac{\partial\phi_q}{\partial x_1}\mathrm{d}x_1, \tag{6.8.20}$$

式中 $x_1=x/L, t_1=\omega_{L1}t$. 显然有

$$\gamma_{mnpq}=\gamma_{nmpq}=\gamma_{mnqp}=\gamma_{pqmn}. \tag{6.8.21}$$

方程(6.8.19)是方程(6.8.1)的特殊情形. 取二个新的时间尺度,令

$$\tau_1=\omega_1 t_1,\quad \tau_2=\omega_2 t_1, \tag{6.8.22}$$

则有

$$\frac{\mathrm{d}^2}{\mathrm{d}t_1^2}=\omega_1^2\frac{\partial^2}{\partial\tau_1^2}+2\omega_1\omega_2\frac{\partial^2}{\partial\tau_1\partial\tau_2}+\omega_2^2\frac{\partial^2}{\partial\tau_2^2}. \tag{6.8.23}$$

若增量过程从梁的线性振动的解开始,有

$$u=u_{10}^{(0)}\cos\Omega_1 t_1,\quad v=v_{01}^{(0)}\cos\Omega_2 t_1. \tag{6.8.24}$$

则概周期的近似解可表示为

$$\left.\begin{aligned}u=&u_{10}\cos\tau_1+u_{30}\cos3\tau_1+u_{01}\cos\tau_2+u_{03}\cos3\tau_2\\&+u_{21}\cos(2\tau_1+\tau_2)+u_{12}\cos(\tau_1+2\tau_2)\\&+\bar{u}_{21}\cos(2\tau_1-\tau_2)+\bar{u}_{12}\cos(\tau_1-2\tau_2),\\v=&v_{10}\cos\tau_1+v_{30}\cos3\tau_1+v_{01}\cos\tau_2+v_{03}\cos3\tau_2\\&+v_{21}\cos(2\tau_1+\tau_2)+v_{12}\cos(\tau_1+2\tau_2)\\&+\bar{v}_{21}\cos(2\tau_1-\tau_2)+\bar{v}_{12}\cos(\tau_1-2\tau_2),\end{aligned}\right\} \tag{6.8.25}$$

其中 $u_{10}, u_{30}, \cdots, v_{10}, v_{30}, \cdots$ 为 Fourier 系数,与 ω_1 和 ω_2 都是待求的未知量. 值得指出的是方程(6.8.25)可由计算机程序自动生成. 对应于不同比率 u_{10}/v_{01},我们可以获得一系列的频谱. 图 6-15、图 6-16 所示为 $u_{10}=0.7$, $v_{01}=0.35$ 时第一模态分量的振幅 u 和第二模态分量的振幅 v 的频谱. 从图中可见,u 和 v 的分量都接近于 ω_1 的 1, 3, 5, … 倍. 因为 $\omega_1\approx\omega_2/3$,因此将出现拍的现象. 其时间历程如图 6-17 所示. 从图 6-17 中明显可以看出,在概周期振动中,u, v 两个模态有明显的能量转换过程.

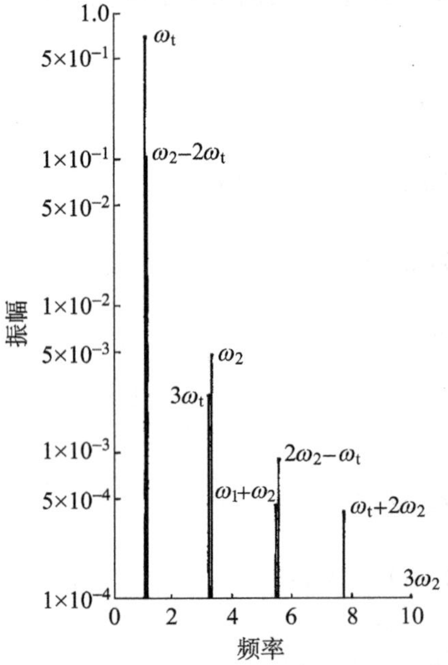

图 6-15　$u_{10}=0.7$, $v_{01}=0.35$ 时第一模态分量 u 的频谱

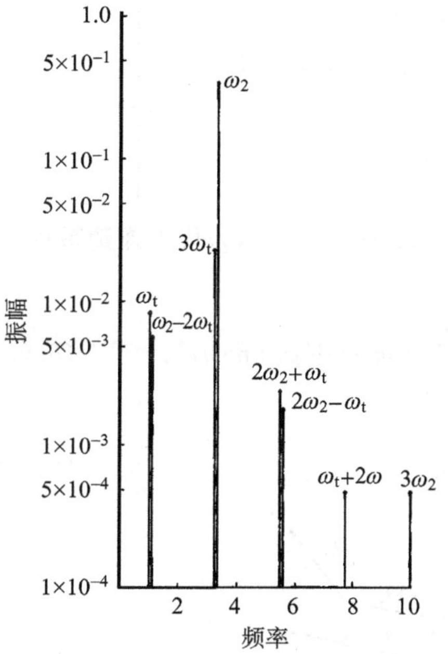

图 6-16　$u_{10}=0.7$，$v_{01}=0.35$ 时
第二模态分量 v 的频谱

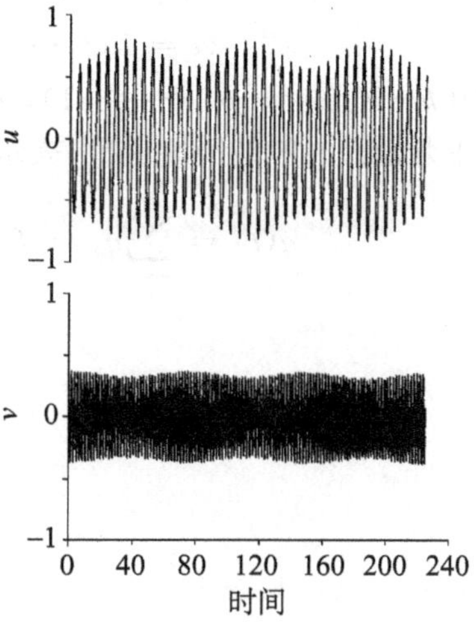

图 6-17　$u_{10}=0.7$，$v_{01}=0.35$ 时
模态分量 u 和 v 的频谱

§6.9　分段线性系统非线性振动的 IHB 法

很多机械和工程结构，具有分段线性刚度的性质，例如具有限制运动装置的机构，具有缓冲装置的机构或是具有间隙的机械系统等. 虽然简单的分段线性系统的自由振动，能够求得精确解（Timosherko 等　1974），但是对于强迫振动，就难于求得完备的解析解了.

具有分段线性刚度或具有分段线性阻尼的系统都是非线性系统.

Lau 等（1992）引入跳跃函数，把 IHB 法应用于具有分段线性刚度特性的非线性振动问题. 本节介绍 Lau 等人的工作.

考虑单自由度具有分段线性刚度的系统的振动，其方程为

$$m\ddot{x}+c\dot{x}+f(x)=q(t), \tag{6.9.1}$$

$$f(x)=kx+G(x), \tag{6.9.2}$$

m,c,k 分别表示系统的质量、阻尼系数和线性刚度，$G(x)$ 表示非线性恢复力，具有分段线性的性质，如图 6-18 所示.

$$\left.\begin{aligned}&G(0)=0,\ e_0=0,\ e_{-p}=-\infty, e_q=\infty,\\&G(x)=K_{-i}(x-e_{-(i-1)})+G(e_{-(i-1)}),\ e_{-i}\leqslant x\leqslant e_{-(i-1)}\\&\qquad(i=1,2,\cdots,p),\\&G(x)=K_i(x-e_{i-1})+G(e_{i-1}),\ e_{i-1}\leqslant x\leqslant e_i\\&\qquad(i=1,2,\cdots,q),\end{aligned}\right\}\tag{6.9.3}$$

其中 $k+K_i(i=-p,\ -(p-1),\cdots,-2,-1,1,2,\cdots,(q-1),q)$代表弹簧系数. 激励外力 $q(t)$一般是周期函数,表示为

$$q(t)=\sum_{n=0}^{N}q_n=f_0/2+\sum_{n=0}^{N}(f_n\cos n\omega t+g_n\sin n\omega t).\tag{6.9.4}$$

令

$$\tau=\omega t,\tag{6.9.5}$$

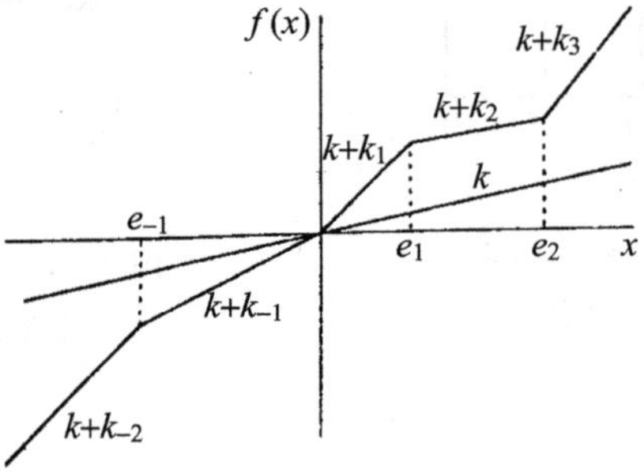

图 6-18　分段线性系统恢复力—位移曲线

则方程(6.9.1)对 t 求导可转为对 τ 求导,成为

$$\Omega^2x''+2\zeta\Omega x'+x+\frac{1}{k}G(x)=\frac{1}{k}q(\tau),\tag{6.9.6}$$

其中

$$\Omega=\frac{\omega}{\sqrt{k/m}},\quad \zeta=\frac{c}{2\sqrt{mk}}.\tag{6.9.7}$$

应用 IHB 法求解方程(6.9.6),首先是增量过程. 设当前状态为 Ω_0、q_0、x_0,则其邻近状态为

$$\left.\begin{aligned}&x(\tau)=x_0(\tau)+\Delta x(\tau),\\&q(\tau)=q_0(\tau)+\Delta q(\tau),\\&\Omega=\Omega_0+\Delta\Omega.\end{aligned}\right\}\tag{6.9.8}$$

对于小增量 Δx,$G(x)$可以一阶泰勒级数近似表示

$$G(x)=G(x_0)+G'(x_0)\Delta x. \tag{6.9.9}$$

把(6.9.8)、(6.9.9)诸式代入方程(6.9.6)，并略去高阶小量，得

$$\Omega_0^2\Delta x''+2\zeta\Omega_0\Delta x'+\Delta x+\frac{1}{k}G'(x_0)\Delta x=R+\Delta\Omega F+\Delta Q, \tag{6.9.10}$$

$$R=-\left[\Omega_0^2x''_0+2\zeta\Omega_0x'_0+x_0+\frac{1}{k}G(x_0)-\frac{1}{k}q_0\right], \tag{6.9.11}$$

$$F=-2\Omega_0x''_0-2\zeta x'_0, \tag{6.9.12}$$

$$\Delta Q=\frac{1}{k}\Delta q, \tag{6.9.13}$$

R 是修正项，当 x_0，Ω_0，q_0 为方程(6.9.6)的准确解时，$R=0$. F 是由于增量 $\Delta\Omega$ 引起的不平衡力.

IHB 法的第二步骤是谐波平衡过程. 为此，令

$$x_0=a_0/2+\sum_{n=1}^{N}(a_n\cos n\tau+b_n\sin n\tau)=\boldsymbol{C}_s\boldsymbol{A}, \tag{6.9.14}$$

$$\Delta x_0=\Delta a_0/2+\sum_{n=1}^{N}(\Delta a_n\cos n\tau+\Delta b_n\sin n\tau)=\boldsymbol{C}_s\Delta\boldsymbol{A}, \tag{6.9.15}$$

其中

$$\boldsymbol{A}=[a_0,a_1,\cdots,a_N,b_1,b_2,\cdots,b_N]^{\mathrm{T}}, \tag{6.9.16}$$

$$\Delta\boldsymbol{A}=[\Delta a_0,\Delta a_1,\cdots,\Delta a_N,\Delta b_1,\Delta b_2,\cdots,\Delta b_N]^{\mathrm{T}}, \tag{6.9.17}$$

$$\boldsymbol{C}_s=\left[\frac{1}{2},\cos\tau,\cdots,\cos N\tau,\sin\tau,\cdots,\sin N\tau\right]. \tag{6.9.18}$$

应用 Galerkin 方法

$$\int_0^{2\pi}\left[\Omega_0^2\Delta x''+2\zeta\Omega_0\Delta x'+\Delta x+\frac{1}{k}G'(x_0)\Delta x\right]\delta(\Delta x)\mathrm{d}\tau$$
$$=\int_0^{2\pi}(\boldsymbol{R}+\Delta\Omega\boldsymbol{F}+\Delta\boldsymbol{Q})\delta(\Delta x)\mathrm{d}\tau. \tag{6.9.19}$$

把(6.9.14)和(6.9.15)代入上式，并积分，整理得

$$\boldsymbol{K}\Delta\boldsymbol{A}=\boldsymbol{R}+\Delta\Omega\boldsymbol{F}+\Delta\boldsymbol{Q}, \tag{6.9.20}$$

其中

$$\boldsymbol{K}=\begin{bmatrix}\boldsymbol{K}_{11} & \boldsymbol{K}_{12}\\ \boldsymbol{K}_{21} & \boldsymbol{K}_{22}\end{bmatrix},\quad \boldsymbol{R}=\begin{bmatrix}\boldsymbol{R}_1\\ \boldsymbol{R}_2\end{bmatrix},$$

$$\boldsymbol{F}=\begin{bmatrix}\boldsymbol{F}_1\\ \boldsymbol{F}_2\end{bmatrix},\quad \Delta\boldsymbol{Q}=\begin{bmatrix}\Delta\boldsymbol{Q}_1\\ \Delta\boldsymbol{Q}_2\end{bmatrix},$$

$\boldsymbol{K}_{ij}$，$\boldsymbol{R}_i$，$\boldsymbol{F}_i$，$\Delta\boldsymbol{Q}_i$（$i=1,2$；$j=1,2$）的表达式如下：

$$[\boldsymbol{K}_{11}]_{ij} = \alpha_j\delta_{ij}\pi(1-j^2\Omega_0^2)+[\boldsymbol{K}_{11}]_{ij}^{NL}(i=0,1,\cdots,N;\ j=0,1,\cdots,N),$$

$$[\boldsymbol{K}_{12}]_{ij} = 2\delta_{ij}\pi\zeta j\Omega_0+[\boldsymbol{K}_{12}]_{ij}^{NL}(i=0,1,\cdots,N;\ j=1,2,\cdots,N),$$

$$[\boldsymbol{K}_{21}]_{ij} = -2\delta_{ij}\pi\zeta\Omega_0+[\boldsymbol{K}_{21}]_{ij}^{NL}(i=1,2,\cdots,N;\ j=0,1,\cdots,N),$$

$$[\boldsymbol{K}_{22}]_{ij} = \delta_{ij}\pi(1-j^2\Omega_0^2)+[\boldsymbol{K}_{22}]_{ij}^{NL}(i=1,2,\cdots,N;\ j=1,2,\cdots,N),$$

$$\alpha_n = \begin{cases}1, & n\neq 0,\\ 1/2, & n=0,\end{cases}$$

$$R_{1i} = -\alpha_i\left[(1-i^2\Omega_0^2)a_i+2\zeta i\Omega_0 b_i-\frac{f_i}{k}\right]\pi+R_{ij}^{NL}(i=0,1,\cdots,N),$$

$$R_{2i} = -\left[(1-i^2\Omega_0^2)b_i-2\zeta i\Omega_0 a_i-\frac{g_i}{k}\right]\pi+R_{2i}^{NL}(i=1,2,\cdots,N),$$

$$F_{1i} = 2\pi i(i\Omega_0 a_i-\zeta b_i)\ (i=0,1,\cdots,N),$$

$$F_{2i} = 2\pi i(i\Omega_0 b_i+\zeta a_i)\ (i=1,2,\cdots,N),$$

$$\Delta Q_{1i} = \frac{1}{k}\alpha_i\pi\Delta f_i(i=0,1,\cdots,N),$$

$$\Delta Q_{2i} = \frac{1}{k}\pi\Delta g_i(i=1,2,\cdots,N).$$

上面诸式中各非线性部分的项为

$$[\boldsymbol{K}_{11}]_{ij}^{NL} = \frac{\alpha_i\alpha_j}{k}\int_0^{2\pi}G'(x_0)\cos i\tau\cdot\cos j\tau\,\mathrm{d}\tau,$$

$$[\boldsymbol{K}_{12}]_{ij}^{NL} = \frac{\alpha_i}{k}\int_0^{2\pi}G'(x_0)\cos i\tau\cdot\sin j\tau\,\mathrm{d}\tau,$$

$$[\boldsymbol{K}_{21}]_{ij}^{NL} = \frac{\alpha_j}{k}\int_0^{2\pi}G'(x_0)\sin i\tau\cdot\cos j\tau\,\mathrm{d}\tau,$$

$$[\boldsymbol{K}_{22}]_{ij}^{NL} = \frac{1}{k}\int_0^{2\pi}G'(x_0)\sin i\tau\cdot\sin j\tau\,\mathrm{d}\tau,$$

$$\boldsymbol{R}_{1i}^{NL} = -\frac{\alpha_i}{k}\int_0^{2\pi}G(x_0)\cos i\tau\,\mathrm{d}\tau,$$

$$\boldsymbol{R}_{2i}^{NL} = -\frac{1}{k}\int_0^{2\pi}G(x_0)\sin i\tau\,\mathrm{d}\tau.$$

上述这些积分有显式表达式,详见文献[Lau 等(1992)].

算例

下面以具有对称分段线性的系统为例. 取 $m=1,k=1,k_1=k_{-1}=0,k_2=k_{-2}=1,e_{-1}=-0.5,e_1=0.5,\zeta=c/\sqrt{4mk}=0.01,q(t)=\cos\omega t$,谐波项数 $N=2$,即系统的解取为

$$x(t) = a_1\cos\omega t+b_1\sin\omega t+a_3\cos 3\omega t+b_3\sin 3\omega t.$$

各阶谐波振幅-频率响应曲线如图 6-19 所示. 从图中可以看出有次谐波响应出现.

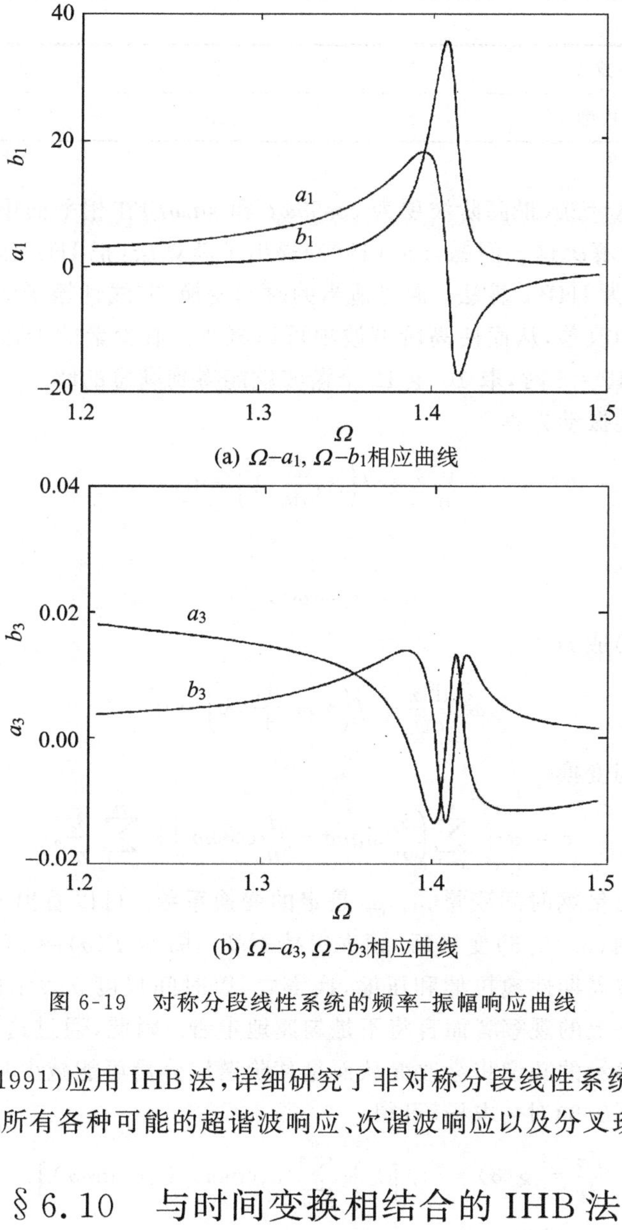

(a) Ω–a_1, Ω–b_1相应曲线

(b) Ω–a_3, Ω–b_3相应曲线

图 6-19　对称分段线性系统的频率-振幅响应曲线

Wong 等(1991)应用 IHB 法,详细研究了非对称分段线性系统的周期强迫振动,特别是研究所有各种可能的超谐波响应、次谐波响应以及分叉现象.

§ 6.10　与时间变换相结合的 IHB 法

应用 IHB 法求解大参数的 van der Pol 方程

$$\frac{\mathrm{d}^2 x}{\mathrm{d}t^2}+\lambda(x^2-1)\frac{\mathrm{d}x}{\mathrm{d}t}+x=0 \tag{6.10.1}$$

时,想要取得满意的结果,其谐波项最少的项数 N,随着参数 λ 的变化而不同.

参数 λ	1	2	3
谐波项数 N	5	10	15

当 $\lambda=5$ 时,取 $N=30$(最高阶波项为 $\cos 59\omega t$ 和 $\sin\omega t$)在相平面中仍然得不到光滑的极限环. 为解决这一问题,Lau(1991)提出了新算法,把 IHB 法与时间变换法相结合起来,称为 IHBT 算法. 通过适当的时间变换,非线性振子的频谱在新时间尺度中可以得到改善,从而使高阶谐波项可以减少. 取少量的谐波项就能得到满意的结果. 例如 $\lambda=5$ 时,取 10 至 12 个谐波就能得到满意的解.

考虑非线性振动方程

$$\frac{\mathrm{d}^2 x}{\mathrm{d}t^2}+f\left(x,\frac{\mathrm{d}x}{\mathrm{d}t},\lambda\right)=0, \tag{6.10.2}$$

令

$$\tau=\omega t, \tag{6.10.3}$$

则方程(6.10.2)成为

$$\omega^2\frac{\mathrm{d}^2 x}{\mathrm{d}t^2}+f\left(x,\omega\frac{\mathrm{d}x}{\mathrm{d}\tau},\lambda\right)=0. \tag{6.10.4}$$

再引入新的时间变换

$$\tau=\sigma+\sum_{n=1}^{N}\left(\frac{\alpha_n}{n}\sin n\sigma-\frac{\beta_n}{n}\cos n\sigma\right)+\sum_{n=1}^{N}\frac{\beta_n}{n}, \tag{6.10.5}$$

其中 σ 是新的无量纲时间变量,α_n,β_n 是定的变换系数. 可以看出 $\tau(0)=0,\tau(2\pi)=2\pi$,即是说,由(6.10.5)变换后,频率保持不变. 周期 $T(\sigma)=T(\tau)=2\pi$. 但是,时间尺度 σ 将被周期性地拉伸和压缩,换言之,以时间尺度 σ 表示的时钟,对于站在是时间尺度 τ 上的观察者而言将不是匀速地走着. 因此,通过这一时间变换,以新时间尺度 σ 表示的频谱将会改变从而是高阶谐波分量可能减少甚至消失.

把方程(6.10.5)对 σ 求导,可得

$$\frac{\mathrm{d}\sigma}{\mathrm{d}\tau}=g(\sigma)=1/\left[1+\sum_{n=1}^{N}(\alpha_n\cos n\sigma+\beta_n\sin n\sigma)\right]. \tag{6.10.6}$$

于是,方程(6.10.4)成为

$$F(x,x',x'',\omega,\lambda)=0, \tag{6.10.7}$$

其中()′,()″表示对 σ 的一阶、二阶导数.

$$F(x,x',x'',\omega,\lambda) = \omega^2[g^2(\sigma)x'' + g(\sigma)g'(\sigma)x'] + f(x,\omega g(\sigma)x',\lambda). \qquad (6.10.8)$$

应用 IHB 法求解方程(6.10.7). 首先是采用增量过程. 设 x_0、ω_0、λ_0 是方程(6.10.7)的初始近似解,则其邻近状态可表示为

$$x = x_0 + \Delta x, \quad \omega = \omega_0 + \Delta\omega, \quad \lambda = \lambda_0 + \Delta\lambda. \qquad (6.10.9)$$

把(6.10.9)诸式代入方程(6.10.7),略去高阶小量,可得以增量 Δx,$\Delta\omega$ 和 $\Delta\lambda$ 为未知量的线性方程

$$\left[\frac{\partial F}{\partial x''}\right]_0 \Delta x'' + \left[\frac{\partial F}{\partial x'}\right]_0 \Delta x' + \left[\frac{\partial F}{\partial x}\right]_0 \Delta x = -[F]_0 - \left[\frac{\partial F}{\partial \omega}\right]_0 \Delta\omega - \left[\frac{\partial F}{\partial \lambda}\right]_0 \Delta\lambda, \qquad (6.10.10)$$

式中$[\ ]_0$ 表示在 x_0,ω_0,λ_0 的值.

IHB 法的第二步骤是应用谐波平衡法. 为此,把 x 展开成 Fourier 级数

$$x = a_0 + \sum_{n=1}^{N}(a_n\cos n\sigma + b_n\sin n\sigma) = \boldsymbol{C}_s\boldsymbol{A}, \qquad (6.10.11)$$

则

$$\Delta x = \Delta a_0 + \sum_{n=1}^{N}(\Delta a_n\cos n\sigma + \Delta b_n\sin n\sigma) = \boldsymbol{C}_s\Delta\boldsymbol{A}, \qquad (6.10.12)$$

式中

$$\boldsymbol{C}_s = [1,\cos\sigma,\cos2\sigma,\cdots,\cos N\sigma,\sin\sigma,\sin2\sigma,\cdots,\sin N\sigma],$$

$$\boldsymbol{A} = [a_0,a_1,a_2,\cdots,a_N,b_1,b_2,\cdots,b_N]^{\mathrm{T}},$$

$$\Delta\boldsymbol{A} = [\Delta a_0,\Delta a_1,\Delta a_2,\cdots,\Delta a_N,\Delta b_1,\Delta b_2,\cdots,\Delta b_N]^{\mathrm{T}}.$$

把(6.10.11)、(6.10.12)式代入增量方程(6.10.10),并在一个周期内应用谐波平衡法,最后整理得

$$\boldsymbol{K}\Delta\boldsymbol{A} = \boldsymbol{R} + \boldsymbol{R}_\omega\Delta\omega + \boldsymbol{R}_\lambda\Delta\lambda, \qquad (6.10.13)$$

其中

$$\boldsymbol{K} = \int_0^{2\pi}\boldsymbol{C}_s^{\mathrm{T}}\left[\left(\frac{\partial F}{\partial x''}\right)_0\boldsymbol{C}''_s + \left(\frac{\partial F}{\partial x'}\right)_0\boldsymbol{C}'_s + \left(\frac{\partial F}{\partial x}\right)_0\boldsymbol{C}_s\right]\mathrm{d}\sigma,$$

$$\boldsymbol{R} = -\int_0^{2\pi}\boldsymbol{C}_s^{\mathrm{T}}(F)_0\,\mathrm{d}\sigma,$$

$$\boldsymbol{R}_\omega = -\int_0^{2\pi}\boldsymbol{C}_s^{\mathrm{T}}\left(\frac{\partial F}{\partial \omega}\right)_0\mathrm{d}\sigma,$$

$$\boldsymbol{R}_\lambda = -\int_0^{2\pi}\boldsymbol{C}_s^{\mathrm{T}}\left(\frac{\partial F}{\partial \lambda}\right)_0\mathrm{d}\sigma.$$

从方程(6.10.13)求得 $\Delta\boldsymbol{A}$(从而求得 Δx),$\Delta\omega$,$\Delta\lambda$ 后,代入(6.10.9)并以新的值作

为新的初值,进行新的迭代,这样周而复始,直到满足所需的精度为止.

显然,变换式(6.10.5)中所包含的项数越多,(6.10.11)式中所要求的谐波项数就越少,这其中可通过优化方法选择变换式(6.10.5)的项数以及确定变换系数 α_n 和 β_n.

以熟知的 van der Pol 方程(6.10.1)为例,考虑 $\lambda=5$ 的情况. 首先直接采用 IHB 法,取 10 项谐波,即取(6.10.11)式为

$$x(\tau)=\sum_{n=1,3,\cdots}^{19}(a_n\cos n\tau+b_n\sin n\tau). \tag{6.10.14}$$

求得的结果在相平面中的极限如图 6-20 所示.

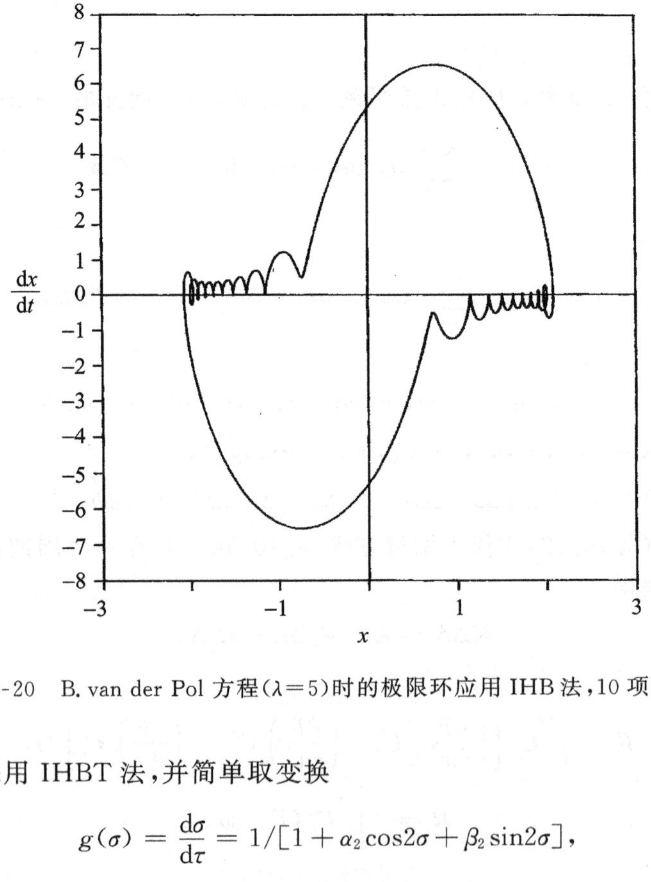

图 6-20　B. van der Pol 方程($\lambda=5$)时的极限环应用 IHB 法,10 项谐波

我们再采用 IHBT 法,并简单取变换

$$g(\sigma)=\frac{\mathrm{d}\sigma}{\mathrm{d}\tau}=1/[1+\alpha_2\cos 2\sigma+\beta_2\sin 2\sigma], \tag{6.10.15}$$

并取 $\alpha_2=\beta_2$. 采用优化方法决定 α_2、β_2. 取目标函数

$$f_{obj}=\sum_{i=15,17,19}10^{-(19-i)}(a_i^2+b_i^2). \tag{6.10.16}$$

经优化求得当 $\alpha_2=0.502$ 时,目标函数 f_{obj} 取最小值,$f_{obj}=1.945\times10^{-6}$. 把 α_2,β_2

值代入变换式(6.10.15),最后求得的结果在相平面中的极限环如图6-21所示.图中同时表示出采用Range-Kutta法数值积分的结果.显然,IHBT法与数值积分法的结果完全一致.而没有采用时间变换法的IHB法,在取10项谐波时,其结果显然不准确.

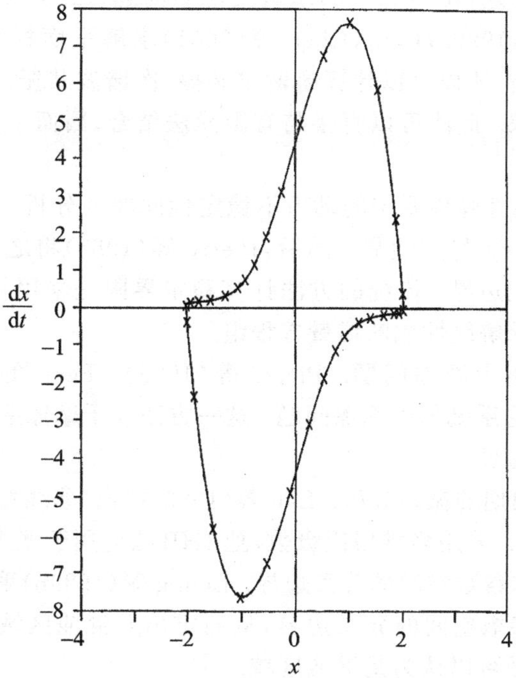

图6-21 van der Pol方程(λ=5)时的极限环应用IHBT法,10项谐波
—表示R-K法;×表示IHBT法

从上面叙述可知,寻找适当的时间变换系数α_n、β_n是IHBT法的十分关键的一步.上面介绍的采用最优化方法有时还十分不便,因为IHB法和时间变换法要分开操作,不是有机地在一起运算.为克服这一困难,刘世龄等(1997)提出了一个IHBT新算法,把变换系数α_n,β_n与IHB法中Fourier系数a_n,b_n同时作为未知数,同时采用增量法一起求解.取得很好的效果.

§6.11 IHB法的发展及其应用

IHB法自Lau等(1981)提出以来,已被成功地推广应用于非线性振动的各个领域.IHB法的优点和价值就是在这些应用中体现出来.由于篇幅所限,本节只能提纲式地介绍这些发展和应用.有兴趣的读者,可参阅Lau(1995)的综述报告及有关文献的原文.

IHB 法具有意义的推广及应用工作，主要有：

(1) 与有限元法结合，成为求解工程结构非线性振动的高效的计算方法. 如 Cheung 等(1982)求解梁的非线性振动问题；Lau 等(1984)求解薄板的问题；Lau 等(1986)求解壳体问题；Iu 等(1985)求解夹层梁问题；Iu 等(1986)求解夹层板问题；Leung 等(1989a，1990a，b，c)，Chen 等(2001)求解平面杆系结构问题；等等. 由于采用多谐波分析，所以可以计算超谐波共振、次谐波共振、内部共振等非线性振动各种特有的现象. 此法可以直接与有限元法结合，因而十分方便开发实用的有限元程序系统.

(2) 应用于非线性弹性系统的动力不稳定性问题的分析. Lau 等(1982)应用 IHB 法求解柱的参数不稳定边界. 随后，Pierre 等(1985)将之推广求解有阻尼大挠度板的动力不稳定边界. 传统的方法计算稳定界限是采用特征值问题，Lau 的方法是沿稳定边界求解线性化的增量方程组.

(3) 应用于分析干摩擦问题. Pierre 等(1985)，Feeri 等(1988)推广、应用 IHB 法谐波分析阻尼系统的干摩擦问题. 这一方法在干摩擦系统的非线性振动控制中有广泛的应用前景.

(4) 应用于概周期的振动分析. Lau 等(1983)提出“非线性非周期的增量哈密顿(Hamilton)原理”. 采用多维傅氏级数，把 IHB 法应用于概周期的振动分析.

(5) 应用于追踪参数空间的分叉边界. Leung 等(1989b)采用 IHB 法，以 Duffing 方程为例求其参数空间的分叉边界，从而定出其混沌区域. 一个被高阶次谐波解边界包围的区域可以认为是混沌区域.

(6) 应用于分段线性的非线性振动问题的研究. Lau 等(1992)引入跳跃函数，把 IHB 法应用于具有分段线性刚度特性的非线性振动问题. 该法对于具有不同、压组件、对于具有阻止位移装置或是具有间隙的机械系统都具有重要的应用价值. Pun 等(1996)就是应用该法研究具有极限装置的 L 型梁的内部共振问题. Wong 等(1991)应用该法研究具有非对称分段线性系统的稳态响应. Xu 等(2002，2003)应用 IHB 法研究分段线性阻尼系统和分段线性刚度特性的非线性振动问题和周期解的分岔问题.

(7) 应用于具有非线性阻尼元件的系统的减振隔振研究. Wong 等(1994)应用 IHB 法与快速傅氏变换(FFT)算法结合，研究滞后型钢丝阻尼的大型结构的减振、隔振计算，具有十分重要的实用意义.

(8) 应用于具有局部非线性的大型结构的非线性分析. 刘世龄等(1991)应用 IHB 法与有限元法结合，研究具有局部离散非线性阻尼的大型工程结构的动力分析.

(9) 与时间变换法相结合. Lau(1991)为有效地求解隐含极高阶谐波解的系

统的周期解，应用 IHB 法与时间变换法相结合. 刘世龄等(1997)正式称此法为 IHBT 法. 詹胜等(1997)应用此法进行非线性振动方程的参数研究.

(10) Ling 等(1987)提出了快速 Galerkin(伽辽金)方法；Cameron 等(1989)提出了频率、时间转换法(alternating frequency time domain method，简称 AFT 法). 从本质上看，上述两种方法可以视为快速傅氏变换(FFT)方法代替 IHB 法中的谐波平衡法. Wei 等(1989)评论说，快速 Galerkin 法和 AFT 法可以视为 IHB 法的推广，是 IHB 法的有效补充.

(11) Yasuda 等(1991)提出了一个增量迁移矩阵法，分析了多自由度系统的周期振动，此法本质上也是可以视为对 IHB 法的推广.

(12) 其他的具有理论意义和工程背景的应用. Cheung 等(1990)推导了多自由度三次非线性系统的 IHB 法计算公式；Lau 等(1991)应用 IHB 法研究极限环的 Hopf 分叉；Yuen 等(1991)应用 IHB 法研究了壁板超音速非线性颤振分析；Lau 等(1993)应用 IHB 法研究非线性系统大范围参数变化的拓扑结构；Li 等(1997)应用 IHB 法研究水波作用下管道的非线性振动效应. Sze 等(2005)，陈树辉等(2004)应用 IHB 法研究轴向运动梁的非线性振动问题.

上面所述这些 IHB 法的发展和应用，都是具有重要的实际意义，尤其是在干摩擦系统和分段线性系统中的应用，这些系统广泛地应用于结构工程、机械工程和控制工程之中. 另外一个很有前途的发展，就是与时间变换相结合而成的 IHBT 法. 它对于求解极限环中那些速度发生急剧变化的类型非常有效.

有两本专著，Chandra(1984)和 Dowell 等(1988)，在论述自治系统的自激振动和混沌振动时，推荐首先采用 IHB 法计算这类系统的静力和动力平衡点，然后再应用常规的 Floquet 稳定理论研究这些平衡是无穷小的挠动. Dowell(1988)再次推荐用 IHB 法有希望求得 Lorenz 方程的混沌运动. Ge 等(1997)就成功地应用 IHB 法研究速率陀螺非线性系统在参数激振下周期响应和混沌响应.

学者们在广泛地应用 IHB 法中，总结出 IHB 法具有三个优点：

1° 能分析强非线性振动问题，并能提供高精度解；

2° 特别适用大范围参数变化的定量分析，因而有助于系统的总体特性分析；

3° 便于与有限元法结合，成为对复杂结构非线性振动进行频率域分析的通用方法.

非线性动力系统的响应是很复杂的，求解的方法也很多，各种方法应互为补充，发挥其长，避免其短. 例如，可以先采用摄动法求小参数范围内的弱非线性振动的解，然后用其作为 IHB 法的初值研究大参数范围的强非线性振动. 下一章介绍的摄动-增量法就是基于这一思想发展起来的.

第 7 章　摄动-增量法

§7.1　前　　言

第 4 和第 5 章，我们分别介绍了适合于强非线性系统

$$\ddot{x} + g(x) = \varepsilon f(x, \dot{x}) \tag{7.1.1}$$

的两类方法，椭圆函数方法和广义谐波函数方法. 摄动方法的最大优点在于它能提供渐近解的解析表达式，从而便于研究解的存在性、唯一性和稳定性以及解和参数的依赖关系. 但是，这些方法的最大局限性在于 ε 局限于小参数的范围. 第六章我们介绍了适合于强非线性系统的另一类方法，增量谐波平衡法. 该法是一个半解析半数值的方法，其最大优点是真正适合于强非线性系统，它不要求系统一定要含小参数，而且该法也适合于多自由度系统，与有限元法结合解决工程上强非线性振动问题. 但是，增量谐波平衡法与其他数值方法一样，也存在如何选择初值的问题.

Chan 等(1995)提出了摄动-迭代法(perturbation-iterative method)，综合了摄动法和迭代法的优点，把零阶摄动法的解作为迭代法的初值. 这样，扩展了参数 ε 的取值范围，从小参数取值到中等参数(例如 $\varepsilon=2$ 或 3). 随后，Chan 等(1996)相继提出摄动-增量法，(perturbation-incremental method)，研究更一般的强非线性系统

$$\ddot{x} + g(x) = \lambda f(x, \dot{x})\dot{x}, \tag{7.1.2}$$

其中 $\lambda>0$ 是任意的参数. 该法把摄动法和增量法结合起来，彻底地突破了摄动法必须假设系统某些项为小参数的局限. 该法已被应用于强非线性振动系统半稳定极限环及其分叉值的计算，见 Chan 等(1997)，陈树辉等(1998)，Chen 等(2000)；也应用于同、异宿轨线及其分叉值的计算，见 Xu 等(1996)，徐兆等(1997)，徐兆等(1997)；还应用于平面微分方程极限环的计算，见陈树辉等(2000)；徐兆等(2003). 和应用于一般动力系统极限环的计算，见陈树辉等(2001). 本章主要介绍摄动-增量法及其在极限环，同、异宿轨线和分叉值的计算.

§7.2　摄动-增量法

Chan 等(1996)提出一种求解强非线性振动的新方法，把摄动法和增量法结合起来，称为摄动-增量法，该法可适用于参数 λ 是任意值的完全强非线性系统.

7.2.1 方法梗概

考虑一般的强非线性系统

$$\ddot{x}+g(x)=\lambda f(x,\dot{x})\dot{x}, \tag{7.2.1}$$

其中参数 $\lambda>0$,可以是任意大的正数. 与摄动-迭代法一样,摄动-增量法也是先引进一个非线性时间变换

$$\mathrm{d}\varphi/\mathrm{d}t=\Phi(\varphi),\quad \Phi(\varphi+2\pi)=\Phi(\varphi). \tag{7.2.2}$$

对于新时间 φ,方程(7.2.1)的极限环可以表示成

$$x=a\cos\varphi+b, \tag{7.2.3}$$

这里 a 是振幅,b 是偏心. 把方程(7.2.1)变换成 φ 的时间域,有

$$\Phi\frac{\mathrm{d}}{\mathrm{d}\varphi}(\Phi x')+g(x)=\lambda f(x,\Phi x')\Phi x', \tag{7.2.4}$$

其中 x' 表示 x 对 φ 求导.

$$x'=-a\sin\varphi.$$

方程(7.2.4)两边同乘以 x',然后积分,得

$$\frac{1}{2}(\Phi\sin\varphi)^2+\frac{1}{a^2}[V(a\cos\varphi+b)-V(a+b)]$$
$$=\lambda\int_0^{\varphi}f(a\cos\theta+b,-a\Phi\sin\theta)\Phi\sin^2\theta\mathrm{d}\theta, \tag{7.2.5}$$

其中

$$V(x)=\int_0^x g(u)\mathrm{d}u. \tag{7.2.6}$$

为方便起见,记

$$\tilde{v}(a,b,\varphi)=\frac{1}{a^2}[V(a\cos\varphi+b)-V(a+b)], \tag{7.2.7}$$

$$\tilde{f}(a,b,\Phi,\theta)=f(a\cos\theta+b,-a\Phi\sin\theta)\Phi\sin^2\theta. \tag{7.2.8}$$

公式(7.2.5)中分别取 $\varphi=\pi$ 和 2π,得

$$\tilde{V}(a,b,\pi)-\lambda\int_0^{\pi}\tilde{f}(a,b,\Phi,\theta)\mathrm{d}\theta=0, \tag{7.2.9}$$

$$\int_0^{2\pi}\tilde{f}(a,b,\Phi,\theta)\mathrm{d}\theta=0. \tag{7.2.10}$$

摄动-增量法的求解过程可分为二大步. 第一步为摄动法. 设 λ 为小参数,$\lambda\approx0$,这时 a、b、$\Phi(\varphi)$ 可以表示为

$$a=a_0+O(\lambda),\quad b=b_0+O(\lambda),\quad \Phi=\Phi_0+O(\lambda). \tag{7.2.11}$$

将上式代入公式(7.2.5)、(7.2.9)和(7.2.10),得

$$\Phi_0(\varphi)=\frac{[2V(a_0+b_0)-2V(a_0\cos\varphi+b_0)]^{1/2}}{a_0\mid\sin\varphi\mid},\tag{7.2.12}$$

$$V(-a_0+b_0)-V(a_0+b_0)=0,\tag{7.2.13}$$

$$\int_0^{2\pi}\tilde{f}(a_0,b_0,\Phi_0,\theta)\mathrm{d}\theta=0.\tag{7.2.14}$$

解出 a_0,b_0 和 Φ_0 后,可得极限环的零阶近似解.

摄动-增量法的第二步就是参数增量法.它将把对应于小参数的解延拓至大参数.设 a_0、b_0 和 Φ_0 对应于参数 λ_0 的解(开始时 $\lambda_0=0$,对应于零阶近似解).现给 λ_0 一个小增量 $\Delta\lambda$,$(0<\Delta\lambda\ll 1)$,$\lambda=\lambda_0+\Delta\lambda$ 对应的解记为

$$a=a_0+\Delta a,\quad b=b_0+\Delta b,\quad \Phi=\Phi_0+\Delta\Phi.\tag{7.2.15}$$

将其代入公式(7.2.5),(7.2.9)和(7.2.10),略去高阶后便得到增量方程

$$\begin{aligned}&\left[\left(\frac{\partial\tilde{V}}{\partial a}\right)_0-\lambda\int_0^{\varphi}\left(\frac{\partial\tilde{f}}{\partial a}\right)_0\mathrm{d}\theta\right]\Delta a+\left[\left(\frac{\partial\tilde{V}}{\partial b}\right)_0-\lambda\int_0^{\varphi}\left(\frac{\partial\tilde{f}}{\partial b}\right)_0\mathrm{d}\theta\right]\Delta b\\&\quad+(\Phi_0\sin^2\varphi)\Delta\Phi-\lambda\int_0^{\varphi}\left(\frac{\partial\tilde{f}}{\partial\Phi}\right)_0\Delta\Phi\mathrm{d}\theta\\&=-\frac{1}{2}(\Phi_0\sin\varphi)^2-\tilde{V}(a_0,b_0,\varphi)+\lambda\int_0^{\varphi}\tilde{f}(a_0,b_0,\Phi_0,\theta)\mathrm{d}\theta,\end{aligned}\tag{7.2.16}$$

$$\begin{aligned}&\left[\left(\frac{\partial\tilde{V}}{\partial a}\right)_{0,\pi}-\lambda\int_0^{\pi}\left(\frac{\partial\tilde{f}}{\partial a}\right)_0\mathrm{d}\theta\right]\Delta a+\left[\left(\frac{\partial\tilde{V}}{\partial b}\right)_{0,\pi}-\lambda\int_0^{\pi}\left(\frac{\partial\tilde{f}}{\partial b}\right)_0\mathrm{d}\theta\right]\Delta b\\&-\lambda\int_0^{\pi}\left(\frac{\partial\tilde{f}}{\partial\Phi}\right)_0\Delta\Phi\mathrm{d}\theta=-\tilde{V}(a_0,b_0,\pi)+\lambda\int_0^{\pi}\tilde{f}(a_0,b_0,\Phi_0,\theta)\mathrm{d}\theta,\end{aligned}\tag{7.2.17}$$

$$\begin{aligned}&\Delta a\int_0^{2\pi}\left(\frac{\partial\tilde{f}}{\partial a}\right)_0\mathrm{d}\theta+\Delta b\int_0^{2\pi}\left(\frac{\partial\tilde{f}}{\partial b}\right)_0\mathrm{d}\theta+\int_0^{2\pi}\left(\frac{\partial\tilde{f}}{\partial\Phi}\right)_0\Delta\Phi\mathrm{d}\theta\\&=-\int_0^{2\pi}\tilde{f}(a_0,b_0,\Phi_0,\theta)\mathrm{d}\theta,\end{aligned}\tag{7.2.18}$$

其中

$$\left(\frac{\partial\tilde{V}}{\partial a}\right)_{0,\pi}=\frac{\partial}{\partial a}\tilde{V}(a,b,\varphi)\bigg|_{a=a_0,b=b_0,\varphi=\pi}.$$

其他项$(\partial\tilde{V}/\partial b)_{0,\pi}$等也类似地定义.由于 $\Phi(\varphi)$是 2π 的周期函数,可展开为 Fourier 级数.设取 M 个谐波项就有足够的精确度,于是有

$$\Phi_0=\sum_{j=0}^{M}(P_j\cos j\varphi+Q_j\sin j\varphi),\quad Q_0=0,\tag{7.2.19}$$

$$\Delta\Phi=\sum_{j=0}^{M}(\Delta P_j\cos j\varphi+\Delta Q_j\sin j\varphi),\quad \Delta Q_0=0.\tag{7.2.20}$$

把方程(7.2.16)至(7.2.18)中的周期函数也都展开为 Fourier 级数

$$\left(\frac{\partial \widetilde{V}}{\partial a}\right)_0 = \sum_{k\geqslant 0}\alpha_k \cos k\varphi, \tag{7.2.21}$$

$$\left(\frac{\partial \widetilde{V}}{\partial b}\right)_0 = \sum_{k\geqslant 0}\beta_k \cos k\varphi. \tag{7.2.22}$$

根据公式(7.2.9),上面二式中没有正弦项.

$$\widetilde{f}(a_0,b_0,\Phi_0,\varphi) = \sum_{k\geqslant 0}(\gamma_{1,k}\cos k\varphi + \delta_{1,k}\sin k\varphi), \tag{7.2.23}$$

$$\left(\frac{\partial \widetilde{f}}{\partial a}\right)_0 = \sum_{k\geqslant 0}(\gamma_{2,k}\cos k\varphi + \delta_{2,k}\sin k\varphi), \tag{7.2.24}$$

$$\left(\frac{\partial \widetilde{f}}{\partial b}\right)_0 = \sum_{k\geqslant 0}(\gamma_{3,k}\cos k\varphi + \delta_{3,k}\sin k\varphi), \tag{7.2.25}$$

$$\left(\frac{\partial \widetilde{f}}{\partial \Phi}\right)_0 = \sum_{k\geqslant 0}(\gamma_{4,k}\cos k\varphi + \delta_{4,k}\sin k\varphi), \tag{7.2.26}$$

$$\Phi_0 \sin^2\varphi = \sum_{k\geqslant 0}(\zeta_{1,k}\cos k\varphi + \eta_{1,k}\sin k\varphi), \tag{7.2.27}$$

$$\frac{1}{2}(\Phi_0 \sin\varphi)^2 + \widetilde{V}(a_0,b_0,\varphi) = \sum_{k\geqslant 0}(\zeta_{2,k}\cos k\varphi + \eta_{2,k}\sin k\varphi). \tag{7.2.28}$$

把上述展开式代入方程(7.2.16)至(7.2.18),并应用谐波平衡法,可得以 $\Delta a,\Delta b$, $\Delta P_j,\Delta Q_j$ 为未知量的代数方程组

$$A_n\Delta a + B_n\Delta b + A_{n,0}\Delta P_0 + \sum_{j=1}^{M}(A_{n,j}\Delta P_j + B_{n,j}\Delta Q_j) = R_n, \tag{7.2.29}$$

其中 $n=0,1,2,\cdots,2M+2$, R_0 为(7.3.16)式右边的常数项, R_i, R_{M+i} 分别为(7.2.16)右边 Fourier 展开式中余弦项和正弦项的系数, R_{2M+1} 和 R_{2M+2} 分别为(7.2.17)和(7.2.18)式右边的值. 因此, R_n 称为误差项. 如果 a_0, b_0 和 Φ_0 使方程(7.2.16)~(7.2.18)的右边为零,则 R_n 全为零,此时的 a_0, b_0 和 Φ_0 就是方程(7.2.5),(7.2.9) (7.2.10)的解. A_n, B_n, $A_{n,j}$, $B_{n,j}$ 和 R_n 如下所示.

$$A_0 = \alpha_0 - \lambda\sum_{k=1}^{M}\frac{1}{k}\delta_{2,k},$$

$$A_i = \alpha_i + \frac{\lambda\delta_{2,i}}{i},$$

$$A_{M+i} = -\frac{\lambda\gamma_{2,i}}{i},$$

$$A_{2M+1} = \sum_{k=1}^{M}(-1)^k\alpha_k - \lambda\sum_{k=1}^{M}\frac{1}{k}[1-(-1)^k]\delta_{2,k},$$

$$A_{2M+2} = \gamma_{2,0},$$

$$B_0 = \beta_0 - \lambda \sum_{k=1}^{M} \frac{1}{k}\delta_{3,k},$$

$$B_i = \beta_i + \frac{\lambda\delta_{3,i}}{i},$$

$$B_{M+i} = -\frac{\lambda\gamma_{3,i}}{i},$$

$$B_{2M+1} = \sum_{k=1}^{M}(-1)^k\beta_k - \lambda\sum_{k=1}^{M}\frac{1}{k}[1-(-1)^k]\delta_{3,k},$$

$$B_{2M+2} = \gamma_{3,0},$$

$$A_{0,j} = \frac{1}{2}(\zeta_{1,-j}+\zeta_{1,j}) - \frac{1}{2}\lambda\sum_{k=1}^{M}\frac{1}{k}(\delta_{4,k-j}-\delta_{4,j-k}+\delta_{4,j+k}),$$

$$A_{i,j} = \frac{1}{2}(\zeta_{1,i-j}+\zeta_{1,j-i}+\zeta_{1,j+i}) + \frac{\lambda}{2i}(\delta_{4,i-j}-\delta_{4,j-i}+\delta_{4,j+i}),$$

$$A_{M+i,j} = \frac{1}{2}(\eta_{1,i-j}-\eta_{1,j-i}+\eta_{1,j+i}) - \frac{\lambda}{2i}(\gamma_{4,i-j}-\gamma_{4,j-i}+\gamma_{4,j+i}),$$

$$A_{2M+1,j} = -\frac{1}{2}\lambda\sum_{k=1}^{M}\frac{[1-(-1)^k]}{k}(\delta_{4,k-j}-\delta_{4,j-k}+\delta_{4,j+k}),$$

$$A_{2M+2,j} = \frac{1}{2}(\gamma_{4,-j}+\gamma_{4,j}),$$

$$B_{0,j} = \frac{1}{2}(\eta_{1,j}+\eta_{1,-j}) - \frac{1}{2}\lambda\sum_{k=1}^{M}\frac{1}{k}(\gamma_{4,k-j}+\gamma_{4,j-k}-\gamma_{4,j+k}),$$

$$B_{i,j} = \frac{1}{2}(\eta_{1,j-i}+\eta_{1,j+i}-\eta_{1,i-j}) + \frac{\lambda}{2i}(\gamma_{4,i-j}+\gamma_{4,j-i}-\gamma_{4,j+i}),$$

$$B_{m+i,j} = \frac{1}{2}(\zeta_{1,i-j}+\zeta_{1,j-i}-\zeta_{1,j+i}) - \frac{\lambda}{2i}(\delta_{4,j-i}-\delta_{4,j+i}-\delta_{4,i-j}),$$

$$B_{2M+1,j} = -\frac{1}{2}\lambda\sum_{k=1}^{M}\frac{[1-(-1)^k]}{k}(\gamma_{4,k-j}+\gamma_{4,j-k}-\gamma_{4,j+k}),$$

$$B_{2M+2,j} = \frac{1}{2}(\delta_{4,j}-\delta_{4,-j}),$$

$$R_0 = -\zeta_{2,0} + \lambda\sum_{k=1}^{M}\frac{1}{k}\delta_{1,k},$$

$$R_i = -\zeta_{2,i} - \frac{\lambda\delta_{1,i}}{i},$$

$$R_{M+i} = -\eta_{2,i} + \frac{\lambda\gamma_{1,i}}{i},$$

$$R_{2M+1}=-\sum_{k=0}^{M}(-1)^k\zeta_{2,k}+\lambda\sum_{k=1}^{M}\frac{[1-(-1)^k]}{k}\delta_{1,k},$$

$$R_{2M+2}=-\gamma_{1,0},$$

$$i=1,2,\cdots,M,\quad j=0,1,2,\cdots,M,$$

当 $k<0$ 时，$\zeta_{1,k}=\eta_{1,k}=\gamma_{4,k}=\delta_{4,k}=0$.

由方程(7.2.29)解出 $\Delta a,\Delta b,\Delta P_j,\Delta Q_j$ 后，代入(7.2.15)式，可得 a,b 和 Φ 并作为新的 a_0,b_0 和 Φ_0，于是由(7.2.29)又可解出新的 $\Delta a,\Delta b,\Delta P_j,\Delta Q_j$. 这一过程称为迭代过程. 当 R_n 小于预先规定的误差时，迭代结束，此时得到对应于 $\lambda=\lambda_0+\Delta\lambda$ 的解 a、b和 Φ，再以此作为新的起点，给参数以增量 $\Delta\lambda$，重复上述的迭代过程. 经过若干次增量后，参数 λ 由小变大，这样就得任意参数 λ 的解.

求出 $a,b,\Phi(\varphi)$，极限环的相图便可由下式作出

$$x=a\cos\varphi+b,\quad \frac{\mathrm{d}x}{\mathrm{d}t}=-a\Phi(\varphi)\sin\varphi,\tag{7.2.30}$$

φ 从 0 到 2π 之间变化.

7.2.2 极限环的稳定性

判断极限环的稳定性，先计算其特征指数

$$\gamma=\frac{\lambda}{T}\int_0^T[f(x(t),\dot{x}(t))+\dot{x}(t)f'_{\dot{x}}(x(t),\dot{x}(t))]\mathrm{d}t$$

$$=\frac{\lambda}{T}\int_0^{2\pi}\frac{[f(a\cos\varphi+b,-a\Phi\sin\varphi)-a\Phi\sin\varphi f'_{\dot{x}}(a\cos\varphi+b,-a\Phi\sin\varphi)]\mathrm{d}\varphi}{\Phi(\varphi)},\tag{7.2.31}$$

其中 T 为极限环的周期，由式(7.2.24)计算. 根据微分方程理论中的极限环稳定性定理，如果 $\gamma<0(>0)$，则极限环是稳定的(不稳定的).

7.2.3 含有二次非线性项的广义 van der Pol 方程

作为摄动-增量法的应用，我们首先考虑如下的例子

$$\ddot{x}+x+x^2=\lambda(0.1+x-x^2)\dot{x}.\tag{7.2.32}$$

对应于方程(7.2.1)，本例 $f(x,\dot{x})=(\beta+x-x^2)\dot{x}$，$g(x)=x+x^2$，$V(x)-\frac{1}{2}x^2+\frac{1}{3}x^3$. 从方程(7.2.13)和(7.2.14)求得

$$b_0=\frac{1}{2}\left(-1+\sqrt{1-\frac{4}{3}a_0^2}\right),\tag{a}$$

$$\Phi_0(\varphi) = [1 + 2b_0 + \frac{2}{3}a_0\cos\varphi]^{1/2}, \quad 0 < a_0 < 0.75, \tag{b}$$

$$\int_0^{2\pi}[\beta + a_0\cos\varphi + b_0 - (a_0\cos\varphi + b_0)^2]\Phi_0(\varphi)\sin^2\varphi\mathrm{d}\varphi = 0. \tag{c}$$

从(c)式可得

$$\beta = \frac{\int_0^{\pi}[(a_0\cos\varphi + b_0)^2 - a_0\cos\varphi - b_0]\Phi_0(\varphi)\sin^2\varphi\mathrm{d}\varphi}{\int_0^{\pi}\Phi_0(\varphi)\sin^2\varphi\mathrm{d}\varphi} = \beta(a_0). \tag{d}$$

由此作出 β-α_0 曲线如图 7-1 所示. 由(d)式求得

$$\beta_{\max} = \lim_{a_0\to 0.75}\beta(a_0) = \frac{2}{7}, \tag{e}$$

因此

$$0 < \beta < \frac{2}{7}. \tag{f}$$

现考虑极限环的稳定性. 对于 $\lambda\approx 0$,方程(7.2.31)为

$$\gamma = \frac{\lambda}{T}\int_0^{2\pi}\frac{\beta(a_0) + a_0\cos\varphi + b_0 - (a_0\cos\varphi + b_0)^2}{\Phi_0(\varphi)}\mathrm{d}\varphi = \frac{2\lambda}{T}\bar{\gamma}_0(a_0), \tag{g}$$

其中

$$\bar{\gamma}_0(a_0) = \int_0^{\pi}\frac{\beta(a_0) + a_0\cos\varphi + b_0 - (a_0\cos\varphi + b_0)^2}{\Phi_0(\varphi)}\mathrm{d}\varphi. \tag{h}$$

特征指数曲线 $\bar{\gamma}_0 - a_0$ 如图 7-2 所示. 从图中可以看出,在 $a_0\in(0,0.75)$的范围里,$\bar{\gamma}_0(a_0) < 0$. 因此,从图 7-1、图 7-2 可得出如下结论:如果 $0<\beta<\frac{2}{7}$,则方程(7.2.28)有一个极限环,而且这个极限环是稳定的.

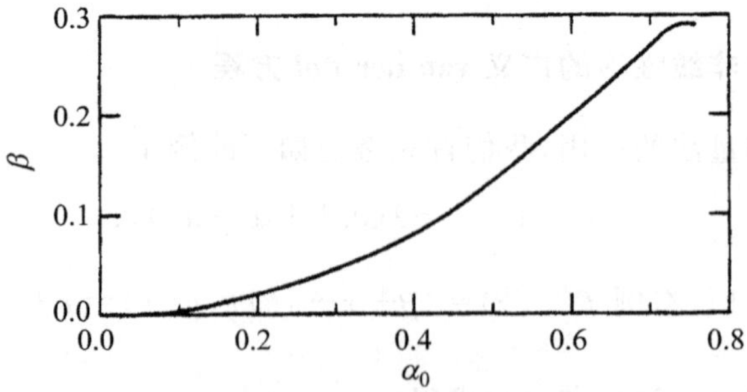

图 7-1　方程(7.2.32)零阶摄动解 β-α_0 曲线

作为例子，取 $\beta=0.1$，依公式(a)～(c)，求得

$$a_0 = 0.4401, \quad b_0 = -0.0694,$$

$$\Phi_0(\varphi) = [0.8612 + 0.2934\cos\varphi]^{1/2}.$$

现进行摄动-增量法的第二步参数增量法. 取 $\lambda_0=0$，$\Delta\lambda=0.5$，$M=10$，以零阶摄动解 a_0，b_0 和 Φ_0 为起点，$\Delta\lambda$ 经 20 次增量后 $\lambda=10$. 这时求得的 $\Phi(\varphi)$ 的 Fourier 系数如表 7-1 所示，对应的极限环如图 7-3 所示. 从图中可以看出，即使参数 λ 很大，摄动-增量法还是能得出与 Runge-Kutta 法相一致的数值结果.

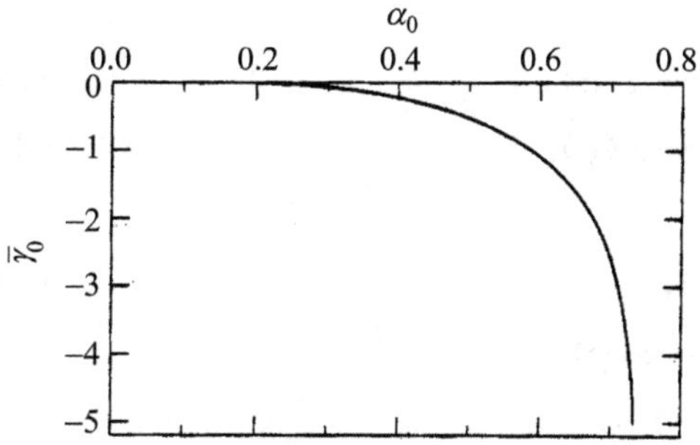

图 7-2 方程(7.2.32)极限环的特征指数曲线

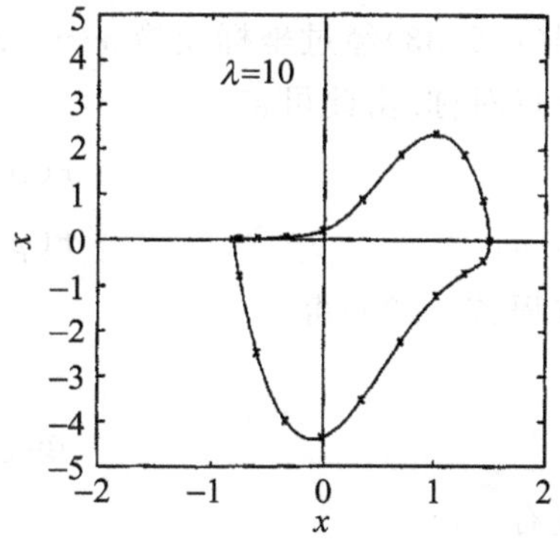

图 7-3 方程(7.2.32)$\lambda=10$ 时的极限环
—表示 R-K 法，稳定极限环；
×××表示摄动-增量法

表 7-1 方程(7.2.32)极限环的振幅及 $\Phi(\varphi)$ 的 Fourier 系数

j	P_j	Q_j
0	0.17880E+01	0.00000E+00
1	0.23215E+00	0.10132E+01
2	−0.33438E+00	−0.14256E+01
3	0.29249E+00	−0.11478E+00
4	−0.22886E+00	0.14146E−01
5	0.76198E−01	0.30304E−01
6	−0.41042E−01	−0.22792E−01
7	0.22983E−01	0.36166E−02
8	−0.19175E−01	−0.45058E−02
9	0.14959E−01	0.59562E−02
10	−0.87913E−02	−0.61795E−02

注：$\lambda=10$，$a=1.1501$，$b=0.34060$

7.2.4　广义 Rayleigh 方程

作为第二个例子，我们考虑广义 Rayleigh 振子

$$\ddot{x}+x^{3}=\lambda(1-\dot{x}^{2})\dot{x}. \tag{7.2.33}$$

对应于方程(7.2.1)，本例 $f(x,\dot{x})=1-\dot{x}^{2}$，$g(x)=x^{3}$，因此 $V(x)=\frac{1}{4}x^{4}$. 注意到

$$g(-x)=-g(x), \tag{a}$$

$$f(-x,-\dot{x})=f(x,\dot{x}), \tag{b}$$

方程(7.2.33)经过坐标变换 $x\to -x$，$\dot{x}\to -\dot{x}$，后仍将保持不变，因此，极限环将是对原点对称. 由此可得

$$x(\varphi+\pi)=-x(\varphi), \tag{c}$$

$$\dot{x}(\varphi+\pi)=-\dot{x}(\varphi). \tag{d}$$

由方程(7.2.30)得

$$b=0, \tag{e}$$

$$\Phi(\varphi+\pi)=\Phi(\varphi), \tag{f}$$

因此有

$$\Phi(\varphi)=\sum_{j\geqslant 0}(P_{2j}\cos 2j\varphi+Q_{2j}\sin 2j\varphi). \tag{g}$$

方程(7.2.29)成为

$$A_{2n}\Delta a+\sum_{j=0}^{\widetilde{M}}(A_{2n,2j}\Delta P_{2j}+B_{2n,2j}\Delta Q_{2j})=R_{2n},\quad \Delta Q_{0}=0, \tag{h}$$

$n=0,1,2,\cdots,\widetilde{M}+1$，$\widetilde{M}=\frac{1}{2}M$，$M$ 为偶数.

根据方程(7.2.7)、(7.2.8)和(7.2.12)，我们有

$$\widetilde{V}(a,\varphi)=\frac{1}{4}a^{2}(\cos^{4}\varphi-1), \tag{i}$$

$$\widetilde{f}(a,\Phi,\varphi)=(1-a^{2}\Phi^{2}\sin^{2}\varphi)\Phi\sin^{2}\varphi, \tag{j}$$

$$\Phi_{0}(\varphi)=a_{0}\left[\frac{1}{2}(1+\cos^{2}\varphi)\right]^{1/2}. \tag{k}$$

由(7.2.14)求得零阶摄动解的振幅为

$$a_{0}=\left(\frac{7}{3}\right)^{1/4}. \tag{l}$$

因此

$$\Phi_{0}(\varphi)=\left(\frac{7}{3}\right)^{1/4}\left[\frac{1}{2}(1+\cos^{2}\varphi)\right]^{1/2}. \tag{m}$$

取 $\lambda_0=0$，$\Delta\lambda=0.5$，进行参数增量，以零阶摄动解(l)、(m)二式为迭代起点，经 20 次增量后 $\lambda=10$. 求解方程(h)时取 $M=20$. $\Phi(\varphi)$的 Fourier 系数如表 7-2 所示，对应的极限环如图 7-4 所示. 从图中可以看出，摄动-增量法和 Runge-Kutta 法的数值结果一致.

表 7-2　方程(7.2.33)极限环的振幅及 $\Phi(\varphi)$ 的 Fourier 系数

j	P_{2j}	Q_{2j}
0	0.98101E+00	0.00000E+00
1	0.58053E+00	0.17932E+00
2	0.21242E+00	0.19782E+00
3	0.66857E−01	0.13817E+00
4	0.52981E−02	0.85588E−01
5	−0.16500E−01	0.46049E−01
6	−0.19550E−01	0.20669E−01
7	−0.15502E−01	0.66225E−02
8	−0.10122E−01	0.16102E−03
9	−0.57569E−02	−0.19827E−02
10	−0.29259E−02	−0.20978E−02

注：$\lambda=10$，$a=1.79398$，$b=0$

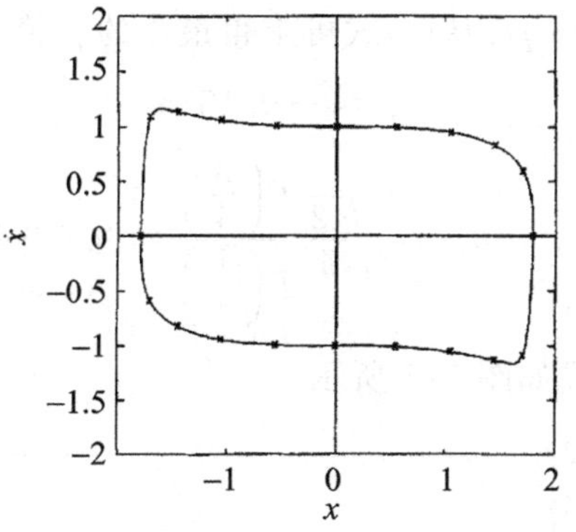

图 7-4　方程(7.2.33)$\lambda=10$ 时的极限环

—表示 R-K 法，稳定极限环；×××表示摄动-增量法

7.2.5　广义 Liénard 方程

作为第三个例子，我们考虑广义 Liénard 方程

$$\ddot{x}+x^3=\lambda(\mu+x^2-x^4)\dot{x}, \tag{7.2.34}$$

对应于方程(7.2.1)，本例 $f(x,\dot{x})=\mu+x^2-x^4$，$g(x)=x^3$. 类似于上节广义 Rayleigh 方程的分析，方程(7.2.34)的极限环也将对原点对称，并且有

$$b=0, \tag{a}$$

$$\Phi(\varphi)=\sum_{j\geqslant 0}(P_{2j}\cos 2j\varphi+Q_{2j}\sin 2j\varphi), \tag{b}$$

$$\widetilde{V}(a,\varphi)=\frac{1}{4}a^2(\cos^4\varphi-1), \tag{c}$$

$$\widetilde{f}(a,\Phi,\varphi)=(\mu+a^2\cos^2\varphi-a^4\sin^4\varphi)\Phi\sin^2\varphi, \tag{d}$$

$$\Phi_0(\varphi)=a_0\left[\frac{1}{2}(1+\cos^2\varphi)\right]^{1/2}. \tag{e}$$

首先寻求方程(7.2.34)具有正的振幅 a_0 的条件，为此，将方程(7.2.14)改写为

$$\mu=\frac{a_0^4\int_0^{2\pi}\Phi_0(\varphi)\cos^4\varphi\sin^2\varphi\mathrm{d}\varphi-a_0^2\int_0^{2\pi}\Phi_0(\varphi)\cos^2\varphi\sin^2\varphi\mathrm{d}\varphi}{\int_0^{2\pi}\Phi_0(\varphi)\sin^2\varphi\mathrm{d}\varphi}$$

$$=\frac{a_0^4B\left(\frac{5}{4},\frac{3}{2}\right)-a_0^2B\left(\frac{3}{4},\frac{3}{2}\right)}{B\left(\frac{1}{4},\frac{3}{2}\right)}=\frac{a_0^4}{7}-\frac{12a_0^2\Gamma^2\left(\frac{3}{4}\right)}{5\Gamma^2\left(\frac{1}{4}\right)}\triangleq\mu(a_0). \tag{f}$$

上述积分中采用变换 $\mu=\cos^4\varphi$ 简化了积分并表示为 Beta 函数 $B(p,q)$ 或者 Gamma 函数 $\Gamma(p)\Gamma(q)/\Gamma(p+q)$. 从(f)式可求得最小的 μ 值和相应的 a_0 值为

$$\mu_0^*\approx-0.1315, \tag{g}$$

$$a_0=a_0^*=\sqrt{\frac{42}{5}}\frac{\Gamma\left(\frac{3}{4}\right)}{\Gamma\left(\frac{1}{4}\right)}\approx 0.9796. \tag{h}$$

由(f)式作出的 μ-α_0 曲线如图 7-5 所示.

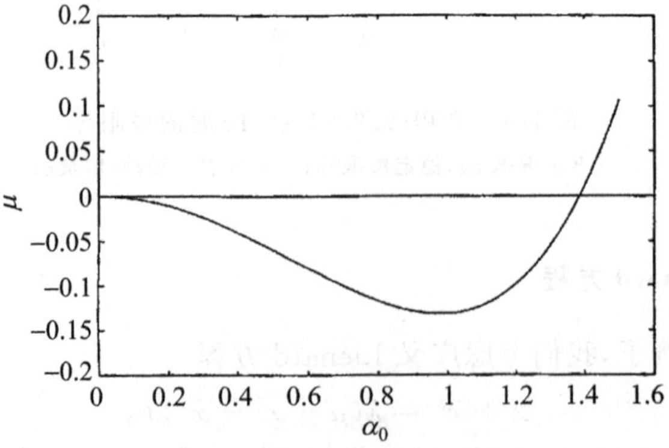

图 7-5　方程(7.2.34)零阶摄动解的 μ-α_0 曲线

再计算特征指数以便研究稳定性. 由(7.2.31)式,

$$\gamma = \frac{\lambda}{T}\int_0^{2\pi} \frac{\mu(a_0) + a_0^2\cos^2\varphi - a_0^4\cos^4\varphi}{\Phi_0(\varphi)}\mathrm{d}\varphi = \frac{2\lambda}{T}\gamma_0(a_0), \tag{i}$$

其中

$$\begin{aligned}\gamma_0(a_0) &= \int_0^{\pi} \frac{\mu(a_0) + a_0^2\cos^2\varphi - a_0^4\cos^4\varphi}{\Phi_0(\varphi)}\mathrm{d}\varphi \\ &= \frac{4\sqrt{2}}{5}a_0 \frac{\Gamma\left(\frac{3}{4}\right)\Gamma\left(\frac{1}{2}\right)}{\Gamma\left(\frac{1}{4}\right)} - \frac{2\sqrt{2}}{21}a_0^3 \frac{\Gamma\left(\frac{1}{4}\right)\Gamma\left(\frac{1}{2}\right)}{\Gamma\left(\frac{3}{4}\right)}.\end{aligned} \tag{j}$$

由此作出的 γ_0-a_0 曲线如图 7-6 所示. 由图示可以看出, 当 $a_0 < a_0^*$ 时, $\gamma_0(a_0) > 0$; 当 $a_0 > a_0^*$ 时, $\gamma_0(a_0) < 0$. 因此, 从图 7-5 和图 7-6, 我们可以得出如下结论:

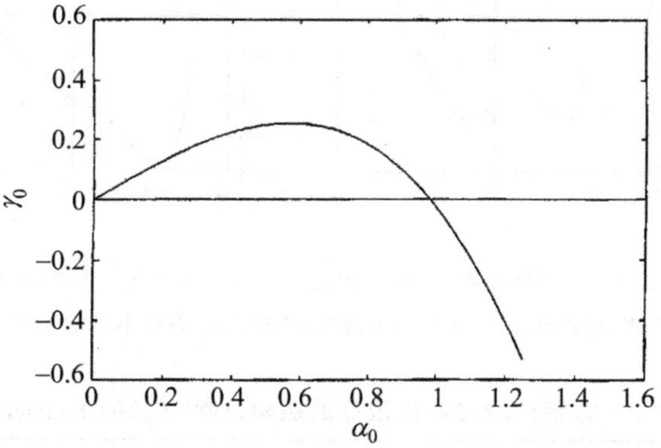

图 7-6 方程(7.2.34)零阶摄动解极限环的特征指数曲线

(1) 如果 $\mu < \mu_0^*$, 方程(f)没有实根, 因而方程(7.2.34)没有极限环.

(2) 如果 $\mu_0^* < \mu < 0$, 方程(f)有二个实根, $a_0^{(1)} < a_0^*$ 和 $a_0^{(2)} > a_0^*$, 因而方程(7.2.34)有二个极限环, 对应于 $a_0^{(1)}$ 的极限环是不稳定的, 而对应于 $a_0^{(2)}$ 的极限环才是稳定的.

(3) 如果 $\mu \geqslant 0$, 方程(f)有且只有一个实根, $a_0 > a_0^*$, 因而方程(7.2.34)有且只有一个极限环, 而且这个极限环是稳定的. 下面分开 $\mu < 0$ 和 $\mu > 0$ 两种情况进行讨论.

第一种情况, 取 $\mu = -0.1$. 首先, 根据方程(f)求得零阶近似解的二个根 $a_0^{(1)}$ 和 $a_0^{(2)}$ 以及相应的 $\Phi_0^{(1)}(\varphi)$ 和 $\Phi_0^{(2)}(\varphi)$.

$$a_0^{(1)} = 0.6998, \quad \Phi_0^{(1)}(\varphi) = a_0^{(1)}\left[\frac{1}{2}(1 + \cos^2\varphi)\right]^{1/2}, \tag{k}$$

$$a_0^{(2)} = 1.1956, \quad \Phi_0^{(2)}(\varphi) = a_0^{(2)} \left[\frac{1}{2}(1+\cos^2\varphi)\right]^{1/2}. \tag{l}$$

其次,以零阶近似解为初值,进入参数增量过程.取 $\lambda_0=0$,$\Delta\lambda=0.5$,$M=20$.经 20 次增量后,$\lambda=10$.这时 $\Phi_0^{(1)}(\varphi)$ 和 $\Phi_0^{(2)}(\varphi)$ 的 Fourier 系数分别表示于表 7-3 和表 7-4.对应的二个极限环如图 7-7 所示.

第二种情况,取 $\mu=0.2$,其零阶近似解为

$$a_0 = 1.5757, \quad \Phi_0(\varphi) = a_0 \left[\frac{1}{2}(1+\cos^2\varphi)\right]^{1/2}. \tag{m}$$

$\lambda=10$ 时 $\Phi(\varphi)$ 的 Fourier 系数列于表 7-5,对应的极限环如图 7-7 所示.与所有其他算例一样,本例摄动-增量法的数值结果与 Runge-Kutta 法的结果是一致的.

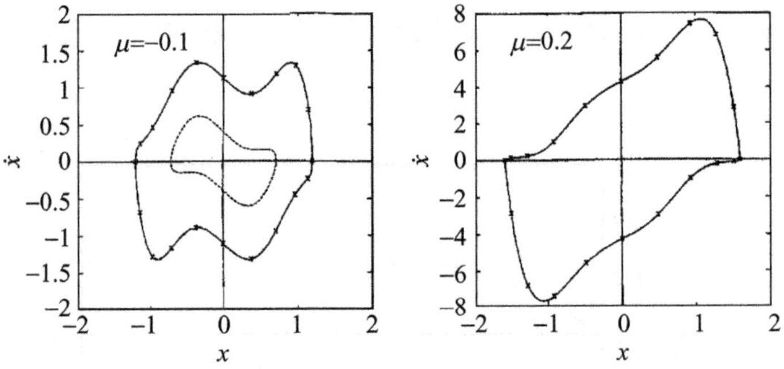

图 7-7 方程(7.2.34)$\lambda=10$,$\mu=-0.1$,$\mu=0.2$ 时的极限环

—表示 R-K 法,稳定极限环;×××表示摄动-增量法; 表示不稳定极限环,摄动-增量法

表 7-3 方程(7.2.34)极限环的振幅及 $\Phi^{(1)}(\varphi)$ 的 Fourier 系数

j	P_{2j}	Q_{2j}
0	0.64813E+00	0.00000E+00
1	0.72572E−01	0.36358E+00
2	−0.14249E−01	−0.60403E−01
3	0.31812E−02	0.37227E−02
4	0.37716E−03	−0.11895E−02
5	−0.34862E−03	0.12688E−03
6	0.94873E−04	0.58479E−04
7	−0.61166E−05	−0.35061E−04
8	−0.73596E−05	0.88075E−05
9	0.37870E−05	−0.62783E−06
10	−0.95629E−06	−0.12299E−05

注:$\mu=-0.1$,$\lambda=10$,$a^{(1)}=0.70975$,$b^{(1)}=0$

表 7-4 方程(7.2.34)极限环的振幅及$\Phi^{(2)}(\varphi)$的 Fourier 系数

j	P_{2j}	Q_{2j}
0	0.11286E+01	0.00000E+00
1	0.16185E+00	−0.36588E+00
2	−0.53435E−01	−0.41370E+00
3	−0.29404E−01	0.88248E−02
4	−0.93737E−02	−0.51898E−02
5	−0.81932E−03	−0.26897E−02
6	0.32588E−03	−0.90401E−03
7	0.18477E−03	−0.12317E−03
8	0.79015E−04	−0.20760E−04
9	0.19247E−04	−0.13323E−05
10	0.86338E−05	0.28060E−05

注:$\mu=-0.1,\lambda=10,a^{(2)}=1.19795,b^{(2)}=0$

表 7-5 方程(7.2.34)极限环的振幅及$\Phi(\varphi)$的 Fourier 系数

j	P_{2j}	Q_{2j}
0	0.30169E+01	0.00000E+00
1	−0.76964E−01	−0.31544E+01
2	−0.67754E+00	−0.97546E+00
3	−0.37717E+00	0.16876E−01
4	−0.12712E+00	−0.70224E−01
5	−0.38104E−01	−0.38337E−01
6	−0.18742E−01	−0.19684E−01
7	−0.10038E−01	−0.15980E−01
8	−0.19357E−02	−0.12756E−01
9	0.25713E−02	−0.70831E−02
10	0.24709E−02	−0.18795E−02

注:$\mu=0.2,\lambda=10,a=1.58789,b=0$

§7.3 半稳定极限环、同(异)宿轨线的计算

摄动-增量法不但可以求得强非线性系统稳定(不稳定)极限环,而且可以求得半稳定极限环及其分叉值[见 Chan 等(1997),陈树辉等(1998),Chen 等(2000)],还可以求得同宿和异宿轨线及其分叉值的计算,即周期解与非周期解的分界线,它是极限环的极限情况(见 Xu 等(1996),徐兆等(1997)).由于这些特殊的解是相应

于某一特定的参数值.为了方便确定这个参数值,我们可以把它一起考虑进增量方程并且一起求解.为此,我们考虑更一般的强非线性振动方程

$$\ddot{x}+g(x)=\lambda f(x,\dot{x},\mu)\dot{x}. \tag{7.3.1}$$

仿照§7.2的推导,我们可得类似于公式(7.2.2)至(7.2.11),只是把有关公式中的函数 $f(x,\dot{x})$ 换为 $f(x,\dot{x},\mu)$,把 $\tilde{f}(a,b,\Phi,\theta)$ 换为 $\tilde{f}(a,b,\mu,\Phi,\theta)$.为了以下叙述的方便,我们不妨把有关的主要公式再列出如下.

方程(7.3.1)的解表示为

$$x=a\cos\varphi+b,\quad \mathrm{d}x/\mathrm{d}t=-a\Phi(\varphi)\sin\varphi. \tag{7.3.2}$$

a,b 和 Φ 可由下列诸式确定.

$$\frac{1}{2}(\Phi\sin\varphi)^2+\tilde{V}(a,b,\varphi)-\lambda\int_0^{\varphi}\tilde{f}(a,b,\mu,\Phi,\theta)\mathrm{d}\theta=0, \tag{7.3.3}$$

$$\tilde{V}(a,b,\pi)-\lambda\int_0^{\pi}\tilde{f}(a,b,\mu,\Phi,\theta)\sin\theta\mathrm{d}\theta=0, \tag{7.3.4}$$

$$\int_0^{2\pi}\tilde{f}(a,b,\mu,\Phi,\theta)\mathrm{d}\theta=0, \tag{7.3.5}$$

其中

$$V(x)=\int_0^x g(u)\mathrm{d}u, \tag{7.3.6}$$

$$\tilde{V}(a,b,\varphi)=[V(a\cos\varphi+b)-V(a+b)]/a^2, \tag{7.3.7}$$

$$\tilde{f}(a,b,\mu,\Phi,\theta)=f(a\cos\theta+b,-a\Phi(\theta)\sin\theta,\mu)\Phi(\theta)\sin^2\theta. \tag{7.3.8}$$

假设 λ 为小参数,$\lambda\approx 0$,半极限环或分界线环的近似解 a_0、b_0 和 Φ_0 满足下列方程和相应的补充条件:

$$\Phi_0(\varphi)=\{[2V(a_0+b_0)-2V(a_0\cos\varphi+b_0)]/a_0^2\sin^2\varphi\}^{1/2}, \tag{7.3.9}$$

$$V(-a_0+b_0)-V(a_0+b_0)=0, \tag{7.3.10}$$

$$\int_0^{2\pi}\tilde{f}(a_0,b_0,\mu,\Phi,\theta)\mathrm{d}\theta=0. \tag{7.3.11}$$

如果 λ 不是小参数,则可用增量法求解.对参数 λ 给一个小增量 $\Delta\lambda$,那么相应有 Δa,Δb,$\Delta\mu$ 和 $\Delta\Phi$,这里假设 μ 为待定参数.令

$$a=a_0+\Delta a,\quad b=b_0+\Delta b,\quad \mu=\mu_0+\Delta\mu,\quad \Phi=\Phi_0+\Delta\Phi, \tag{7.3.12}$$

则代之于方程(7.3.29)的以上述各增量为未知量的代数方程组为

$$A_n\Delta a+B_n\Delta b+C_n\Delta\mu+A_{n,0}\Delta P_0+\sum_{k=1}^{M}(A_{n,k}\Delta P_k+B_{n,k}\Delta Q_k)=R_n$$
$$(n=0,1,2,\cdots,2M+2). \tag{7.3.13}$$

方程(7.3.13)共有 $2M+3$ 个方程,$2M+4$ 个未知量,未知量的数目比方程的数目多一个.如果要求半稳定极限环或求同(异)宿轨线,则还要补充有关方程,在下面分别叙述.

7.3.1 半稳定极限环的计算

为了判定极限环的稳定性,可计算特征指数 $\gamma=\lambda\tilde{\gamma}/T$,其中 T 为极限环的周期,

$$\tilde{\gamma}=\int_0^{2\pi}[f(a\cos\varphi+b,-a\Phi\sin\varphi,\mu) - a\Phi\sin\varphi f'_{\dot{x}}(a\cos\varphi+b,-a\Phi\sin\varphi,\mu)]\frac{\mathrm{d}\varphi}{\Phi(\varphi)},\tag{7.3.14}$$

为方便起见,记

$$f^*(a,b,\mu,\Phi,\mu)=[f(a\cos\varphi+b,-a\Phi\sin\varphi,\mu) - a\Phi\sin\varphi f'_{\dot{x}}(a\cos\varphi+b,-a\Phi\sin\varphi,\mu)]/\Phi(\varphi),\tag{7.3.15}$$

如果 $\gamma<0(>0)$,则极限环是稳定的(不稳定的).当极限环在 $\mu=\mu_0$,是半稳定时,$\gamma=0$.因此,对于半稳定极限环,必须满足条件

$$\int_0^{2\pi}f^*(a,b,\mu,\Phi,\varphi)\mathrm{d}\varphi=0,\tag{7.3.16}$$

因此,半稳定极限环由方程(7.3.3)、(7.3.4)、(7.3.5)和(7.3.16)确定.

当 $\lambda\approx0$ 时,半稳定极限环的近似解 a_0,b_0,μ_0 和 Φ_0 由(7.3.9)至(7.3.11)和

$$\int_0^{2\pi}f^*(a_0,b_0,\mu_0,\Phi_0,\varphi)\mathrm{d}\varphi=0\tag{7.3.17}$$

给出,当 λ 不是小参数时,可用增量法计算.增量方程除(7.3.13)外还应补充

$$\Delta a\int_0^{2\pi}\left(\frac{\partial f^*}{\partial a}\right)_0\mathrm{d}\varphi+\Delta b\int_0^{2\pi}\left(\frac{\partial f^*}{\partial b}\right)_0\mathrm{d}\varphi+\Delta\mu\int_0^{2\pi}\left(\frac{\partial f^*}{\partial \mu}\right)_0\mathrm{d}\varphi + \int_0^{2\pi}\left(\frac{\partial f^*}{\partial \Phi}\right)_0\Delta\Phi\mathrm{d}\varphi=-\int_0^{2\pi}f^*(a_0,b_0,\mu_0,\Phi_0,\varphi)\mathrm{d}\varphi.\tag{7.3.18}$$

这样,方程组(7.3.13)和(7.3.18)共有 $2M+4$ 个方程,$2M+4$ 个未知量,因此,$\Delta a,\Delta b$ 和 $\Delta\mu$ 中任一个均不能预先给定.这是半稳定极限环与稳定(不稳定)极限环的计算不同之处.半稳定极限环对应的 μ 值是极限环的一个分叉值.

作为本方法的应用,下面研究著名的有半稳定极限环的方程

$$\ddot{x}+x=\lambda(1-3\mu x^2+5x^4)\dot{x},\tag{7.3.19}$$

其中 $\lambda>0,\mu>0,f(x,\dot{x},\mu)=1-3\mu x^2+5x^4,g(x)=x,V(x)=x^2/2$.不难验证方

程满足条件 $g(-x)=-g(x)$，$f(-x,-\dot{x},\mu)=f(x,\dot{x},\mu)$，以$(-x,-\dot{x})$代替$(x,\dot{x})$，方程(7.3.19)保持不变，因此，极限环关于原点对称.

当 $\lambda\approx 0$ 时，由(7.3.9)至(7.3.11)三式得

$$\Phi_0=1,\quad b_0=0,\quad \mu=\frac{4}{3}a_0^{-2}+\frac{5}{6}a_0^2=\mu(a_0). \tag{a}$$

由(7.3.17)式求得半稳定极限环的近似解为

$$a_0=\sqrt[4]{1.6}=a_0^*,\quad \mu_0=\sqrt{40/9},\quad b_0=0,\quad \Phi_0=1. \tag{b}$$

把(a)式代入(7.3.14)得，当 $a_0<a_0^*$ 时，$\gamma<0$；当 $a_0>a_0^*$ 时，$\gamma>0$. 振幅函数 $\mu(a_0)$ 在 $a_0=a_0^*$ 时有极小值 $\mu=\sqrt{40/9}=\mu_0^*$. 根据 $\mu(a_0)$ 和特征指数 γ 的性质可知，当 $\mu>\mu_0^*$ 时方程(7.3.19)有 2 个极限环，小环稳定，大环不稳定；当 $\mu=\mu_0^*$ 时有 1 个半稳定极限环；当 $\mu<\mu_0^*$ 时无极限环. μ_0^* 是 $\lambda\approx 0$ 时方程(7.3.19)极限环的分叉值.

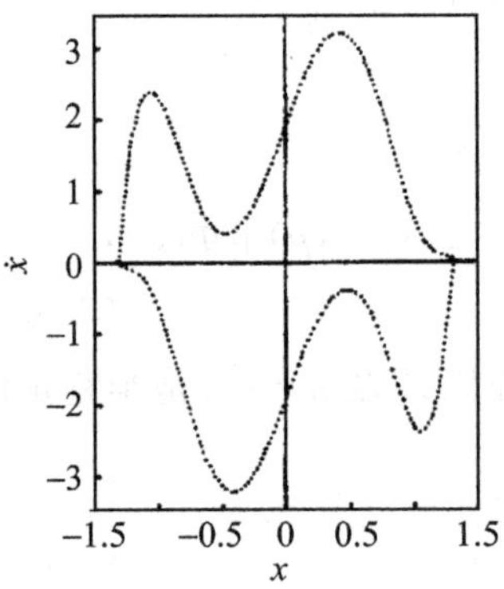

图 7-8　方程(7.3.19)$\lambda=5$ 时半稳定极限环相图

对于 λ 为非小参数时，以(b)式为初值，取 $\Delta\lambda=0.5$，$M=30$ 代入方程组(7.3.13)和(7.3.18)，对 λ 进行 10 次增量后求得半稳定极限环对应的 a^* 和 μ^* 列于表 7-6，$\lambda=5$ 的半稳定极限环如图 7-8 所示. 计算表明振幅曲线 $\mu(a)$ 在 $a=a^*$ 时达到最小值 μ^*，$\mu>\mu^*$ 时有 2 个极限环，当 $a<a^*$ 时特征指数 $\gamma<0$，极限环稳定；当 $a>a^*$ 时特征指数 $\gamma>0$，极限环不稳定. Rychkov(1975)给出了定性结果，这里我们给出了定量结果.

表 7-6　方程(7.3.19)不同 λ 值半稳定极限环的 μ^* 和 a^* 值

λ	μ^*	a^*
0.5	2.109	1.126
1.0	2.112	1.129
1.5	2.117	1.135
2.0	2.124	1.143
2.5	2.133	1.155
3.0	2.145	1.168
3.5	2.156	1.183
4.0	2.167	1.196
4.5	2.176	1.206
5.0	2.184	1.215

7.3.2　同(异)宿轨线的计算

现在研究同(异)宿轨线的计算.同(异)宿轨线是系统周期运动和非周期运动的分界线.要确定这些分界线,除了满足方程(7.3.3)至(7.3.5)外,它们还必须经过系统的鞍点$(h,0)$,同宿轨线在$x(0)$或$x(\pi)$经过鞍点;而异宿轨线在$x(0)$或$x(\pi)$都经过鞍点,因此,异宿轨线总是成对出现的.所以同(异)宿轨线还必须满足方程

$$ah/|h|+b=h. \tag{7.3.20}$$

这是与(7.3.17)不同的另一种补充条件.因为h可正可负,我们要求

$$x(0)=a+b>0,\quad x(\pi)=-a+b<0. \tag{7.3.21}$$

当$\lambda\approx 0$时,同(异)宿轨线对应的a_0,b_0,μ_0和Φ_0除应满足方程(7.3.9)至(7.3.11)外,还要满足

$$a_0h/|h|+b_0-h=0. \tag{7.3.22}$$

当λ不是小参数时,采用增量法计算.增量方程除(7.3.13)外,还应补充

$$(h/|h|)\Delta a+\Delta b=h-(h/|h|)a_0-b_0. \tag{7.3.23}$$

应用增量法,从$\lambda\approx 0$对应的零阶近似解出发,一步一步增量下去,可得到非小参数时的同宿轨线和分叉值.

下面是Xu等(1996)采用摄动-增量法求同宿轨线的例子.求广义van der Pol方程的同宿轨线

$$\ddot{x}+x-x^2=\lambda(\mu-x^2)\dot{x}. \tag{7.3.24}$$

本例,$f(x,\dot{x},\mu)=\mu-x^2$,$g(x)=x-x^2$,因此$V(x)=(1/2)x^2-(1/3)x^3$.方程(7.3.24)有两个奇点,即焦点(0,0)和鞍点(1,0).因此,公式(7.4.20)中$h=1$.

从(7.3.7)和(7.3.8)得

$$\widetilde{V}(a,b,\varphi)=-\left(\frac{1}{2}-b\right)\sin^2\varphi+\frac{b}{a}(1-b)(\cos\varphi-1)-\frac{1}{3}a(\cos^3\varphi-1), \tag{a}$$

$$\widetilde{f}(a,b,\mu,\Phi)=[\mu-(a\cos\varphi+b)^2]\Phi\sin^2\varphi. \tag{b}$$

当λ为小参数时,由(7.3.9)、(7.3.10)和(7.3.22)得

$$b_0=\frac{1}{2}\left[1-\left(1-\frac{4}{3}a_0^2\right)^{1/2}\right], \tag{c}$$

$$\Phi_0(\varphi)=\left(1-2b_0-\frac{2}{3}a_0\cos\varphi\right)^{1/2}, \tag{d}$$

$$a_0+b_0-1=0. \tag{e}$$

再由方程(7.3.11)和方程(c)至(e),解得

$$a_0=\frac{3}{4},\quad b_0=\frac{1}{4},\quad \mu_0=\frac{1}{7},\quad \Phi_0(\varphi)=\left|\sin\frac{\varphi}{2}\right|. \tag{f}$$

因此,对于 $\lambda\approx 0$,方程(7.3.24)的同宿轨线为

$$x=\frac{3}{4}\cos\varphi+\frac{1}{4},\quad \dot{x}=-\frac{3}{4}\left|\sin\frac{\varphi}{2}\right|\sin\varphi. \tag{g}$$

当 λ 不是小参数时,应用增量法.以(f)式为初值,取 $\Delta\lambda=0.5$,由方程(7.3.13)和(7.3.23)求解.表 7-7 列出 20 次增量中各个 λ 对应的 μ 值和同宿轨线的振幅 a 值.$\lambda=1$ 和 $\lambda=10$ 时的同宿轨线如图 7-9 所示.图中还画出 $\mu=0.05$ 和 $\mu=0.1$两种参数值下的极限环.从图中可以看出,摄动-增量法求得的极限环与 Runge-Kutta 法的数值结果是一致的.极限环的求法如 § 7.2 所述,这里从略.

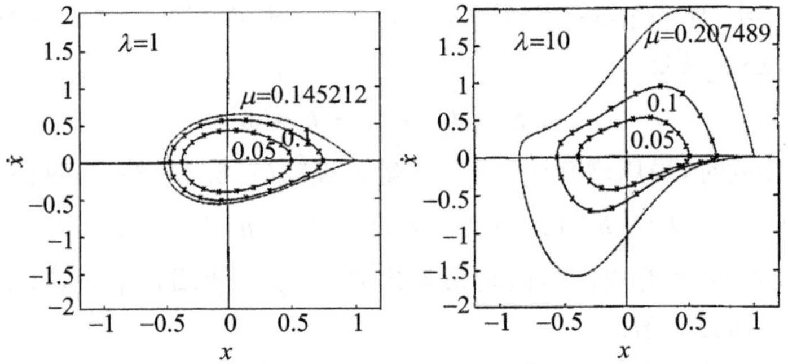

图 7-9 方程(7.3.24)$\lambda=10$,$\mu=-0.1$,$\mu=0.2$ 时的极限环

—表示极限环,R-K 法;×××表示极限环,摄动-增量法; 表示同宿轨线,摄动-增量法

Merkin 等(1986)采用二分法过程求不同 λ 值对应的存在同宿轨线的 μ 值.为比较起见,我们一并列于表 7-7 中.表中,μ,a 值为本文摄动-增量法的结果,而 μ_c,a_c 值为 Merkin 的结果.从表中可以看出 Xu 的摄动-增量法和 Merkin 等人的二分法结果非常接近.

表 7-7 方程(7.3.24)不同 λ 值同宿轨线的 μ 和 a 值

λ	μ(present)	μ_c(Ref.[17])	a(present)	a_c(Ref.[17])
0.5	0.143476	0.14347	0.751518	0.7510
1.0	0.145212	0.14521	0.755934	0.7560
1.5	0.147785		0.762874	
2.0	0.150908		0.771838	
2.5	0.154376	0.15437	0.783202	0.7820
3.0	0.158071		0.793787	

续表

λ	μ(present)	μ_c(Ref.[17])	a(present)	a_c(Ref.[17])
3.5	0.161926		0.805875	
4.0	0.165900		0.818213	
4.5	0.169955		0.830506	
5.0	0.174045	0.17404	0.842514	0.8425
5.5	0.178121		0.854046	
6.0	0.182129		0.864963	
6.5	0.186017		0.875168	
7.0	0.189742		0.884611	
7.5	0.193268	0.19326	0.893276	0.8930
8.0	0.196573		0.901173	
8.5	0.199646		0.908338	
9.0	0.202485		0.914817	
9.5	0.205095		0.920666	
10.0	0.207489	0.20748	0.925943	0.9255

再说明如何求解异宿轨线.

考虑广义 Liénard 方程

$$\ddot{x}+x-x^3=\lambda(\mu-x^2-\dot{x}^2)\dot{x}. \tag{7.3.25}$$

本例,$f(x,\dot{x},\mu)=\mu-x^2-\dot{x}^2$,$g(x)=x-x^3$,因此,$V(x)=(1/2)x^2-(1/4)x^4$.方程(7.3.25)有三个奇点,原点(0,0)是焦点,而(−1,0)和(1,0)是鞍点.因此,有一对异宿轨线经过二个鞍点,这里,$|h|=1$.因为

$$g(-x)=-g(x),\quad f(-x,-\dot{x},\mu)=f(x,\dot{x},\mu), \tag{a}$$

所以,方程(7.3.25)的相图关于原点对称.故有

$$x(\varphi+\pi)=-x(\varphi),\quad \dot{x}(\varphi+\pi)-\dot{x}(\varphi). \tag{b}$$

由方程(7.3.2)知,

$$b=0,\quad \Phi(\varphi+\pi)=\Phi(\varphi), \tag{c}$$

因此

$$\Phi(\varphi)=\sum_{j\geqslant 0}(P_{2j}\cos 2j\varphi+Q_{2j}\sin 2j\varphi). \tag{d}$$

由方程(7.3.20)得 $a=1$,因而异宿轨线为

$$x=\cos\varphi,\quad \dot{x}=-\Phi(\varphi)\sin\varphi. \tag{e}$$

对于下半分支 $0<\varphi<\pi$,而对于上半分支 $\pi<\varphi<2\pi$.增量方程(7.3.13)和

(7.3.23)可简化为

$$A_{2n}\Delta a + C_{2n}\Delta\mu + A_{2n,0}\Delta P_0 + \sum_{j=1}^{\widetilde{M}}(A_{2n,2j}\Delta P_{2j} + B_{2n,2j}\Delta Q_{2j}) = R_{2n}, \tag{f}$$

$$\Delta a = 1 - a_0. \tag{g}$$

$n=0,1,2,\cdots,2\widetilde{M}+1, M=2\widetilde{M}.$

由方程(7.3.7)和(7.3.8)有

$$\widetilde{V}(a,\varphi) = \frac{1}{2}(\cos^2\varphi - 1) - \frac{1}{4}a^2(\cos^4\varphi - 1), \tag{h}$$

$$\widetilde{f}(a,\mu,\Phi,\varphi) = (\mu - a^2\cos^2\varphi - a^2\Phi^2\sin^2\varphi)\Phi\sin^2\varphi. \tag{i}$$

当 λ 是小参数时,由公式(7.3.9)得

$$\Phi_0(\varphi) = \left[1 - \frac{1}{2}a_0^2(1+\cos^2\varphi)\right]^{1/2}, \tag{j}$$

由方程(7.3.11)和方程(h)至(j),并注意 $a=1$,解得

$$\mu_0 = \frac{19}{35}, \quad \Phi_0(\varphi) = \frac{\sqrt{2}}{2}\,|\sin\varphi|, \quad a_0 = 1. \tag{k}$$

因此,对于 $\lambda\approx 0$,异宿轨线的方程为

$$x = \cos\varphi, \quad \dot{x} = -\frac{\sqrt{2}}{2}\,|\sin\varphi|\sin\varphi. \tag{l}$$

当 λ 不是小参数时,应用增量法求解.以(j)式为初值,取 $\Delta\lambda=0.5$,由增量方程(f)和(g)进行求解.注意,此时 $\Delta a=0$.

表7-8列出20次增量中各个 λ 对应的 μ 值.图7-10所示为 $\lambda=1$ 和 $\lambda=10$ 时的异宿轨线.图中同时画出 $\mu=0.2$ 和 $\mu=0.4$ 两种参数值下的极限环.极限环的求法如§7.3所述,这里从略.

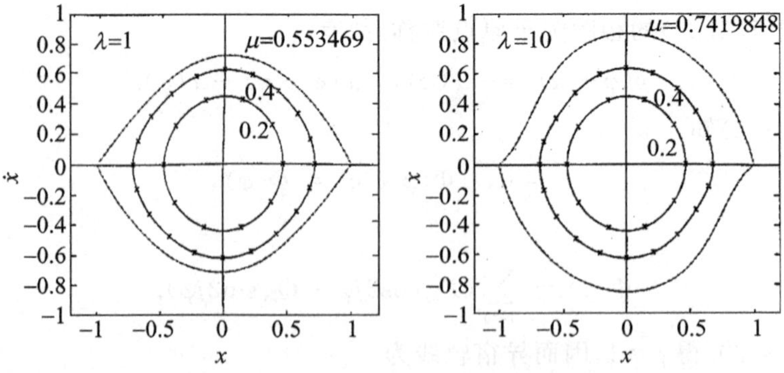

图7-10　方程(7.3.25)$\lambda=1$ 和 $\lambda=10$ 时的极限环和异宿轨线

—表示极限环,R-K法;×××表示极限环,摄动-增量法;　表示同宿轨线,摄动-增量法

表 7-8 方程(7.3.25)不同λ值异宿轨线的μ值

λ	μ	λ	μ
0.5	0.5456246	5.5	0.6715090
1.0	0.5534690	6.0	0.6815937
1.5	0.5651705	6.5	0.6909817
2.0	0.5791795	7.0	0.6997371
2.5	0.5940853	7.5	0.7079303
3.0	0.6089232	8.0	0.7156138
3.5	0.6231495	8.5	0.7228158
4.0	0.6365580	9.0	0.7295943
4.5	0.6490474	9.5	0.7359688
5.0	0.6607093	10.0	0.7419848

§7.4 平面系统极限环的计算

平面多项式微分系统极限环的个数及其分布在理论和应用上都是重要而又非常困难的问题. 100 多年来国内外学者对此进行了许多研究并取得了一些重要成果. 徐兆等(2003)将摄动-增量法应用于平面多项式微分系统极限环的计算. 本节将进一步介绍摄动-增量法在求解平面系统极限环的应用,并用两个著名的二次系统的例子说明其功效.

7.4.1 极限环的表达式和算法

考虑平面系统

$$\frac{\mathrm{d}x}{\mathrm{d}t}=P(x,y,\lambda,\delta),\quad \frac{\mathrm{d}y}{\mathrm{d}t}=Q(x,y,\lambda,\delta), \tag{7.4.1}$$

其中 P,Q 为 x,y 的多项式;λ 和 δ 为实参数. 假设 $P(0,0,\lambda,\delta)=0,Q(0,0,\lambda,\delta)=0$,即原点 $O(0,0)$为奇点;当 $0<\lambda<\bar{\lambda}$ 和 $0<\delta<\bar{\delta}$ 时方程(7.4.1)在原点外围存在极限环.

作非线性时间变换

$$\frac{\mathrm{d}\varphi}{\mathrm{d}t}=\Phi(\varphi), \tag{7.4.2}$$

把方程(7.4.1)化为

$$\Phi=\frac{\mathrm{d}x}{\mathrm{d}\varphi}=P(x,y,\lambda,\delta),\quad \Phi\frac{\mathrm{d}y}{\mathrm{d}\varphi}=Q(x,y,\lambda,\delta), \tag{7.4.3}$$

其中 φ 是新时间,$\Phi(\varphi)$是 φ 的 2π 周期函数. 方程(7.4.1)的极限环为方程(7.4.3)

的 2π 周期解. 假设 $\lambda=\lambda_0,\delta=\delta_0$ 时极限环的初始近似解为 $x_0(\varphi),y_0(\varphi)$，对应的变换为 $\Phi_0(\varphi)$（后面将说明一类方程极限环的近似解求法）. 为了求更精确的近似解，应修正初始近似解，设修正量为 $\Delta x,\Delta y$ 和 $\Delta\Phi$. 现以

$$x=x_0+\Delta x,\quad y=y_0+\Delta y,\quad \Phi=\Phi_0+\Delta\Phi, \tag{7.4.4}$$

代入方程(7.4.3)并略去 Δ 二阶以上的小量后得修正量方程为

$$\Phi_0=\frac{\mathrm{d}\Delta x}{\mathrm{d}\varphi}-\Delta x\left(\frac{\partial P}{\partial x}\right)_0-\Delta y\left(\frac{\partial P}{\partial y}\right)_0+\Delta\Phi\frac{\mathrm{d}x_0}{\mathrm{d}\varphi}=-\Phi_0\frac{\mathrm{d}x_0}{\mathrm{d}\varphi}+P_0, \tag{7.4.5}$$

$$\Phi_0=\frac{\mathrm{d}\Delta y}{\mathrm{d}\varphi}-\Delta x\left(\frac{\partial Q}{\partial x}\right)_0-\Delta y\left(\frac{\partial Q}{\partial y}\right)_0+\Delta\Phi\frac{\mathrm{d}y_0}{\mathrm{d}\varphi}=-\Phi_0\frac{\mathrm{d}y_0}{\mathrm{d}\varphi}+Q_0, \tag{7.4.6}$$

其中$(\quad)_0$ 表示函数在 x_0,y_0,λ_0 和 δ_0 取值. 由方程(7.4.5)和(7.4.6)右边可知，如果 x_0,y_0 趋于精确解，则以上二式右边趋于零，修正量也趋于零.

为了求解方程(7.4.5)和(7.4.6)，我们用有限 Fourier 级数表示极限环，即

$$x_0(\varphi)=a_0+\sum_{k=1}^{m_1}(a_k\cos k\varphi+b_k\sin k\varphi), \tag{7.4.7}$$

$$y_0(\varphi)=c_0+\sum_{k=1}^{m_2}(c_k\cos k\varphi+d_k\sin k\varphi), \tag{7.4.8}$$

$$\Phi_0(\varphi)=p_0+\sum_{k=1}^{m_3}(p_k\cos k\varphi+q_k\sin k\varphi). \tag{7.4.9}$$

因而

$$\Delta x(\varphi)=\Delta a_0+\sum_{k=1}^{m_1}(\Delta a_k\cos k_\varphi+\Delta b_k\sin k\varphi), \tag{7.4.10}$$

$$\Delta y(\varphi)=\Delta c_0+\sum_{k=1}^{m_2}(\Delta c_k\cos k_\varphi+\Delta d_k\sin k\varphi), \tag{7.4.11}$$

$$\Delta\Phi(\varphi)=\Delta p_0+\sum_{k=1}^{m_3}(\Delta p_k\cos k_\varphi+\Delta q_k\sin k\varphi). \tag{7.4.12}$$

只要适当选取 m_1,m_2 和 m_3，就可以得到满足所需精度的解. 为了下面计算方便，我们假设 $y(0)=0$. 因此，

$$\Delta y(0)=-y_0(0). \tag{7.4.13}$$

把(7.4.7)至(7.4.12)代入(7.4.5)，(7.4.6)和(7.4.13)，并把方程两边展为 Fourier 级数(由于 P,Q 为多项式，x,y,Φ 又表示为三角级数，因此应用三角函数的积化和差，便不难求出展开式)，然后令方程两边的常数项，$\cos j\varphi$ 和 $\sin j\varphi$ 项的系数分别相等$[j=1,2,\cdots,M,M=(m_1+m_2+m_3)/2]$，即应用谐波平衡法，便得到未知量 $\Delta a_0,\Delta a_k,\Delta b_k,\Delta c_0,\Delta c_k,\Delta d_k,\Delta p_0,\Delta p_k$ 和 Δq_k 的线性代数方程组

$$A_{n,0}\Delta a_0+\sum_{k=1}^{m_1}(A_{n,k}\Delta a_k+B_{n,k}\Delta b_k)+C_{n,0}\Delta c_0+\sum_{k=1}^{m_2}(C_{n,k}\Delta c_k+D_{n,k}\Delta d_k)$$

$$+P_{n,0}\Delta p_0+\sum_{k=1}^{m_3}(P_{n,k}\Delta p_k+Q_{n,k}\Delta q_k)=R_n,\tag{7.4.14}$$

$n=1,2,\cdots,4M+3$，其中 R_1 为(7.4.5)右边的常数项，R_{1+j} 和 R_{M+1+j} 分别为(7.4.5)右边 $\cos j\varphi$ 和 $\sin j\varphi$ 项的系数；R_{2M+2} 为(7.4.6)右边的常数项，R_{2M+2+j} 和 R_{3M+2+j} 分别为(7.4.6)右边 $\cos j\varphi$ 和 $\sin j\varphi$ 项的系数；R_{4M+3} 为(7.4.13)的右边项. 因此，如果所有 R_n 趋于零，则修正量也趋于零，对应的 x_0，y_0 和 Φ_0 就是所求的解.

求解线性代数方程组(7.5.10)后，由(7.5.8)可得 Δx，Δy 和 $\Delta\Phi$，再以 $x=x_0+\Delta x$，$y=y_0+\Delta y$ 和 $\Phi=\Phi_0+\Delta\Phi$ 代替原来的 x_0，y_0 和 Φ_0，重复上述(7.4.5)～(7.4.14)的求解过程，这一过程称为迭代过程，当所有 R_n 小于预先规定的误差时，迭代结束. 此时得到对应于 $\lambda=\lambda_0$ 和 $\delta=\delta_0$ 时满足给定误差的极限环及对应变换的近似表达式(7.4.7)～(74.9). 由此可计算极限环的周期 T 和特征指数 γ：

$$T=\int_0^{2\pi}\frac{\mathrm{d}\varphi}{\Phi(\varphi)},\gamma=\int_0^{2\pi}\frac{1}{\Phi}\left(\frac{\partial P}{\partial x}+\frac{\partial Q}{\partial y}\right)\mathrm{d}\varphi.\tag{7.4.15}$$

现在让参数 λ 变动(固定 δ)，设 $\lambda=\lambda_0+\Delta\lambda$，$\delta=\delta_0$，其中 $\Delta\lambda$ 为小增量. 由于极限环随参数连续变化，因此可用上面求得的 x_0，y_0 和 Φ_0 作为新的初始近似解，然后重复上述的求解过程. 如此不断对 λ 增量可求得 λ 变化范围内任意 λ 值的解；也可以固定 λ 而变动 δ，求得任给的 $\lambda\in(0,\bar{\lambda})$，$\delta\in(0,\bar{\delta})$ 对应的极限环及时间变换.

再研究有多个极限环的情况. 除了(7.4.13)式，再令

$$x(0)=S,\tag{7.4.16}$$

即假设极限环与 x 轴交点为 $(S,0)$，我们要研究 S 与参数的关系. 假设 $\lambda=\lambda_0$，$\delta=\delta_0$ 时极限环的初始近似解为 $x_0(\varphi)$，$y_0(\varphi)$ 和对应的时间变换为 $\Phi_0(\varphi)$. 现给定 $S=S_0$ 和 $\lambda=\lambda_0+\Delta\lambda$，修正极限环及参数 δ. 令

$$x=x_0+\Delta x,\quad y=y_0+\Delta y,\quad \Phi=\Phi_0+\Delta\Phi,\quad \delta=\delta_0+\Delta\delta.\tag{7.4.17}$$

把上式代入方程(7.5.3)并略去 Δ 二阶以上的小量后，方程(7.5.5)和(7.5.6)左边分别增加 $-\Delta\delta\left(\frac{\partial P}{\partial\delta}\right)_0$ 项和 $-\Delta\delta\left(\frac{\partial Q}{\partial\delta}\right)_0$ 项. 而线性代数方程组(7.5.10)左边则增加 $E_n\Delta\delta$ 项. 此外，由于 $x(0)=S$，因而有 $\Delta x_0(0)=S-x_0(0)$，即增加一个方程

$$\Delta a_0+\sum_{k=1}^{m_1}\Delta a_k=S-\sum_{k=1}^{m_1}a_k,\tag{7.4.18}$$

与原(7.4.14)式相比，现在增加一个未知量 $\Delta\delta$，增加一个方程，即共有 $4M+4$ 个未知量，$4M+4$ 个方程. 同样可用上述迭代法求解. 先固定 $S=S_0$，不断对 λ 增量，

当 $\lambda=\lambda^*$ 达到我们所需的数值时，停止 λ 的增量；开始对 S 增量，令 $S=S_k=S_0+k\Delta S$，ΔS 为小量，对应求得 $\delta=\delta_k$. 据此作曲线 $\delta=\tilde{\delta}(S)$，如果曲线 $\tilde{\delta}(S)$ 有极大值或极小值，则一个 δ 值可能对应多个 S，即对应有多个极限环. 我们看到，整个计算过程不必事先知道极限环的稳定性，而是求出极限环后才按(7.4.15)计算特征指数 γ，然后判别其稳定性，这是本方法的重要特点.

7.4.2　极限环的初始近似解

我们以下列系统为例，阐明如何选取极限环的初始近似解.

$$\frac{\mathrm{d}x}{\mathrm{d}t}=y+\lambda f(x,y,\delta),\quad \frac{\mathrm{d}y}{\mathrm{d}t}=-g(x)+\lambda h(x,y,\delta), \tag{7.4.19}$$

其中 f,g 和 h 为 x,y 的多项式；λ 和 δ 为实参数. 假设 $f(0,0,\delta)=h(0,0,\delta)=0$，$g(0)=0$，即原点为奇点；当 $0<\lambda<\bar{\lambda}$ 和 $0<\delta<\bar{\delta}$ 时方程(7.4.19)在原点外围存在极限环. 常见的非线性振动系统和平面系统都可以化为(7.4.19)的形式. 作时间变换(7.4.2)，则(7.4.19)化为

$$\Phi\frac{\mathrm{d}x}{\mathrm{d}\varphi}=y+\lambda f(x,y,\delta),\quad \Phi\frac{\mathrm{d}y}{\mathrm{d}\varphi}=-g(x)+\lambda h(x,y,\delta). \tag{7.4.20}$$

由此式的第一个方程解出 y，并代入第二个方程得

$$\Phi\frac{\mathrm{d}}{\mathrm{d}\varphi}\left(\Phi\frac{\mathrm{d}x}{\mathrm{d}\varphi}\right)-\lambda\varphi\frac{\mathrm{d}f}{\mathrm{d}\varphi}=-g(x)+\lambda h. \tag{7.4.21}$$

假设 $\lambda\approx 0$，由 § 7.2 可知极限环的初始近似解可以写成

$$x\approx a_0+a_1\cos\varphi,\quad y\approx -a_1\Phi_0\sin\varphi. \tag{7.4.22}$$

现在方程(7.4.21)两边乘以 $\dfrac{\mathrm{d}x}{\mathrm{d}\varphi}=-a_1\sin\varphi$，然后积分得

$$\frac{1}{2}(\Phi\sin\varphi)^2-[V(a_0+a_1)-V(a_0+a_1\cos\varphi)]/a_1^2+\lambda\Phi f\sin\varphi/a_1$$
$$-\frac{\lambda}{a_1}\int_0^{\varphi}[f\mathrm{d}(\Phi\sin\theta)/\mathrm{d}\theta-h\sin\theta]\mathrm{d}\theta=0, \tag{7.4.23}$$

式中

$$V(x)=\int_0^x g(u)\mathrm{d}u. \tag{7.4.24}$$

在(7.4.23)分别令 $\varphi=\pi$ 和 2π 得

$$[V(a_0+a_1)-V(a_0-a_1)]+\lambda a_1\int_0^{\pi}[f\mathrm{d}(\Phi\sin\theta)/\mathrm{d}\theta-h\sin\theta]\mathrm{d}\theta=0, \tag{7.4.25}$$

和

$$\int_0^{2\pi}[f\mathrm{d}(\Phi\sin\theta)/\mathrm{d}\theta - h\sin\theta]\mathrm{d}\theta = 0, \tag{7.4.26}$$

因为 $\lambda\approx 0$，于是由(7.5.19)和(7.5.21)得

$$\Phi \approx \{[2V(a_0+a_1) - 2V(a_0+a_1\cos\varphi)]/a_1^2\sin^2\varphi\}^{\frac{1}{2}}, \tag{7.4.27}$$

$$V(a_0+a_1) - V(a_0-a_1) \approx 0 \tag{7.4.28}$$

方程(7.4.26)和(7.4.28)确定了 a_0，a_1 和参数 δ 的关系，(7.4.27)的右边记作 Φ_0，这样就得到方程(7.4.19)极限环的初始近似解(7.4.22). 对于其他类型的方程则要另作分析.

例 1 众所周知，有两个著名的例证明二次系统至少有四个极限环，从而否定了二次系统极限环个数不超过三的猜测. 这对 $n=2$ 时的 Hilbert 第十六问题是一个大的推进. 以往的研究多数用定性方法，现在我们试用本节所述的定量方法来分析这两个例.

先研究陈兰荪和王明淑(1979)的例：

$$\begin{cases}\dfrac{\mathrm{d}x}{\mathrm{d}t} = -y - \delta_2 x - 3x^2 + (1-\delta_1)xy + y^2, \\ \dfrac{\mathrm{d}y}{\mathrm{d}t} = x\left(1+\dfrac{2}{9}x - 3y\right).\end{cases} \tag{7.4.29}$$

该文证明了当 $0<\delta_2\ll\delta_1\ll 1$ 时，方程(7.4.29)在奇点 $O(0,0)$ 外围至少有三个极限环，在奇点 $N(0,1)$ 外围至少有一个极限环；但是他们并没有给出 δ_1 和 δ_2 的具体数值，也没有具体给出极限环. 现在我们来研究这个问题. 作变换 $x\to y, y\to x$，并引入参数 $\lambda\in(0,1]$，把方程(7.4.29)改写成

$$\begin{cases}\dfrac{\mathrm{d}x}{\mathrm{d}t} = y + \lambda\left(\dfrac{2}{9}y^2 - 3xy\right), \\ \dfrac{\mathrm{d}y}{\mathrm{d}t} = -(x - x^2) + \lambda[-\delta_2 y - 3y^2 + (1-\delta_1)xy].\end{cases} \tag{7.4.30}$$

对比方程(7.4.19)可知，这里 $f=\dfrac{2}{9}y^2 - 3xy$，$h=-\delta_2 y - 3y^2 + (1-\delta_1)xy$，$g=x-x^2$，因而 $V(x)=\dfrac{1}{2}x^2 - \dfrac{1}{3}x^3$. 现先求极限环的初始近似解. 当 $\lambda\approx 0$ 时，由方程(7.4.26)～(7.4.28)得

$$a_0 = \frac{1}{2}\left(1-\sqrt{1-\frac{4}{3}a_1^2}\right), \quad \Phi_0(\varphi) = \left(1 - 2a_0 - \frac{2}{3}a_1\cos\varphi\right)^{\frac{1}{2}},$$

$$\delta_2 = (1-\delta_1)\int_0^{2\pi}(a_0+a_1\cos\varphi)\Phi_0\sin^2\varphi\mathrm{d}\varphi\Big/\int_0^{2\pi}\Phi_0\sin^2\varphi\mathrm{d}\varphi, \tag{7.4.31}$$

参数 δ_1 和 δ_2 中的一个应先给定数值，现给定 $\delta_1=0.015$. 我们由奇点 O 领域的极

限环开始计算,因此,a_0 和 a_1 将是较小的数值. 令 $a_1=0.001$,则由(7.4.31)得

$$a_0 = 1.2\times10^{-5},\quad \delta_2 = 9.1\times10^{-6}.$$

这就得到奇点 O 领域一个极限环的初始近似解

$$x_0 = a_0 + a_1\cos\varphi,\quad y_0 = -a_1\Phi_0(\varphi)\sin\varphi. \tag{7.4.32}$$

现在按第一段所述的方法求 $\lambda=1$ 时的曲线. 先固定 $S=S_0=0.001$ 而变动 λ,令 $\lambda=j\Delta\lambda$,$\Delta\lambda=0.1$,$j=1,2,\cdots,10$. 经 10 次增量后 $\lambda=1$. 然后变动 S,令求得对应的 $\delta_2=\delta_{2,k}$. 据此作曲线 $\delta_2=\tilde{\delta}_2(S)$. 如果给定 δ_1 别的数值,则求得另一条曲线. 图 7-11给出 $\delta_1=0.015$,0.017 和 0.019 对应的 $\tilde{\delta}_2(S)$曲线.

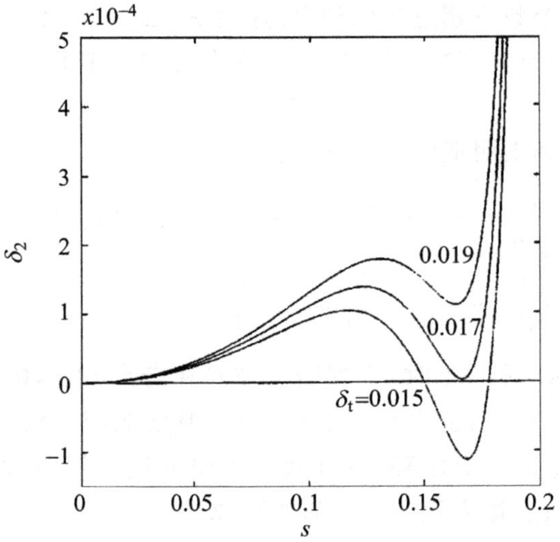

图 7-11　方程(7.4.30)$\lambda=1$ 时,$\delta_2=0.015$,0.017 和 0.019 对应的 $\delta_2=\tilde{\delta}_2(S)$曲线

我们先考察 $\delta_1=0.015$ 时的 $\tilde{\delta}_2(S)$曲线,随着 S 的增大,δ_2 逐步增大,当 $S=S_M\approx0.121$时达到极大值 $\delta_2^M\approx1.0351\times10^{-4}$;然后逐步下降,当 $S=S_m\approx0.1685$ 时达到极小值 $\delta_2^m\approx-1.1299\times10^{-4}$;此后又单调上升. 按(7.5.11)式计算特征指数 γ 得,当 $0<S<S_m$ 时,$\gamma>0$,极限环不稳定;当 $S_M<S<S_m$ 时,$\gamma<0$,极限环稳定;当 $S>S_m$ 时,$\gamma>0$,极限环不稳定. 由此可知,当 $0<\delta_2<\delta_2^M$ 时,奇点 O 外围有三个极限环,其中两个不稳定,一个稳定;当 $\delta_2=\delta_2^M$ 时,有两个极限环,一个为半稳定,一个为不稳定;当 $\delta_2>\delta_2^M$ 时,有一个极限环,不稳定;当 $\delta_2^m<\delta_2\leqslant0$ 时,有两个极限环,一个稳定,一个不稳定,当 $\delta_2=\delta_2^m$ 时,有一个极限环,半稳定;当 $\delta_2<\delta_2^m$时,没有极限环. δ_2^M 和 δ_2^m 为分支值. $\delta_1=0.017$ 和 $\delta_1=0.019$ 对应的 $\tilde{\delta}_2(S)$ 曲线可类似分析. 再给定 δ_1 其他数值继续上述计算,根据所得的分支值 δ_2^M 和 δ_2^m 给出的分支图如图 7-12 所示. 这一结果与 Chan 等(2001)应用 bifurcation package AUTO 97 所得到的结果一致.

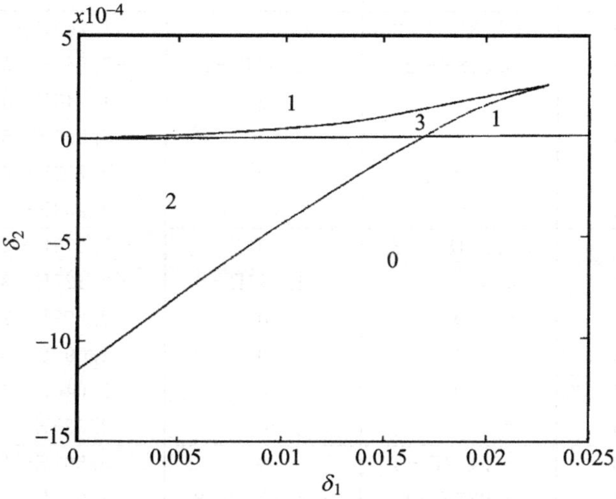

图 7-12　方程(7.4.30)$\lambda=1$ 时分支图

现在我们在图 7-12 有三个极限环的区域内取一点：$\delta_1=0.017$，$\delta_2=6.02\times10^{-5}$，求得极限环如图 7-13 所示. 我们用四阶 Runge-Kutta 方法作过比较，两者完全吻合. 表 7-9 给出原点外围三个极限环近似解的前五项系数.

奇点 N 外围极限环的初始近似解尚未求得，无法作进一步的计算，留待以后研究.

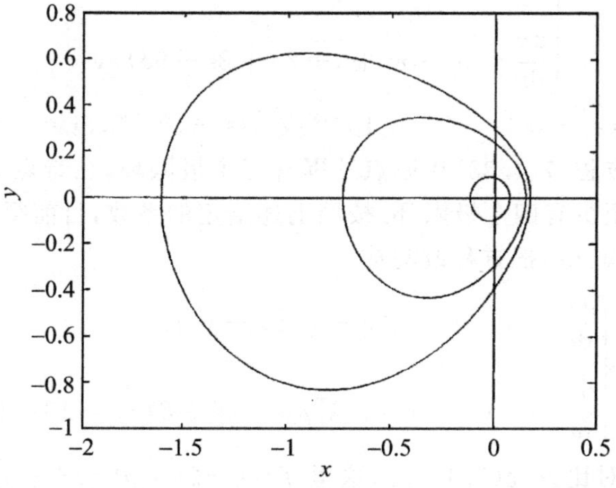

图 7-13　方程(7.4.30)$\lambda=1$，$\delta_1=0.017$ 和 $\delta_2=6.02\times10^{-5}$ 时原点外围的极限环

表 7-9　方程(7.5.26)原点外围三个极限环的 Fourier 系数

	k	a_k	b_k	c_k	d_k
(1)	0	−2.318E−2	0	−1.749E−3	0
	1	9.618E−2	−5.142E−11	−5.559E−5	−9.454E−2
	2	0	0	1.746E−3	1.486E−3
	3	0	0	5.550E−5	8.371E−5
	4	0	0	2.712E−6	5.638E−6
	5	0	0	8.963E−8	4.282E−7
(2)	0	−2.918E−2	0	−2.229E−2	0
	1	4.438E−1	−4.487E−9	−2.127E−3	−3.842E−1
	2	0	0	2.203E−2	2.240E−2
	3	0	0	2.095E−3	3.669E−3
	4	0	0	2.646E−4	7.383E−4
	5	0	0	3.335E−5	1.694E−4
(3)	0	−7.187E−1	0	−5.567E−2	0
	1	8.927E−1	−4.525E−8	−7.048E−3	−7.069E−1
	2	0	0	5.447E−2	6.260E−2
	3	0	0	6.884E−3	1.337E−2
	4	0	0	1.183E−3	3.569E−3
	5	0	0	2.142E−4	1.093E−3

注：$\lambda=1,\delta_1=0.017,\delta_2=6.02\times10^{-5}$

例 2　最后研究史松龄(1979)的例：

$$\begin{cases}\dfrac{\mathrm{d}x}{\mathrm{d}t}=\mu x-y-10x^2+(5+\delta)xy+y^2,\\[2mm]\dfrac{\mathrm{d}y}{\mathrm{d}t}=x+x^2+(-25+8\varepsilon-9\delta)xy.\end{cases}\tag{7.4.33}$$

当 $\mu=-10^{-250}$，$\varepsilon=-10^{-70}$，$\delta=-10^{-18}$ 或 $\mu=-10^{-200}$，$8\varepsilon=-10^{-52}$，$\delta=-10^{-13}$ 时，该文证明了方程(7.4.33)在原点外围有三个极限环，在奇点 $M(0,1)$ 外围有一个极限环，总共至少有四个极限环.按照上述给定的系数，目前很难求出极限环.现在作变换 $x\rightarrow y$，$y\rightarrow x$，把方程改写成

$$\begin{cases}\dfrac{\mathrm{d}x}{\mathrm{d}t}=y+\lambda[(-25+\eta)xy+y^2],\\[2mm]\dfrac{\mathrm{d}y}{\mathrm{d}t}=-(x-x^2)+\lambda[\mu y+(5+\delta)xy-10y^2],\end{cases}\tag{7.4.34}$$

其中 $\lambda\in(0,1]$.对比方程(7.4.19)，这里 $f=(-25+\eta)xy+y^2$，$g=x-x^2$，$h=\mu y+(5+\delta)xy-10y^2$.

如果给定 η，则方程(7.4.34)与(7.4.30)类似，按同样的方法可求出(δ,μ)平

面上极限环的分支图. 令 $\eta=0.9$,我们得到图 7-14 所示的分支图. 现在图中有三个极限环的区域内取一点 $\delta=-0.115$,$\mu=-6.04\times10^{-6}$,求得原点外围的三个极限环如图 7-15 所示. 由于方程(7.4.34)另一奇点 $M'(0,1)$外围极限环的表达式尚待进一步研究,现在用四阶 Runge-Kutta 方法求出的极限环如图 7-16 所示. 目前只求出二次系统的四个极限环,是否有更多个极限环仍待继续研究.

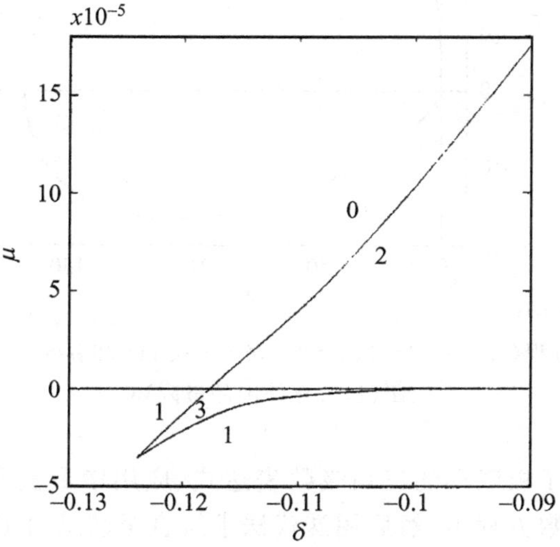

图 7-14　方程(7.4.34)$\lambda=1,\eta=0.9$ 时分支图

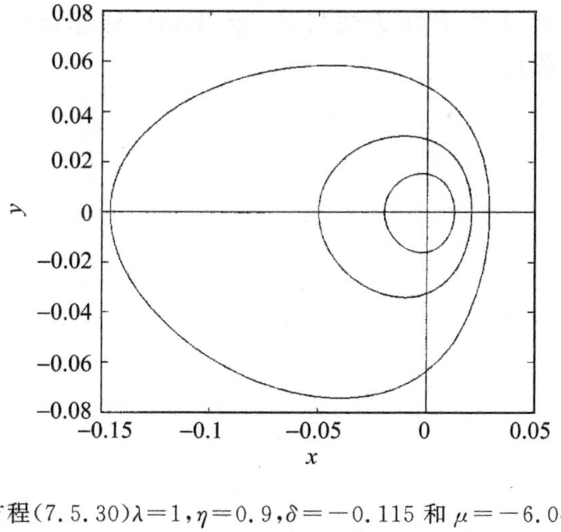

图 7-15　方程(7.5.30)$\lambda=1,\eta=0.9,\delta=-0.115$ 和 $\mu=-6.04\times10^{-6}$时原点外围的极限环

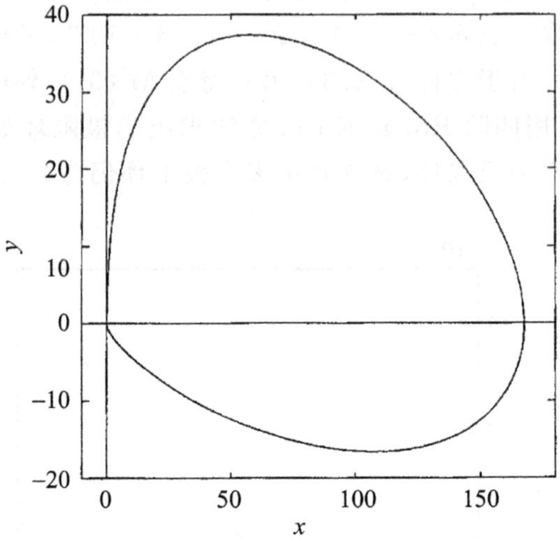

图 7-16　方程(7.4.34)$\lambda=1,\eta=0.9,\delta=-0.115$ 和 $\mu=-6.04\times10^{-6}$ 时 $M'(1,0)$点外围的极限环

本节我们提出了极限环的三角级数表达式,应用增量法和谐波平衡法建立表达式系数的线性代数方程组,然后用迭代法求解直至满足给定的误差. 只要给出极限环的简单近似解就可以求得相当精确的解. 此外,通过参数增量还可以求出邻近的极限环和参数变化曲线 $\tilde{\delta}(S)$,从而得到极限环的个数和参数分支值. 在计算极限环过程中,不必事先知道极限环是否稳定,这是与 Runge-Kutta 方法不同的另一种计算极限环的有效方法. 把本方法与 Runge-Kutta 法相结合,将在极限环的定量研究中发挥更大的作用.

参考文献

包戈留包夫，米特罗波尔斯基．1963．非线性振动理论中的渐近方法．金福临，李训经，陈守洁，王文亮，宋家骕译．上海科学出版社

陈兰荪，王明淑．1979．二次系统极限环的相对位置与个数．数学学报，22(6)：751～758

陈树辉，黄建亮．2005．轴向运动梁非线性振动内共振研究．力学学报，37(1)：57～63

陈树辉，黄武林，徐兆．1998．Lineard 方程半稳定极限环的计算．中山大学学报(自然科学版)，37(6)：5～9

陈树辉，黄武林，徐兆．2001．动力系统极限环计算方法的改进．中山大学学报(自然科学版)，40(5)：1～5

陈树辉，黄赪彪，徐兆．2000．一类平面微分方程极限环的计算．中山大学学报(自然科学版)，39(3)：1～5

陈树辉，黄建亮，佘锦炎．2004．轴向运动梁横向非线性振动研究．动力学与控制学报，2(1)：40～45

陈予恕．1983．非线性振动．天津：天津科学技术出版社

陈予恕，1993．非线性振动系统的分叉与混沌理论．北京：高等教育出版社

陈予恕，唐云，陆启韶，郑兆昌，徐健学，欧阳怡．1992．非线性动力学中的现代分析方法．北京：科学出版社

褚亦清，李翠英．1996．非线性振动分析．北京：北京理工大学出版社

戴世强，庄峰青．1986．一类非线性振动系统的渐近解．中国科学，A(1)：34～40

胡海岩．2000．应用非线性动力学．北京：航空工业出版社

黄建亮，陈树辉．2005．轴向运动体系横向非线性振动的联合共振．振动工程学报，18(1)：19～23

黄安基．1993．非线性振动．成都：西南交通大学出版社

霍麟春，李骊，张正平．1992．求解完全强非线性自治系统周期解及其稳定性的三变量迭代法．力学学报，24(6)：691～699

李骊．1990．强非线性系统的频闪法．力学学报，22(4)：402～412

李骊．1997．强非线性振动系统的定性理论与定量方法．北京：科学出版社

刘世龄，詹胜．1997．非线性振动 IHBT 法的新算法．中山大学学报(自然科学版)，36(2)：48～53

刘世龄，田千里．1991．具有局部非线性元件的结构动力分析．振动工程学报，4(4)：1～10

刘世宁．1963．弹性扁壳的广义变分原理及扁壳理论的某些问题．力学学报，6(1)：61～80

刘延柱，陈立群．2001．非线性振动．北京：高等教育出版社

陆启韶．1995．分岔与奇异性．上海：上海科技教育出版社

邵光军，徐兆. 1995. 一类强非线性振动系统主共振的渐近解法. 力学学报，27(5)：577～586

史松龄. 1979. 二次系统(E_2)出现至少四个极限环的例子. 中国科学，11(6)：1051～1056

唐驾时，尹小波. 1995. 具有参数激励的广义 van der Pol 型非线性振子的分岔. 非线性动力学学报，2，SI：53～60

王永岗，宋慧芳，王新志. 1995. Garlekin 法和修正 L-P 法联合求解正交各向异性扁球壳的非线性自由振动. 非线性动力学学报，2，SI：249～254

吴福光，蔡承武，徐兆. 1987. 振动理论. 北京：高等教育出版社

许淞庆. 1962. 常微分方程稳定性理论. 上海：上海科技出版社

徐兆. 1985. 非线性力学中一种新的渐近方法. 力学学报，17(3)：266～271

徐兆，陈树辉. 1997. 极限环及同宿分叉的摄动增量法. 中山大学学报(自然科学版)，36(4)：6～10

徐兆，陈树辉，黄赪彪. 1997. 强非线性振子极限环和同(异)宿轨线的计算. 非线性动力学学报，4(4)：303～311

徐兆，陈树辉，黄武林. 2003. 极限环的表达式和计算. 应用数学学报，26(4)：611～621

徐兆，黄赪彪. 1988. 非线性振子极限环的实用分析法. 力学与实践，10(5)：6～10

叶彦谦. 1984. 极限环论. 上海：上海科学技术出版社

詹胜，刘世龄. 1997. 用 IHBT 法进行非线性振动方程参数研究. 振动工程学报，10(3)：321～328

朱照宣. 1982. 非线性力学讲义. 北京大学力学系

Bajkowski J, Szemplinska S W. 1986. Internal resonances effects-simulation versus analytical methods results. Journal of Sound and Vibration, 104: 259～275

Barkham P G D, Soudack A C. 1969. An extension to the method of Kryloff and Bogoliuboff. Int. J. Control, 10: 377～392

Barkham P G D, Soudack A C. 1970. Approximate solutions of non-linear, non-autonomous second-order differential equations. Int. J. Control, 11: 101～114

Belhaq M and Lakrad F. 2000a. On the elliptic harmonic balance method for mixed parity non-linear oscillators, Journal of Sound and Vibration, 233(5): 935～937

Belhaq M and Lakrad F. 2000b. Elliptic multiple scales method for a Class of autonomous strongly non-linear oscillators. Journal of Sound and Vibration, 234(3): 547～553

Bellman R. 1955. On perturbation methods involving expansions in terms of a parameter. Quart Applied Mathematics, 13: 195～195

Beshai M E, Dokainish M A. 1973. The transient response of an oscillatory system exhibiting gross non-linearity. Int. J. Control, 17(6): 1169～1188

Beshai M E, Sinha N K. 1973. The non-stationary response of a class of non-autonomous strictly non-linear oscillatory systems. Int. J. Control, 18(2): 321～336

Bogoliubov N N, Mitropolski Y A. 1961. Asymptotic methods in the theory of nonlinear oscillations. New York : Gordon and Breach

Bohlin K P. 1889. Uber eine neue annaherungsmethode in der storungstheorie. Akad Handl Bihang. , 14 (Afdl, Stokholm)

Bolotin V V. 1964. The Dynamic Stability of Elastic Systems. San Francisco: Holden-Day, Inc

Burton T D. 1982. Non-linear oscillator limit cycle analysis using a time transformation approach. Int. J. Non-Linear Mechanics, 17(1): 7～19

Burton T D. 1984. A perturbation method for certain non-linear oscillators. Int. J. Non-Linear Mechanics, 19(5): 397～407

Burton T D, Hamdan M N. 1983. Analysis of non-linear autonomous conservative oscillators by a time transformation method. Journal of Sound and Vibration, 87(4): 543～554

Burton T D, Rahman Z. 1986. On the multi-scale analysis of strongly non-linear forced oscillators. Int. J. Non-linear Mechanics, 21(2): 135～146

Byrd F, Friedman M D. 1954. Handbook of Elliptic Integrals for Engineers and Physicists. Berlin: Springer-verlag

Cameron T M, Griffin J H. 1989. An alternating frequency/time domain method for calculating the steady response of nonlinear dynamic systems. ASME Journal of Applied Mechanics, 56: 149～154

Chan H S Y, Chung K W, Qi D W. 2001. Studies in some bifurcation diagrams for limit cycles of quadratic differential systems. Int. J. Bifurcation and Chaos, 11(1): 197～206

Chan H S Y, Chung K W, Xu Z. 1995. A perturbation-iterative method for determining limit cycles of strongly non-linear oscillator. Journal of Sound and Vibration, 183 (4): 707～717

Chan H S Y, Chung K W, Xu Z. 1996. A perturbation-incremental method for strongly non-linear oscillators. Int. J. Non-Linear Mechanics, 31(1): 59～72

Chan H S Y, Chung K W, Xu Z. 1997. Stability and bifurcations of limit cycles by the perturbation-incremental method. Journal of Sound and Vibration, 206(4): 589～604

Chan H S Y, Xu Z, Huang W L. 1995. Estimation of nonlinear damping coefficients from large-amplitude ship rolling motions. Applied Ocean Research, 17: 217～224

Chandra J. (ed.) 1984. Chaos in Nonlinear Dynamical Systems. SIAM Philadelphia

Chen S H, Chan J K W, Leung A Y T. 2000. A perturbation method for the calculation of semi-stable limit cycles of strongly nonlinear oscillators. Communication in Numerical Methods in Engineering, 16: 301～313

Chen S H, Cheung Y K. 1994. A modified Lindstedt-Poincaré method for a strongly non-linear system with quadratic and cubic nonlinearities. Proc. Int. Conference on Vibration Engineering, Beijing, 383～388

Chen S H, Cheung Y K. 1996a. An elliptic perturbation method for certain strongly nonlinear oscillators. Journal of Sound and Vibration, 192(2): 453～464

Chen S H, Cheung Y K. 1996b. A modified Lindstedt-Poincaré method for a strongly nonlinear system with quadratic and cubic nonlinearities. Shock and Vibration, 3(4): 279～285

Chen S H, Cheung Y K. 1996c. A modified Lindstedt-Poincaré method for a strongly non-linear two degree-of-freedom system. Journal of Sound and Vibration, 193(4): 751～762

Chen S H, Cheung Y K. 1997. An elliptic Lindstedt-Poincaré method for certain strongly non-linear oscillators. Nonlinear Dynamics, 12: 199～213

Chen S H, Cheung Y K, Lau S L. 1989. On the internal resonance of multi-degree-of-freedom systems with cubic nonlinearity. Journal of Sound and Vibration, 128(1): 13～24

Chen S H, Cheung Y K, Lau S L. 1991. On perturbation procedure for limit cycle analysis. Int. J. Nonlinear Mechanics, 26(1): 125～133

Chen S H, Cheung Y K, Xing H X. 2001. Nonlinear vibration of plane structures by finite element and incremental harmonic balance method. Nonlinear Dynamics, 26: 87～104

Chen S H, Yan X M, Cheung Y K. 1998. Periodic solutions of strongly non-linear oscillations by the elliptic perturbation method. Journal of Sound and Vibration, 212(5): 771～780

Chen S H, Yan X M, Cheung Y K. 1999. Periodic solutions of strongly quadratic non-linear oscillators by the elliptic Lindstedt-Poincaré method. Journal of Sound and Vibration, 227(5): 1109～1118

Cheung Y K, Chen S H. 1993. Analysis of strong non-linear conservative oscillators by a modified Lindstedt-Poincaré method. Applied Mathematics and Mechanics. Wei-Zang Chien Eightieth Anniversary Volume: 34～44

Cheung Y K, Chen S H, Lau S L. 1990. Application of the incremental harmonic balance method to cubic nonlinearity systems. Journal of Sound and Vibration, 140(2): 273～286

Cheung Y K, Chen S H, Lau S L. 1991. A modified Lindstedt-Poincaré method for certain strongly nonlinear oscillators. Int. J. Nonlinear Mechanics, 26(3/4): 367～378

Cheung Y K, Lau S L. 1982. Incremental time-space finite strip method for nonlinear structural vibrations. Earthquake Engineering and Structural Dynamics, 10: 239～253

Cheung Y K, Xu Z. 1995. Internal resonance of strongly non-linear autonomous vibrating systems with many degrees of freedom. Journal of Sound and Vibration, 180(2): 229～238

Christopher P A T. 1973. An approximate solution to a strongly non-linear. second order. differential equation. Int. J. Non-Linear Mechanics, 17(3): 597～608

Christopher P A T, Brocklehurst A. 1974. A generalized form of an approximate solution to a strongly non-linear. second-order. differential equation. Int. J. Control, 19(4): 831～839

Cole J D, Kevorkian J. 1963. Uniformly valid asymptotic approximations for certain nonlinear differential equations. Nonlinear Differential Equations and Nonlinear Mechanics. New York: Academic, 113～120

Coppola V T, Rand R H. 1990. Averaging using elliptic functions: approximation of limit cycles. Acta Mechanica, 81: 125～142

Cveticanin L. 1992a. An approximate solution for a system of two coupled differential equations. Journal of Sound and Vibration, 152(2): 375～380

Cveticanin L. 1992b. Approximate analytical solutions to a class of nonlinear equations with complex functions. Journal of Sound and Vibration, 157(2): 289～302

Cveticanin L. 1993. An approximate solution of a coupled differential equation with variable parameter. ASME Journal of Applied Mechanics, 60(1): 214～217

Cveticanin L. 1996. Adiabatic invariants for strongly nonlinear dynamical systems described with complex functions. Quart Applied Mathematics, 54(3): 407～421

Cveticanin L. 2001. Analytic approach for the solution of the complex-value strong non-Linear differential equation of duffing type. Physica A: Statistical Mechanics and its Applications, 297(3-4): 348-360

Cveticanin L, Yamakawa H, Matsushita O. 1990. An asymptotic method applied to nonlinear systems with coupled deflection. Journal of the Franklin Institute, 328: 71～83

Dai S Q. 1985. Asymptotic analysis of strongly non-linear oscillator. Applied Mathematics and Mechanics (English Edition), 6: 409～415

Davis H T. 1962. Introduction to Nonlinear Differential and Integral Equations. New York: Dover

Davis R T, Alfriend K T. 1967. Solution to van der Pol's equation using a perturbation method. Int. J. Non-Linear Mechanics, 2: 153～162

Dowell E H. 1988. Chaotic Oscillation in Mechanical Systems. Computational Mechanics, 3: 199～216

Dowell E H, Ilgamov M. 1988. Studies in Nonlinear Aeroelasticity. NewYork: Springer-Verlag

Duffing G. 1918. Erzwungene Schwingungen bei vernderlicher eigenfrequenz. F. Viewegu. Sohn. , Braunschweig

Ferdinand F C. 1974. Averaging method for the solution of non-linear differential equations with periodic non-harmonic solutions. Int. J. Non-Linear Mechanics, 9: 441～450

Ferri A A. 1986. On the equivalence of the incremental harmonic balance method and the harmonic balance Newton Raphson method. ASME Journal of Applied Mechanics, 53: 455～456

Ferri A A, Dowell E H. 1988. Frequency domain solutions to multi-degree-of -freedom dry friction damped systems. Journal of Sound and Vibration, 124: 207～224

Frieman E A. 1963. On a new method in the theory of irreversible processes. J. Math. Phys. 4: 410～418

Friedmann P, Hammond C E, Woo, T H. 1977. Efficient numerical treatment of periodic systems with application to stability problems. International Journal for Numerical Methods in Engineering, 11: 1117～1136

Ge Z M, Chen H H. 1997. Bifurcations and chaotic motions in a rate gyro with a sinusoidal velocity about the spin axis. Journal of Sound and Vibration, 200(2): 121～137

Gylden H. 1893. Nouvelles recherches sur les series employees dans les theories des planets. Actamath, 9: 1～168

Ha Quang N, Mook D T, Plaut R H. 1987a. Non-linear structural vibrations under combined parametric and external excitations. Journal of Sound and Vibration, 118: 291～306

Ha Quang N, Mook D T, Plaut R H. 1987b. A non-linear analysis of the interaction between parametric and external excitations. Journal of Sound and Vibration, 118: 425～439

Hayashi C. 1964. Non-linear oscillations in physical systems. New York: McGraw-Hill

He J H. 2004. Variational principles for some nonlinear partial differential equations with variable coefficients. Chaos Solitons Fractals. 19(4): 847

He J H. 2006. Some asymptotic methods for strongly nonlinear equations. International Journal of Modern Physis B. 20(10): 1141～1199

Hitching D, Ward P. 1977. Steady state response of geometrically non-linear shallow arches. International Journal for Numerical Methods in Engineering, 11: 1261～1269

Hsu C S. 1972. Impulsive parametric excitation : Theory. ASME Journal of Applied Mechanics, 39: 551～558

Hsu C S. 1974. On approximating a general linear periodic system. J. Math. Analysis and Applic. , 45: 234～251

Hsu C S, Cheng W H. 1973. Applications of the theory of impulsive parametric excitation and new treatments of general parametric excitation problems. ASME Journal of Applied Mechanics, 40: 78～86

Huang N C. 1972. Dynamic buckling of some elastic shallow structures subject to periodic loading with high frequency. International Journal of Solids and Structures, 8: 315～326

Iu V P, Cheung Y K. 1986. Nonlinear vibration analysis of multilayer sandwich plate by incremental finite elements, 1. Theoretical development, 2. Solution techniques and examples. Engineering Computations, 3: 36～52

Iu V P, Cheung Y K, Lau S L. 1985. Nonlinear vibration analysis of multilayer beams by incremental time-space finite elements, Part I: Formulation and free vibration, Part II: Fundamental and super/sub-harmonic resonance of forced vibration. Journal of Sound and Vibration, 100: 359～382

Jones S E. 1978. Remarks on the perturbation process for certain conservative systems. Int. J. Non-Linear Mechanics, 13: 125～128

Jordan D W, Smith P. 1977. Non-Linear Ordinary Differential Equations. Oxford: Oxford University Press

Krylov N, Bogoliubov N N. 1947. Introduction to Nonlinear Mechanics. Princeton, N. J: Princeton University Press

Kuo Y H. 1953. On the flow of an incompressible viscous fluid past a flat plate at moderate reynolds numbers. Journal of Mathematics and Physics, 32: 83～101

Kuzmak G E. 1959. Asymptotic solutions of nonlinear second order differential equations with variable coefficients. Journal of Applied Mathematics and Mechanics, 23: 730～744

Lau S L. 1982. Incremental harmonic balance method for nonlinear structural vibrations. Ph. D. Thesis, University of Hong Kong

Lau S L. 1991. Incremental harmonic balance method with time transformation for nonlinear vibrations. Proc. Asian Pacific Conference on Computational Mechanics, Hong Kong: 11～13

Lau S L. 1995. The incremental harmonic balance method and its applications to nonlinear vibrations. Proceedings of International Conference on Structural Dynamics. Vibration. Noise and Control. Hong Kong: 50～57

Lau S L, Cheung Y K. 1981. Amplitude incremental variational principle for nonlinear vibration of elastic systems. ASME Journal of Applied Mechanics, 48: 959～964

Lau S L, Cheung Y K. 1986. Incremental hamilton's principle with multiple time scales for nonlinear aperiodic vibrations of shells. ASME Journal of Applied Mechanics, 53: 465～466

Lau S L, Cheung Y K, Chen Shuhui. 1989. An alternative perturbation procedure of multiple scale for nonlinear dynamics systems. ASME Journal of Applied Mechanics, 56: 667～675

Lau S L, Cheung Y K, Wu S Y. 1982. A variable parameter incrementation method for dynamic instability of linear and nonlinear elastic systems. ASME Journal of Applied Mechanics, 49: 849～853

Lau S L, Cheung Y K, Wu S Y. 1983. Incremental harmonic balance method with multiple time scales for nonlinear aperiodic vibrations. ASME Journal of Applied Mechanics, 50: 871～876

Lau S L, Cheung Y K, Wu S Y. 1984. Nonlinear vibration of thin elastic plates, Part I: Generalized incremental Hamilton's principle and element formulation, Part II: Internal resonance. ASME Journal of Applied Mechanics, 51: 837～851

Lau S L, Xu Z. 1992. On internal resonance of nonlinear vibrating systems with many degrees of freedom. Applied Mathematics and Mechanics, 13(1): 29～37

Lau S L, Yuen S W. 1991. The Hopf bifurcation and limit cycle by the incremental harmonic balance method. Computer Methods in Applied Mechanics and Engineering, 91: 1109～1121

Lau S L, Yuen S W. 1993. Solution diagram of nonlinear dynamic-systems by IHB method. Journal of Sound and Vibration, 167(2): 303～316

Lau S L, Zhang W S. 1992. Nonlinear vibrations of piecewise-linear system by incremental harmonic balance method. ASME Journal of Applied Mechanics, 59: 153～160

Leissa A W, Kaddi A S. 1971. Curvature effects on sallow shell vibration. Journal of Sound and Vibration, 16(2): 173～187

Leung A T Y, Fung T C. 1989a. Nonlinear steady state vibration of frames by finite element method. International Journal for Numerical Method in Engineering, 28: 1599～1618

Leung A T Y, Fung T C. 1989b. Construction of chaotic regions. Journal of Sound and Vibration, 131: 445～455

Leung A T Y, Fung, T C. 1989c. Phase incremental analysis of damped Duffing oscillators. International Journal for Numerical Method in Engineering, 28: 193～209

Leung A T Y, Fung T C. 1990a. Geometrically nonlinear vibration of spinning structures. Journal of Sound and Vibration, 139: 43～62

Leung A T Y, Fung T C. 1990b. Nonlinear state vibration and dynamic snap through of shallow arch beams. Earthquake Engineering and Structural Dynamics, 19: 409～430

Li Li. 1999. Energy method for approximate periodic solution of strongly nonlinear nonautonous systems. Nonlinear Dynamics, 19: 237～260

Li Y S, Zhan S, Lau S L. 1997. In-line response of a horizontal cylinder in regular and random waves. Journal of Fluid and Structures, 11: 73～87

Lighthill M J. 1949. A technique for rendering approximate solutions to physical problems uniformly valid. Phil. Mag., 40: 1179～1201

Lindstedt A. 1882. Ueder die integration einer fur die storungstheorie wichtigen differentialgleichung. Astron Nach., 103: 211～22

Ling F H, Wu X X. 1987. Fast Galerkin method and its application to determine periodic solutions of non-linear oscillators. Int. J. Non-Linear Mechanics, 22: 89～98

Lorenz, E. N. 1963. Deterministic nonperiodic flow. J. Atmos. Sci. 20, 130～141

Luongo A. 1996. Perturbation methods for nonlinear autonomous discrete-time dynamical systems. Nonlinear Dynamics, 10(4): 317～331

Mahony J J. 1962. An expansion method for singular perturbation problems. J. Australian Mat. Soc., 2: 440～463

Margallo J G, Bejarano J D. 1987. A generalization of the method of harmonic balance. Journal of Sound and Vibration, 116: 591～595

Margallo J G, Bejarano J. D. 1989. Generalized Fourier series for non-linear system, application to the study of limit cycles in second-order approximations. Int. J. Control, 50: 763～772

Margallo J G, Bejarano J D. 1990a. Generalized Fourier series and limit cycles of generalized van der Pol oscillators. Journal of Sound and Vibration, 136(3): 453～466

Margallo J G, Bejarano J D. 1990b. Stability of limit cycles and bifurcation of generalized van der Pol oscillators: $\ddot{X}+A\ddot{X}-2BX^3+\varepsilon(Z_3+Z_2X^2+Z_1X^4)\dot{X}=0$. Int. J. Non-Linear Mechanics, 25(6): 663～675

Margallo J G, Bejarano J D. 1992. The limit cycles of the generalized Rayleigh-Lienard oscillator. Journal of Sound and Vibration, 156(2): 283～301

Margallo J G, Bejarano J D, Yuste S B. 1988. Generalized Fourier series for the study of limit cycles. Journal of Sound and Vibration, 125(1): 13～21

Merkin J H, Needham D J. 1986. On infinite period bifurcations with an application to roll waves. Acta Mechanica, 60: 1～16

Mickens R E. 1984. Comments on the method of harmonic balance. Journal of Sound and Vibration, 94: 456～460

Mickens R E. 1986. A generalization of the method of harmonic balance. Journal of Sound and

Vibration, 111(3): 515～518

Mickens R E, Oyedeji K. 1985. Construction of approximate analytical solutions to a new class of non-linear oscillator equation. Journal of Sound and Vibration, 102(4): 579～582

Minorsky, N. 1962. Nonlinear Oscillations. Princeton: Van Nostrand

Mitropolski Y A. 1965. Problems of the asymptotic theory of non-stationary vibrations. New York: Daniel Davey

Mook D T, HaQuang N, Plaut R H. 1986. The influence of an internal resonance on non-linear structural vibrations under combination resonance conditions. Journal of Sound and Vibration, 104: 229～241

Mook D T, Plaut R H, HaQuang N. 1985. The influence of an internal resonance on non-linear structural vibrations under subharmonic resonance conditions. Journal of Sound and Vibration, 102: 473～492

Morrison J A. 1966. Comparison of the modified method of averaging and the two variable expansion procedure. SIAM Rev., 8: 66～85

Mushenkov Yu A, Bichuk A I. 1977. Free oscillations of a physically nonlinear parabolic arch. Soviet Applied Mechanics, 13: 97～99

Nayfeh A H. 1965a. An expansion method for treating singular perturbation problems, J. Math. and Phys., 6: 1946～1951

Nayfeh A H. 1965b. A perturbation method for treating nonlinear oscillation problems. J. Math. and Phys., 44: 368～374

Nayfeh A H. 1967. The Van Der Pol oscillations with delayed amplitude limiting. Proc. IEEE, 55: 111～112

Nayfeh A H. 1973. Perturbation Methods. New York: Wiley

Nayfeh A H. 1981. Introduction to perturbation techniques. New York: Wiley-Interscience

Nayfeh A H. 1983a. Response of two-degree-of freedom systems to multifrequency parametric excitations. Journal of Sound and Vibration, 88: 1～10

Nayfeh A H. 1983b. Parametrically excited multidegree-of-freedom systems with repeated frequencies. Journal of Sound and Vibration, 88: 145～150

Nayfeh A H. 1983c. The response of two-degree-of-freedom systems with quadratic non-linearities to a parametric excitation. Journal of Sound and Vibration, 88: 547～557

Nayfeh A H. 1983d. The response of single degree of freedom systems with quadratic and cubic non-linearities to a subharmonic excitation. Journal of Sound and Vibration, 89: 457～470

Nayfeh A H. 1983e. The response of multidegree-of-freedom systems with quadratic non-linearities to a parametric excitation. Journal of Sound and Vibration, 90: 237～244

Nayfeh A H. 1983f. Combinations resonance in the non-linear response of bowed structures to a harmonic excitations. Journal of Sound and Vibration, 90: 457～470

Nayfeh A H. 1984a. Combination tones in the response of single degree of freedom systems with quadratic and cubic non-linearities. Journal of Sound and Vibration, 92: 379～386

Nayfeh A H. 1984b. Interaction of fundamental parametric resonances with subharmaonic resonances of order one -half. Journal of Sound and Vibration, 96: 333～340

Nayfeh A H. 1985. The response of non-linear single-degree-of freedom systems to multifrequency excitations. Journal of Sound and Vibration, 102: 403～414

Nayfeh A H. 1987. Parametric excitation of two internally resonant oscillators. Journal of Sound and Vibration, 119: 95～109

Nayfeh A H, Balachandran B. 1995. Applied Nonlinear Dynamics, Analytical, Computational, and Experimental Methods. New York: Wiley

Nayfeh A H, Mook D T. 1979. Nonlinear Oscillations. New York: Wiley

Nayfeh A H, Mook D T, Sridhar S. 1974. Nonlinear analysis of the forced response of structural elements. Journal of the Acoustical Society of America, 55: 281～291

Nayfeh A H, Zavodney L D. 1986. The response of two-degree-of freedom systems with quadratic non-linearities to a combination parametric resonance. Journal of Sound and Vibration, 107: 329～350

Ottoy J P. 1979. A perturbation method for a set of purely non-linear differential equations. Int. J. Control, 30(4): 587～595

Ottoy J P. 1980a. An extension of the van der Pol oscillator. Int. J. Control, 31(4): 691～703

Ottoy J P. 1980b. Study of a non-linear perturbed oscillator. Int. J. Control, 32(3): 475～487

Perko L M. 1969. Higher order averaging and related methods for perturbed periodic and quasi-periodic systems. SIAM J. Applied Mathematics, 17: 698～724

Pierre C, Dowell E H. 1985. A study of dynamic instability of plates by an extended incremental harmonic balance method. ASME Journal of Applied Mechanics, 52: 693～697

Pierre C, Ferri A A, Dowell E H. 1985. Multi-harmonic analysis of dry friction damped systems using an incremental harmonic balance method. ASME Journal of Applied Mechanics, 52: 958～964

Plaut R H, HaQuang N, Mook D T. 1986a. The influence of an internal resonance on non-linear structural vibrations under two-frequency excitation. Journal of Sound and Vibration, 107: 309～319

Plaut R H, HaQuang N, Mook D T. 1986b. Simultaneous resonances in non-linear structural vibrations under two-frequency excitation. Journal of Sound and Vibration, 106: 361～376

Plaut R H, Hsien J C. 1985. Oscillations and instability of a shallow arch under two-frequency excitation. Journal of Sound and Vibration, 102: 189～201

Plaut R H, Johnson E R. 1981. The effects of initial thrust and elastic foundation on the vibration frequencies of a shallow arch. Journal of Sound and Vibration, 78: 565～571

Poincaré H. 1892. Les methods nouvelles de la mécanique céleste. Paris: Gauthier-Villars (New method of celestial mechanics. Vol. I-III (English transl.), NASA, TTF-450, 1967)

Pun D, Lau S L, Liu Y B. 1996. Internal resonance of an L-shaped beam with a limit stop, 1. Free vibration; 2. Forced vibration. Journal of Sound and Vibration, 135(5): 1023～1047

Qiao Z C, Dai S Q. 1996. Limit cycle analysis of a class of strongly nonlinear oscillation equation. Nonlinear Dynamics, 10: 221～233

Raghothama A, Narayanan S. 2000. Bifurcation and chaos in escape equation model by incremental harmonic balancing. Chaos Solutions & Fractals, 11: 1349～1363

Rehfield L W. 1974. Nonlinear flexural oscillations of shallow arches. AIAA Journal, 12: 91～93

Roy R V. 1994. Averaging method for strongly non-linear oscillators with periodic excitations. Int. J. Non-Linear Mechanics, 29(5): 737～753

Sandri G. 1965. A new method of expansion in mathematical physics. Nuovo Cimento, B36: 67～93

Sansone G, Conti R. 1964. Nonlinear differential equations. London: Pergamon Press

Soudack A C, Barkham P G D. 1970. Further results on approximate solutions of non-linear, non-autonomous second-order differential equations. Int. J. Control, 12: 763～767

Soudack A C, Barkham P G D. 1971. On the transient solution of the unforced Duffing equation with large damping. Int. J. Control, 13: 767～769

Stoker J J. 1950. Nonlinear Vibrations in Mechanical and Electrical Systems. New York: Interscience Publishers, Inc

Sturrock P A. 1957. Nonlinear effects in electron plasmas. Proc. Roy. Soc. (London), A242: 277～299

Sze K Y, Chen S H and Huang J L. 2005. The incremental harmonic balance method for nonlinear vibration of axially moving beams. Journal of Sound and Vibration, 281(3-5): 611～626

Timoshenko S P, Young D. H., Weaver W J. 1974. Vibration Problems in Engineering, 4th ed.. New York: John Wiley and Sons

Tsien H S. 1956. The Poincare-Lighthill-Kuo method. Advan. Appl. Mech., 4: 281-349

van der Pol B. 1926. On oscillation hysteresis in a simple triode generator. Phil. Mag., 43: 700～719

van Dooren R. 1971. Combination tones of summed type in a non-linear damped vibratory system with two degrees of freedom. Int. J. Non-Linear Mechanics, 6: 237～254

van Dooren R. 1973. Differential tones in a damped mechanical system with quadratic and cubic non-linearities. Int. J. Non-Linear Mechanics, 8: 575～583

Veronis G. 1980. A note on the method of multiple scales. Quart Applied Mathematics: 363～368

Wei S T, Pierre C. 1989. Effects of dry friction damping on the occurrence of localized forced vibrations in nearly cyclic structures. Journal of Sound and Vibration, 129: 397～416

Wong C W, Ni Y Q, Lau S L. 1994. Steady-state oscillation of hysteretic differential model, 1.

Response analysis. ASCE Journal of Engineering Mechanics, 120(11): 2271～2298

Wong C W, Zhang W S, Lau S L. 1991. Periodic forced vibration of unsymmetrical piecewise-linear systems by incremental harmonic method. Journal of Sound and Vibration, 149: 91～105

Xu L, Lu M W, Cao Q. 2002. Nonlinear vibration of dynamical systems with a general form of piecewise-linear viscous damping by incremental harmonic balance method. Physics Letters A, 302: 65～73

Xu L, Lu M W, Cao Q. 2003. Bifurcation and chaos of a harmonically excited oscillator with both stiffness and viscous damping piecewise linearities by incremental harmonic balance method. Journal of Sound and Vibration, 264: 873-862

Xu Z. 1992. Non-linear time transformation method for strongly nonlinear oscillation systems. Acta Mechanica Sinica (English Edition), 8(3): 279～288

Xu Z, Chan H S Y, Chung K W. 1996. Separatrices and limit cycles of strongly nonlinear oscillators by the perturbation-incremental method. Nonlinear Dynamics, 11: 213～233

Xu Z, Cheung Y K. 1994. Averaging method using generalized harmonic functions for strongly non-linear oscillators. Journal of Sound and Vibration, 174 (4): 563～576

Xu Z, Cheung Y K. 1995. Non-linear scales method for strongly non-linear oscillators. Nonlinear Dynamics, 7: 285～289

Xu Zhao, Zhang Lingqi. 1986. Asymptotic method for analysis of nonlinear systems with two parameters. Acta Mathematica Scientia (English Edition), 6(4): 453～462

Yamamoto T, Hayashi S. 1964. Combination tones of differential type in nonlinear vibratory systems. Bulletin of the Japan Society of Mechanical Engineers, 7: 690～698

Yamamoto T, Nakao Y. 1963. Combination tones of summed type in nonlinear vibratory systems. Bulletin of the Japan Society of Mechanical Engineers, 6: 682～689

Yamamoto T, Yasuda K, Nakamura T. 1974. Subcombination tones in a nonlinear vibratory systems. Bulletin of the Japan Society of Mechanical Engineers, 17: 1426～1437

Yasuda K, Torii T. 1991. Proposition of an incremental transfer matrix method for nonlinear vibration analysis. JSME International Journal, 34: 12～18

Yuen S W, Lau S L. 1991. Effects of in-plane load on nonlinear panel flutter by incremental harmonic balance method. AIAA Journal, 29: 1472～1479

Yuste S B. 1989. A generalized Galerkin method for cubic oscillators. Journal of Sound and Vibration, 130(2): 332～336

Yuste S B. 1991a. On Duffing oscillators with slowly varying parameters. Int. J. Non-linear Mechanics, 26(5): 671～682

Yuste S B. 1991b. Comments on the method of harmonic balance in which Jacobi elliptic functions are used. Journal of Sound and Vibration, 145(3): 381～389

Yuste S B. 1992. Cubication of non-linear oscillators using the principle of harmonic balance.

Int. J. Non-Linear Mechanics, 27(3): 347～356

Yuste S B, Bejarano J D. 1986. Construction of approximate analytical solutions to a new class of non-linear oscillator equations. Journal of Sound and Vibration, 110 (2): 347～350

Yuste S B, Bejarano J D. 1987. Amplitude decay of damped non-linear oscillators studied with Jacobian elliptic functions. Journal of Sound and Vibration, 114(1): 33～44

Yuste S B, Bejarano J D. 1989. Extension and improvement to the Krylov-Bogoliubov methods using elliptic functions. Int. J. Control, 49(4): 1127～1141

Yuste S B, Bejarano J D. 1990. Improvement of a Krylov-Bogoliubov method that use Jacobi elliptic functions. Journal of Sound and Vibration, 139: 151～163

Yuste S B, Sanchez A M. 1989. A weighted mean square method of 'cubication' for non-linear oscillators. Journal of Sound and Vibration, 134: 423～439

Zavodney L D, Nayfeh A H. 1988. The response of a single-degree-of-freedom systems with quadratic and cubic non-linearities to a fundamental parametric resonance. Journal of Sound and Vibration, 120: 63～69

Zavodney L D, Nayfeh A H, Sanchez N E. 1989. The response of a single-degree-of-freedom systems with quadratic and cubic non-linearities to a principal parametric resonance. Journal of Sound and Vibration, 129: 417～442

附录　Jacobi 椭圆函数

A.1　定义

1. 第一类椭圆积分

$$u = F(\phi, k) = \int_0^{\phi} \frac{\mathrm{d}\alpha}{\sqrt{1 - k^2 \sin^2 \alpha}}, \qquad 0 \leqslant k \leqslant 1,$$

$$\phi = \mathrm{am}u,$$

$$\mathrm{sn}(u, k) = \mathrm{sn}u = \sin\phi,$$

$$\mathrm{cn}(u, k) = \mathrm{cn}u = \cos\phi,$$

$$\mathrm{dn}(u, k) = \sqrt{1 - k^2 \sin^2 \phi}.$$

当 $\phi = \frac{\pi}{2}$ 时

$$K = K(k) = F\left(\frac{\pi}{2}, k\right) = \int_0^{\frac{\pi}{2}} \frac{\mathrm{d}\alpha}{\sqrt{1 - k^2 \sin^2 \alpha}},$$

K 称为第一类完全椭圆积分.

2. 第二类椭圆积分

$$E(u) = E(\phi, k) = \int_0^{\phi} \sqrt{1 - k^2 \sin^2 \alpha}\, \mathrm{d}\alpha.$$

当 $\phi = \frac{\pi}{2}$ 时，

$$E = E(k) = E\left(\frac{\pi}{2}, k\right) = \int_0^{\frac{\pi}{2}} \sqrt{1 - k^2 \sin^2 \alpha}\, \mathrm{d}\alpha,$$

E 称为第二类完全椭圆积分.

3. Jacobi Zeta 函数

$$Z(u) = E(u) - \frac{E}{K} u = E(\phi, k) - \frac{E}{K} F(\phi, k).$$

A.2 椭圆函数的性质

$$\mathrm{sn}^2 u + \mathrm{cn}^2 u = 1,$$

$$k^2 \mathrm{sn}^2 u + \mathrm{dn}^2 u = 1,$$

$$\mathrm{am}(-u) = -\mathrm{am}u, \quad \mathrm{am}0 = 0;$$

$$\mathrm{sn}(-u) = -\mathrm{sn}u, \quad \mathrm{sn}0 = 0;$$

$$\mathrm{cn}(-u) = \mathrm{cn}u, \quad \mathrm{cn}0 = 0;$$

$$\mathrm{dn}(-u) = \mathrm{dn}u, \quad \mathrm{dn}0 = 0;$$

$$\mathrm{am}(u+2K) = \pi + \mathrm{am}u, \quad \mathrm{am}(u+4K) = 2\pi + \mathrm{am}u;$$

$$\mathrm{sn}(u+2K) = -\mathrm{sn}u, \quad \mathrm{sn}(u+4K) = \mathrm{sn}u;$$

$$\mathrm{cn}(u+2K) = -\mathrm{cn}u, \quad \mathrm{cn}(u+4K) = \mathrm{cn}u;$$

$$\mathrm{dn}(u+2K) = \mathrm{dn}u, \quad \mathrm{dn}(u+4K) = \mathrm{dn}u;$$

A.3 椭圆函数的导数

$$\frac{\partial}{\partial u}(\mathrm{am}u) = \mathrm{dn}u,$$

$$\frac{\partial}{\partial u}(\mathrm{sn}u) = \mathrm{cn}u\mathrm{dn}u,$$

$$\frac{\partial}{\partial u}(\mathrm{cn}u) = -\mathrm{sn}u\mathrm{dn}u,$$

$$\frac{\partial}{\partial u}(\mathrm{dn}u) = -k^2 \mathrm{sn}u\mathrm{cn}u.$$

A.4 椭圆函数的积分

$$\int \mathrm{sn}u\mathrm{d}u = \frac{1}{k}\ln(\mathrm{dn}u - k\mathrm{cn}u),$$

$$\int \mathrm{sn}^2 u\mathrm{d}u = \frac{1}{k^2}[u - E(u)],$$

$$\int \mathrm{sn}^3 u\mathrm{d}u = \frac{1}{2k^3}[k\mathrm{cn}u\mathrm{dn}u + (1+k^2)\ln(\mathrm{dn}u - k\mathrm{cn}u)],$$

$$\int \mathrm{sn}^4 u\mathrm{d}u = \frac{1}{3k^4}[(2+k^2)u - 2(1+k^2)E(u) + k^2 \mathrm{sn}u\mathrm{cn}u\mathrm{dn}u],$$

$$\int \mathrm{cn}u\mathrm{d}u = [\sin^{-1}(k\mathrm{sn}u)]/k,$$

$$\int \mathrm{cn}^2 u du = \frac{1}{k^2}[E(u) - k'^2 u],$$

$$\int \mathrm{cn}^3 u du = \frac{1}{2k^3}[(2k^2 - 1)\sin^{-1}(k\mathrm{sn}u) + k\mathrm{sn}u\mathrm{dn}u],$$

$$\int \mathrm{cn}^4 u du = \frac{1}{3k^4}[(2 - 3k^2)k'^2 u + 2(2k^2 - 1)E(u) + k^2 \mathrm{sn}u\mathrm{cn}u\mathrm{dn}u],$$

$$\int \mathrm{dn}u du = \mathrm{am}u,$$

$$\int \mathrm{dn}^2 u du = E(u),$$

$$\int \mathrm{dn}^3 u du = \frac{1}{2}[(1 + k'^2)\mathrm{am}u + k^2 \mathrm{sn}u\mathrm{cn}u],$$

$$\int \mathrm{dn}^4 u du = \frac{1}{3}[k'^2 \mathrm{sn}u\mathrm{cn}u\mathrm{dn}u - k'^2 u + 2(1 + k'^2)E(u)],$$

其中

$$k'^2 = 1 - k^2.$$

A.5　椭圆函数的 Fourier 展开式

$$\mathrm{sn}u = \sum_{n=0}^{\infty} s_n \sin\left[(2n+1)\frac{\pi u}{2K}\right],$$

$$\mathrm{cn}u = \sum_{n=0}^{\infty} c_n \cos\left[(2n+1)\frac{\pi u}{2K}\right],$$

$$\mathrm{dn}u = \frac{\pi}{2K} + \sum_{n=0}^{\infty} d_n \cos\left[(n+1)\frac{\pi u}{K}\right],$$

其中

$$s_n = \frac{\pi}{kK}\mathrm{csc\ h}[(2n+1)\pi K'/2K],$$

$$c_n = \frac{\pi}{kK}\mathrm{sec\ h}[(2n+1)\pi K'/2K],$$

$$d_n = \frac{\pi}{K}\mathrm{sec\ h}[(n+1)\pi K'/K],$$

$$K' = K'(k) = K(k').$$

“非线性动力学丛书”已出版书目

（按出版时间排序）

1 张伟，杨绍普，徐鉴，等．非线性系统的周期振动和分岔．2002
2 杨绍普，申永军．滞后非线性系统的分岔与奇异性．2003
3 金栋平，胡海岩．碰撞振动与控制．2005
4 陈树辉．强非线性振动系统的定量分析方法．2007
5 赵永辉．气动弹性力学与控制．2007
6 Liu Y, Li J, Huang W. Singular Point Values, Center Problem and Bifurcations of Limit Cycles of Two Dimensional Differential Autonomous Systems （二阶非线性系统的奇点量、中心问题与极限环分叉）．2008
7 杨桂通．弹塑性动力学基础．2008
8 王青云，石霞，陆启韶．神经元耦合系统的同步动力学．2008
9 周天寿．生物系统的随机动力学．2009
10 张伟，胡海岩．非线性动力学理论与应用的新进展．2009
11 张锁春．可激励系统分析的数学理论．2010
12 韩清凯，于涛，王德友，曲涛．故障转子系统的非线性振动分析与诊断方法．2010
13 杨绍普，曹庆杰，张伟．非线性动力学与控制的若干理论及应用．2011
14 岳宝增．液体大幅晃动动力学．2011
15 刘增荣，王瑞琦，杨凌，等．生物分子网络的构建和分析．2012
16 杨绍普，陈立群，李韶华．车辆-道路耦合系统动力学研究．2012
17 徐伟．非线性随机动力学的若干数值方法及应用．2013
18 申永军，杨绍普．齿轮系统的非线性动力学与故障诊断．2014
19 李明，李自刚．完整约束下转子-轴承系统非线性振动．2014
20 杨桂通．弹塑性动力学基础(第二版)．2014
21 徐鉴，王琳．输液管动力学分析和控制．2015
22 唐驾时，符文彬，钱长照，刘素华，蔡萍．非线性系统的分岔控制．2016
23 蔡国平，陈龙祥．时滞反馈控制及其实验．2017
24 李向红，毕勤胜．非线性多尺度耦合系统的簇发行为及其分岔．2017
25 Zhouchao Wei, Wei Zhang, Minghui Yao. Hidden Attractors in High Dimensional Nonlinear Systems（高维非线性系统的隐藏吸引子）．2017